# GASENTLADUNGS-TABELLEN

TABELLEN, FORMELN UND KURVEN ZUR PHYSIK
UND TECHNIK DER ELEKTRONEN UND IONEN

VON

## M. KNOLL, F. OLLENDORFF
UND R. ROMPE

UNTER MITARBEIT VON
A. ROGGENDORF

MIT 196 TEXTABBILDUNGEN

BERLIN
VERLAG VON JULIUS SPRINGER
1935

ISBN-13: 978-3-642-89188-5     e-ISBN-13: 978-3-642-91044-9
DOI: 10.1007/978-3-642-91044-9

ALLE RECHTE, INSBESONDERE DAS DER ÜBERSETZUNG
IN FREMDE SPRACHEN, VORBEHALTEN

COPYRIGHT 1935 BY JULIUS SPRINGER IN BERLIN
Softcover reprint of the hardcover 1st edition 1935

# Vorwort.

Die Erscheinungen elektrischer Entladungen in Gasen und im Hochvakuum waren bis vor kurzem quantitativer Berechnung weniger zugänglich, als irgendein anderes Gebiet der Physik oder der Elektrotechnik. Das vorliegende Tabellenwerk entstand aus dem praktischen Bedürfnis, auf diesem Gebiet nicht nur Überlegungen qualitativer Art anzustellen, sondern so exakt wie möglich die physikalischen Vorgänge auch quantitativ verfolgen und voraussagen zu können.

Wer an diese Aufgabe unbefangen herantritt, empfindet zunächst eine gewisse Unsicherheit: Man hat kein Gefühl für die auftretenden Größenordnungen, und wenn man in der Not nach einem Handbuch greift, findet man in den wenigsten Fällen die notwendigen Unterlagen.

Wir haben deshalb aus den in der Literatur verstreuten Originalarbeiten und aus den vorhandenen Lehrbüchern und physikalischen Tabellenbüchern alles dasjenige zusammengestellt, was dem Elektronen- und Ionenphysiker bzw. -techniker begegnen kann: das physikalische Verhalten der Atome, Elektronen, Ionen und Photonen, die wichtigsten Tatsachen der kinetischen Gastheorie, Kinetik und Ionisierungsvorgänge der Ladungsträger, Entladungen ohne und mit Raumladungswirkung, Eigenschaften der Elektronenröhren, Ionenröhren und der Entladung bei Atmosphärendruck, die wichtigsten Angaben über Hochvakuumwerkstoffe und Hochvakuumtechnik, sowie einen Anhang über Maßsysteme, allgemeine Konstanten und mathematische Hilfsmittel. Darüber hinaus schien es uns an zahlreichen Stellen notwendig, Originalrechnungen einzufügen, deren theoretische Begründung zum Teil später an anderer Stelle erfolgen wird.

Selbstverständlich konnte unsere Zusammenstellung nicht erschöpfend sein. Wir haben uns aber bemüht, aus dem großen Stoff die neuesten und verläßlichsten Arbeiten auszuwählen. Notwendigerweise wird diese Auswahl vielfach den Stempel unserer engeren Arbeitsgebiete tragen. Wir werden deshalb jedem dankbar sein, der uns auf vorhandene Lücken aufmerksam macht.

Herr Dipl.-Ing. A. Roggendorf hat in überaus mühsamer Arbeit einen wesentlichen Teil der Kurven und Tabellen berechnet und zusammengestellt, wofür wir ihm herzlichst danken. Unserem Verleger danken wir für die Geduld, mit der er sowohl die Hinauszögerung, wie das Überschreiten unserer Arbeit über den geplanten Umfang hinaus hinnahm, weiterhin Herrn Dr. Mierdel für freundliche Unterstützung bei einigen Kapiteln.

Berlin, im September 1934.

**Die Verfasser.**

# Inhaltsverzeichnis.

|  | Seite |
|---|---|
| I. Physik des Einzelteilchens | 1 |

a) Moleküle und Atome ............................... 1
    a 1) Atomgewichte und Atommassen der wichtigsten Elemente .... 1
    a 2) Periodisches System der Elemente ...................... 2
    a 3) Vergleichende Tabellen von gaskinetischen Molekülradien ... 3
    a 4) Charakteristische Größen einiger zweiatomiger Moleküle ..... 4

b) Elektronen ............................... 4
    b 1) Konstanten des Elektrons ........................ 4
        Elementarladung, Ruhmasse, Elementarladung/Ruhmasse, Verhältnis der Masse eines Elektrons zu der eines Wasserstoffatoms, Modellmäßiger Halbmesser eines Elektrons.
    b 2) Elektronendynamik ............................... 4
        Kraftgesetze, Bewegungsgleichung eines Ladungsträgers im elektromagnetischen Feld (klassischer Ansatz). — Lagrangesche Bewegungsgleichungen der Punktladung $q$ im elektromagnetischen Feld.
    b 3) Arbeitsgesetze ............................... 5
        Arbeit am Ladungsträger, Voltgeschwindigkeit, Voltenergie, Äquivalenttemperatur der Voltenergie.
    b 4) Elektronenbewegung im magnetischen Feld .............. 5
        Magnetische Beeinflussung langsamer Elektronen, magnetische Beeinflussung schneller Elektronen. Langsame Bewegung im elektromagnetischen Feld.
    b 5) Masse und Impuls schneller Elektronen .................. 7
        De Broglie-Welle des Elektrons, de Broglie-Wellenlänge als Funktion der Voltgeschwindigkeit.
    b 6) Dichte des Konvektionsstromes schnell bewegter Elektronen ... 10
    b 7) Langsame Beschleunigung eines Elektrons, „Hyperbelbewegung". 10
    b 8) Verhältnis von Geschwindigkeit zur Lichtgeschwindigkeit für Elektronen ................................. 11

c) Ionen ................................. 14
    c 1) Voltgeschwindigkeit von Ionen ....................... 14
    c 2) Verhältnis von Elektronenmasse zu Ionenmasse für einige einatomige Gase und Dämpfe ............................... 14

d) Photonen (Lichtquanten) ............................... 14
    d 1) Konstanten des Photons ............................... 14
        Lichtgeschwindigkeit, Plancksches Wirkungsquantum.
    d 2) Energie, Masse, Impuls und Voltenergie der Photonen. Vergleich der Masse eines Photons mit der Elektronenruhmasse ....... 14
    d 3) Stoßzahl der Photonen und Lichtdruck .................. 15
    d 4) Compton-Effekt ............................... 15
    d 5) Hohlraumstrahlung ............................... 15
        Stefan-Boltzmannsches Gesetz, Energiedichte, spezifische Strahlungsleistung, Gesetz der spektralen Energieverteilung der Hohlraumstrahlung, Frequenzabhängigkeit, Wellenlängenabhängigkeit, Wiensches Verschiebungsgesetz, numerische und optimale Wellenlänge, optimale und relative Energiedichte.
    d 6) Relative Energieverteilung im Spektrum des schwarzen Körpers bei verschiedenen Temperaturen, bezogen auf Energie bei $560 \cdot 10^{-7}$ cm ... 17

Seite

d 7) Empfindlichkeit des menschlichen Auges in Abhängigkeit von der Wellenlänge . . . . . . . . . . . . . . . . . . . . . 17
Ausnutzung der Hohlraumstrahlung durch das menschliche Auge.

d 8) Tafel zur Berechnung der wahren Temperatur aus der gemessenen und dem Emissionsvermögen . . . . . . . . . . 18

d 9) Wechselseitige Umsetzung von kinetischer Elektronenenergie und -strahlung . . . . . . . . . . . . . . . . . . . . . 19

d 10) Kurzwellige Grenzwellenlänge von Röntgenstrahlen in Abhängigkeit von der Voltgeschwindigkeit . . . . . . . . . . . . 19

d 11) Termklassifikation für Atome mit 1—3 Valenzelektronen . . 19

d 12) Beispiele für Termschemen . . . . . . . . . . . . . . . 21

## II. Statistik der Gasentladungen . . . . . . . . . . . . . . . . 23

e) Kinetische Gastheorie . . . . . . . . . . . . . . . . . . . 23

e 1) Gaskonstanten . . . . . . . . . . . . . . . . . . . . . 23
Boltzmannsche Konstante, Avogadrosche Zahl, Loschmidtsche Zahl, Allgemeine Gaskonstante, Volumen eines Gramm-Moleküls eines idealen Gases bei 0° C und 760 tor.

e 2) Mittlerer Abstand zweier Moleküle, Mittlere freie Weglänge, Mittlere Zeit zwischen zwei Zusammenstößen . . . . . . . 23

e 3) Sutherlandsche Formel für Wirkungsquerschnitt, abhängig von der Temperatur . . . . . . . . . . . . . . . . . . 23

e 4) Bewegung zwischen Teilchen verschiedener Effektivgeschwindigkeiten . . . . . . . . . . . . . . . . . . . . . . . . 24

e 5) Clausiussches Gesetz der Weglängenverteilung, Mittleres Weglängenquadrat, Mittlere Weglängenwurzel . . . . . . . . . 24

e 6) Kinematik der Maxwell-Verteilung . . . . . . . . . . . . 25
Wahrscheinlichkeitsdichte der Maxwellschen Geschwindigkeitsverteilung, Wahrscheinlichkeit einer Minimalgeschwindigkeit $v$, Mittleres Geschwindigkeitsquadrat, Effektivgeschwindigkeit, Mittlere Geschwindigkeit, Einseitig gerichtete Geschwindigkeit.

e 7) Thermodynamik der Maxwell-Verteilung . . . . . . . . . 25
Wahrscheinlichste Geschwindigkeit, Effektivgeschwindigkeit, Mittlere Geschwindigkeit, Einseitig gerichtete Geschwindigkeit, Wahrscheinlichkeit einer Minimalgeschwindigkeit $U$

e 8) Verteilung der relativen Translationsgeschwindigkeit . . . . 26
Wahrscheinlichkeitsdichte der relativen Translationsgeschwindigkeit, Erwartungswert der Relativgeschwindigkeit, Mittelwert des relativen Geschwindigkeitsquadrates.

e 9) Verteilung der relativen Stoßgeschwindigkeit . . . . . . . 27
Wahrscheinlichkeitsdichte und Mittelwert der relativen Stoßgeschwindigkeit für zwei verschiedene Gase und für ein einheitliches Gas.

e 10) Geschwindigkeitsverteilungsgesetze (Tabelle) . . . . . . . 28

e 11) Fermistatistik der Metallelektronen . . . . . . . . . . . 29
Konzentration, Verteilungsgesetz der Geschwindigkeit, Verteilungsgesetz der Energie, Konzentration, Nullpunktsenergie und Druck von Metallelektronen, Vergleich zwischen Maxwellscher und Fermiverteilung.

e 12) Stoßgesetze . . . . . . . . . . . . . . . . . . . . . 30
Kosinusgesetz, Stoßzahl, Gasmasse, die pro Flächen- und Zeiteinheit eine Wand trifft, Druck auf ebene Wand, Stoßzahl und Druck bei Gasgemischen, Zustandsgleichung je Molekül, Zustandsgleichung je Mol.

|  |  | Seite |
|---|---|---|
| e 13) | Diffusion | 31 |
|  | Definition des Diffusionskoeffizienten, Diffusionsgleichung, Berechnung der Diffusionskonstanten. |  |
| e 14) | Einatomige Moleküle. Klassische Eigenschaften ohne Berücksichtigung innerer Freiheitsgrade | 32 |
|  | Entropiegleichung, Chemische Konstante, Chemische Konstanten einiger einatomiger Gase, Entropie eines Gasgemisches, freie Energie des Gases. |  |
| e 15) | Freie Energie eines Systems von Oszillatoren, Mittlere Oszillatorenergie | 32 |
| e 16) | Zustandsgleichung des festen Körpers | 33 |
| e 17) | Berechnung von Dampfdruckkurven von Metalldämpfen | 33 |
| e 18) | Zahl der verdampfenden Moleküle pro Quadratzentimeter und Sekunde, Verdampfungsmenge | 38 |
| e 19) | Sättigungsdruck und Konzentration des Wasserdampfes | 39 |
| e 20) | Wärmeleitung in homogenen Gasen, Spezifische Wärme von Gasen | 39 |
| e 21) | Dissoziation zweiatomiger Moleküle zu einatomigen | 40 |
| e 22) | Barometerformel | 41 |
| e 23) | Zusammensetzung der Atmosphäre | 41 |
| e 24) | Polarisierbarkeit (Dielektrizitätskonstante) von Gasen | 42 |
| f) Kinetik der Ladungsträger | | 42 |
| f 1) | Trägertemperatur, Voltenergie | 42 |
| f 2) | Mittlere Weglänge der Ionen bei der Bewegung durch ein Gas | 42 |
| f 3) | Wirkungsradius neutraler Moleküle gegen Ladungsträger | 42 |
| f 4) | Wirkungshalbmesser nach Ramsauer | 43 |
|  | Für Stoß von Elektronen gegen Moleküle; für Anregung und Ionisation. |  |
| f 5) | Ionenbeweglichkeit in Gasen und Dämpfen (empirische Werte). Beweglichkeit einfach geladener Ionen im eigenen Gas. Beweglichkeit positiver einwertiger Alkaliionen in Edelgasen | 45 |
| f 6) | Beweglichkeit von Elektronen (empirische Werte) | 46 |
| f 7) | Trägerdiffusion | 46 |
|  | Diffusionskoeffizient, Einfluß eines Magnetfeldes auf die Trägerdiffusion. |  |
| f 8) | Größe der Rekombinationszone | 47 |
| f 9) | Trägerbewegung in schwachen elektrischen Feldern, Beweglichkeit, Zusammenhang zwischen Beweglichkeit und Diffusionskoeffizient | 47 |
| f 10) | Akkumulation der Energie bei der Bewegung von Elektronen durch ein Gas (Hertz) | 47 |
| f 11) | Trägerbewegung in starken elektrischen Feldern | 49 |
| f 12) | Einfluß eines Magnetfeldes auf die Trägerbewegung in schwachen elektrischen Feldern | 49 |
| f 13) | Bewegung von Trägern durch ein Gas unter dem gleichzeitigen Einfluß von starken elektrischen und magnetischen Feldern | 51 |
| f 14) | Trägerbewegung in starken elektrischen Wechselfeldern | 52 |
| g) Ionisierung, Anregung und Entionisierung von Gasen | | 53 |
| g 1) | Ionisierungsspannung von Atomen, Molekülen und Ionen durch Elektronenstoß | 53 |
| g 2) | Wirkungsquerschnitte der Ionisierung bei der Elektronengeschwindigkeit, die der maximalen Ausbeute entspricht | 53 |
| g 3) | Einsatzspannungen der Ionisation durch Alkaliionen in Edelgasen | 54 |
| g 4) | Energiestufen des Wasserstoffatoms | 54 |
| g 5) | Anregungen und Ionisierungsspannungen der Alkaliatome | 54 |
| g 6) | Anregung der Na-, K- und Cs-Linien (Newman) | 55 |

|  | Seite |
|---|---|
| g 7) Kritische Spannungen der Alkalimetalle (Mohler) | 55 |
| g 8) Kritische Spannungen des Kupfers | 55 |
| g 9) Resonanz- und Ionisierungsspannungen von Mg und Ca | 56 |
| g 10) Anregungs- und Ionisierungsspannungen von Zn, Cd, Hg | 56 |
| g 11) Anregungs- und Optimalspannungen einiger Quecksilberlinien (Schaffernicht) | 56 |
| g 12) Anregungsfunktionen einiger Hg-Linien | 57 |
| g 13) Anregungs- und Ionisierungsspannungen von Ga, In, Tl | 58 |
| g 14) Anregungs- und Ionisierungsspannungen des He | 58 |
| g 15) Anregungsfunktion einiger He-Linien (Hanle) | 58 |
| g 16) Anregungsspannungen einiger Argonbogenlinien | 59 |
| g 17) Kritische Spannungen der Edelgasatome | 59 |
| g 18) Anregungsspannung der $N_2$-Niveaus nach Elektronenstoßversuchen mit gleichzeitiger spektroskopischer Beobachtung | 61 |
| g 19) Energieverlust von Elektronen in $N_2$ (Rudberg) | 61 |
| g 20) Kritische Spannungen des $O_2$ | 61 |
| g 21) Kritische Spannungen des CO | 62 |
| g 22) Linienstärken und Lebensdauern | 62 |
| g 23) Übersicht der Ionisierungsprozesse bei zweiatomigen Molekülen | 63 |
| g 24) Übersicht der Anregung und Ionisierung in mehratomigen Gasen | 63 |
| g 25) Die wichtigsten Linien einiger Atome | 64 |
| g 26) Differentiale Ionisierung durch Elektronenstrahlen in Gasen | 65 |
| g 27) Differentiale Ionisierung nach Messungen verschiedener Autoren | 67 |
| g 28) Ionisierung durch Elektronenstoß. Theoretische Formeln, Ionisierungszahl, Weglängenspannung, Ähnlichkeitsgesetz, Stoletow-Konstanten. | 69 |
| g 29) Ionisierung durch Elektronenstoß: halbempirische Formeln für die Ionisierungszahl | 69 |
| g 30) Stoßionisierung durch halbelastische Stöße | 70 |
| g 31) Ionisierungszahlen in verschiedenen Gasen | 71 |
| g 32) Temperaturabhängigkeit der Ionisierungszahl | 72 |
| g 33) Ionisierung durch Stoß positiver Träger (Paschensches Gesetz) | 73 |
| g 34) Ionisierungszahl positiver Träger (beobachtete Werte) | 73 |
| g 35) Reichweite und Ionisierungszahl des $\alpha$-Teilchens in Luft | 73 |
| g 36) Anlagerungswahrscheinlichkeit für Elektronen an ein Molekül | 73 |
| g 37) Raum-Entionisierung (Rekombination) | 74 |
| h) **Ionisierung und Entionisierung an Grenzflächen von festen Körpern gegen Gase** | 75 |
| h 1) Elektronenaustrittsarbeiten und langwellige Grenzen des lichtelektrischen Elektronenaustritts von Elementen und einigen Verbindungen | 75 |
| h 2) Farbempfindlichkeit lichtelektrischer Schichten | 76 |
| h 3) Erzeugung von Sekundärelektronen an Grenzflächen durch Elektronenstoß | 77 |
| h 4) Erzeugung von Elektronen durch Stoß positiver Ionen auf Metallflächen | 78 |
| h 5) Oberflächenionisierungszahl $\gamma$ in Luft (aus Durchschlagsversuchen) | 79 |
| h 6) Ionisierung an adsorbierten Gasschichten | 79 |
| h 7) Mittlere Lebensdauer $\bar{t}$ von Ionen bei ausschließlicher Wand-Rekombination | 79 |
| i) **Entladungen ohne merkliche Raumladungswirkungen** | 80 |
| i 1) Differentialgleichung der Townsend-Strömung | 80 |
| i 2) Der dunkle Vorstrom. Kanalbreite von Elektronenlawinen | 80 |
| i 3) Verstärkung der Stromdichte einer Photozelle durch Gasfüllung | 80 |
| i 4) Theoretische Zündbedingungen nach Townsend | 81 |

| | Seite |
|---|---|
| i 5) Durchbruchsfeldstärke ebener Elektroden in Luft | 83 |
| i 6) Funkenspannung ebener Elektroden in verschiedenen Gasen in Abhängigkeit von Druck mal Schlagweite | 84 |
| i 7) Durchbruchsfeldstärke zylindrischer Elektroden in Luft | 85 |
| i 8) Durchbruchsfeldstärke bei Kugelfunkenstrecken | 86 |
| i 9) Townsendsche Zündbedingung bei veränderlicher Temperatur | 87 |
| i 10) Zündspannung bei verschiedener Temperatur, abhängig vom Druck | 89 |
| i 11) Brechung von Elektronenbahnen im raumladungsfreien elektrischen Feld | 89 |

k) Raumladungsbeschwerte Entladungen . . . . . . . . . . 90

    k 1) Elektronenemission von Glühkathoden. . . . . . . . . . 90
    k 2) Konstanten der Richardson-Gleichung . . . . . . . . . 90
    k 3) Poissonsche Differentialgleichung . . . . . . . . . . . 91
    k 4) Langmuir-Sonden . . . . . . . . . . . . . . . . . . 91

l) Plasmafelder . . . . . . . . . . . . . . . . . . . . . . 93

    l 1) Thermische Ionisation . . . . . . . . . . . . . . . . 93
    l 2) Gradient der positiven Säule . . . . . . . . . . . . . 94
        Ne S. 94. — He S. 95. — Ar S. 96. — Hg S. 97. — $N_2$ S. 97, 98.
    l 3) Elektronentemperatur in der positiven Säule . . . . . . . 98
    l 4) Energiebilanz in der positiven Säule . . . . . . . . . . 99
    l 5) Energieumsatz der positiven Säule . . . . . . . . . . . 100

## III. Besondere Entladungsformen . . . . . . . . . . . . . . . 100

m) Elektronenröhren . . . . . . . . . . . . . . . . . . . 100

    m 1) Charakteristische Daten direkt geheizter Glühkathoden . . . 100
    m 2) Lebensdauer von Wolframkathoden . . . . . . . . . . 101
    m 3) Endkorrektionen für Wolframdrahtkathoden . . . . . . . 102
    m 4) Änderung der Elektronenemission von Glühkathoden bei Heizungsänderungen. . . . . . . . . . . . . . . . . . . 103
    m 5) Typische Richardson-Geraden . . . . . . . . . . . . 104
    m 6) Formierungsprozeß von Oxydkathoden (Charakteristischer Verlauf) . . . . . . . . . . . . . . . . . . . . . . 104
    m 7) Emissions-Ökonomie direkt geheizter technischer Kathoden . 105
    m 7a) Spezifische Emission und Austrittsarbeit thorierter Kathoden 105
    m 8) Austrittsarbeit und Querwiderstand von Oxydkathoden . . . 105
    m 9) Menge des Bariums an der Oberfläche einer Oxydkathode. . 107
    m 10) Durchgriff, Steuerspannung, Raumladungsstrom und Steilheit von Trioden . . . . . . . . . . . . . . . . . . . . 107
        Gitteröffnung klein gegen Abstand Gitter—Kathode S. 107. — Gitteröffnung beliebig S. 109. — Plation S. 112.
    m 11) Abhängigkeit des Durchgriffs einer Elektronenröhre vom Emissionsstrom . . . . . . . . . . . . . . . . . . . . . 113
    m 12) Magnetronröhre . . . . . . . . . . . . . . . . . . 113
    m 13) Ablenkung eines Strahlenbündels in einer Kathodenstrahlröhre 114
    m 14) Dispersion und Streuung eines Elektronenstrahlbündels . . . 115
    m 15) Durchlässigkeit eines Lenard-Fensters für Elektronen . . . 116
    m 16) Brennweite elektrischer Linsen . . . . . . . . . . . . 117
    m 17) Elektrische Elemente der geometrischen Elektronoptik . . 118
    m 18) Brennweite magnetischer Linsen . . . . . . . . . . . 119
    m 19) Abschirmung von Elektronenröhren gegen magnetische Störfelder . . . . . . . . . . . . . . . . . . . . . . . 120
    m 20) Schwärzung photographischer Platten durch Elektronenstrahlen 121
        Direkte Bestrahlung S. 121. — Indirekte Bestrahlung (durch elektronenerregte Fluoreszenz) S. 122.

Seite

n) Ionenröhren . . . . . . . . . . . . . . . . . . . . . 123
 n 1) Lichtgebilde der Glimmladung . . . . . . . . . . . . . 123
 n 2) Farbe des negativen Glimmlichtes, der ersten Kathodenschicht, des Kathodendunkelraumes und der positiven Säule bei verschiedenen Gasen und Dämpfen . . . . . . . . . . . . . 123
 n 3) Farben der geschichteten Säule . . . . . . . . . . . . . 124
 n 4) Farbpunkte von Leuchtröhren im Maxwell-Königschen Farbdreieck . . . . . . . . . . . . . . . . . . . . . . . . . . 124
 n 5) Existenzbereich der wandernden Schichten . . . . . . . . 125
 n 6) Dicke des Kathodendunkelraumes . . . . . . . . . . . . 126
 n 7) Beziehung zwischen Austrittsarbeit und Kathodenfall . . . 126
 n 8) Normaler Kathodenfall . . . . . . . . . . . . . . . . . 126
 n 9) Kathodenzerstäubung . . . . . . . . . . . . . . . . . . 127
 n 10) Beziehung zwischen normaler Stromdichte und Druck der verschiedenen Kathodenmaterialien in verschiedenen Gasen . . . 127
 n 11) Anodenfall . . . . . . . . . . . . . . . . . . . . . . 128
 n 12) Spektrale Intensitäten und Lichtausbeuten der positiven Säule in Neon . . . . . . . . . . . . . . . . . . . . . . . . . 128
 n 13) Verteilung der spektralen Intensität verschiedener Leuchtröhren 129
 n 14) Berechnung der abgestrahlten Leistung einer Leuchtröhre . . 130
 n 15) Für die Eichung im Ultraviolett geeignete Linien von Metalldampfniederdrucklampen . . . . . . . . . . . . . . . . . 130
 n 16) Zündspannung gasgefüllter Ionenröhren mit Glühkathoden . . 130
 n 17) Abhängigkeit der Stromdichte bzw. Größe des Brennflecks im Kohlelichtbogen vom Druck . . . . . . . . . . . . . . . 131
 n 18) Brennspannung, Stromstärke, Bogenlänge und „Bogenwiderstand" für Lichtbögen . . . . . . . . . . . . . . . . . . 131
 n 19) Kennlinie des Reinkohlebogens, (Ayrtonsche Gleichung) . . 132
 n 20) Wiederzündspannung in Abhängigkeit von der Zeit nach Verlöschen des Bogens . . . . . . . . . . . . . . . . . . . 132

o) Entladungen in Luft bei atmosphärischem Druck . . . . 133
 o 1) Korona, Anfangsspannung und Koronaverluste für parallele zylindrische Leiter . . . . . . . . . . . . . . . . . . . . 133
 o 2) Glimmverluste an Drähten in Luft . . . . . . . . . . . . 134
 o 3) Glimmspannung zwischen Kanten . . . . . . . . . . . . 134
 o 4) Glimmverluste an ausgeführten Leitungen . . . . . . . . 135
 o 5) Spannungsmessungen mit der Kugelfunkenstrecke in Luft . . 136
  Werte der relativen Luftdichte S. 137.

IV. **Werkstoffe für Entladungsröhren** . . . . . . . . . . . . . . . 138
 p 1) Schmelzpunkte und spezifische Gewichte einiger Elemente . . 138
 p 2) Linearer Ausdehnungskoeffizient einiger Elemente und Legierungen . . . . . . . . . . . . . . . . . . . . . . . . . 139
 p 3) Linearer Ausdehnungskoeffizient und Transformationstemperatur von Gläsern, Porzellan und Glimmer . . . . . . . . 140
 p 4) Spezifischer Widerstand und Temperaturkoeffizient von Röhrenwerkstoffen . . . . . . . . . . . . . . . . . . . . . . . 140

V. **Hochvakuumtechnik** . . . . . . . . . . . . . . . . . . . . . 142
 q 1) Dimensionierung Mac Leodscher Manometer . . . . . . . 142
 q 2) Gasströmung durch kreiszylindrische Röhren . . . . . . . 143
 q 3) Pumpdauer und Fördermenge von Vakuumpumpen . . . . 146
 q 4) Strömungswiderstand von Hochvakuum-Rohrleitungen . . . 146
 q 5) Adsorption von Gasen durch Holzkohle . . . . . . . . . 148
 q 6) Siedepunkte verflüssigter Gase . . . . . . . . . . . . . . 148
 q 7) Dampfdrucke von Ramsayfett . . . . . . . . . . . . . . 149
 q 8) Dampfdrucke organischer Betriebsstoffe für Hochvakuumdiffusionspumpen . . . . . . . . . . . . . . . . . . . . . . . 149

## VI. Bezeichnungen der Gasentladungen nach AEF . . . . . . . . . 149
    r 1) Allgemeine physikalische Einteilung . . . . . . . . . . . 149
    r 2) Phänomenologische Einteilung . . . . . . . . . . . . . . 151
    r 3) Definitionen charakteristischer Größen . . . . . . . . . . 154

## VII. Maßsysteme und allgemeine Konstanten . . . . . . . . . . . . 155
    s 1) Allgemeine Konstanten . . . . . . . . . . . . . . . . . . 155
    s 2) Vergleich elektrischer und magnetischer Größen der verschiedenen Maßsysteme . . . . . . . . . . . . . . . . . . . . . 156
    s 3) Verwandlung der Arbeits-, Leistungs- und Druckeinheiten . . 157
    s 4) Energieäquivalente . . . . . . . . . . . . . . . . . . . . 158
    s 5) Vergleich metrischer mit englischen Maßen . . . . . . . . 158

## VIII. Mathematische Hilfsmittel . . . . . . . . . . . . . . . . . . . 159
    t 1) Hilfsmittel für die Auswertung Gaußscher Verteilungen . . . 159
    t 2) Auswertung des Integrals $\int_a^b x^m e^{-x^2} dx$ . . . . . . . . . . . 159
    t 3) Werte der Funktionen $e^{x^2}$ und $e^{-x^2}$ . . . . . . . . . . . 160
    t 4) Gaußsche Fehlerfunktion . . . . . . . . . . . . . . . . . 161
    t 5) Werte der Funktion $x^n e^{-\frac{1}{x}}$ . . . . . . . . . . . . . . . 164
    t 6) Auswertung des Integrals $\int_1^R \frac{dR}{\sqrt{\ln R}}$ . . . . . . . . . . . 166
    t 7) Werte des Integrals $\psi(x) = \int_0^x e^{z^2} dz$ . . . . . . . . . . . 167

## Sachverzeichnis . . . . . . . . . . . . . . . . . . . . . . . . . . . . 168

---

## Druckfehlerberichtigungen.

S. 5. Zeile 8 von unten: statt $U$ lies $U_{th}$.

S. 15. Lichtdruck, Zeile 2: $p$ ist zu streichen.

S. 110. Zeile 14 von oben: lies richtig: . . . in $q$-Richtung $\frac{q}{d'}$ Drähte . . .

S. 111. Zeile 6 von oben: lies richtig: $\delta \approx z_0^2$.

S. 112. Mitte: lies richtig: $z_0 \approx -\frac{\pi r_g}{d} \text{arc tg} \frac{\frac{r_d}{r_g}}{\sqrt{1 - \left(\frac{r_d}{r_g}\right)^2}}$;

# I. Physik des Einzelteilchens.
## a) Moleküle und Atome.
### a 1) Atomgewichte, Atommassen der wichtigsten Elemente[1].

| Element | | Ordnungszahl | Atomgewicht oder Verbindungsgewicht * $o = 16,000$ | Atommassen g | Molekularmassen zweiatomiger Moleküle g |
|---|---|---|---|---|---|
| Aluminium | Al | 13 | 26,97* | 44,12 . $10^{-24}$ | |
| Antimon | Sb | 51 | 121,8* | 199,3 ,, | |
| Argon | Ar | 18 | 39,88* | 65,24 ,, | |
| Arsen | As | 33 | 74,96* | 122,6 ,, | |
| Barium | Ba | 56 | 137,4* | 224,8 ,, | |
| Beryllium | Be | 4 | 9,02 | 14,7 ,, | |
| Blei | Pb | 82 | 207,2* | 339,0 ,, | 678,0 $10^{-24}$ |
| Cadmium | Cd | 48 | 112,4 | 183,9 ,, | 367,8 ,, |
| Cäsium | Cs | 53 | 132,8* | 217,2 ,, | 434,4 ,, |
| Calcium | Ca | 20 | 40,07* | 65,55 ,, | |
| Chlor | Cl | 17 | 35,46* | 58,01 ,, | 116,0 . $10^{-24}$ |
| Chrom | Cr | 24 | 52,0 | 85,1 ,, | |
| Eisen | Fe | 26 | 55,84* | 91,35 ,, | |
| Emanation | Em | 86 | 220,2 | 363,2 ,, | |
| Gold | Au | 79 | 197,2 | 322,6 ,, | |
| Helium | He | 2 | 4,00 | 6,54 ,, | |
| Iridium | Ir | 77 | 193,1 | 315,9 ,, | |
| Kalium | K | 19 | 39,10* | 63,96 ,, | 127,92 . $10^{-24}$ |
| Kobalt | Co | 27 | 58,97 | 96,47 ,, | |
| Kohlenstoff | C | 6 | 12,00 | 19,63 ,, | 39,26 . $10^{-24}$ |
| Krypton | Kr | 36 | 82,9* | 136 ,, | |
| Kupfer | Cu | 29 | 63,57* | 104,9 ,, | |
| Lithium | Li | 3 | 6,94* | 11,3 ,, | 22,6 . $10^{-24}$ |
| Magnesium | My | 12 | 24,32 | 39,79 ,, | 79,58 ,, |
| Mangan | Mn | 25 | 54,93 | 89,67 ,, | |
| Molybdän | Mo | 42 | 96,0 | 157 ,, | |
| Natrium | Na | 11 | 23,00 | 37,63 ,, | 75,26 . $10^{-24}$ |
| Neon | Ne | 10 | 20,2* | 33,0 ,, | |
| Nickel | Ni | 28 | 58,68* | 95,99 ,, | |
| Niobium | Nb | 41 | 93,5 | 153 ,, | |
| Osmium | Os | 76 | 190,9 | 312,3 ,, | |
| Palladium | Pd | 46 | 106,7 | 174,5 ,, | |
| Phosphor | P | 15 | 31,04 | 50,78 ,, | 101,56 . $10^{-24}$ |
| Platin | Pt | 78 | 195,2 | 319,3 ,, | |
| Quecksilber | Hg | 80 | 200,6* | 328,2 ,, | 656,4 . $10^{-24}$ |
| Radium | Ra | 88 | 226,0 | 369,7 ,, | |
| Rubidium | Rb | 37 | 85,5* | 140 ,, | 280 . $10^{-24}$ |
| Sauerstoff | O | 8 | 16,000 | 26,17 ,, | 52,34 ,, |
| Selen | Se | 34 | 79,2* | 130 ,, | 260 ,, |
| Silber | Ag | 47 | 107,88* | 176,5 ,, | |
| Silicium | Si | 14 | 28,06* | 45,91 ,, | |
| Stickstoff | N | 7 | 14,008 | 22,92 ,, | 45,84 . $10^{-24}$ |
| Strontium | Sr | 38 | 87,6 | 143 ,, | |
| Tantal | Ta | 73 | 181,5 | 296,9 ,, | |
| Thorium | Th | 90 | 232,1 | 379,7 ,, | |
| Vanadium | Va | 23 | 51,0 | 83,4 ,, | |
| Wasserstoff | H | 1 | 1,008 | 1,649 ,, | 3,298 . $10^{-24}$ |
| Wismut | Bi | 83 | 209,0 | 341,9 ,, | |
| Wolfram | W | 74 | 184,0 | 301,1 ,, | |
| Xenon | X | 54 | 130,2* | 213,0 ,, | |
| Zink | Zn | 30 | 65,37* | 106,9 ,, | 213,8 . $10^{-24}$ |
| Zinn | Sn | 50 | 118,7* | 194,1 ,, | |
| Zirkonium | Zr | 40 | 91,2 | 149 ,, | |

[1] $\sqrt{\dfrac{m_0}{m_i}}$ s. unter Ziffer c 2. S. 14.

## a 2) Periodisches System der Elemente*.

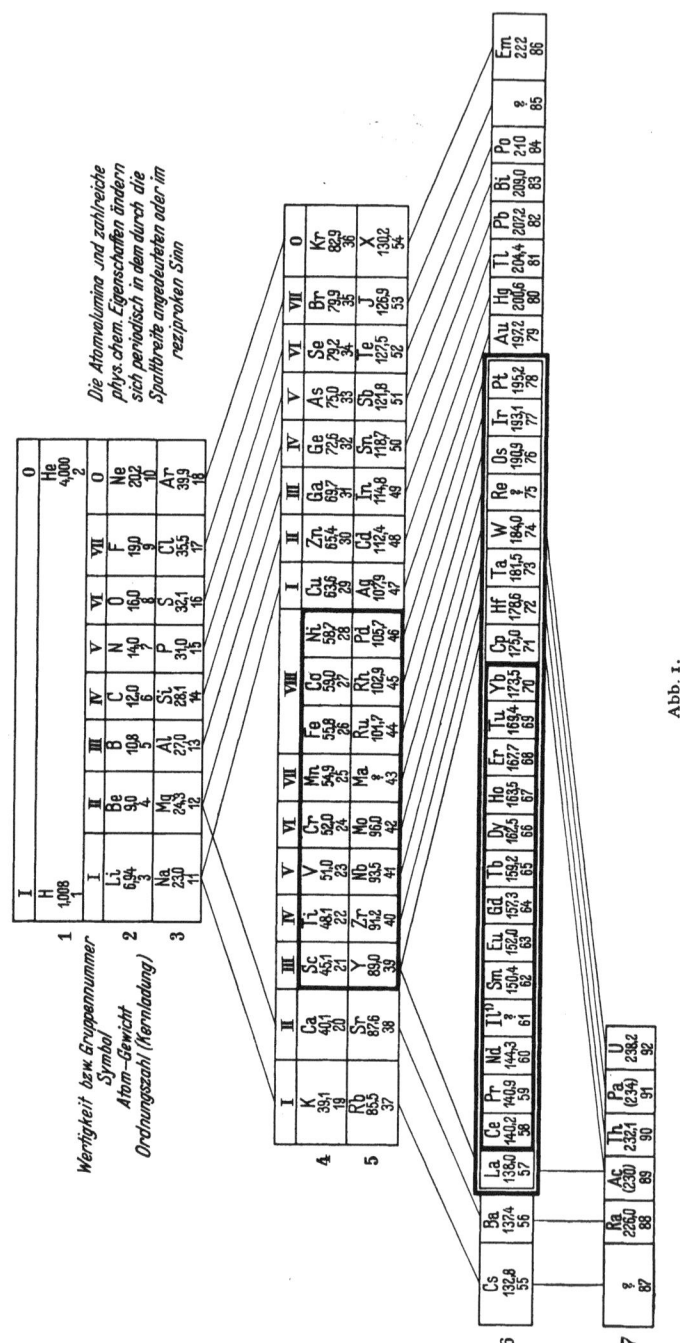

Abb. 1.

---

* Landolt-Börnstein: Physikalisch-chemische Tabellen.
[1] Das Element Nr. 61 scheint von Harris, Yntema und Hopkins: Nature, Lond. Bd. 117 (1926) S. 792 aufgefunden zu sein; es wurde „Illinium" (Il) genannt. Auffindung und Identifizierung analog der von Masurium (Ma; Nr. 43) und Rhenium (Re; Nr. 75) durch Noddack, Tacke und Berg: Naturwiss. Bd. 13 (1925) S. 567.

## a 3) Vergleichende Tabellen von gaskinetischen Molekülradien in ÅE $(10^{-8}\text{ cm})$[1].

Herkunft der Werte in den einzelnen Spalten:
  I. Gaskinetische Molekülradien nach Jeans[2]. Mittelwerte aus Viskositäts-, Wärmeleitungs- und Diffusionsuntersuchungen.
  II. Aus der inneren Reibung berechnete Werte (Sutherland, Rankine)[3].
  III. Werte nach van der Waals[3] $\left(\frac{1}{8}\frac{RT_x}{p_x}=b\right)$.  $T_x=$ kritische Temperatur
  IV. Werte nach Wohl[3] $\left(\frac{1}{15}\frac{RT_x}{p_x}=b\right)$. $p_x=$ kritischer Druck
  $R=$ Gaskonstante
  $b=$ Konstante
  V. Werte aus der Verdampfungswärme berechnet (Sirk)[4].
  VI. Aus der Bewegung langsamer Elektronen ermittelte Werte (Lenard, Ramsauer, Mayer)[3].
  VII. Werte nach Clausius-Mosotti:

$$R_c \approx \sqrt[3]{\frac{\varepsilon-1}{4\pi N}};\quad \begin{array}{l} R_c\text{ [cm] Molekülradius,} \\ \varepsilon\text{ Dielektrizitätskonstante}[5], \\ N\text{ [cm}^{-3}\text{] Avogadrosche Zahl.} \end{array}$$

Werte in ÅE $(10^{-8}\text{ cm})$.

|  | I | II | III | IV | V | VI | VII |
|---|---|---|---|---|---|---|---|
| Argon | 1,82 | 1,43 | 1,43 | 1,17 | 1,8 | 2,77 | 1,19 |
| Chlor | — | 1,85 | 1,65 | 1,34 | 2,15 | — | 1,65 |
| Helium | 1,10 | 1,00 | 1,24 | 1,07 | 1,5 | 1,41 | 0,614 |
| Kohlendioxyd | 2,31 | — | 1,61 | 1,31 | 2,0 | 1,83 | 1,42 |
| Kohlenoxyd | 1,89 | — | 2,28 | 1,48 | 1,95 | — | 1,27 |
| Krypton | 2,07 | 1,59 | 1,57 | 1,27 | — | — | 1,36 |
| Luft | 1,87 | — | — | — | — | — | — |
| Neon | — | 1,17 | — | — | — | 1,28 | — |
| Quecksilber | — | 1,80 | 1,19 | 0,96 | — | — | — |
| Sauerstoff | 1,81 | 1,48 | 1,45 | 1,18 | 1,8 | — | 1,17 |
| Stickstoff | 1,90 | 1,58 | 1,57 | 1,28 | 1,95 | 1,75 | 1,21 |
| Wasserdampf | 2,29 | 1,36 | 1,44 | 1,17 | — | — | — |
| Wasserstoff | 1,36 | 1,09 | 1,38 | 1,12 | 1,55 | 2,04 | 0,675 |
| Xenon | 2,44 | 1,75 | 1,71 | 1,39 | — | — | 1,60 |

## a 4) Charakteristische Größen einiger zweiatomiger Moleküle.

Grundschwingungen $\nu$, charakteristische Temperaturen $\Theta$, Trägheitsmomente $J$ und Dissoziationsspannungen $D$ zweiatomiger Moleküle[6], $\lambda=$ Wellenlänge.

| Molekül | $\nu=\frac{1}{\lambda}$ | $\Theta=\frac{h\nu}{k}$ | $J$ | $D$ |
|---|---|---|---|---|
|  | cm$^{-1}$ | °K | gcm$^2$ | V |
| Br$_2$ | 324,9 | 465 | 330 · 10$^{-40}$ | 1,96 ± 0,02 |
| Cl$_2$ | 552,4 | 790 | 114 ,, | 2,47 ± 0,02 |
| ClJ | 381,2 | 545 | 575 ,, ? | 2,04 |
| CO | 2135 | 3060 | 14,9 ,, | 11,0 ± 0,5 |
| F$_2$ | 1122,6 | 1610 | 25,3 ,, | ~ 2,8 |
| H$_2$ | 4153 | 5950 | 0,463 ,, | 4,36 ± 0,01 |
| HBr | 2559 | 3660 | 3,314 ,, |  |
| HCl | 2887,2 | 4130 | 2,656 ,, |  |
| HF | 3962 | 5670 | 1,35 ,, |  |
| HJ |  |  | 4,309 ,, | ~ 2,9 |
| HO | 3569,8 | 5110 | 1,498 ,, |  |

[1] Wirkungsquerschnitte nach Ramsauer s. unter Ziffer f 4. S. 43.
[2] Jeans, J. H.: Dynamische Theorie der Gase, S. 415. Braunschweig 1926.
[3] Landolt-Börnstein: Physikalisch-chemische Tabellen Erg.-Bd. I S. 69.
[4] Landolt-Börnstein: Physikalisch-chemische Tabellen Erg.-Bd. I S. 74.
[5] Dielektrizitätskonstanten von Gasen s. unter Ziffer e 24. S. 42.
[6] Zum Teil Landolt-Börnstein: Physikalisch-chemische Tabellen.
  $h$ und $k$ vgl. Ziffer s 1, S. 155; $\Theta$ vgl. Ziffer e 16, S. 33.

Tabelle a 4) (Fortsetzung).

| Molekül | $\nu = \dfrac{1}{\lambda}$ | $\Theta = \dfrac{h\nu}{k}$ | $J$ | $D$ |
|---|---|---|---|---|
| | cm$^{-1}$ | °K | gcm² | V |
| J$_2$ | 213,3 | 305 | 742,6 · 10$^{-40}$ | |
| K$_2$ | 91,2 | 130 | 184 ,, | |
| Li$_2$ | 345,3 | 495 | ,, | 1,14 ± 0,03 |
| N$_2$ | 2330,7 | 3340 | 13,8 ,, | 9,0 ± 0,3 |
| NO | 1877,5 | 2680 | 16,55 ,, | 7,9 ± 0,5 |
| Na$_2$ | 157,2 | 225 | 179,5 ,, | 0,76 ± 0,03 |
| NaK | 122,5 | 175 | 66 ,, | 0,62 ± 0,05 |
| O$_2$ | 1554,0 | 2220 | 19,15 ,, | 5,09 ± 0,01 |
| S$_2$ | 721,6 | 1030 | 67 ,, ? | 4,9 ± 0,2 |
| Se$_2$ | 396,2 | 570 | | 3,6 ± 0,6 |
| Te$_2$ | 249,9 | 360 | 860 ,, ? | 2,8 ± 0,6 |

## b) Elektronen.

### b 1) Konstanten des Elektrons.

Elementarladung, Ladung eines Elektrons.

$$e = 1{,}59 \cdot 10^{-19} \text{ [clb]}; \quad (e = 4{,}77 \cdot 10^{-10} \text{ [ESE]}).$$

Ruhmasse; Masse des Elektrons bei sehr kleinen Geschwindigkeiten[1]

$$m_0 = 0{,}899 \cdot 10^{-27} \text{ [g]}.$$

Elementarladung/Ruhmasse.

$$\frac{e}{m_0} = 1{,}77 \cdot 10^8 \left[\frac{\text{clb}}{\text{g}}\right]; \quad \left(\frac{e}{m_0} = 0{,}528 \cdot 10^{18} \left[\frac{\text{ESE}}{\text{g}}\right]\right);$$

Verhältnis der Masse eines Elektrons zu der eines Wasserstoffatoms.

$$\frac{m_0}{m_H} = \frac{1}{1835} = 5{,}46 \cdot 10^{-4}.$$

Modellmäßiger Halbmesser eines Elektrons (Kugel mit Oberflächenladung).

$$r_0 = \frac{2}{3}\frac{e^2}{m_0} 10^{-2} = 1{,}87 \cdot 10^{-13} \text{ cm}.$$

### b 2) Elektronendynamik.

Kraftgesetze.

Kraft eines elektrischen Feldes $\mathfrak{E}$ auf einen Ladungsträger mit der Ladung $q$:

$$\mathfrak{K}_{e[\text{dyn}]} = q_{[\text{clb}]} \cdot \mathfrak{E}_{[\text{V/cm}]} \cdot 10^7.$$

Kraft eines magnetischen Feldes $\mathfrak{H}$ auf einen mit der gerichteten Geschwindigkeit $\mathfrak{v}$ in Bewegung befindlichen Ladungsträger mit der Ladung $q$:

$$\mathfrak{K}_{m[\text{dyn}]} = q_{[\text{clb}]} \cdot \left[\mathfrak{v}\left[\frac{\text{cm}}{\text{s}}\right] \cdot \mathfrak{B}\left[\frac{\text{Vs}}{\text{cm}^2}\right]\right] \cdot 10^7 \quad \left(\mathfrak{B}\left[\frac{\text{Vs}}{\text{cm}^2}\right] = \Pi\mu\,\mathfrak{H}_{[\text{A/cm}]}\right).$$

Kraft eines elektrischen und eines magnetischen Feldes auf einen Ladungsträger mit der Ladung $q$:

$$\mathfrak{K}_{r[\text{dyn}]} = q\,(\mathfrak{E} + [\mathfrak{v} \cdot \mathfrak{B}]) \cdot 10^7 \quad \text{(Dimensionen wie oben)}.$$

Bewegungsgleichung eines Ladungsträgers im elektromagnetischen Feld für langsame Bewegungen (klassischer Ansatz):

$$m\frac{d\mathfrak{v}}{dt} = q\,(\mathfrak{E} + [\mathfrak{v}\,\mathfrak{B}]) \cdot 10^7.$$

$m$ [g] Ruhmasse des Ladungsträgers; $\mathfrak{v}\left[\dfrac{\text{cm}}{\text{s}}\right]$; $t$ [s]; $q$ [clb]; $\mathfrak{E}\left[\dfrac{\text{V}}{\text{cm}}\right]$; $\mathfrak{B}\left[\dfrac{\text{Vs}}{\text{cm}^2}\right]$.

---

[1] In der Literatur finden sich auch die Werte $m_0 = 0{,}9$ bzw. $0{,}902 \cdot 10^{-27}$.

Lagrangesche Bewegungsgleichungen der Punktladung $q$ im elektromagnetischen Feld.

$$\frac{d}{dt}\left(\frac{\partial L}{\partial q_i}\right) - \frac{\partial L}{\partial q_i} = 0; \qquad q_i = \text{verallgemeinerte Koordinaten.}$$

Lagrangesche Funktion: $L = T - q\left(\varphi - \Pi \sum_k \mathfrak{A}_k v_k\right)$.

Definition des Vektorpotentials aus rot $\mathfrak{A} = \mathfrak{H}$.

$T$ = kinetische Energie, $\varphi$ = Potential, $\Pi = 4\pi \cdot 10^{-9}$,
$\mathfrak{A}_k$ = $k$te Komponente des Vektorpotentials ⎱ in rechtwinkligen
$v_k$ = $k$te Komponente der Geschwindigkeit ⎰ Koordinaten.

### b 3) Arbeitsgesetze.

Arbeit am Ladungsträger.

$$m\frac{d\mathfrak{v}}{dt} \cdot d\mathfrak{s} = d\left(\frac{1}{2}mv^2\right) = q\left(\mathfrak{E} + [\mathfrak{v} \cdot \mathfrak{B}]\right) d\mathfrak{s} \cdot 10^7 = q\left(\mathfrak{E}\,d\mathfrak{s}\right) 10^7.$$

Dimensionen wie oben; $d\mathfrak{s}$ [cm] = Bahnelement ($d\mathfrak{s} \parallel \mathfrak{v}$; $\therefore d\mathfrak{s} \perp [\mathfrak{v}\mathfrak{B}]$).

Ist $\mathfrak{E}$ der Gradient eines stationären Potentials $\varphi_{[V]}$, so gilt:

$$\frac{1}{2}mv_2^2 - \frac{1}{2}mv_1^2 = q(\varphi_1 - \varphi_2) \cdot 10^7.$$

Speziell: Ist $U$ die durchlaufene Spannung $(\varphi_1 - \varphi_2)$, so wird ein Ladungsträger, der sich ursprünglich in Ruhe befand ($v_1 = 0$), beschleunigt bis zur Geschwindigkeit:

$$v = \sqrt{2\frac{q}{m \cdot 10^{-7}}U}\;[\text{cm/s}]; \qquad q\,[\text{clb}];\; m\,[\text{g}];\; U\,[\text{V}].$$

Da $q$ und $m$ für einen bestimmten Ladungsträger Konstante sind, ist $U$ ein Maß für die Energie (Voltenergie) oder Geschwindigkeit (Voltgeschwindigkeit) des Trägers.

Voltgeschwindigkeit für langsame Elektronen:

$$v = \sqrt{2\frac{e}{m_0 \cdot 10^{-7}}U} = \sqrt{2\frac{1{,}59 \cdot 10^{-19}}{0{,}899 \cdot 10^{-27} \cdot 10^{-7}}}\sqrt{U} = 5{,}95 \cdot 10^7 \sqrt{U_{[V]}}\left[\frac{\text{cm}}{\text{s}}\right],$$

$$v \approx 600\sqrt{U_{[V]}}\left[\frac{\text{km}}{\text{s}}\right].$$

Voltenergie.

$$E = e \cdot U = 1{,}59 \cdot 10^{-19+7}\,U = 1{,}59 \cdot 10^{-12}\,U\,[\text{erg}]$$
$$= 1{,}59 \cdot 10^{-19}\,U\,[\text{Ws}]; \qquad U\,[\text{V}],\; e\,[\text{clb}].$$

Äquivalenttemperatur der Voltenergie.

Ein Elektronenschwarm mit Maxwellscher Geschwindigkeitsverteilung von der Elektronentemperatur $T$ hat die mittlere Voltenergie $e\,U_{th}$:

$$\frac{3}{2}kT = e \cdot U_{th},$$

$$T = \frac{2 \cdot 1{,}59 \cdot 10^{-19}}{3 \cdot 1{,}371 \cdot 10^{-23}}U = 7{,}73 \cdot 10^3\,U_{th}$$

oder
$$\frac{T}{1000} = 7{,}73\,U_{th},\; \text{d. h. 1 V entspricht } 7730^\circ\,K.$$

$U_{th}$ [V], $T$ [°K], $e$ [clb], $k\left[\dfrac{\text{Ws}}{°K}\right]$ (Boltzmannsche Konstante).

### b 4) Elektronenbewegung im magnetischen Feld.

Magnetische Beeinflussung langsamer Elektronen.

Voraussetzung: Homogenes Magnetfeld $\mathfrak{H}$, parallel und gleichgerichtet mit $z$-Achse eines rechtwinkligen Systems.

Bewegungsgleichungen der Elektronen:

$$m_0 \cdot 10^{-7} \frac{d^2 x}{dt^2} = e \Pi \mathfrak{H} v_y; \quad m_0 \cdot 10^{-7} \frac{d^2 y}{dt^2} = e \Pi \mathfrak{H} v_x: \quad m_0 \cdot 10^{-7} \frac{d^2 z}{dt^2} = 0.$$

Lösung: Kreisschraubenbewegung um $z$-Achse[1]:

$$x = -\frac{v \cos(\omega t + \psi)}{\omega}; \quad y = -\frac{v \sin(\omega t + \psi)}{\omega} \quad \text{mit} \quad \omega = \frac{e \Pi \mathfrak{H}}{m_0 \cdot 10^{-7}} = 2{,}22 \cdot 10^7 |\mathfrak{H}|$$

$m_0$ [g] Elektronenmasse, $y, x$ [cm], $t$ [s], $e$ [clb] Elektronenladung, $\Pi \left[\frac{\text{Vs}}{\text{A/cm}}\right]$ Permeabilität des leeren Raumes, $\mathfrak{H}$ [A/cm]², $v$ [cm/s].

Radius der Kreise:

$$r = \frac{v}{\omega} = \frac{v}{\Pi \frac{e}{m_0 \cdot 10^{-7}} |\mathfrak{H}|} \quad \text{oder} \quad |\mathfrak{H}| \cdot r = \frac{m_0 \cdot 10^{-7} \cdot v}{\Pi e} = 2{,}68 \cdot \sqrt{U} \left[\frac{\text{A}}{\text{cm}} \text{cm}\right]^2.$$

$U$ [V] Äquivalentspannung, entsprechend $v$.

Ganghöhe der Schraube:

$$h = \frac{2 \pi v_{z0}}{\Pi \frac{e}{m_0 \cdot 10^{-7}} |\mathfrak{H}|} \text{[cm]}.$$

$v_{z0}$ [cm/s] Konstante Translationsbewegung in Achsenrichtung.

Magnetische Beeinflussung schneller Elektronen.

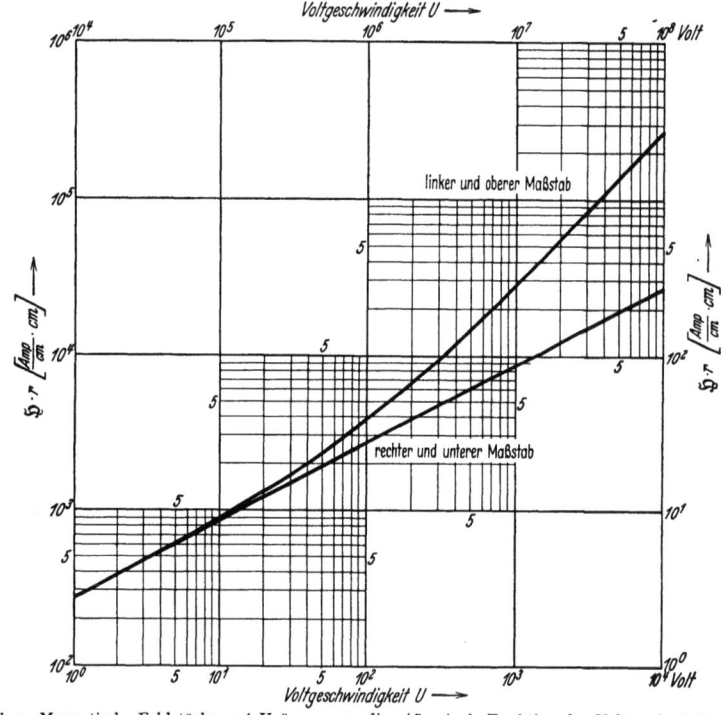

Abb. 2. Magnetische Feldstärke mal Krümmungsradius ($\mathfrak{H} \cdot r$) als Funktion der Voltgeschwindigkeit für Elektronenstrahlen [2].

Unter sonst gleichen Voraussetzungen wie oben gelten die relativistischen Beziehungen:

$$|\mathfrak{H}| \cdot r = \frac{m_0 \cdot 10^{-7}}{\Pi e} \frac{c \beta}{\sqrt{1-\beta^2}} = \frac{1{,}35 \cdot 10^3 \beta}{\sqrt{1-\beta^2}}, \quad \beta = \frac{v}{c}$$

$$= \sqrt{\frac{2 m_0 \cdot 10^{-7}}{\Pi^2 e} \left(U + \frac{e}{2 m_0 \cdot 10^{-7} c^2} U^2\right)} = \sqrt{7{,}17\, U + 7{,}05 \cdot 10^{-6}\, U^2} \left[\frac{\text{A}}{\text{cm}} \text{cm}\right]^2.$$

Vgl. graphische Darstellung dieser Funktion (Abb. 2).

---

[1] In Richtung $z$ hat das Feld $\mathfrak{H}$ keinen Einfluß auf die Elektronenbewegung.
[2] Umrechnung in Gauß s. Ziffer s 2. S. 156.

**Langsame Bewegung von Elektronen im elektromagnetischen Feld.**

Voraussetzung: Elektrisches Homogenfeld $\mathfrak{E}$ in Richtung der negativen $x$-Achse eines kartesischen Systems; homogenes Magnetfeld in Richtung der positiven $z$-Achse (s. Abb. 3).

Bewegungsgleichungen:

$$m_0 \cdot 10^{-7} \frac{d^2 x}{dt^2} = e(\mathfrak{E} - \Pi \mathfrak{H} v_y);$$

$$m_0 \cdot 10^{-7} \frac{d^2 y}{dt^2} = e \Pi \mathfrak{H} v_x;$$

$$m_0 \cdot 10^{-7} \frac{d^2 z}{dt^2} = 0.$$

$m_0$ [g] Elektronenmasse;
$e$ [clb] Elektronenladung;
$x, y, z$ [cm];
$t$ [s];
$\mathfrak{E}$ [V/cm];
$\mathfrak{H}$ [A/cm];
$\Pi \left[ \dfrac{\text{Vs}}{\text{cm}^2} \Big/ \dfrac{\text{A}}{\text{cm}} \right] = 4\pi \cdot 10^{-9}$;
$v_x$; $v_y$ [cm/s] Komponenten der Geschwindigkeit in Achsenrichtung.

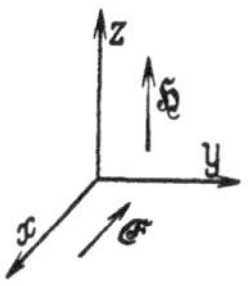

Abb. 3.

1. Falls die Elektronen aus der **Ruhelage** vom Ursprung aus beschleunigt werden, ergeben die Bahngleichungen:

$$x = \frac{\mathfrak{E}}{\Pi \mathfrak{H} \omega}(1 - \cos \omega t), \qquad y = \frac{\mathfrak{E}}{\Pi \mathfrak{H} \omega}(\omega t - \sin \omega t), \qquad z = 0$$

gemeine Zykloiden, die durch einen Rollkreis $R$ erzeugt werden, der sich mit der Winkelgeschwindigkeit $\omega$ auf der $y$-Achse abwälzt

$$R = \frac{\mathfrak{E}}{\Pi \mathfrak{H} \omega} = \frac{m_0 \cdot 10^{-7}}{e} \frac{\mathfrak{E}}{(\Pi \mathfrak{H})^2}; \qquad \omega = \frac{e \Pi}{m_0 \cdot 10^{-7}} \mathfrak{H}.$$

2. Werden die Elektronen aus der **Anfangsgeschwindigkeit** $v_0$ (Komponenten $v_{x_0}$ und $v_{y_0}$) beschleunigt, so lauten die Bahngleichungen:

$$x + x_0 = R - R' \cos(\omega t + \vartheta), \qquad y = R \omega t - R' \sin(\omega t + \vartheta).$$

Für $R' \gtreqless R$ sind das die Gleichungen $\genfrac{}{}{0pt}{}{\text{verlängerter}}{\text{verkürzter}}$ Zykloiden[1]. Sie werden beschrieben von einem Punkt $P$, der um $R'$ vom Zentrum eines Rollkreises $R$ entfernt liegt. Der Rollkreis wälzt sich mit der Winkelgeschwindigkeit $\omega$ derart längs der positiven $y$-Achse ab, daß der auf gleichem Halbmesser mit $P$ liegende Peripheriepunkt zur Zeit $\omega t = -\vartheta$ im Abstand $(-x_0)$ unterhalb des Ursprungs auf der $y$-Achse liegt.

$$R = \frac{\mathfrak{E}}{\Pi \mathfrak{H} \omega}; \qquad R' = \sqrt{\left(\frac{\mathfrak{E}}{\Pi \mathfrak{H} \omega} - \frac{v_{y_0}}{\omega}\right)^2 + \left(\frac{v_{x_0}}{\omega}\right)^2}; \qquad x_0 = \frac{v_{y_0}}{\omega}$$

$$\operatorname{tg} \vartheta = \frac{\dfrac{v_{x_0}}{\omega}}{\dfrac{\mathfrak{E}}{\Pi \mathfrak{H} \omega} - \dfrac{v_{y_0}}{\omega}}; \qquad \omega = \frac{e \Pi \mathfrak{H}}{m_0 \cdot 10^{-7}}.$$

### b 5) Masse und Impuls schneller Elektronen.

Es sei $x_1$; $x_2$; $x_3$ ein ruhendes kartesisches System mit den zugehörigen elektrischen Feldkomponenten $\mathfrak{E}_1$; $\mathfrak{E}_2$; $\mathfrak{E}_3$. Längs $x_1$ werde das System $x_1^*$; $x_2^*$; $x_3^*$ parallel zu $x_1^*$ bewegt mit der Geschwindigkeit $v \left( \dfrac{v}{c} = \beta \right)$. Die Komponenten des auf das bewegte System bezogenen elektrischen Feldes sind $\mathfrak{E}_1^*$; $\mathfrak{E}_2^*$; $\mathfrak{E}_3^*$. Die Bewegungsgleichungen, vom bewegten System aus beurteilt,

$$m_0 \frac{d^2 x_1^*}{dt^2} \cdot 10^{-7} = -e \mathfrak{E}_1^*;$$

$$m_0 \frac{d^2 x_2^*}{dt^2} \cdot 10^{-7} = -e \mathfrak{E}_2^*;$$

$$m_0 \frac{d^2 x_3^*}{dt^2} \cdot 10^{-7} = -e \mathfrak{E}_3^*;$$

$m_0 =$ Ruhmasse [g];
$x_1$ usw. [cm] $v$ [cm/s];
$t =$ [s];
$e =$ Elementarladung [clb];
$\mathfrak{E} \left[ \dfrac{\text{V}}{\text{cm}} \right]$ elektrisches Feld;
$c =$ Lichtgeschwindigkeit $= 3 \cdot 10^{10} \left[ \dfrac{\text{cm}}{\text{s}} \right]$;

---

[1] Über die Zykloidenbewegung in der $x-y$-Ebene ist unter Umständen die durch $\mathfrak{H}$ und $\mathfrak{E}$ nicht beeinflußbare Bewegung mit der Geschwindigkeit $v_z$ (in Richtung $z$) gelagert.

transformieren sich folgendermaßen auf:

1. Schreibweise:

$$\frac{m_0}{(1-\beta^2)^{3/2}} \frac{d^2 x_1}{dt^2} \cdot 10^{-7} = -e\,\mathfrak{E}_1^* = -e\,\mathfrak{E}_1 \qquad \mathfrak{B}\left[\frac{Vs}{cm^2}\right] = \Pi\mu\,\mathfrak{H}_{[A/cm]};$$

$$\frac{m_0}{1-\beta^2} \frac{d^2 x_2}{dt^2} \cdot 10^{-7} = -e\,\mathfrak{E}_2^* = -e\,\frac{1}{\sqrt{1-\beta^2}}(\mathfrak{E}_2 - v\cdot\mathfrak{B}_3);$$

$$\frac{m_0}{1-\beta^2} \frac{d^2 x_3}{dt^2} \cdot 10^{-7} = -e\,\mathfrak{E}_3^* = -e\,\frac{1}{\sqrt{1-\beta^2}}(\mathfrak{E}_3 - v\,\mathfrak{B}_2) \qquad \text{(Dimensionen s. oben)}.$$

Daraus „Longitudinalmasse" $m_l = \frac{m_0}{(1-\beta)^{3/2}}$ und „Transversalmasse" $m_t = \frac{m_0}{1-\beta^2}$.

2. Schreibweise:

$$\frac{d}{dt}\left(\frac{m_0}{\sqrt{1-\beta^2}}v_1\right) = \frac{dp_1}{dt} = -e\,\mathfrak{E}_1\cdot 10^7 = \mathfrak{K}_1$$

$$\frac{d}{dt}\left(\frac{m_0}{\sqrt{1-\beta^2}}v_2\right) = \frac{dp_2}{dt} = -e(\mathfrak{E}_2 - v\,\mathfrak{B}_3)\cdot 10^7 = \mathfrak{K}_2 \qquad p_1; p_2; p_3 \text{ Impulse }\left[g\frac{cm}{s}\right];$$

$$\frac{d}{dt}\left(\frac{m_0}{\sqrt{1-\beta^2}}v_3\right) = \frac{dp_3}{dt} = -e\cdot(\mathfrak{E}_3 + v\,\mathfrak{B}_2)\cdot 10^7 = \mathfrak{K}_3. \qquad \mathfrak{K}_1; \mathfrak{K}_2; \mathfrak{K}_3 \text{ Kräfte [dyn]}.$$

Daraus Masse „schlechthin" $m = \frac{m_0}{\sqrt{1-\beta^2}}$. Vorteil der zweiten Schreibweise: An Stelle $m_l$ und $m_t$ eine einheitliche Massendefinition.

$$\frac{m}{m_0} = \frac{1}{\sqrt{1-\beta^2}} = 1 + \frac{eU}{m_0\cdot 10^{-7}}\frac{1}{c^2} \text{ oder } \frac{m}{m_0} - 1 \equiv \frac{m-m_0}{m_0} = \frac{eU}{m_0\cdot 10^{-7}}\frac{1}{c^2} = 1{,}965\cdot 10^{-6}\,U.$$

$U$ [V] Äquivalentspannung der Geschwindigkeit.

Transformationsgesetz der Kraft bei Benutzung der zweiten Schreibweise:

$$\mathfrak{K}_1 = \mathfrak{K}_1^*; \quad \mathfrak{K}_2 = \sqrt{1-\beta^2}\,\mathfrak{K}_2^*; \quad \mathfrak{K}_3 = \sqrt{1-\beta^2}\,\mathfrak{K}_3^*.$$

## De Broglie-Welle des Elektrons.

Man ordnet nach de Broglie den im bewegten System ruhenden Elektronen eine stehende Schwingung von der Form $\cos 2\pi \nu^* t^*$ zu. Vom bewegten System beurteilt, hat sie die Frequenz $\nu^*$. Das Argument der trigonometrischen Funktion bildet wegen seiner Dimensionslosigkeit eine Invariante der Lorentztransformation. Mit $t^* = \dfrac{t - \dfrac{v}{c^2}x}{\sqrt{1-\beta^2}}$ entspricht so im ruhenden System der im bewegten System stehenden Schwingung eine fortschreitende Welle

$$\cos 2\pi\nu^* \frac{t - \frac{v}{c^2}x}{\sqrt{1-\beta^2}} \equiv \cos 2\pi\nu\left(t - \frac{v}{c^2}x\right); \qquad \beta = \frac{v}{c}.$$

Die Korpuskulargeschwindigkeit der Elektronen $v$ ergibt mittels $v_{ph} = \dfrac{c^2}{v} > c$ die „Phasengeschwindigkeit" der de Broglie-Welle.

$$\text{Energie: } W = c^2 \frac{m_0}{\sqrt{1-\beta^2}} = h\nu,$$

$W$ [erg], $c\left[\dfrac{cm}{s}\right] = 3\cdot 10^{10}$, $m_0$ [g] $= 0{,}899\cdot 10^{-27}$, $h$ [erg·s] $= 6{,}55\cdot 10^{-27}$ Plancksches Wirkungsquantum, $\nu\left[\dfrac{1}{s}\right]$ Frequenz der de Broglie-Welle.

de Broglie-Wellenlänge: $\lambda = \dfrac{v_{ph}}{\nu} = \dfrac{h}{v\,m} = \dfrac{h}{p}$,

$p = v\cdot m =$ Impuls des Elektrons, $\lambda$ [cm], $v_{ph}$ [cm/s], $m$ [g].

Führt man Masse und Geschwindigkeit als Funktion der Beschleunigungsspannung $U$ ein, so ist:

$$\lambda = \frac{h}{m_0 \cdot 10^{-7} \sqrt{2 \frac{e}{m_0 \cdot 10^{-7}} U} \sqrt{1 + \frac{eU}{2 m_0 \cdot 10^{-7} c^2}}} = \frac{1{,}225 \cdot 10^{-7}}{\sqrt{U} \sqrt{1 + 0{,}983 \cdot 10^{-6} U}} \approx$$

$$\approx \sqrt{\frac{150}{U}} \cdot 10^{-8} \, [\text{cm}] \quad (\text{vgl. Abb. 4}); \quad U \, [\text{V}]; \quad e \, ([\text{clb}].$$

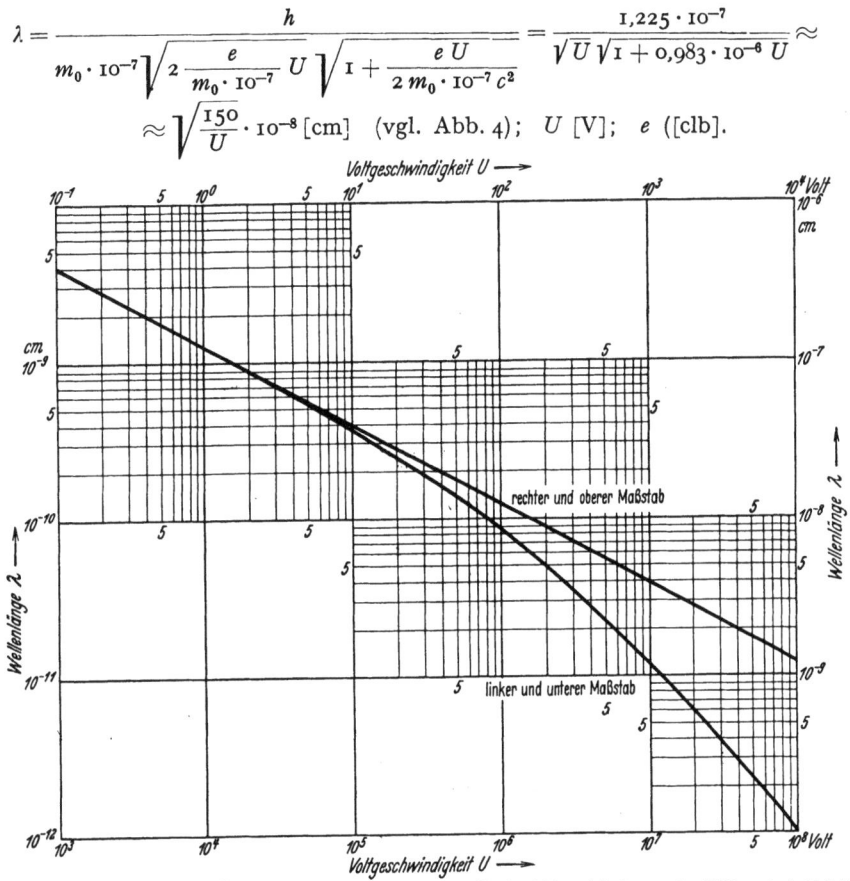

Abb. 4. Wellenlänge $\lambda$ von Elektronenstrahlen nach de Broglie in Abhängigkeit von der Voltgeschwindigkeit.

## De Broglie-Wellenlänge des Elektrons als Funktion der Voltgeschwindigkeit[1].

| $U \cdot \begin{cases} 0{,}1 \text{ V} \\ 10 \text{ V} \\ 1000 \text{ V} \end{cases}$ | $\lambda \cdot \begin{cases} 10^{-8} \text{ cm} \\ 10^{-9} \text{ cm} \end{cases}$ vgl. Spalte 3 | $\lambda$ relativistisch korrigiert für $U \cdot 1000$ in $10^{-11}$ cm | $U \cdot \begin{cases} 0{,}1 \text{ V} \\ 10 \text{ V} \\ 1000 \text{ V} \end{cases}$ | $\lambda \cdot \begin{cases} 10^{-8} \text{ cm} \\ 10^{-9} \text{ cm} \end{cases}$ vgl. Spalte 6 | $\lambda$ relativistisch korrigiert für $U \cdot 1000$ in $10^{-11}$ cm |
|---|---|---|---|---|---|
| 1 | 38,67 | 386,5 | 80 | 4,324 | 41,63 |
| 2 | 27,35 | 273,2 | 90 | 4,076 | 39,07 |
| 3 | 23,33 | 222,9 | 100 | 3,867 | 36,90 |
| 4 | 19,34 | 193,0 | 120 | 3,531 | 33,39 |
| 5 | 17,29 | 172,5 | 140 | 3,268 | 30,64 |
| 6 | 15,79 | 157,4 | 160 | 3,057 | 28,42 |
| 7 | 14,62 | 145,7 | 180 | 2,882 | 26,57 |
| 8 | 13,67 | 136,2 | 200 | 2,735 | 25,00 |
| 9 | 12,89 | 128,3 | 250 | 2,446 | 21,91 |
| 10 | 12,33 | 121,7 | 300 | 2,333 | 19,62 |
| 12 | 11,16 | 111,0 | 350 | 2,067 | 17,83 |
| 14 | 10,34 | 102,7 | 400 | 1,934 | 16,38 |
| 16 | 9,668 | 95,94 | 450 | 1,823 | 15,18 |
| 18 | 9,115 | 90,35 | 500 | 1,729 | 14,16 |
| 20 | 8,647 | 85,63 | 600 | 1,579 | 12,52 |
| 30 | 7,601 | 69,59 | 700 | 1,462 | 11,25 |
| 40 | 6,115 | 59,98 | 800 | 1,367 | 10,23 |
| 50 | 5,469 | 53,39 | 900 | 1,289 | 9,388 |
| 60 | 4,993 | 48,51 | 1000 | 1,223 | 8,683 |
| 70 | 4,622 | 44,71 | | | |

[1] Klemperer, O.: Einführung in die Elektronik 1933 S. 61.

### b 6) Dichte des Konvektionsstromes schnell bewegter Elektronen.

Man sieht die Stromdichtekomponenten als Raumkomponenten des vierdimensionalen „Viererstromes" $I$ an. Seine Komponenten im ruhenden System sind $I_1$; $I_2$; $I_3$; $I_4$ und im mit der Geschwindigkeit $v$ relativ zur $x_1$-Achse fortschreitenden System $I_1^*$; $I_2^*$; $I_3^*$; $I_4^*$. Für die Raumladungsdichte $\sigma \left[\frac{\text{clb}}{\text{cm}^3}\right]$ im ruhenden System gemessen ist:

$$I_1 = i_1 = \sigma \cdot v_1; \quad I_2 = i_2 = \sigma \cdot v_2; \quad I_3 = i_3 = \sigma \cdot v_3; \quad I_4 = \sigma \cdot c = \frac{\sigma^* c}{\sqrt{1-\frac{v^2}{c^2}}}.$$

Durch Lorenztransformation erhält man für das bewegte System:

$$I_1^* = i_1^* = \frac{i_1 - v\sigma}{\sqrt{1-\beta^2}}; \quad I_2^* = i_2^* = i_2; \quad I_3^* = i_3^* = i_3; \quad I_4^* = \sigma^* \cdot c = c \frac{\sigma - \frac{v}{c^2} i_1}{\sqrt{1-\beta^2}} \quad \left(\beta = \frac{v}{c}\right)$$

$i$; $i^*$ Stromdichten $\left[\frac{A}{\text{cm}^2}\right]$; $v$; $v_1$ usw. Geschwindigkeiten $\left[\frac{\text{cm}}{\text{s}}\right]$;

$c = $ Lichtgeschwindigkeit $\left[\frac{\text{cm}}{\text{s}}\right]$ ($c = 3 \cdot 10^{10}$).

Ruht die Ladung im bewegten System, so verschwinden die Stromkomponenten $I_1^*$; $I_2^*$; $I_3^*$ und man erhält:

$$i_1 = \frac{v \sigma^*}{\sqrt{1-\beta^2}}; \quad i_2 = 0; \quad i_3 = 0; \quad \sigma = \frac{\sigma^*}{\sqrt{1-\beta^2}}.$$

Bei gegebenem Strom ist:

$$\sigma = \frac{i_1}{v}; \quad i_1^* = 0; \quad i_2^* = 0; \quad i_3^* = 0; \quad \sigma^* = \sigma \sqrt{1-\beta^2}.$$

Beispiel: Für einen Elektronenstrahl (z. B. in einer Röntgenröhre) mit einer Voltgeschwindigkeit von 50 kV, einen Durchmesser $d$ von 1 mm und einer Stromstärke $i$ von 1 mA ist:

Die Stromdichte im ruhenden System ($x_1$-Achse $\parallel$ zur Strahlachse):

$$i_1 = \frac{i}{\frac{\pi}{4} d^2} = \frac{1 \cdot 10^{-3}}{\frac{\pi}{4} \cdot (0{,}1)^2} = \frac{4}{\pi} 10^{-1} \frac{A}{\text{cm}^2};$$

Die Raumladungsdichte im ruhenden System gemessen:

$$\sigma = \frac{i_1}{v} = \frac{i_1}{\beta \cdot c} = \frac{4 \cdot 10^{-1}}{\pi \cdot 0{,}414 \cdot 3 \cdot 10^{10}} = 1{,}025 \cdot 10^{-11} \frac{\text{clb}}{\text{cm}^3}.$$

Für 50 kV-Elektronen ist $\beta = 0{,}414$ (vgl. Ziffer b 8).

Die Raumladungsdichte im bewegten System gemessen:

$$\sigma^* = \sigma \cdot \sqrt{1-\beta^2} = 1{,}025 \cdot 10^{-11} \sqrt{1-0{,}414^2} = 0{,}934 \cdot 10^{-11} \frac{\text{clb}}{\text{cm}^3}.$$

### b 7) Langsame Beschleunigung eines Elektrons, „Hyperbelbewegung".

Die treibende Kraft am Elektron rühre von einem im ruhenden System gemessenen homogenen elektrischen Feld $\mathfrak{E}$ her, das parallel zur $x_1$-Achse gerichtet ist (vgl. oben: Ziffer b 5).

Bewegungsgleichung:

$$m_0 \cdot 10^{-7} \frac{d\left(\frac{v_1}{\sqrt{1-\beta^2}}\right)}{dt} = e \mathfrak{E}; \quad \frac{\beta}{\sqrt{1-\beta^2}} = \frac{e \mathfrak{E}}{m_0 \cdot 10^{-7}} (ct) = b_0(ct);$$

$m_0$ [g] Elektronenmasse; $v_1 \left[\frac{\text{cm}}{\text{s}}\right]$; $c \left[\frac{\text{cm}}{\text{s}}\right]$ ($3 \cdot 10^{10}$); $t$ [s]; $e$ [clb] Elementarladung;

$\mathfrak{E}$ [V/cm]; $b_0$ [cm/s$^2$]; $U$ [V] Äquivalentspannung.

$\left(\beta = \dfrac{v_1}{c}; \text{ Numerische Geschwindigkeit} = \dfrac{\text{Fortschreitungsgeschwindigkeit}}{\text{Lichtgeschwindigkeit}}\right);$

$b_0 \equiv \dfrac{e\,\mathfrak{E}}{m_0\,10^{-7}}$ ist die „klassische" Beschleunigung.

Die numerische Geschwindigkeit ist:

$$\beta = \dfrac{b_0 \dfrac{ct}{c^2}}{\sqrt{1 + \left(b_0 \dfrac{ct}{c^2}\right)^2}}; \text{ für } t \to \infty \text{ ist } v_1 = c\beta \to c;$$

oder

$$\beta = \dfrac{\sqrt{1 + \dfrac{1}{2}\dfrac{eU}{m_0 \cdot 10^{-7}}\dfrac{1}{c^2}}}{1 + \dfrac{eU}{m_0 \cdot 10^{-7}}\dfrac{1}{c^2}} \cdot \sqrt{2\dfrac{eU}{m_0 \cdot 10^{-7}}\dfrac{1}{c^2}} \quad \text{(vgl. b 8 und Abb. 5).}$$

$$x = \dfrac{c^2}{b_0}\left(\sqrt{1 + \left(b_0 \dfrac{ct}{c^2}\right)^2} - 1\right) \text{ [cm]}$$

$$\left(\dfrac{x}{x_{ph}} + 1\right)^2 - \left(\dfrac{ct}{x_{ph}}\right)^2 = 1; \quad x_{ph} = \dfrac{c^2}{b_0} \quad \text{(Hyperbel).}$$

Vergleich mit der klassischen Mechanik:
Die klassischen Gleichungen lauten:

$$\beta_{klass} = \sqrt{2\dfrac{eU}{m_0 \cdot 10^{-7}}\dfrac{1}{c^2}}$$

$$x = \dfrac{1}{2}b_0 t^2; \quad \dfrac{x}{x_{ph}} = \dfrac{1}{2}(ct^2) \quad \text{(Parabel).}$$

Für $\dfrac{x}{x_{ph}}$ klein oskulieren beide Kurven:

$$\dfrac{\beta}{\beta_{klass}} = \dfrac{\sqrt{1 + \dfrac{1}{2}\dfrac{eU}{m_0 \cdot 10^{-7}}\dfrac{1}{c^2}}}{1 + \dfrac{eU}{m_0 \cdot 10^{-7}}\dfrac{1}{c^2}} = \dfrac{\sqrt{1 + \dfrac{1}{2}\dfrac{\Delta m}{m_0}}}{1 + \dfrac{\Delta m}{m_0}}.$$

### b 8) Verhältnis von Geschwindigkeit zur Lichtgeschwindigkeit für Elektronen[1].

| $\beta$ | Voltgeschwindigkeit V | $\beta$ | Voltgeschwindigkeit V | $\beta$ | Voltgeschwindigkeit V | $\beta$ | Voltgeschwindigkeit V |
|---|---|---|---|---|---|---|---|
| $1,98 \cdot 10^{-3}$ | 1,00 | $6,26 \cdot 10^{-3}$ | $1,00 \cdot 10^1$ | $3,43 \cdot 10^{-2}$ | $3,00 \cdot 10^2$ | $9,00 \cdot 10^{-2}$ | $2,083 \cdot 10^3$ |
| 2,80 ,, | 2,00 | 8,86 ,, | 2,00 ,, | 4,00 ,, | 4,087 ,, | $1,00 \cdot 10^{-1}$ | 2,575 ,, |
| 3,43 ,, | 3,00 | $1,00 \cdot 10^{-2}$ | $2,55_4$ ,, | 4,42 ,, | 5,00 ,, | 1,11 ,, | 3,122 ,, |
| 3,96 ,, | 4,00 | 1,09 ,, | 3,00 ,, | 5,00 ,, | 6,385 ,, | 1,20 ,, | 3,720 ,, |
| 4,43 ,, | 5,00 | 1,25 ,, | 4,00 ,, | 5,60 ,, | 8,00 ,, | 1,24 ,, | 4,000 ,, |
| $4,85 \cdot 10^{-3}$ | 6,00 | $1,40 \cdot 10^{-2}$ | $5,00 \cdot 10^1$ | $6,00 \cdot 10^{-2}$ | $9,248 \cdot 10^2$ | $1,30 \cdot 10^{-1}$ | $4,373 \cdot 10^3$ |
| 5,00 ,, | 6,38 | 1,98 ,, | $1,00 \cdot 10^2$ | 6,26 ,, | $1,000 \cdot 10^3$ | 1,38 ,, | 5,000 ,, |
| 5,24 ,, | 7,00 | 2,00 ,, | 1,022 ,, | 7,00 ,, | 1,257 ,, | 1,40 ,, | 5,083 ,, |
| 5,60 ,, | 8,00 | 2,80 ,, | 2,00 ,, | 8,00 ,, | 1,644 ,, | 1,50 ,, | 5,844 ,, |
| 5,94 ,, | 9,00 | 3,00 ,, | 2,30 ,, | 8,83 ,, | 2,000 ,, | 1,60 ,, | 6,668 ,, |

[1] Klemperer, O.: Einführung in die Elektronik 1933 S. 14.

## Tabelle b 8) (Fortsetzung).

| $\beta$ | Voltgeschwindigkeit V | $\beta$ | Voltgeschwindigkeit V | $\beta$ | Voltgeschwindigkeit V | $\beta$ | Voltgeschwindigkeit V |
|---|---|---|---|---|---|---|---|
| $1,70 \cdot 10^{-1}$ | $7,546 \cdot 10^3$ | $5,00 \cdot 10^{-1}$ | $7,903 \cdot 10^4$ | $8,30 \cdot 10^{-1}$ | $4,050 \cdot 10^5$ | $9,52 \cdot 10^{-1}$ | $1,158 \cdot 10^6$ |
| 1,80 ,, | 8,479 ,, | 5,10 ,, | 8,304 ,, | 8,40 ,, | 4,307 ,, | 9,54 ,, | 1,192 ,, |
| 1,90 ,, | 9,478 ,, | 5,20 ,, | 8,720 ,, | 8,50 ,, | 4,589 ,, | 9,56 ,, | 1,231 ,, |
| 1,95 ,, | $1,000 \cdot 10^4$ | 5,30 ,, | 9,157 ,, | 8,60 ,, | 4,903 ,, | 9,58 ,, | 1,271 ,, |
| 2,00 ,, | 1,053 ,, | 5,40 ,, | 9,608 ,, | 8,63 ,, | 5,000 ,, | 9,60 ,, | 1,313 ,, |
| $2,10 \cdot 10^{-1}$ | $1,166 \cdot 10^4$ | $5,48 \cdot 10^{-1}$ | $1,000 \cdot 10^5$ | $8,70 \cdot 10^{-1}$ | $5,253 \cdot 10^5$ | $9,62 \cdot 10^{-1}$ | $1,360 \cdot 10^6$ |
| 2,20 ,, | 1,283 ,, | 5,50 ,, | 1,008 ,, | 8,80 ,, | 5,646 ,, | 9,64 ,, | 1,411 ,, |
| 2,30 ,, | 1,407 ,, | 5,60 ,, | 1,058 ,, | 8,90 ,, | 6,096 ,, | 9,66 ,, | 1,465 ,, |
| 2,40 ,, | 1,538 ,, | 5,70 ,, | 1,109 ,, | 9,00 ,, | 6,611 ,, | 9,68 ,, | 1,525 ,, |
| 2,50 ,, | 1,675 ,, | 5,80 ,, | 1,162 ,, | 9,02 ,, | 6,712 ,, | 9,70 ,, | 1,591 ,, |
| $2,60 \cdot 10^{-1}$ | $1,818 \cdot 10^4$ | $5,90 \cdot 10^{-1}$ | $1,219 \cdot 10^5$ | $9,04 \cdot 10^{-1}$ | $6,841 \cdot 10^5$ | $9,72 \cdot 10^{-1}$ | $1.662 \cdot 10^6$ |
| 2,70 ,, | 1,969 ,, | 6,00 ,, | 1,277 ,, | 9,06 ,, | 6,950 ,, | 9,74 ,, | 1,743 ,, |
| 2,80 ,, | 2,128 ,, | 6,10 ,, | 1,338 ,, | 9,08 ,, | 7,083 ,, | 9,76 ,, | 1,834 ,, |
| 2,90 ,, | 2,294 ,, | 6,20 ,, | 1,402 ,, | 9,10 ,, | 7,213 ,, | 9,78 ,, | 1,938 ,, |
| 3,00 ,, | 2,466 ,, | 6,30 ,, | 1,470 ,, | 9,12 ,, | 7,345 ,, | 9,80 ,, | 2,057 ,, |
| $3,10 \cdot 10^{-1}$ | $2,647 \cdot 10^4$ | $6,40 \cdot 10^{-1}$ | $1,541 \cdot 10^5$ | $9,14 \cdot 10^{-1}$ | $7,482 \cdot 10^5$ | $9,82 \cdot 10^{-1}$ | $2,194 \cdot 10^6$ |
| 3,20 ,, | 2,936 ,, | 6,50 ,, | 1,613 ,, | 9,16 ,, | 7,624 ,, | 9,84 ,, | 2,356 ,, |
| 3,30 ,, | 3,031 ,, | 6,60 ,, | 1,692 ,, | 9,18 ,, | 7,773 ,, | 9,86 ,, | 2,553 ,, |
| 3,40 ,, | 3,237 ,, | 6,70 ,, | 1,772 ,, | 9,20 ,, | 7,925 ,, | 9,88 ,, | 2,796 ,, |
| 3,50 ,, | 3,449 ,, | 6,80 ,, | 1,858 ,, | 9,22 ,, | 8,095 ,, | 9,90 ,, | 3,110 ,, |
| $3,60 \cdot 10^{-1}$ | $3,670 \cdot 10^4$ | $6,90 \cdot 10^{-1}$ | $1,949 \cdot 10^5$ | $9,24 \cdot 10^{-1}$ | $8,250 \cdot 10^5$ | 9,91 ,, | $3,305 \cdot 10^6$ |
| 3,70 ,, | 3,901 ,, | 6,95 ,, | 2,000 ,, | 9,26 ,, | 8,422 ,, | 9,92 ,, | 3,536 ,, |
| 3,80 ,, | 4,142 ,, | 7,00 ,, | 2,043 ,, | 9,28 ,, | 8,600 ,, | 9,93 ,, | 3,814 ,, |
| 3,90 ,, | 4,392 ,, | 7,10 ,, | 2,144 ,, | 9,30 ,, | 8,791 ,, | 9,94 ,, | 4,160 ,, |
| 4,00 ,, | 4,653 ,, | 7,20 ,, | 2,253 ,, | 9,32 ,, | 8,985 ,, | 9,950 ,, | 4,604 ,, |
| $4,10 \cdot 10^{-1}$ | $4,923 \cdot 10^4$ | $7,30 \cdot 10^{-1}$ | $2,364 \cdot 10^5$ | $9,34 \cdot 10^{-1}$ | $9,189 \cdot 10^5$ | $9,955 \cdot 10^{-1}$ | $4,881 \cdot 10^6$ |
| 4,14 ,, | 5,000 ,, | 7,40 ,, | 2,485 ,, | 9,36 ,, | 9,403 ,, | 9,960 ,, | 5,206 ,, |
| 4,20 ,, | 5,205 ,, | 7,50 ,, | 2,614 ,, | 9,38 ,, | 9,628 ,, | 9,965 ,, | 5,600 ,, |
| 4,30 ,, | 5,497 ,, | 7,60 ,, | 2,752 ,, | 9,40 ,, | 9,864 ,, | 9,970 ,, | 6,090 ,, |
| 4,40 ,, | 5,803 ,, | 7,70 ,, | 2,897 ,, | 9,411 ,, | $1,000 \cdot 10^6$ | 9,975 ,, | 6,718 ,, |
| $4,50 \cdot 10^{-1}$ | $6,119 \cdot 10^4$ | $7,80 \cdot 10^{-1}$ | $3,056 \cdot 10^5$ | $9,42 \cdot 10^{-1}$ | $1,010 \cdot 10^6$ | $9,980 \cdot 10^{-1}$ | $7,571 \cdot 10^6$ |
| 4,60 ,, | 6,450 ,, | 7,90 ,, | 3,223 ,, | 9,44 ,, | 1,038 ,, | 9,985 ,, | 8,819 ,, |
| 4,70 ,, | 6,791 ,, | 8,00 ,, | 3,405 ,, | 9,46 ,, | 1,065 ,, | 9,990 ,, | $1,090 \cdot 10^7$ |
| 4,80 ,, | 7,143 ,, | 8,10 ,, | 3,602 ,, | 9,48 ,, | 1,094 ,, | 9,995 ,, | 1,563 ,, |
| 4,90 ,, | 7,517 ,, | 8,20 ,, | 3,818 ,, | 9,50 ,, | 1,125 ,, | 9,999871,, | $1,000 \cdot 10^8$ |
| | | | | | | $0,9_6 \cdots 870$ | $1,000 \cdot 10^9$ |
| | | | | | | $0,9_8 \cdots 810$ | $1,000 \cdot 10^{19}$ |

$$\frac{v}{c} = \beta = \sqrt{1 - \left(\frac{1}{1 + \dfrac{eU}{m_0 \cdot 10^{-7} c^2}}\right)^2} = \sqrt{1 - \left(\frac{1}{1 + 1,965 \cdot 10^{-6} U}\right)^2}; \qquad U\,[\mathrm{V}].$$

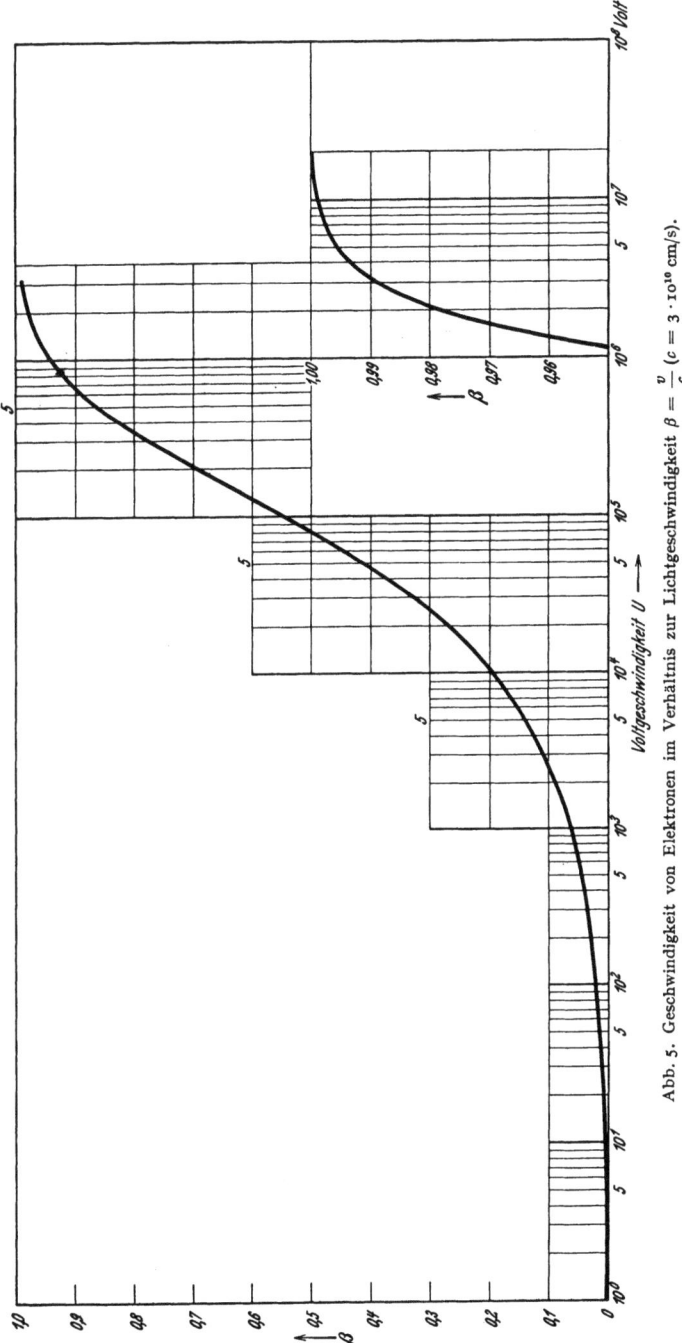

Abb. 5. Geschwindigkeit von Elektronen im Verhältnis zur Lichtgeschwindigkeit $\beta = \frac{v}{c}$ ($c = 3 \cdot 10^{10}$ cm/s).

## c) Ionen.

### c 1) Voltgeschwindigkeit von Ionen.

$$v = 5{,}99 \cdot 10^7 \sqrt{U} \sqrt{\frac{q_{\text{ion}}}{e}} \sqrt{\frac{m_0}{m_{\text{ion}}}} \left[\frac{\text{cm}}{\text{s}}\right] \approx 600 \sqrt{U} \sqrt{\frac{q_{\text{ion}}}{e}} \sqrt{\frac{m_0}{m_{\text{ion}}}} \left[\frac{\text{km}}{\text{s}}\right]$$

$\frac{q_{\text{ion}}}{e}$ ganzzahlig; am häufigsten gleich 1. $v \left[\frac{\text{cm}}{\text{s}}\right] \left(\left[\frac{\text{km}}{\text{s}}\right]\right)$ durch $U$ erzeugte Trägergeschwindigkeit; $U$ [V] vom Träger durchlaufene Spannung; $m_{\text{ion}}$ [g] Ionenmasse; $m_0$ [g] Elektronemasse; $q_{\text{ion}}$ [clb] Ionenladung; $e$ [clb] Elektronenladung.

### c 2) Verhältnis von Elektronenmasse zu Ionenmasse für einige einatomige Gase und Dämpfe. $\sqrt{\frac{m_0}{m_i}}$.

|  | $\sqrt{\frac{m_0}{m_i}}$ |  | $\sqrt{\frac{m_0}{m_i}}$ |  | $\sqrt{\frac{m_0}{m_i}}$ |
|---|---|---|---|---|---|
| Argon . . | $3{,}72 \cdot 10^{-3}$ | Helium . . | $11{,}7 \cdot 10^{-3}$ | Rubidium . | $2{,}54 \cdot 10^{-3}$ |
| Barium . | 2,00 ,, | Kalium . . | 3,74 ,, | Sauerstoff . | 5,85 ,, |
| Blei . . . | 1,63 ,, | Krypton . . | 2,57 ,, | Wasserstoff | 23,3 ,, |
| Cadmium | 2,21 ,, | Lithium . . | 2,82 ,, | Xenon . . | 2,06 ,, |
| Caesium . | 2,03 ,, | Natrium . . | 4,89 ,, | Zink . . . | 2,90 ,, |
| Calcium . | 3,70 ,, | Neon . . . | 5,22 ,, | Zinn . . . | 2,15 ,, |
| Chlor . . | 3,94 ,, | Quecksilber | 1,66 ,, |  |  |

## d) Photonen.

### d 1) Konstanten des Photons.

Lichtgeschwindigkeit.

$c = 2{,}9986 \cdot 10^{10} \left[\frac{\text{cm}}{\text{s}}\right]$. Meistens genau genug: $c = 3{,}0 \cdot 10^{10} \left[\frac{\text{cm}}{\text{s}}\right]$.

Plancksches Wirkungsquantum.

$$h = 6{,}55 \cdot 10^{-27} \text{ erg} \cdot \text{s} = 6{,}55 \cdot 10^{-34} \text{ Ws}^2.$$

### d 2) Energie der Lichtquanten (Photonen).

$$W = h\nu = \frac{h \cdot c}{\lambda} \text{ [erg]}.$$

$h$ [erg·s] Plancksches Wirkungsquantum; $\nu$ [s$^{-1}$] Frequenz; $\lambda$ [cm] Wellenlänge; $c \left[\frac{\text{cm}}{\text{s}}\right]$ Lichtgeschwindigkeit.

Masse der Photonen.

$$m = \frac{W}{c^2} \text{ [g]}.$$

Impuls der Photonen.

$$p = cm = \frac{h}{\lambda} \left[\frac{\text{cmg}}{\text{s}}\right].$$

Voltenergie.

Zur Veranschaulichung der Größe der Energie kann man diejenige Spannung (Voltenergie) einführen, die einem Elektron eine genau so große kinetische Energie erteilt, als das betrachtete Photon hat.

$$U \cdot e = W = \frac{hc}{\lambda} = h\nu; \quad U = \frac{h\nu}{e} = 4{,}117 \cdot 10^{-15} \nu \text{ [V]}$$

($h$ [Ws$^2$]; $U$ [V]; $e$ [clb]; sonstige Dimensionen wie oben)

oder $\quad U = \frac{hc}{\lambda e} = 1{,}235 \cdot \frac{10^{-4}}{\lambda} \text{ [V]} \quad$ oder $\quad \lambda_{[\text{Å}]} \cdot U_{[\text{V}]} = 12\,350.$

Vergleich der Masse eines Photons mit der Elektronenmasse.

$$\frac{m}{m_0} = \frac{h\nu}{c^2 m_0} = \frac{h}{c\lambda m_0} = \frac{\lambda_c^1}{\lambda} = 0{,}81 \cdot 10^{-20} \nu = \frac{2{,}43 \cdot 10^{-10}}{\lambda}.$$

### d 3) Stoßzahl der Photonen und Lichtdruck.

Stoßzahl auf ebene Wand.

$$s = \frac{n}{4} c \left[\frac{1}{\text{cm}^2\,\text{s}}\right]; \quad n\left[\frac{1}{\text{cm}^3}\right] = \text{Zahl der Photonen pro Raumeinheit};$$

$$c\,[\text{cm/s}] = \text{Lichtgeschwindigkeit}.$$

Lichtdruck.
$$p = \frac{1}{3} u$$

$u$ = räumliche Dichte der Translationsenergie
$p$ = Mittelwert der totalen elektromagnetischen Energie (weil räumliche Energiedichte der Photonen = Translationsenergie).

$u\left[\frac{\text{erg}}{\text{cm}^3}\right]; \left[\frac{\text{Ws}}{\text{cm}^3}\right]$ s. auch Umrechnung der Druckeinheiten Ziffer s 3. S. 157.

### d 4) Compton-Effekt.

Compton-Wellenlänge $\lambda_c = \frac{h}{m_0 c}$ [cm] = Farbe eines Photons, dessen Energie der Ruhenergie des Elektrons gleicht.

$h\,[\text{erg} \cdot \text{s}], m_0\,[\text{g}]\ c\left[\frac{\text{cm}}{\text{s}}\right].$

Wellenlängenänderung des Photons in Abhängigkeit vom Streuwinkel $\varphi$ des Photons (Primärwellenlänge $\lambda_0$)

$$\Delta\lambda = \lambda_c \cdot 2 \sin^2\frac{\varphi}{2}.$$

Beziehung zwischen dem Streuwinkel $\varepsilon$ des Elektrons und dem Streuwinkel $\varphi$ des Photons

$$\text{tg}\,\varepsilon = \frac{\cotg\frac{\varphi}{2}}{1 + \frac{\lambda_c}{\lambda_0}}.$$

### d 5) Hohlraumstrahlung.

Stefan-Boltzmannsches Gesetz.

Die Energiedichte $u$ eines Hohlraumes, der von der homogenen Strahlung von der Temperatur $T$ erfüllt ist, ist durch die Beziehung des Stefan-Boltzmannsches Gesetzes gegeben.

$$u = a \cdot T^4; \quad a = \frac{8\pi k^4}{(hc)^3} \int_0^\infty \frac{x^3\,dx}{e^x - 1} = 7{,}68 \cdot 10^{-17} \left[\frac{\text{erg}}{\text{cm}^3\,\text{grad}^4}\right];$$

$T\,[^\circ K]$; $k$ [erg/grad] Boltzmannsche Konstante[2]; $h$ [erg·s] Plancksches Wirkungsquantum[2]; $c$ [cm/s] Lichtgeschwindigkeit.

Die spezifische Strahlungsleistung $\mathfrak{S}$ ist für

1. Strahlung in bestimmter Richtung: $\mathfrak{S}_r = u \cdot c$;

2. vollkommen diffuse Strahlung: $\mathfrak{S}_d = \frac{u \cdot c}{4\pi}$.

Strahlungsleistung, die jede Flächeneinheit eines Hohlraumes im Gleichgewicht der Strahlung abgibt:

$$\overline{\mathfrak{S}} = \pi \mathfrak{S}_d = \frac{u \cdot c}{4} = 5{,}75 \cdot 10^{-5}\, T^4 \left[\frac{\text{erg}}{\text{cm}^2\,\text{s}\,\text{grad}}\right] = 5{,}75 \cdot 10^{-12}\, T^4 \left[\frac{\text{W}}{\text{cm}^2\,\text{grad}}\right].$$

---

[1] Vgl. Ziffer d 4.    [2] Vgl. Ziffer s 1. S. 155.

## Gesetz der spektralen Energieverteilung der Hohlraumstrahlung.

**Frequenzabhängigkeit.**

$$\frac{du}{d\nu} = \frac{h\nu}{e^{\frac{h\nu}{kT}}-1} 8\pi \frac{\nu^2}{c^3} \left[\frac{\text{erg}\cdot\text{s}}{\text{cm}^3}\right].$$

**Wellenlängenabhängigkeit.**

$$\frac{du}{d\lambda} = \frac{hc}{e^{\frac{hc}{kT\lambda}}-1} 8\pi \frac{1}{\lambda^5} \left[\frac{\text{erg}}{\text{cm}^3}\cdot\frac{1}{\text{cm}}\right],$$

$$\frac{du}{d\lambda} \equiv \frac{kT}{hc}\frac{du}{dl} = 8\pi h\cdot c\left(\frac{kT}{hc}\right)^5 \frac{\frac{1}{l^5}}{e^{\frac{1}{l}}-1}$$

$u\left[\frac{\text{erg}}{\text{cm}^3}\right]$ Energiedichte;
$\nu$ [s$^{-1}$] Frequenz;
$h$ [erg·s] Plancksches Wirkungsquantum;
$k$ [erg/grad] Boltzmannsche Konstante;
$c$ [cm/s] Lichtgeschwindigkeit;
$T$ [°K] Temperatur;
$\lambda$ [cm] Wellenlänge;
$l$ = numerische Wellenlänge.

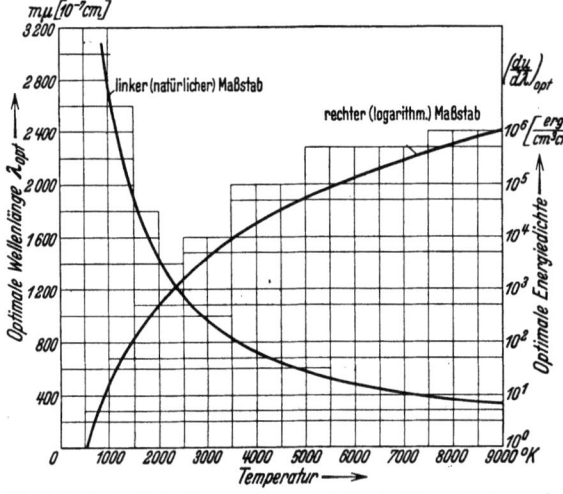

Abb. 6. Optimale Wellenlänge und Energiedichte in Abhängigkeit von der Temperatur.

**Numerische Wellenlänge.**

$$l = \lambda\frac{kT}{hc}$$

(Wiensches Verschiebungsgesetz).

**Optimale Wellenlänge.**

$$l_{\text{opt}} = \frac{1}{4{,}9651};$$

$$\lambda_{\text{opt}} = \frac{0{,}288}{T}$$

(vgl. Abb. 6).

**Optimale Energiedichte.**

$$\left(\frac{du}{d\lambda}\right)_{\text{opt}} = 8\pi hc\cdot 21{,}20\left(\frac{kT}{hc}\right)^5$$

$$= 1{,}76\cdot 10^{-14}\, T^5.$$

(vgl. Abb. 6).

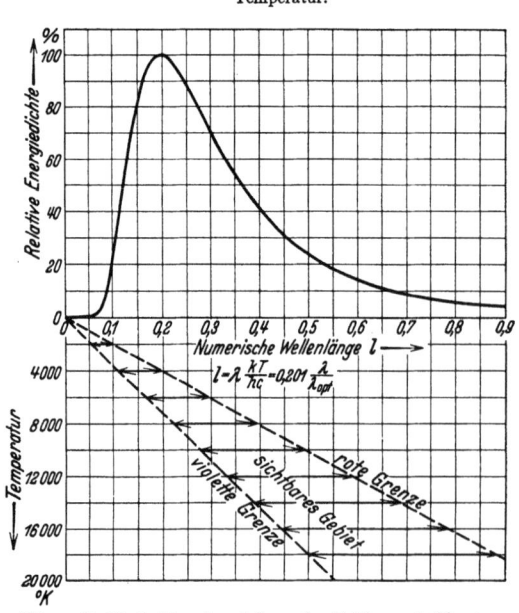

Abb. 7. Spektrale Energieverteilung der Hohlraumstrahlung.

**Relative Energiedichte.**

$$\frac{\left(\dfrac{du}{dl}\right)}{\left(\dfrac{du}{dl}\right)_{\text{opt}}} = \frac{1}{21{,}20}\frac{\frac{1}{l^5}}{e^{\frac{1}{l}}-1}$$

(vgl. Abb. 7).

Empfindlichkeit des menschlichen Auges in Abhängigkeit von der Wellenlänge. 17

**d 6) Relative Energieverteilung im Spektrum des schwarzen Körpers bei verschiedenen Temperaturen, bezogen auf Energie bei $560 \cdot 10^{-7}$ cm (m$\mu$) (Empfindlichkeitsmaximum des Auges) gleich 100[1].**

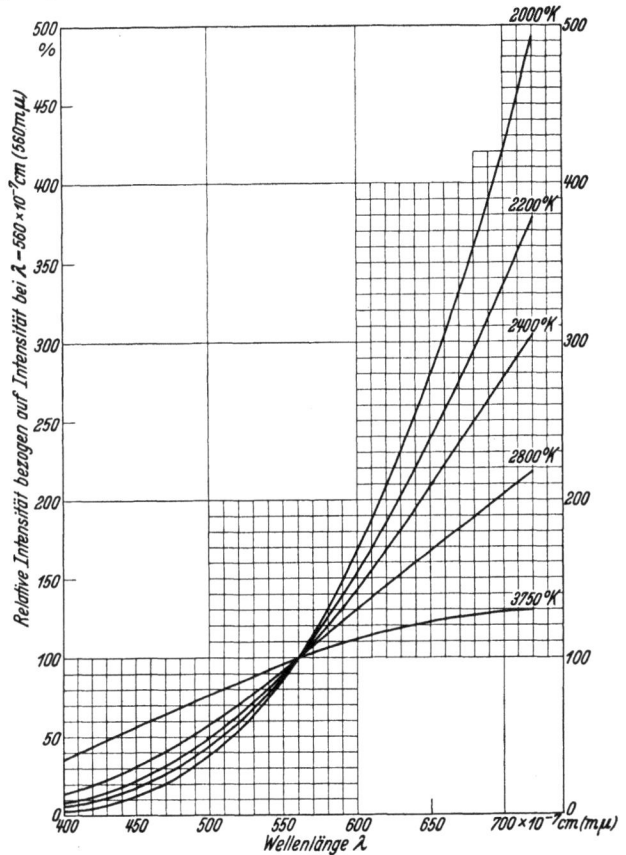

Abb. 8. Relative Intensität in Abhängigkeit von der Wellenlänge bei verschiedenen Temperaturen.

**d 7) Empfindlichkeit des menschlichen Auges in Abhängigkeit von der Wellenlänge. Ausnutzung der Hohlraumstrahlung durch das menschliche Auge.**

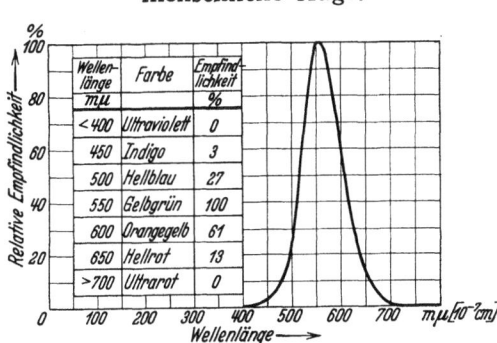

Abb. 9. Relative Empfindlichkeit in Abhängigkeit von der Wellenlänge.

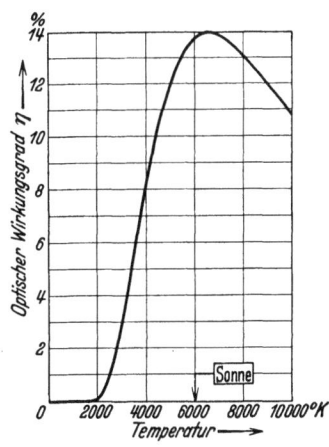

Abb. 10. Optischer Wirkungsgrad in Abhängigkeit von der Temperatur.

[1] Berechnet von M. K. Frehafer u. Ch. L. Snow: Bur. Stand. 1926 Nr. 56; übernommen aus Simon-Suhrmann: Lichtel. Zellen 1932 S. 194.

**d 8) Tafel zur Berechnung der wahren Temperatur aus der gemessenen und dem Emissionsvermögen**[1].

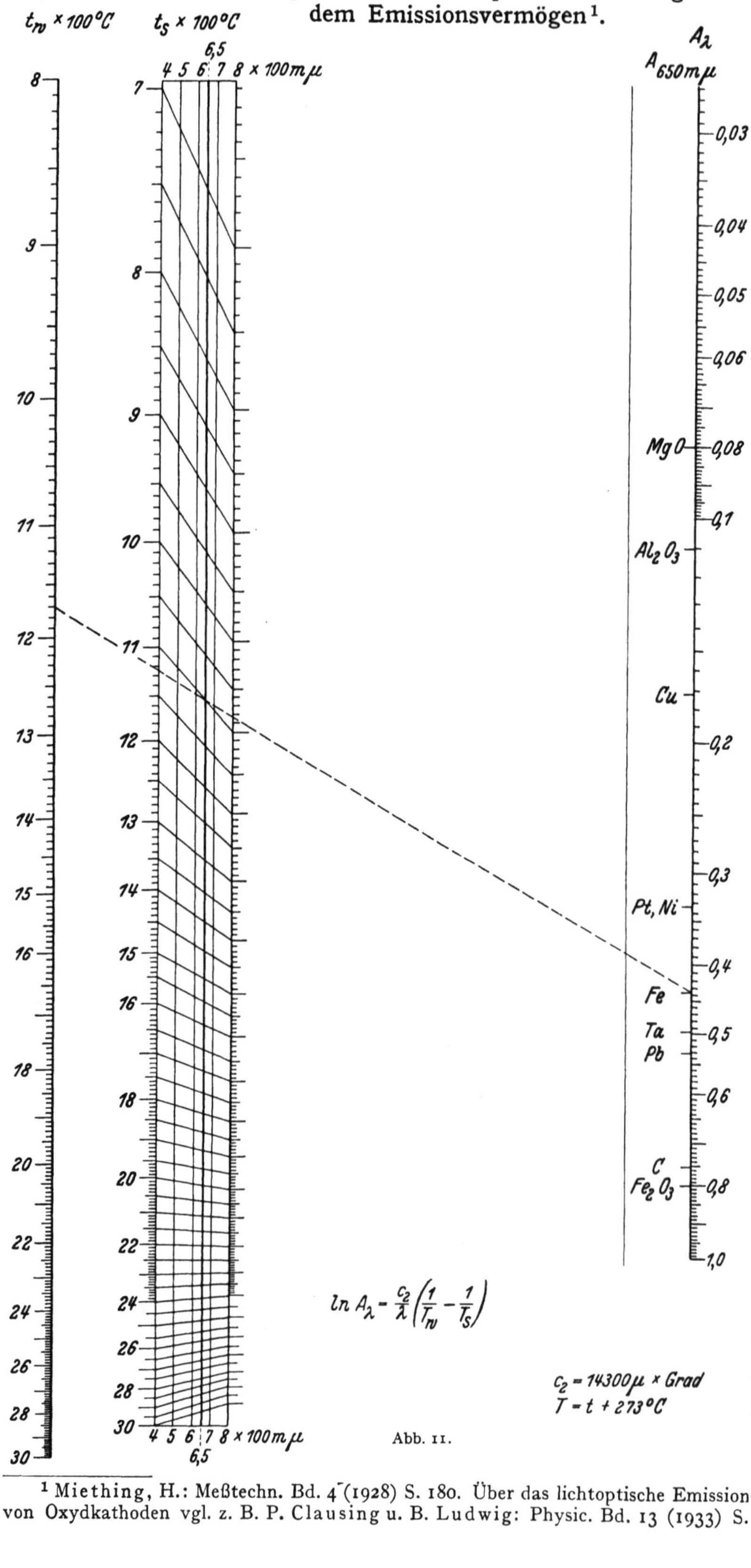

$$\ln A_\lambda = \frac{c_2}{\lambda}\left(\frac{1}{T_w} - \frac{1}{T_s}\right)$$

$c_2 = 14300\,\mu \times \text{Grad}$
$T = t + 273\,°C$

Abb. 11.

Beispiel: Die Temperatur eines Eisenkörpers wurde mit dem Pyrometer bei einer Wellenlänge von 650 mμ zu 1100° gemessen. Gesucht ist die wahre Temperatur. Man sucht auf der rechten Skala den Punkt für das Emissionsvermögen des Eisens ($A_\lambda = 0{,}435$) auf und verbindet diesen durch eine Gerade mit demjenigen Punkt, der auf der mittleren Skala der gemessenen, schwarzen Temperatur $t_s = 1100°$ C und 650 mμ zugeordnet ist. Die Verlängerung der Geraden gibt auf der linken Skala die wahre Temperatur $t_w = 1170°$ C an.

---
[1] Miething, H.: Meßtechn. Bd. 4 (1928) S. 180. Über das lichtoptische Emissionsvermögen von Oxydkathoden vgl. z. B. P. Clausing u. B. Ludwig: Physic. Bd. 13 (1933) S. 193.

## d 9) Wechselseitige Umsetzung von kinetischer Elektronenenergie und Strahlung.

Lichtquantenenergie (Frequenz $\nu$, Wellenlänge $\lambda$) kann in Translationsenergie freier Elektronen (Voltzahl $U$) umgewandelt werden, (Photoeffekt, Abb. 12, linker Pfeil).

$$h\nu \equiv m_{Qu} \cdot c^2 \xrightarrow[m_{Qu} = \Delta m_{el}]{}$$
$$\rightarrow (m - m_0) c^2 \equiv eU$$

$e$ = Elektronenmasse;
$m_{Qu}$ = Photonenmasse;
$m$ = Elektronenmasse;
$m_0$ = Elektronenruhmasse;
$\Delta m_{el} = m - m_0$ Massenzuwachs des Elektrons.

Rasch bewegte Elektronen (Voltgeschwindigkeit $U$) können Lichtstrahlen der Grenzfrequenz $\nu$ (bzw. Grenzwellenlänge $\lambda$) erzeugen (z. B. Röntgenlicht). (Strahlungserzeugung durch Elektronen, Abb. 12, rechter Pfeil.)

$$eU \equiv (m - m_0) c^2 \rightarrow m_{Qu} \cdot c^2 \equiv h\nu.$$

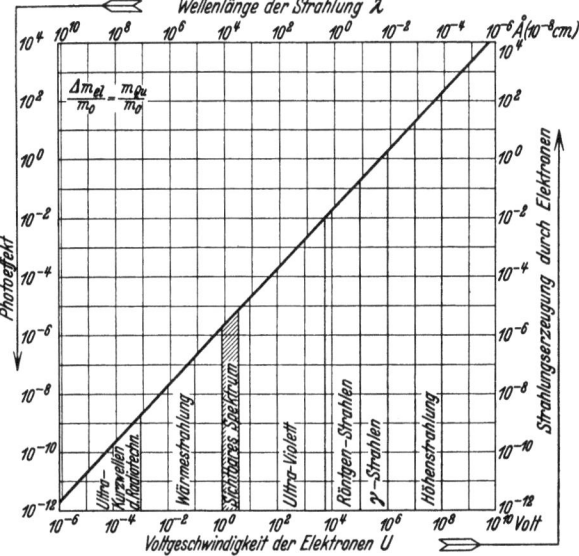

Abb. 12. Wechselseitige Umsetzung von kinetischer Elektronenenergie und Strahlung.

## d 10) Kurzwellige Grenzwellenlänge von Röntgenstrahlen in Abhängigkeit von der Voltgeschwindigkeit.

$$\lambda_0 = \frac{hc}{eU} = \frac{1{,}233 \cdot 10^{-4}}{U} \text{[cm]}; \quad \lambda_0 = \frac{1{,}233}{U_{[kv]}} \text{[m}\mu\text{]}$$

$h$ [Ws$^2$]; $c$ [cm/s]; $e$ [clb]; $U$ [V].

## d 11) Termklassifikation für Atome mit 1—3 Valenzelektronen.

Ein Atom besteht aus einem positiv geladenen Kern und einer diesen umgebenden Wolke von soviel Elektronen, daß das Atom als Ganzes elektrisch ungeladen ist. Die Elektronen der Ladungswolke können verschiedene Konfigurationen einnehmen, die verschieden angeregte Zustände des Atoms ergeben. Jeder Form ist ein Energiewert zugeordnet. Man bezeichnet diesen als Term, Niveau oder Zustand des Atoms.
Die Zustände des Atoms werden durch Angabe von 4 Zahlen gekennzeichnet:

| Name | Bezeichnung | Mögliche Zahlenwerte | Zugehörige Termsymbole |
|---|---|---|---|
| Hauptquantenzahl | $n$ | 1 | — |
| | | 2 | — |
| | | 3 | — |
| | | 4 | — |
| Nebenquantenzahl | $l\ (<n)$ | 0 | $S$ (sharp serie) |
| | | 1 | $P$ (principle serie) |
| | | 2 | $D$ (diffus serie) |
| | | 3 | $F$ (Bergmann-Serie) |
| | | 4 | $G$ |
| Multiplizität . . . | $r \equiv 2s + 1$ | 1 | Singulett |
| | | 2 | Dublett |
| | | 3 | Triplett |
| | | 4 | Quartett |

Fortsetzung von Tabelle S. 19.

| Name | Bezeichnung | Mögliche Zahlenwerte | Zugehörige Termsymbole |
|---|---|---|---|
| Totalimpuls ... | $j = l+s,\ l+s-1,$ $l-s$ | 0 | — |
|  |  | 1/2 | — |
|  |  | 1 | — |
|  |  | 3/2 | — |

Die Termbezeichnungen lauten dementsprechend allgemein $n\ rl_j$.

Beispiel: $1\ ^2S_{1/2}$ ist ein Dublett-Term, mit der Hauptquantenzahl 1, der Nebenquantenzahl 0, dem Totalimpuls 1/2.

$2\ ^3P_2$ Triplett-Term der Hauptquantenzahl 2, Nebenquantenzahl 1, Totalimpuls 2.

Jeder Term hat eine bestimmte (negative) Energie, derjenige mit der kleinsten Energie entspricht dem Grundzustand des Atoms. Für Atome mit einem Valenzelektron ist es ein $1\ ^2S_{1/2}$-Term, für Atome mit zwei Valenzelektronen: $1\ ^1S_0$. Terme mit höherer Energie heißen „angeregt".

### Ausstrahlung der Atome.

Durch Energiezufuhr kann das Atom aus dem Grundzustand in einen angeregten Zustand überführt werden. Aus diesem kehrt das Atom spontan in den Grundzustand zurück, wobei die freiwerdende Energie in Form von elektromagnetischer Strahlung abgegeben wird. Die Frequenz der Strahlung ist dabei durch die Frequenzbedingung festgelegt:

$$\nu_{21} = \frac{E_2 - E_1}{h}, \qquad (1)$$

wobei $E_1 < E_2$ die Energien der Zustände, $h$ das Plancksche Wirkungsquantum ist. Wird diese Frequenz von einer Vielheit von Atomen emittiert, so erhält man eine charakteristische Linie des Spektrums des betreffenden Atoms. Die gesamte abgestrahlte Energie (Intensität) dieser Linie ist dabei gegeben durch:

$$J_{21} = \dot{N}_{21} \cdot h \cdot \nu_{21}, \qquad (2)$$

wobei $\dot{N}_{21}$ die Zahl der Emissionsakte pro Sekunde bedeutet. Sie errechnet sich mittels der „Übergangswahrscheinlichkeit" $A_{21}$, definiert durch die Beziehung:

$$\dot{N}_{21} \equiv -\frac{dN_2}{dt} = N_2 A_{21}, \qquad (3)$$

wobei $N_2$ die Zahl der Atome im Term „2" bedeutet.

Eine bestimmte Zahl $N_2$ von Atomen im Term 2 nimmt also infolge der spontanen Ausstrahlung des Atoms mit der Zeit ab, und es gilt:

$$N_2(t) = N_2(0) \cdot e^{-A_{21} t} \equiv N_2(0) \cdot e^{-\frac{t}{\tau_{21}}}. \qquad (4)$$

Man bezeichnet $\frac{1}{A_{21}} = \tau_{21}$ als mittlere „Lebensdauer" des Zustandes zwei. Terme mit hoher Lebensdauer (über etwa $10^{-3}$ s) heißen „metastabil". Sind von einem Term $\varrho$ aus mehrere Übergänge nach verschiedenen unteren Zuständen 1, 2, 3 ... möglich, so gilt für die Lebensdauer $\tau$ dieses Terms

$$\frac{1}{\tau} = A_{1\varrho} + A_{2\varrho} + A_{3\varrho} \ldots \qquad (4\text{a})$$

Nach der klassischen Elektrodynamik nimmt die Strahlung eines linearen Elektronenoszillators nach dem Gesetz ab:

$$J_t = J_0 \cdot e^{-2\delta \cdot t}; \quad \delta = \frac{4\pi^2 e^2}{3 m c^3} \cdot \nu^2 = \frac{0{,}04\ \pi^2 e^2}{3 m c} \cdot \nu^2 {}^*. \quad (\nu = \text{Eigenfrequenz des Elektrons}) \qquad (5)$$

In Analogie hierzu setzt man für die Ausstrahlung einer Schar von angeregten Atomen:

$$A_{21} = 2 \cdot \delta \cdot 3 \cdot f_{21} \cdot \frac{g_2}{g_1} = \frac{8\pi^2 e^2}{m c^3} \cdot \nu_{21}^2 \cdot f_{21} \cdot \frac{g_2}{g_1}. \qquad (6)$$

Der Faktor 3 bedeutet, daß das Atom einem in drei Dimensionen schwingenden Elektron gleichzusetzen ist; $\frac{g_2}{g_1}$ sind die quantenmechanischen statistischen Gewichte der Zustände 1 und 2, $f_{21}$ ist die „Linienstärke". Man kann die Größe $f_{21}$ auch auffassen als den Bruchteil der „Dispersionselektronen", die bei $N$-Atomen an der Emission der Linie $\nu_{21}$ beteiligt sind.

---

* Der erste Ausdruck für $\delta$ gilt für das elektrostatische, der zweite für das praktische Maßsystem ($e$ [ESE] oder [clb]).

Der Zusammenhang zwischen der Stärke einer Linie und der Absorption dieser Linie ist gegeben durch:
$$B_{12} = \frac{c^3 A_{12}}{8\pi h \cdot \nu^3} \tag{7}$$
wobei $B_{12}$ die analog zu $A_{12}$ definierte Absorptionswahrscheinlichkeit ist.

### d 12) Beispiele für Termschemen[1].

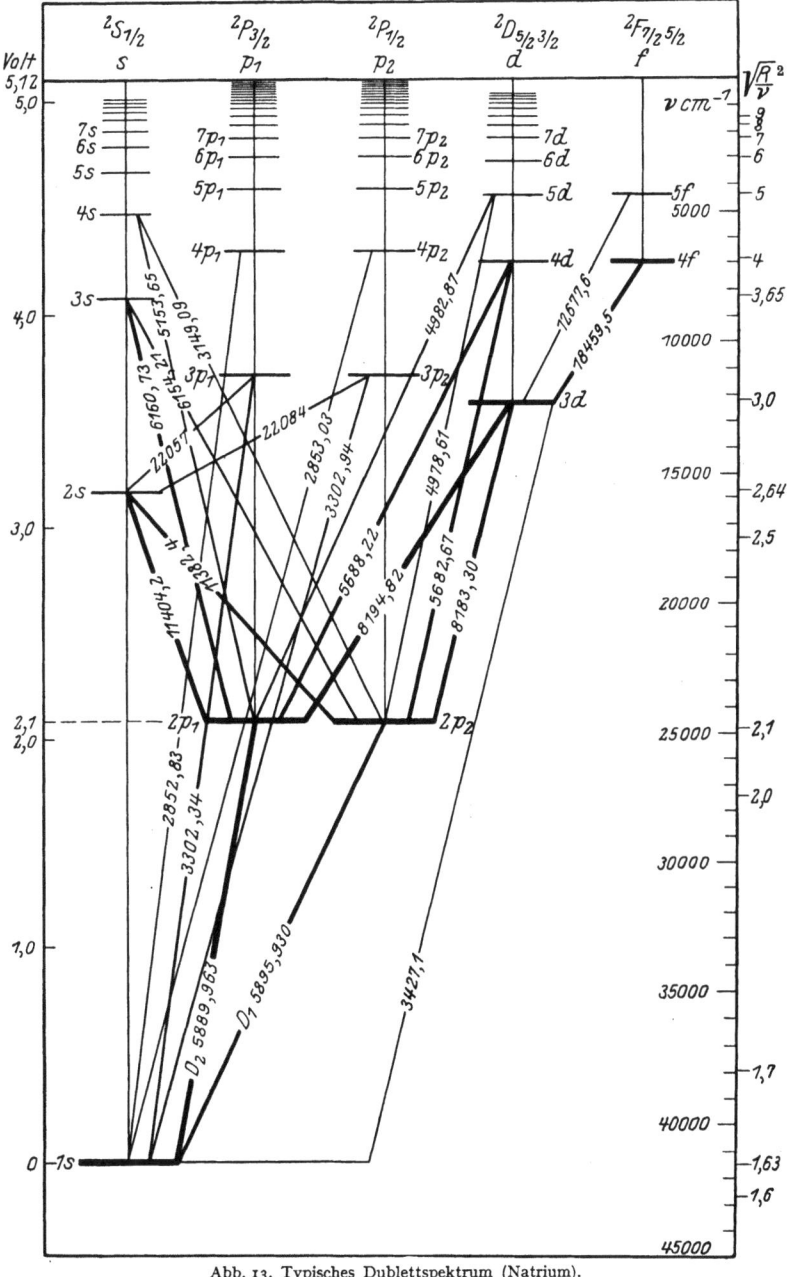

Abb. 13. Typisches Dublettspektrum (Natrium).

---

[1] Fußnote 1 und 2 siehe S. 22.

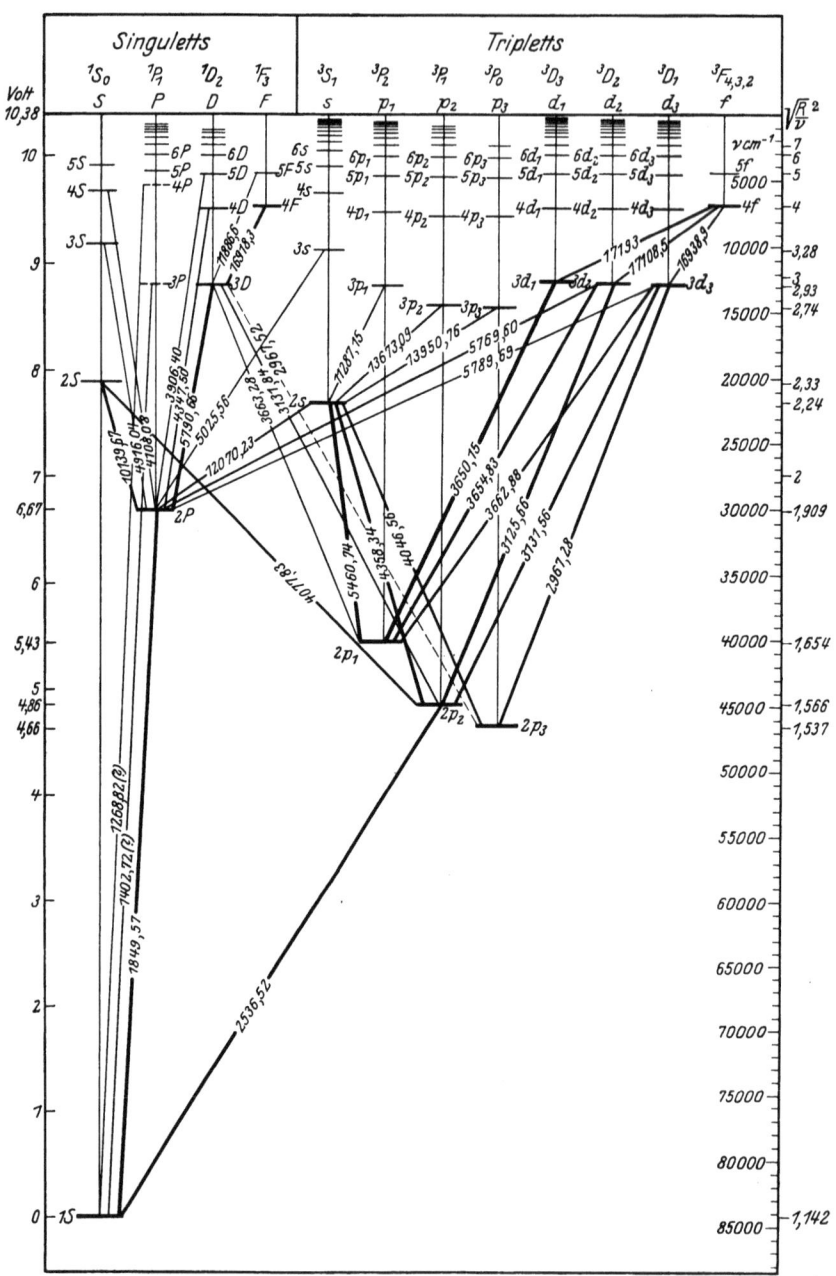

Abb. 14. Typisches Singulett-Triplettspektrum (Quecksilber).

---

[1] Grotrian, W.: Die Spektren der Atome mit 1—3 Valenzelektronen. Berlin 1928 (Struktur der Materie, Teil 2). Die Wellenzahl $\nu$ ist aus der Wellenlänge $\lambda$ unter Weglassung des Faktors $c$ (Lichtgeschwindigkeit) berechnet: $\nu = \dfrac{1}{\lambda}$.

[2] $\sqrt{\dfrac{R}{\nu}}$ nennt man effektive Hauptquantenzahl, sie ist für Wasserstoff ganzzahlig ($R =$ Rydberg-Konstante).

# II. Statistik der Gasentladungen.
## e) Kinetische Gastheorie.
### e 1) Gaskonstanten.

Boltzmannsche Konstante:
$$k = 1{,}371 \cdot 10^{-16} \, [\text{Erg}/{}^0K] = 1{,}371 \cdot 10^{-23} \, [\text{Ws}/{}^0K].$$

Avogadrosche Zahl:
$$N = 27{,}1 \cdot 10^{18} \, [\text{Moleküle/cm}^3 \text{ bei } 0^0 \text{ C. und 760 tor}].$$

Loschmidtsche Zahl:
$$L = 60{,}62 \cdot 10^{22} \, [\text{Moleküle/pro Mol}].$$

Allgemeine Gaskonstante:
$$R = 83{,}15 \cdot 10^6 \, [\text{erg/grad} \cdot \text{Mol}].$$

Volumen eines Gramm-Moleküls (Molvolumen) eines idealen Gases bei $0^0$ C und 760 tor:
$$v_{\text{Mol}} = 22\,412 \, [\text{cm}^3].$$

### e 2) Mittlerer Abstand $d$ zweier Moleküle.

$$d = n^{-\frac{1}{3}} \, [\text{cm}] \text{ für } (2\,a) \ll d.$$

Mittlere freie Weglänge (unter Voraussetzung Maxwellscher Geschwindigkeitsverteilung für 1 Gas):
$$\lambda = \frac{1}{\sqrt{2}\,\pi\,(2\,a)^2\,n} \, [\text{cm}].$$

$2\,a$ = Moleküldurchmesser [cm]; $n$ = Konzentration der Moleküle [cm$^{-3}$];
$\bar{v}$ = mittlere Geschwindigkeit [cm/s].

Mittlere Zeit zwischen zwei Zusammenstößen:
$$\tau = \frac{1}{\sqrt{2}\,\pi\,(2\,a)^2\,n\,\bar{v}} \, [\text{s}].$$

### e 3) Sutherlandsche Formel für Wirkungsquerschnitt, abhängig von der Temperatur.

$$R^2 = R_\infty^2 \left(1 + \frac{T_v}{T}\right)$$

$$R_\infty^2 = \frac{R_{273}^2}{1 + \dfrac{T_v}{273}}$$

$R$ [cm] = gaskinetischer Wirkungsradius;
$T_v$ [$^0K$] = Verdoppelungstemperatur;
$\dfrac{1}{T_v}$ = Sutherland-Konstante;
$T$ [$^0K$] = Gastemperatur;
$R_{273}$ = Wirkungsradius bei $273\,^0K$;
$R_\infty$ = Wirkungsradius bei unendlich großer Temperatur.

Tabelle für $T_v$ und $R_\infty$ [1].

| Stoff | $T_v$ $^0K$ | $R_\infty$ (theoret.) cm | Stoff | $T_v$ $^0K$ | $R_\infty$ (theoret.) cm |
|---|---|---|---|---|---|
| Ar . . . . | 169 | $1{,}43 \cdot 10^{-8}$ | Luft . . . | 113 | — |
| H$_2$ . . . . | 76 | $1{,}21 \cdot 10^{-8}$ | N$_2$ . . . . | 112 | $1{,}60 \cdot 10^{-8}$ |
| H$_2$O-Dampf | 550 | — | Ne . . . | 56 | — |
| He . . . | 79 | $0{,}97 \cdot 10^{-8}$ | O$_2$ . . . . | 132 | $1{,}48 \cdot 10^{-8}$ |
| Kr . . . | 142 | $1{,}68 \cdot 10^{-8}$ | X . . . . | 252 | $1{,}78 \cdot 10^{-8}$ |

[1] Jeans: Dynamische Theorie der Gase, 1926 S. 421 (übersetzt von Fürth); vgl. auch Ziffer **q 2**, S. 143.

## e 4) Bewegung zwischen Teilchen verschiedener Effektivgeschwindigkeiten.

Man betrachtet zwei Gasarten $A$ und $B$ mit den Molekülradien $a$ und $b$. Beide Gase haben Maxwellsche Geschwindigkeitsverteilung und befinden sich in thermischem Gleichgewicht.

Die $A$-Moleküle legen bis zum Zusammenstoß mit einem $B$-Molekül die freie Weglänge $\lambda_{A,B}$ im Mittel zurück:

$$\lambda_{A,B} = \frac{1}{\pi R_{AB}^2 n_B \sqrt{1 + \frac{v_{w_B}^2}{v_{w_A}^2}}} = \frac{1}{\pi R_{AB}^2 n_B \sqrt{1 + \frac{m_A}{m_B}}} \quad [\text{cm}]$$

$m$ [g] = Molekülmasse; $v_w$ [cm/s] = wahrscheinlichste Geschwindigkeit;
$R_{A,B} = a + b$ [cm]; $n$ [cm$^{-3}$] = Konzentration.

Haben beide Moleküle gleiche Massen, so ist:

$$\lambda_{A,B} = \frac{1}{\pi R_{AB}^2 \sqrt{2}\, n_B} \quad [\text{cm}].$$

Für $m_A \ll m_B$ steigt diese mittlere freie Weglänge auf das $\sqrt{2}$ fache an.

$$\lim_{m_A \to 0} \lambda_{A,B} = \frac{1}{\pi R_{AB}^2 n_B}.$$

Berücksichtigt man auch noch die Stöße von $A$-Molekülen auf $A$-Moleküle, so erhält man die mittlere freie Weglänge eines $A$-Moleküls zwischen irgend zwei Zusammenstößen (es werden sowohl $A$—$A$- als auch $A$—$B$-Stöße gezählt!).

$$\lambda_A = \frac{1}{\sqrt{2}\,\pi R_A^2 n_A + \pi R_{AB}^2 n_B \sqrt{1 + \frac{m_A}{m_B}}} \quad [\text{cm}].$$

Für $B$-Moleküle erhält man die entsprechenden freien Weglängen durch Vertauschung der Indizes.

## e 5) Clausiussches Gesetz der Weglängenverteilung.

Von $N_0$ gleichzeitig gestarteten Molekülen durchlaufen $N_x$ Moleküle ohne Zusammenstoß eine Strecke $x$:

$$N_x = N_0 \cdot e^{-\frac{x}{\lambda}} \qquad \lambda = \text{freie Weglänge [cm]}.$$

In anderer Formulierung lautet das Clausiussche Gesetz:
Die Wahrscheinlichkeit einer zwischen $x$ und $x + \Delta x$ endenden freien Weglänge ist:

$$e^{-\frac{x}{\lambda}} \cdot \frac{\Delta x}{\lambda}.$$

Das mittlere Weglängenquadrat lautet:

$$\overline{\lambda^2} = \int_0^\infty x^2 \cdot e^{-\frac{x}{\lambda}} d\left(\frac{x}{\lambda}\right) = 2\,\lambda^2.$$

Die mittlere Weglängenwurzel ist:

$$\overline{\sqrt{\lambda}} = \int_0^\infty \sqrt{x}\, e^{-\frac{x}{\lambda}} d\left(\frac{x}{\lambda}\right) = \frac{\sqrt{\pi}}{2} \sqrt{\lambda}.$$

### e 6) Kinematik der Maxwellverteilung.

Wahrscheinlichkeitsdichte $w(v)$ der Maxwellschen Geschwindigkeitsverteilung:
$$w(v)\,dv = \frac{4}{\sqrt{\pi}}\left(\frac{v}{v_w}\right)^2 e^{-\left(\frac{v}{v_w}\right)^2}\frac{dv}{v_w}$$

$v_w = $ „wahrscheinlichste" Geschwindigkeit (Abb. 15).

Wahrscheinlichkeit einer Minimalgeschwindigkeit[1] $v$ (Abb. 15):
$$\int_{\left(\frac{v}{v_w}\right)}^{\infty} w\left(\frac{v}{v_w}\right)d\left(\frac{v}{v_w}\right) = \int_0^{\infty} w\left(\frac{v}{v_w}\right)d\left(\frac{v}{v_w}\right) - \int_0^{\left(\frac{v}{v_w}\right)} w\left(\frac{v}{v_w}\right)d\left(\frac{v}{v_w}\right) = 1 + \frac{2}{\sqrt{\pi}}\left(\frac{v}{v_w}\right)e^{-\left(\frac{v}{v_w}\right)^2} - \frac{2}{\sqrt{\pi}}\int_0^{\left(\frac{v}{v_w}\right)} e^{-\left(\frac{v}{v_w}\right)^2} d\left(\frac{v}{v_w}\right)$$

Wahrscheinlichkeitsdichte $w(v_x)$ der Maxwellschen Geschwindigkeitsverteilung einer Komponente[2]:

$$w(v_x)\,dv_x = \frac{1}{\sqrt{\pi}}\,e^{-\left(\frac{v_x}{v_w}\right)^2} d\left(\frac{v_x}{v_w}\right).$$

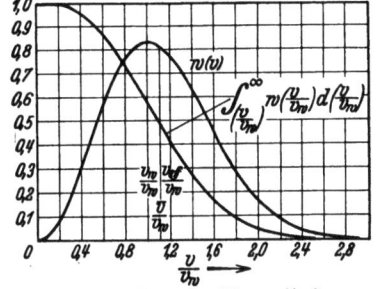

Abb. 15. Gesetz der Maxwellschen Geschwindigkeitsverteilung.

Mittleres Geschwindigkeitsquadrat (Erwartungswert des Geschwindigkeitsquadrates):
$$\overline{v^2} = \frac{4}{\sqrt{\pi}}\int_0^{\infty} v^2 \left(\frac{v}{v_w}\right)^2 e^{-\left(\frac{v}{v_w}\right)^2} d\left(\frac{v}{v_w}\right) = \frac{4}{\sqrt{\pi}}\,v_w^2\,\frac{3}{8}\sqrt{\pi} = \frac{3}{2}v_w^2; \qquad v_w^2 = \frac{2}{3}\overline{v^2}.$$

Effektivgeschwindigkeit (Wurzel aus dem mittleren Geschwindigkeitsquadrat):
$$v_{\text{eff}} = \sqrt{\overline{v^2}} = v_w\sqrt{\frac{3}{2}} = 1{,}223\,v_w; \qquad v_w = 0{,}816\,v_{\text{eff}}.$$

Mittlere Geschwindigkeit:
$$\bar{v} = \frac{4}{\sqrt{\pi}}\int_0^{\infty} v\left(\frac{v}{v_w}\right)^2 e^{-\left(\frac{v}{v_w}\right)^2} d\left(\frac{v}{v_w}\right) = \frac{4}{\sqrt{\pi}}\,v_w\,\frac{1}{2} = 1{,}128\,v_w; \qquad \frac{\bar{v}}{v_{\text{eff}}} = \frac{1{,}128}{1{,}223} = 0{,}922.$$

Einseitig gerichtete Geschwindigkeit:
$$\bar{v}_x = \frac{v_w}{2\sqrt{\pi}} = \frac{\bar{v}}{4} = \sqrt{\frac{1}{6\pi}}\,v_{\text{eff}}.$$

### e 7) Thermodynamik der Maxwellverteilung.

Für ein homogenes Gas von der Molekularmasse $m$ (von der Molmasse $\mu$) und der Temperatur $T\,^0K$ gilt der Gleichverteilungssatz:
$$\frac{1}{2}\,m\,v_{\text{eff}}^2 \equiv \frac{1}{2}\,\frac{\mu}{L}\,v_{\text{eff}}^2 = 3\cdot\frac{1}{2}\,k\,T.$$

$k = $ Boltzmannsche Konstante; $L = $ Loschmidtsche Zahl (vgl. Ziffer e 1, S. 23).

---

[1] Das heißt Wahrscheinlichkeit des Vorhandenseins von Geschwindigkeiten, die größer sind als die Minimalgeschwindigkeit $v$.

[2] Vgl. Ziffer t 3, S. 160.

Mittels dieser Beziehung kann man das Maxwellsche Gesetz schreiben:

$$w(v)\,dv = \frac{4}{\sqrt{\pi}}\left(\frac{v}{\sqrt{\frac{2kT}{m}}}\right)^2 e^{-\left(\frac{v}{\sqrt{\frac{2kT}{m}}}\right)^2} d\left(\frac{v}{\sqrt{\frac{2kT}{m}}}\right) = \frac{4}{\sqrt{\pi}}\left(\frac{v}{\sqrt{\frac{2RT}{\mu}}}\right)^2 e^{-\left(\frac{v}{\sqrt{\frac{2RT}{\mu}}}\right)^2} d\left(\frac{v}{\sqrt{\frac{2RT}{\mu}}}\right)$$

$k \cdot L = R =$ Allgemeine Gaskonstante (vgl. Ziffer e1, S. 23).

Wahrscheinlichste Geschwindigkeit $v_w$.

$$v_w = \sqrt{\frac{2RT}{\mu}} = 1{,}29 \cdot 10^4 \sqrt{\frac{T}{\mu}} \text{ [cm/s]}.$$

R [erg/grad · Mol] allgemeine Gaskonstante; $T$ [°K] Gastemperatur; $\mu$ [g] Molmasse.
Für Elektronengas: $v_w = 5{,}52 \cdot 10^5 \sqrt{T}$ [cm/s].

Effektivgeschwindigkeit.

$$v_{\text{eff}} = \sqrt{\frac{3RT}{\mu}} = 1{,}58 \cdot 10^4 \sqrt{\frac{T}{\mu}} \text{ [cm/s]}.$$

Mittlere Geschwindigkeit $\bar{v}$.

$$\bar{v} = \sqrt{\frac{8RT}{\pi\mu}} = 1{,}455 \cdot 10^4 \sqrt{\frac{T}{\mu}} \text{ [cm/s]}.$$

Einseitig gerichtete Geschwindigkeit.

$$\bar{v}_x = \sqrt{\frac{RT}{2\pi\mu}} = 3{,}63 \cdot 10^3 \sqrt{\frac{T}{\mu}}.$$

Führt man mittels $\frac{mv^2}{2} = eU$ die der Geschwindigkeit $v$ entsprechende Voltgeschwindigkeit $U$ ein und definiert man $\frac{3}{2}kT \equiv \frac{1}{2}m v_{\text{eff}}^2 \equiv \frac{3}{4}m v_w^2 = eU_{th}$, so ist $\frac{U}{U_{th}} = \frac{2}{3}\left(\frac{v}{v_w}\right)^2$. Damit lautet das Maxwellsche Geschwindigkeitsgesetz:

$$w\left(\frac{U}{U_{th}}\right) d\left(\frac{U}{U_{th}}\right) = 3\sqrt{\frac{3}{2\pi}} \sqrt{\frac{U}{U_{th}}} e^{-\frac{3}{2}\frac{U}{U_{th}}} d\left(\frac{U}{U_{th}}\right).$$

Die Wahrscheinlichkeit einer Minimalgeschwindigkeit[1] $U$ findet man durch Einsetzen von $\frac{3}{2}\frac{U}{U_{th}}$ für $\left(\frac{v}{v_w}\right)^2$ in obige Gleichung für $\int\limits_{\left(\frac{v}{v_v}\right)}^{\infty} w\left(\frac{v}{v_w}\right) d\left(\frac{v}{v_w}\right)$

$$\int\limits_{\left(\frac{U}{U_{th}}\right)}^{\infty} w\left(\frac{U}{U_{th}}\right) d\left(\frac{U}{U_{th}}\right) = 1 + \sqrt{\frac{6}{\pi}}\sqrt{\frac{U}{U_{th}}} e^{-\frac{3}{2}\frac{U}{U_{th}}} - \sqrt{\frac{3}{2\pi}}\int\limits_0^{\left(\frac{U}{U_{th}}\right)} \sqrt{\frac{U_{th}}{U}} e^{-\frac{3}{2}\left(\frac{U}{U_{th}}\right)} d\left(\frac{U}{U_{th}}\right).$$

### e 8) Verteilung der relativen Translationsgeschwindigkeit.

Voraussetzung: Gasgemisch von zwei Gasen $A$ und $B$. Verteilung der Geschwindigkeiten nach Maxwell.

Wahrscheinlichkeitsdichte der relativen Translationsgeschwindigkeit $v_r$ zwischen $A$- und $B$-Molekülen.

$$w(v_r)\,dv_r = \frac{4}{\sqrt{\pi}} e^{\frac{-v_r^2}{v_{w_A}^2 + v_{w_B}^2}} \cdot \frac{v_r^2}{v_{w_A}^2 + v_{w_B}^2} d\frac{v_r}{\sqrt{v_{w_A}^2 + v_{w_B}^2}}$$

$v_{w_A}$; $v_{w_B}=$ wahrscheinlichste Geschwindigkeiten der Gase $A$ und $B$.

---
[1] Vgl. Fußnote 1 S. 25.

Dieses Gesetz stimmt formal mit dem Gesetz der Maxwellschen Geschwindigkeitsverteilung überein, wenn man für $\sqrt{v_{w_A}^2 + v_{w_B}^2} = v_{w_m}$ einsetzt. Es gilt also auch die Tabelle e 10 und graphische Darstellung (Abb. 15). Unter Voraussetzung thermodynamischen Gleichgewichtes kann man schreiben: $m_A v_{w_A}^2 = m_B v_{w_B}^2$.

In diesem Fall setzt man also für $v_{w_m} = v_{w_A} \sqrt{1 + \frac{m_A}{m_B}} = v_{w_B} \sqrt{1 + \frac{m_B}{m_A}}$.

$m_A$; $m_B$ = Massen der Gasmoleküle $A$ und $B$.

### Erwartungswert der Relativgeschwindigkeit.

$$\bar{v}_r = \frac{1}{(v_{w_A}^2 + v_{w_B}^2)^{3/2}} \cdot \frac{4}{\sqrt{\pi}} \int_0^\infty e^{-\frac{v_r^2}{v_{w_A}^2 + v_{w_B}^2}} \cdot v_r^3 \, dv_r$$

$$= \frac{2}{\sqrt{\pi}} \sqrt{v_{w_A}^2 + v_{w_B}^2} = \bar{v}_A \sqrt{1 + \frac{m_A}{m_B}} = \bar{v}_B \sqrt{1 + \frac{m_B}{m_A}}.$$

### Mittelwert des relativen Geschwindigkeitsquadrates.

$$\overline{v_r^2} = \frac{1}{(v_{w_A}^2 + v_{w_B}^2)^{3/2}} \frac{4}{\sqrt{\pi}} \int_0^\infty e^{-\frac{v_r^2}{v_{w_A}^2 + v_{w_B}^2}} \cdot v_r^4 \, dv_r = \frac{1}{2}(v_{w_A}^2 + v_{w_B}^2) = \overline{v_A^2} + \overline{v_B^2}.$$

### e 9) Verteilung der relativen Stoßgeschwindigkeit $v_{rs}$.

Voraussetzung: Gasgemisch von zwei Gasen $A$ und $B$. Verteilung der Geschwindigkeiten nach Maxwell.

**Wahrscheinlichkeitsdichte der relativen Stoßgeschwindigkeit.**

$$w(v_{rs}) \, dv_{rs} = 2 \frac{e^{\frac{-v_{rs}^2}{v_{w_A}^2 + v_{w_B}^2}} v_{rs}^3 \, dv_{rs}}{(v_{w_A}^2 + v_{w_B}^2)^2} \qquad \text{(vgl. unten: Einheitliches Gas).}$$

**Mittelwert der relativen Stoßgeschwindigkeit.**

$$\bar{v}_{rs} = \frac{3\pi}{8} \bar{v}_A \sqrt{1 + \frac{m_A}{m_B}} = \frac{3\pi}{8} \bar{v}_B \sqrt{1 + \frac{m_B}{m_A}}.$$

### Einheitliches Gas ($A = B$).

**Wahrscheinlichkeitsdichte der relativen Stoßgeschwindigkeit.**

$$w(v_{rs}) \, dv_{rs} = \frac{e^{\frac{-v_{rs}^2}{2 v_w^2}} v_{rs}^3 \, dv_{rs}}{2 v_w^4} \qquad \text{(Abb. 16).}$$

**Wahrscheinlichkeit einer Minimalgeschwindigkeit**[1] $v_{rs}$.

$$\int_{\left(\frac{v_{rs}}{v_w}\right)}^\infty w\left(\frac{v_{rs}}{v_w}\right) d\left(\frac{v_{rs}}{v_w}\right) = \left[1 + \frac{1}{2}\left(\frac{v_{rs}}{v_w}\right)^2\right] e^{-\frac{1}{2}\left(\frac{v_{rs}}{v_w}\right)^2}$$

Formal gelten diese Gesetze auch für Gasgemische aus Gasen $A$ und $B$, wenn man $v_w = \sqrt{\frac{v_{w_A}^2 + v_{w_B}^2}{2}}$ einsetzt.

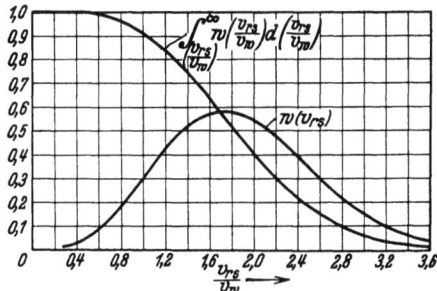

Abb. 16. Verteilungsgesetze der relativen Stoßgeschwindigkeit.

---

[1] Vgl. Fußnote 1 S. 25.

## e 10) Geschwindigkeitsverteilungsgesetze (Tabelle).

| | | 1. Maxwellsche Geschwindigkeitsverteilung | | |
|---|---|---|---|---|
| $\dfrac{v}{v_w}$ | $w(v)$ | $\displaystyle\int_{\left(\frac{v}{v_w}\right)}^{\infty} w\left(\dfrac{v}{v_w}\right) d\left(\dfrac{v}{v_w}\right)$ | | |
| | | 2. Verteilung der relativen Stoßgeschwindigkeit (einheitliches Gas) | | |
| $\dfrac{v_{rs}}{v_w}$ | | | $w(v_{rs})$ | $\displaystyle\int_{\left(\frac{v_{rs}}{v_w}\right)}^{\infty} w\left(\dfrac{v_{rs}}{v_w}\right) d\left(\dfrac{v_{rs}}{v_w}\right)$ |
| 0,0 | 0,0000 | 1,000 | 0,00000 | 1,000 |
| 0,1 | 0,0224 | 0,999 | 0,00050 | 1,000 |
| 0,2 | 0,0866 | 0,994 | 0,00392 | 0,999 |
| 0,3 | 0,186 | 0,983 | 0,0129 | 0,999 |
| 0,4 | 0,308 | 0,956 | 0,0295 | 0,998 |
| 0,5 | 0,440 | 0,919 | 0,0552 | 0,994 |
| 0,6 | 0,567 | 0,869 | 0,0920 | 0,989 |
| 0,7 | 0,678 | 0,806 | 0,134 | 0,975 |
| 0,8 | 0,761 | 0,734 | 0,185 | 0,959 |
| 0,9 | 0,813 | 0,655 | 0,243 | 0,939 |
| 1,0 | 0,831 | 0,572 | 0,303 | 0,910 |
| 1,1 | 0,814 | 0,490 | 0,364 | 0,876 |
| 1,2 | 0,770 | 0,411 | 0,420 | 0,838 |
| 1,3 | 0,702 | 0,336 | 0,472 | 0,792 |
| 1,4 | 0,623 | 0,271 | 0,514 | 0,743 |
| 1,5 | 0,534 | 0,212 | 0,550 | 0,689 |
| 1,6 | 0,446 | 0,1633 | 0,570 | 0,634 |
| 1,7 | 0,362 | 0,1229 | 0,576 | 0,576 |
| 1,8 | 0,286 | 0,0906 | 0 577 | 0 519 |
| 1,9 | 0,220 | 0,0652 | 0,566 | 0,464 |
| 2,0 | 0,165 | 0,0460 | 0,540 | 0,405 |
| 2,1 | 0,121 | 0,0320 | 0,509 | 0,356 |
| 2,2 | 0,0864 | 0,0215 | 0,474 | 0,304 |
| 2,3 | 0,0601 | 0,0142 | 0,433 | 0,259 |
| 2,4 | 0,0408 | 0,0092 | 0,389 | 0,218 |
| 2,5 | 0,0272 | 0,0058 | 0,344 | 0,182 |
| 2,6 | 0,0177 | 0,0036 | 0,300 | 0,149 |
| 2,7 | 0,0112 | 0,0022 | 0,256 | 0,121 |
| 2,8 | 0,0069 | 0,0012 | 0,218 | 0,097 |
| 2,9 | 0,0040 | 0,0007 | 0,183 | 0,078 |
| 3,0 | 0,0024 | 0,0004 | 0,150 | 0,061 |
| 3,1 | | | 0,122 | 0,048 |
| 3,2 | | | 0,098 | 0,037 |
| 3,3 | | | 0,077 | 0,028 |
| 3,4 | | | 0,061 | 0,021 |
| 3,5 | | | 0,047 | 0,016 |

## e 11) Fermistatistik der Metallelektronen.

### Konzentration.

$$n = \frac{L\gamma}{A} \cdot j \left[\frac{1}{\text{cm}^3}\right]$$

$L$ [Moleküle pro Mol] Loschmidtsche Zahl; $\gamma \left[\frac{\text{g}}{\text{cm}^3}\right]$ spezifisches Gewicht; $A$ Atomgewicht; $j$ Zahl der freien Elektronen je Atom.

### Verteilungsgesetz der Geschwindigkeit.

Von $N$ Elektronen befinden sich $dN$ im Geschwindigkeitsintervall $v_x$ und $v_x + dv_x$; $v_y$ und $v_y + dv_y$; $v_z$ und $v_z + dv_z$.

$$\frac{dN}{N} = \frac{2 m_0^3}{n h^3} \frac{dv_x dv_y dv_z}{e^{\frac{1/2 \, m_0 (v_x^2 + v_y^2 + v_z^2) - \varepsilon_0}{kT}} + 1}$$

oder im Geschwindigkeitsintervall $v$ und $v + dv$ in beliebiger Richtung

$$\frac{dN}{N} = \frac{2 m_0^3}{n h^3} \frac{4 \pi v^2 dv}{e^{\frac{(1/2) m_0 v^2 - \varepsilon_0}{kT}} + 1},$$

$$\varepsilon_0 = \eta \left[1 - \frac{\pi^2}{12}\left(\frac{kT}{\eta}\right)^2 + \cdots\right]; \quad \eta = \left(\frac{3n}{\pi}\right)^{2/3} \frac{h^2}{8 m_0}.$$

$m_0$ [g] Elementarmasse; $h$ [erg·s] Plancksches Wirkungsquantum; $v$ [cm/s] Geschwindigkeit; $k \left[\frac{\text{erg}}{{}^\circ K}\right]$ Boltzmannsche Konstante; $T$ [$^\circ K$] Temperatur.

### Verteilungsgesetz der Energie.

Von $N$ Elektronen besitzen $dN$ eine Energie zwischen $\varepsilon$ und $\varepsilon + d\varepsilon$

$$\frac{dN}{N} = \frac{4\pi}{h^3 n} (2 m_0)^{3/2} \frac{\sqrt{\varepsilon}}{e^{\frac{\varepsilon - \varepsilon_0}{kT}} + 1} d\varepsilon.$$

Von $N$ Elektronen besitzen $dN_x$ einen zwischen $\varepsilon_x$ und $\varepsilon_x + d\varepsilon_x$ gelegenen Bruchteil der kinetischen Gesamtenergie, welcher der $x$-Komponente der Geschwindigkeit zukommt.

$$\frac{dN_x}{N} = \frac{4\pi m_0}{n h^3} k T \ln\left(1 + e^{\frac{\varepsilon_0 - \varepsilon_x}{kT}}\right) d\varepsilon_x.$$

### Konzentration $n$, Nullpunktsenergie $U_0$ und Druck $p_0$ von Metallelektronen.

$$p_0 = \frac{2}{5} n \cdot \eta = \frac{2}{5} n \cdot k \cdot \Theta \, [\text{dyn/cm}^2] \qquad e \, [\text{clb}]$$

$$U_0 = \frac{\eta \cdot 10^{-7}}{e} [V]; \quad \Theta = \frac{\eta}{k} [^\circ K] \qquad k \, [\text{erg}/^\circ K]$$

| | $n$ [cm$^{-3}$] | $\eta$ [erg] | $U_0$ [V] | $\Theta$ [$^\circ K$] | $p_0$ [dyn/cm$^2$] | [atp] |
|---|---|---|---|---|---|---|
| Ag | 5,90 · 10$^{22}$ | 8,66 · 10$^{-12}$ | 5,45 | 6,32 · 10$^4$ | 20,4 · 10$^{10}$ | 20,0 · 10$^4$ |
| Cu | 8,50 ,, | 11,0 ,, | 6,92 | 8,02 ,, | 37,4 ,, | 36,8 ,, |
| Fe | 8,52 ,, | 11,0 ,, | 6,92 | 8,02 ,, | 37,4 ,, | 36,8 ,, |
| Hg | 4,10 ,, | 6,78 ,, | 4,26 | 4,95 ,, | 11,1 ,, | 11,0 ,, |
| Ir | 7,03 ,, | 9,70 ,, | 6,10 | 7,07 ,, | 27,2 ,, | 26,8 ,, |
| Mo | 6,44 ,, | 9,19 ,, | 5,78 | 6,70 ,, | 23,6 ,, | 23,0 ,, |
| Ni | 9,08 ,, | 11,05 ,, | 7,23 | 8,38 ,, | 41,8 ,, | 41,2 ,, |
| Os | 7,15 ,, | 9,81 ,, | 6,17 | 7,15 ,, | 28,0 ,, | 27,6 ,, |
| Pt | 6,64 ,, | 9,35 ,, | 5,88 | 6,82 ,, | 24,8 ,, | 24,4 ,, |
| Ta | 5,54 ,, | 8,27 ,, | 5,20 | 6,03 ,, | 18,3 ,, | 18,0 ,, |
| Th | 3,00 ,, | 5,48 ,, | 3,45 | 4,00 ,, | 6,56 ,, | 6,46 ,, |
| Wo | 6,29 ,, | 9,07 ,, | 5,71 | 6,62 ,, | 22,8 ,, | 22,4 ,, |

## Vergleich zwischen Maxwellscher und Fermi-Verteilung der Geschwindigkeiten für Wolfram ($T = 2500\,^0K$).

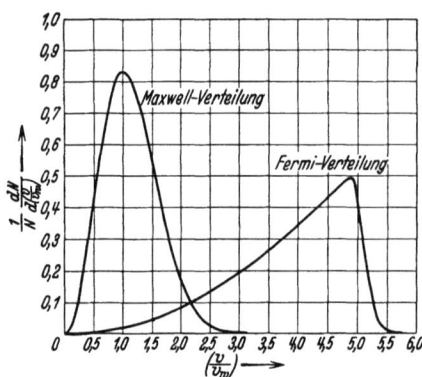

Abb. 17. Maxwell- und Fermi-Verteilung bei Wolfram von $2500^0 K$.

1. Maxwellsches Gesetz der Geschwindigkeitsverteilung.

$$\frac{1}{N}\frac{dN}{d\left(\frac{v}{v_w}\right)} = \frac{4}{\sqrt{\pi}}\left(\frac{v}{v_w}\right)^2 e^{-\left(\frac{v}{v_w}\right)^2}$$

$v_w$ = Wahrscheinlichste Geschwindigkeit.

2. Fermisches Gesetz der Geschwindigkeitsverteilung.

$$\frac{1}{N}\frac{dN}{d\left(\frac{v}{v_w}\right)} = 3\left(\frac{T}{\Theta_0}\right)^{3/2} \frac{\left(\frac{v}{v_w}\right)^2}{e^{\left(\frac{v}{v_w}\right)^2 - \frac{\Theta_0}{T}} + 1};$$

$$v_w = \sqrt{\frac{2kT}{m_0}}; \quad \Theta_0 = \frac{\varepsilon_0}{k}.$$

### e 12) Stoßgesetze.

#### Kosinusgesetz.

Von den Molekülen, die die Geschwindigkeit $v$ besitzen und in einer zwischen $r$ und $r + dr$ liegenden Entfernung von einer festen Wand innerhalb eines Elementarkegels $d\omega$ gestartet sind, treffen sekundlich

$$n_v \frac{d\omega \cdot dr \cdot \cos\vartheta}{4\pi}$$

Moleküle auf die Flächeneinheit unter dem Winkel $\vartheta$ gegen die Wandnormale auf.

Integration über $r$ ergibt die Gesamtzahl der Moleküle, welche sekundlich mit der Geschwindigkeit $v$ unter dem Winkel $\vartheta$ gegen die Flächennormale auf die Flächeneinheit der Wand auftreffen oder von ihr reflektiert werden zu

$$n_v \frac{d\omega \cos\vartheta}{4\pi} v.$$

Integration über $d\omega$ liefert als Stoßzahl der $v$-Moleküle je Sekunde und Flächeneinheit

$$s_v = \frac{1}{4} n_v \cdot v.$$

Alle Moleküle zusammen ergeben $s = \frac{1}{4} n \bar{v}$ Stöße.

#### Stoßzahl.

Der Erwartungswert aller Stöße pro Zeiteinheit der Moleküle eines Gases auf die Flächeneinheit einer ebenen Wand ist:

$$s = n \frac{4}{\sqrt{\pi}} v_w \int_0^\infty \left(\frac{v}{v_w}\right)^3 e^{-\left(\frac{v}{v_w}\right)^2} \frac{dv}{v_w} \cdot \frac{1}{4} = \frac{n}{4}\bar{v}\left[\frac{1}{s\,cm^2}\right];$$

$$s = \frac{n}{4}\bar{v} = \frac{n}{4} 0{,}922 \cdot v_{\text{eff}} \left[\frac{1}{s\,cm^2}\right];$$

$$s = 2{,}653 \cdot 10^{19} \frac{p[\text{dyn/cm}^2]}{\sqrt{\mu T}} = 3{,}535 \cdot 10^{22} \frac{p[\text{tor}]}{\sqrt{\mu T}} \left[\frac{1}{s\,cm^2}\right].$$

$n\,[\text{cm}^{-3}]$ Konzentration der Moleküle; $v_w\,[\text{cm/s}]$ wahrscheinlichste Geschwindigkeit; $\bar{v}\,[\text{cm/s}]$ mittlere Geschwindigkeit; $p\left[\frac{\text{dyn}}{\text{cm}^2}\right]$ oder [tor] Druck;

$\mu$ = Molmasse; $T\,[^0K]$ Gastemperatur.

Gasmasse, die pro Flächen- und Zeiteinheit auf die Wand trifft.

$$M = \frac{1}{4} n \cdot m \bar{v} = \frac{1}{4} \varrho \bar{v} \left[\frac{g}{s\,cm^2}\right];$$

$$M = 43{,}74 \cdot 10^{-6}\, p_{[dyn/cm^2]} \cdot \sqrt{\frac{\mu}{T}} = 58{,}32 \cdot 10^{-3}\, p_{[tor]} \sqrt{\frac{\mu}{T}} \left[\frac{g}{s\,cm^2}\right].$$

$m$ [g] Molekularmasse; $\quad \varrho \left[\dfrac{g}{cm^3}\right]$ Dichte.

Druck auf ebene Wand.

$$p = n\,m \frac{4}{\sqrt{\pi}} v_w^2 \int_0^\infty \left(\frac{v}{v_w}\right)^4 \frac{dv}{v_w} e^{-\left(\frac{v}{v_w}\right)^2} \frac{1}{3} = n \cdot m\, \frac{3}{2} v_w^2 \frac{1}{3};$$

$$p = \frac{n \cdot m}{2} v_w^2 = \frac{n \cdot m}{3} v_{eff}^2\, [dyn/cm^2] = \frac{2}{3} u.$$

$v_{eff} \left[\dfrac{cm}{s}\right]$ Effektivgeschwindigkeit; $\quad u \left[\dfrac{erg}{cm^3}\right]$ Energiedichte.

Stoßzahl und Druck bei Gasgemischen aus den Gasen $A$, $B$, $C$ mit den Konzentrationen $n_A$; $n_B$; $n_C$ und den Geschwindigkeiten $\bar{v}_A$; $\bar{v}_B$; $\bar{v}_C$:

$$s = \frac{1}{4} \sum_{ABC} n_k \bar{v}_k; \qquad p = \frac{1}{3} \sum_{ABC} n_k m_k v_{eff\,k}^2 \text{ (Summe der Partialdrucke)}.$$

Zustandsgleichung je Molekül.
$$p = n\,k\,T\, [dyn/cm^2].$$

Zustandsgleichung je Mol.
$$p = k\,L \cdot \frac{n}{L} T = R \frac{1}{V} T.$$

$n$ [cm$^{-3}$] Konzentration der Moleküle;
$k$ [erg/grad] Boltzmannsche Konstante;
$T$ [$^\circ$K] Temperatur;
$L$ = Loschmidtsche Zahl;
$R$ = allgemeine Gaskonstante $\left[\dfrac{erg}{grad \cdot Mol}\right]$;
$V$ = [cm$^3$] Volumen pro Mol.

### e 13) Diffusion[1].

Definition des Diffusionskoeffizienten.

Zur Zeit $t = 0$ mögen sich im Ursprung eines rechtsachsigen Koordinatensystems $x$, $y$, $z$ $N$-Teilchen befinden, die sich thermisch ungeordnet durcheinander bewegen. Zur Zeit $t$ bilde sich ein kugelförmiger Schwarm. Das mittlere Verschiebungsquadrat längs einer Achse ist

$$\overline{x^2} = 2\,D\,t.$$

Das mittlere Verschiebungsquadrat in einer Ebene ist
$$\overline{\varrho^2} = 4\,D\,t.$$
Das mittlere Verschiebungsquadrat im Raum ist
$$\overline{r^2} = 6\,D\,t.$$

Diffusionsgleichung.

Die Konzentrationsänderung eines Gases gehorcht der Gleichung

$$\frac{\partial n}{\partial t} = D \left(\frac{\partial^2 n}{\partial x^2} + \frac{\partial^2 n}{\partial y^2} + \frac{\partial^2 n}{\partial z^2}\right) = D \text{ div grad } n.$$

Berechnung der Diffusionskonstanten.

Selbstdiffusion:
Für die Diffusion eines einheitlichen Gases gilt

$$D = \frac{1}{3} \lambda \bar{v};$$

$\lambda$ = mittlere freie Weglänge;
$\bar{v}$ = mittlere Geschwindigkeit.

---
[1] Trägerdiffusion s. Ziffer **f 7**. S. 46.

## e 14) Einatomige Moleküle. Klassische Eigenschaften ohne Berücksichtigung der inneren Freiheitsgrade.

### Entropiegleichung; Chemische Konstante.

$$\frac{S}{N} = c_p \ln T - k \ln p + a; \qquad a = k \ln \frac{e^{\frac{5}{2}} k^{\frac{5}{2}}}{h^3} (2\pi m)^{3/2}$$

$a$ = chemische Konstante (für $p$ in dyn/cm²)

$N$ = Teilchenzahl; $m$ = Molekularmasse; $k$ = Boltzmannsche Konstante; $h$ = Plancksches Wirkungsquantum.

### Chemische Konstanten für einatomige Moleküle.

$$\frac{S}{N} = \frac{5}{2} k \ln T - k \ln p_{\text{dyn/cm}^2} + a_{\text{dyn/cm}^2}$$

$$\frac{S}{N} = \frac{5}{2} \ln T - k \ln p_{\text{atp}} + a_{\text{atp}}$$

$$\frac{S}{N} = \frac{5}{2} \ln T - k \ln p_{\text{tor}} + a_{\text{tor}}$$

$a_{\text{atp}} = a_{\text{dyn/cm}^2} - k \ln 10{,}14 \cdot 10^5 = a_{\text{dyn/cm}^2} - 19 \cdot 10^{-16}$

$a_{\text{tor}} = a_{\text{dyn/cm}^2} - k \ln 1330 = a_{\text{dyn/cm}^2} - 9{,}85 \cdot 10^{-16}$

$S$ = Entropie
$N$ = Teilchenzahl
$k$ = Boltzmannsche Konstante
in c. g. s. Einheiten einzusetzen;

$T$ = absolute Temperatur;
$p$ = Druck in dyn/cm², atphys. oder tor
$a$ = chemische Konstante für $p$ in den verschiedenen Druckeinheiten.

| Element | $a_{\text{dyn/cm}^2}$ | $a_{\text{atp}}$ | $a_{\text{tor}}$ | Element | $a_{\text{dyn/cm}^2}$ | $a_{\text{atp}}$ | $a_{\text{tor}}$ |
|---|---|---|---|---|---|---|---|
| | Alle Werte sind mit $10^{-16}$ zu multiplizieren | | | | Alle Werte sind mit $10^{-16}$ zu multiplizieren | | |
| Ac | 28,5 | 9,53 | 18,7 | Hg | 28,3 | 9,32 | 18,4 |
| Ag | 27,0 | 8,03 | 17,1 | K  | 24,9 | 5,94 | 15,0 |
| Al | 24,2 | 5,18 | 14,4 | Kr | 26,5 | 7,49 | 16,6 |
| Ar | 24,9 | 5,95 | 15,1 | Li | 21,4 | 2,38 | 11,5 |
| Au | 28,2 | 9,26 | 18,3 | Mg | 24,0 | 4,97 | 14,1 |
| Ba | 27,5 | 8,54 | 17,6 | Na | 23,8 | 4,85 | 14,0 |
| Cd | 27,1 | 8,12 | 17,2 | Ne | 23,6 | 4,58 | 13,7 |
| Cs | 27,4 | 8,46 | 17,5 | Ni | 25,8 | 6,80 | 15,9 |
| Cu | 25,9 | 6,95 | 16,0 | Rb | 26,5 | 7,56 | 16,6 |
| Fe | 25,6 | 6,70 | 15,8 | Sr | 26,6 | 7,61 | 16,7 |
| He | 20,2 | 1,22 | 10,3 | X  | 27,4 | 8,42 | 17,5 |

### Entropie eines Gasgemisches.

$$S = \sum_{\varrho=1}^{r} S_\varrho; \qquad \frac{S_\varrho}{N_\varrho} = c_p \ln T - k \ln p_\varrho + a_\varrho; \qquad p_\varrho = \frac{N_\varrho}{V} k T = n_\varrho k T = \text{Partialdruck}.$$

$$a_\varrho = k \ln \frac{e^{\frac{5}{2}} k^{\frac{5}{2}}}{h^3} (2\pi m_\varrho)^{3/2}.$$

$V$ = Volumen des betrachteten Gases; $n$ = Konzentration.

Freie Energie des Gases:

$$F = E_0 - k N T \left[ \ln \frac{V}{N} \left( \frac{2\pi m k T}{h^2} \right)^{3/2} + 1 \right]; \qquad E_0 = N \cdot \varepsilon_0.$$

$E_0$ = Nullpunktsenergie. $\varepsilon_0$ = Nullpunktsenergie eines Teilchens.

## e 15) Freie Energie eines Systems von Oszillatoren.

$$F = k N T \left( \frac{\varepsilon_0}{k T} + \ln \left( 1 - e^{-\frac{h\nu}{kT}} \right) \right) \text{ [erg]};$$

$N$ Anzahl der unter sich gleichen Schwingungssysteme; $\nu$ [s⁻¹] Frequenz; $h$ [erg·s] Plancksches Wirkungsquantum; $k$ [erg/grad] Boltzmannsche Konstante; $\varepsilon_0$ [erg] Nullpunktsenergie pro Schwingungssystem; $E_0$ [erg] Nullpunktsenergie insgesamt.

Mittlere Oszillatorenergie.

$$\bar{\varepsilon} = \varepsilon_0 + \frac{h\nu}{e^{\frac{h\nu}{kT}} - 1} \text{ [erg]}.$$

## e 16) Zustandsgleichung des festen Körpers.

Freie Energie des festen Körpers.

$$F = E_0 + 3LkT\left[\ln\left(1 - e^{-\frac{\Theta}{T}}\right) - \frac{T^3}{\Theta^3}\int_0^{\frac{\Theta}{T}} \frac{x^3\,dx}{1 - e^{-x}}\right] \text{ [erg]}.$$

$\Theta = \dfrac{h\nu_{gr}}{k}$ [°K] charakteristische Temp.; $\quad w = \sqrt{\dfrac{E}{\gamma}}$ [cm/s] Schallgeschwindigkeit;

$\nu_{gr}$ [s$^{-1}$] Grenzfrequenz des Oszillators;

$\nu_{gr} = w\sqrt[3]{\dfrac{3}{4\pi}\dfrac{L}{A}\gamma}$;

$A = $ Atomgewicht;

$E$ Elastizitätsmodul;

$\gamma$ spezifisches Gewicht;

$L$ Loschmidtsche Zahl.

Das Integral läßt sich nicht geschlossen auswerten.
Man erhält näherungsweise:

$$\text{für } T \gg \Theta \quad F = E_0 - LkT + 3LkT\ln\frac{\Theta}{T}.$$

Daraus ergibt sich nach dem Satz von Gibbs-Helmholtz die Energie:

$$E = -T^2\frac{\partial}{\partial T}\left(\frac{F}{T}\right) = E_0 + 3LkT$$

und die spezifische Wärme bei konstantem Volumen $c_v = 3Lk$ entsprechend einer Atomwärme $3k$

$$\text{für } T \ll \Theta \quad F = E_0 + 3LkT\left(\ln\left(1 - e^{-\frac{\Theta}{T}}\right) - \frac{\pi^4}{15}\frac{T^3}{\Theta^3}\right);$$

$$F \approx E_0 - \frac{\pi^4}{5}LkT\frac{T^3}{\Theta^3}.$$

## e 17) Berechnung von Dampfdruckkurven von Metalldämpfen.

Die freie Energie des Dampfes (annähernd ideales Gas) ist.

$$F_D = -LkT\ln\frac{e\,V_D}{L}\left(\frac{2\pi mkT}{h^2}\right)^{3/2} + E_{0D},$$

die des Kondensates:

$$F_K \approx E_{0K} - LkT + 3LkT\ln\frac{\Theta}{T} \text{ (für } \Theta \ll T\text{).}$$

Gleichgewichtsbedingung.

$$-LkT\ln\frac{e\,V_D}{L}\left(\frac{2\pi mkT}{h^2}\right)^{3/2} + E_{0D} + LkT$$
$$= E_{0K} - LkT + 3LkT\ln\frac{\Theta}{T}.$$

$L = $ Loschmidtsche Zahl;
$k = $ Boltzmannsche Konstante;
$T = $ Temperatur;
$V_D = $ Volumen des Dampfes;
$m = $ Masse des Dampfmoleküls;
$h = $ Plancksches Wirkungsquantum;
$E_{0D} = $ Nullpunktsenergie des Dampfes;
$E_{0K} = $ Nullpunktsenergie des Kondensators;
$\Theta = $ charakteristische Temperatur (vgl. Ziffer a 4, S. 4 und e 16);
$p = $ Druck; $e = 2{,}718$.

Die Differenz der Nullpunktsenergien ($E_{0D} - E_{0K}$) gibt die innere Verdampfungswärme $\Lambda$ je Grammatom an. Mit $\dfrac{V_D}{L} = \dfrac{kT}{p}$ folgt:

$$\ln p_{\text{dyn/cm}^2} = \ln\left(\frac{(kT)^{5/2}}{e\,T^3}\Theta^3\left(\frac{2\pi m}{h^2}\right)^{3/2}\right) - \frac{\Lambda \text{ [erg]}}{LkT}.$$

Drückt man $p$ in tor oder physikalischen Atmosphären aus, geht man ferner zum gewöhnlichen Logarithmus über und führt man mittels $m = m_1 \cdot M$ das Molekulargewicht $M$ ein ($m_1 = 1{,}6359 \cdot 10^{-24}$ g), so erhält man:

$$\log p_{[\text{tor}]} = 0{,}850 + 3 \log \Theta + \frac{3}{2} \log M - \frac{1}{2} \log T - 0{,}219 \frac{\Lambda_{0\,[\text{cal}]}}{T}$$

oder

$$\log p_{[\text{atp}]} = -2{,}031 + 3 \log \Theta + \frac{3}{2} \log M - \frac{1}{2} \log T - 0{,}219 \frac{\Lambda_{0\,[\text{cal}]}}{T}.$$

Dabei ist $\Lambda_{0\,[\text{cal}]}$ die Verdampfungswärme eines Grammatoms in cal.

Da im allgemeinen $\Theta$, die charakteristische Temperatur, nicht gegeben oder berechenbar ist und ferner $\Lambda_{0\,[\text{cal}]}$ aus den vorhandenen Messungen nicht genau genug bekannt ist, schreibt man für ein bestimmtes Metall:

$$\log p_{[\text{tor}]} + \frac{1}{2} \log T = -0{,}219 \frac{\Lambda_{0\,[\text{cal}]}}{T} + K_{\text{tor}}$$

oder

$$\log p_{[\text{atp}]} + \frac{1}{2} \log T = -0{,}219 \frac{\Lambda_{0\,[\text{cal}]}}{T} + K_{\text{atp}}$$

Aus gemessenen Sättigungsdrucken stellt man sich das Diagramm für

$$\left(\log p + \frac{1}{2} \log T\right) = f\left(\frac{1}{T}\right)$$

her. Es ergibt sich dabei mit guter Annäherung eine Gerade, deren Steigung die Berechnung von $\Lambda_0$ ermöglicht:

$$f'\left(\frac{1}{T}\right) = -0{,}219 \Lambda_{0\,[\text{cal}]}.$$

Das von der Geraden auf der Ordinate abgeschnittene Stück gibt die Konstante der Gleichung für den Sättigungsdruck. Mit den so gefundenen Größen kann man mittels obiger Gleichung die Dampfdruckkurve in nicht durchmessenen Gebieten extra- oder interpolieren.

Auf diese Art ergeben sich die Formeln für die wichtigsten Metalldämpfe nach folgendem Schema:

$$\log p_{[\text{tor}]} = K_{\text{tor}} - \frac{1}{2} \log T - \frac{C}{T}$$

oder

$$\log p_{[\text{atp}]} = K_{\text{atp}} - \frac{1}{2} \log T - \frac{C}{T}.$$

| Metall | | $K_{\text{tor}}$ | $K_{\text{atp}}$ | $C$ | $\Lambda_0$ cal/Grammatom |
|---|---|---|---|---|---|
| Barium | Ba | 10,34 | 7,46 | 10 300 | 47 100 |
| Cadmium | Cd | 9,92 | 7,04 | 5 720 | 26 100 |
| Calcium | Ca | 9,76 | 6,88 | 9 000 | 41 100 |
| Caesium | Cs | 8,08 | 5,20 | 3 650 | 16 650 |
| Eisen, technisch[1] | Fe | 10,38 | 7,50 | 18 200 | 83 000 |
| Kalium | K | 8,78 | 5,90 | 4 530 | 20 700 |
| Kohlenstoff[2] | C | 14,82 | 11,94 | 42 200 | 192 500 |
| Kupfer | Cu | 11,68 | 8,80 | 18 620 | 85 000 |
| Lithium | Li | 9,96 | 7,08 | 8 670 | 39 600 |
| Magnesium | Mg | 9,78 | 6,90 | 7 360 | 33 600 |
| Molybdän | Mo | 11,71 | 8,83 | 33 100 | 151 000 |
| Natrium[3] | Na | 9,21 | 6,33 | 5 500 | (25 300) |

[1] Der Dampfdruck von chemisch reinstem Eisen ist niedriger als der von Nickel!
[2] Handbuch der Physik, Bd. 19 (1928) S. 353.
[3] Dabei ist nicht berücksichtigt, daß besonders bei etwas höheren Temperaturen Na zu $Na_2$ assoziiert. Es ist so verfahren worden, daß in die abgeleitete Formel der Gesamtdruck von $Na_1 + Na_2$ eingeführt und daraus wie sonst üblich die Gleichung aus den vorliegenden Messungen

| Metall | | $K_{tor}$ | $K_{atp}$ | C | $\Lambda_0$ cal/Grammatom |
|---|---|---|---|---|---|
| Nickel | Ni | 10,10 | 7,22 | 18000 | 82200 |
| Platin | Pt | 11,22 | 8,34 | 27000 | 123000 |
| Quecksilber | Hg | 9,48 | 6,60 | 3300 | 15050 |
| Rubidium | Rb | 9,15 | 6,27 | 4410 | 20100 |
| Silber | Ag | 11,90 | 9,02 | 16250 | 74200 |
| Strontium | Sr | 9,46 | 6,58 | 8140 | 37100 |
| Wolfram | W | 11,62 | 8,74 | 41500 | 189200 |
| Zink | Zn | 10,27 | 7,39 | 6670 | 30900 |

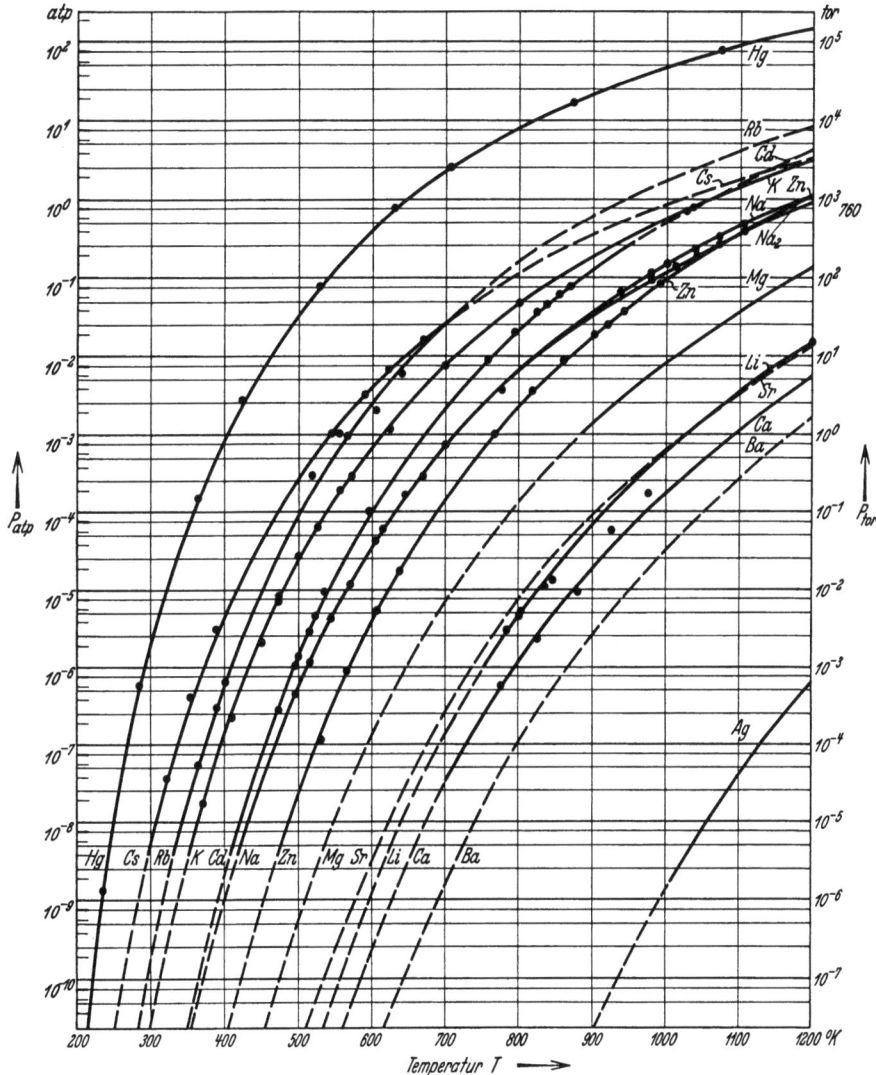

Abb. 18. Sättigungsdrucke von Metalldämpfen (Temperaturgebiet von 200—1200° K).

festgestellt wurde, ohne daß an sich eine Berechtigung dazu besteht. Die Meßwerte liegen aber genau genug auf der so berechneten Kurve. Es wurde aber auch die Kurve für den Partialdruck von Na (einatomig), ermittelt. Man erhält die Konstanten: $K_{tor} = 9{,}03$; $K_{atp} = 6{,}15$; $C = 5450$. Die Angabe einer Verdampfungswärme für Na hat nicht viel Sinn.

36    Statistik der Gasentladungen.

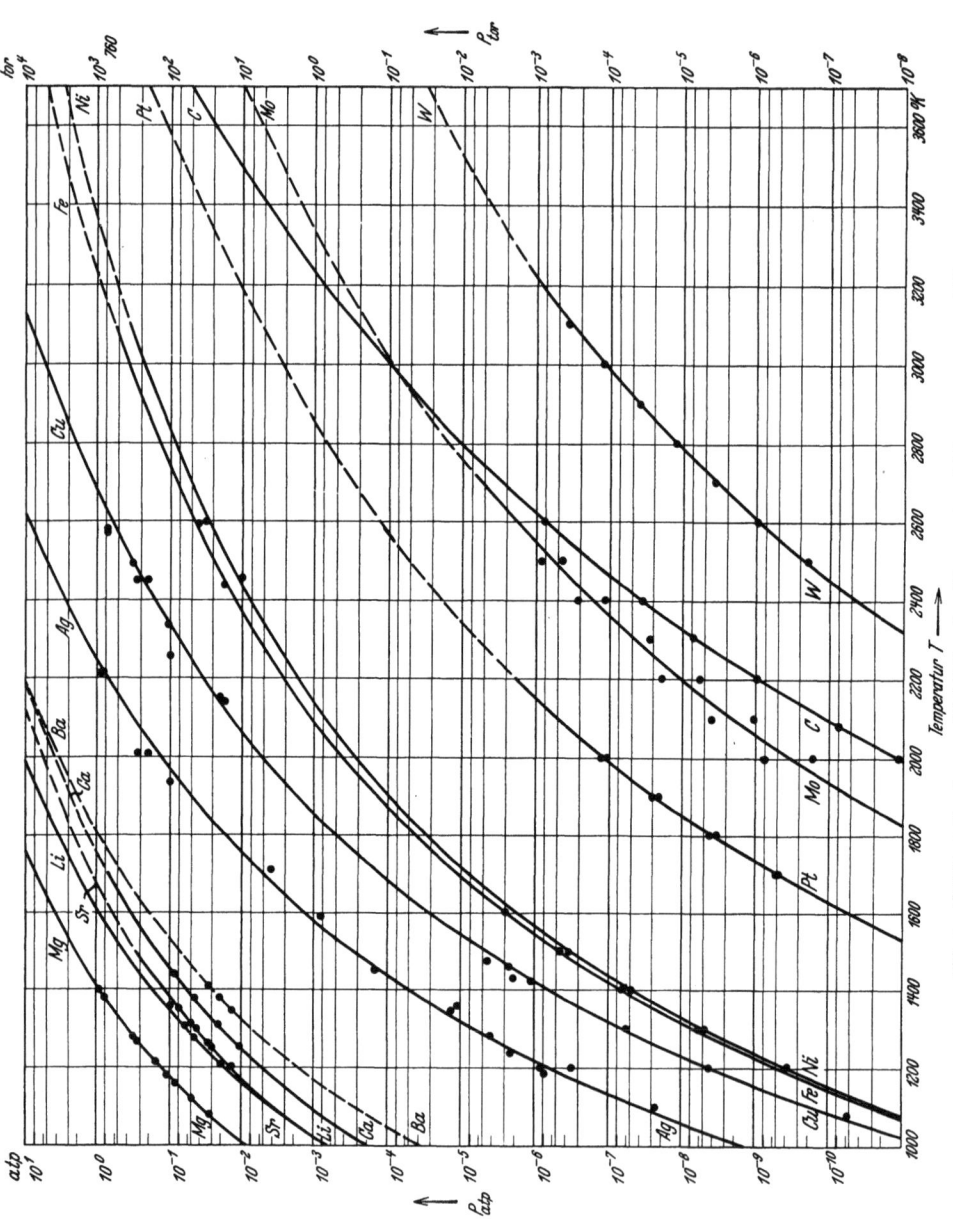

Abb. 19. Sättigungsdrucke von Metalldämpfen (Temperaturgebiet von 1000—3700 °K).

Die Kurven (Abb. 18 und 19) decken sich bis auf geringe Ausnahmen (Meßfehler?) gut mit den gemessenen Werten (Meßwerte besonders eingetragen!!). In Gebieten, wo keine Meßwerte vorlagen und wo demgemäß die Extrapolation mittels der berechneten Kurve unsicher ist, sind die Kurven gestrichelt aufgetragen. Die Meßwerte

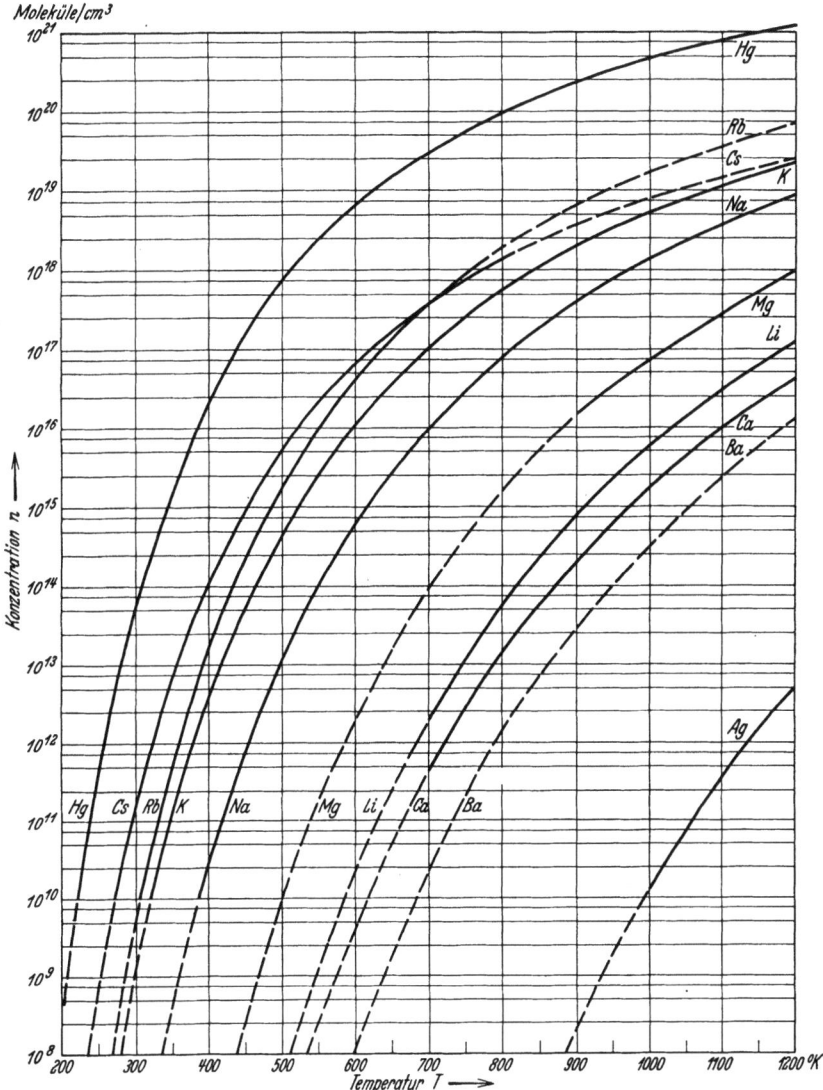

Abb. 20. Konzentration von gesättigten Metalldämpfen (Temperaturgebiet von 200—1200 °K).

entstammen aus Landolt-Börnstein (Erg.-Bd. IIb, S. 1290f.; Erg.-Bd. I, S. 721f.; H.-W. Bd. II S. 1332f.).

Aus den Werten für den Sättigungsdruck werden mittels der Zustandsgleichung $n = 0{,}972 \cdot 10^{19} \dfrac{p_{\text{tor}}}{T\,^\circ K}$ die Konzentrationen für die gesättigten Dämpfe berechnet (Abb. 20 und 21).

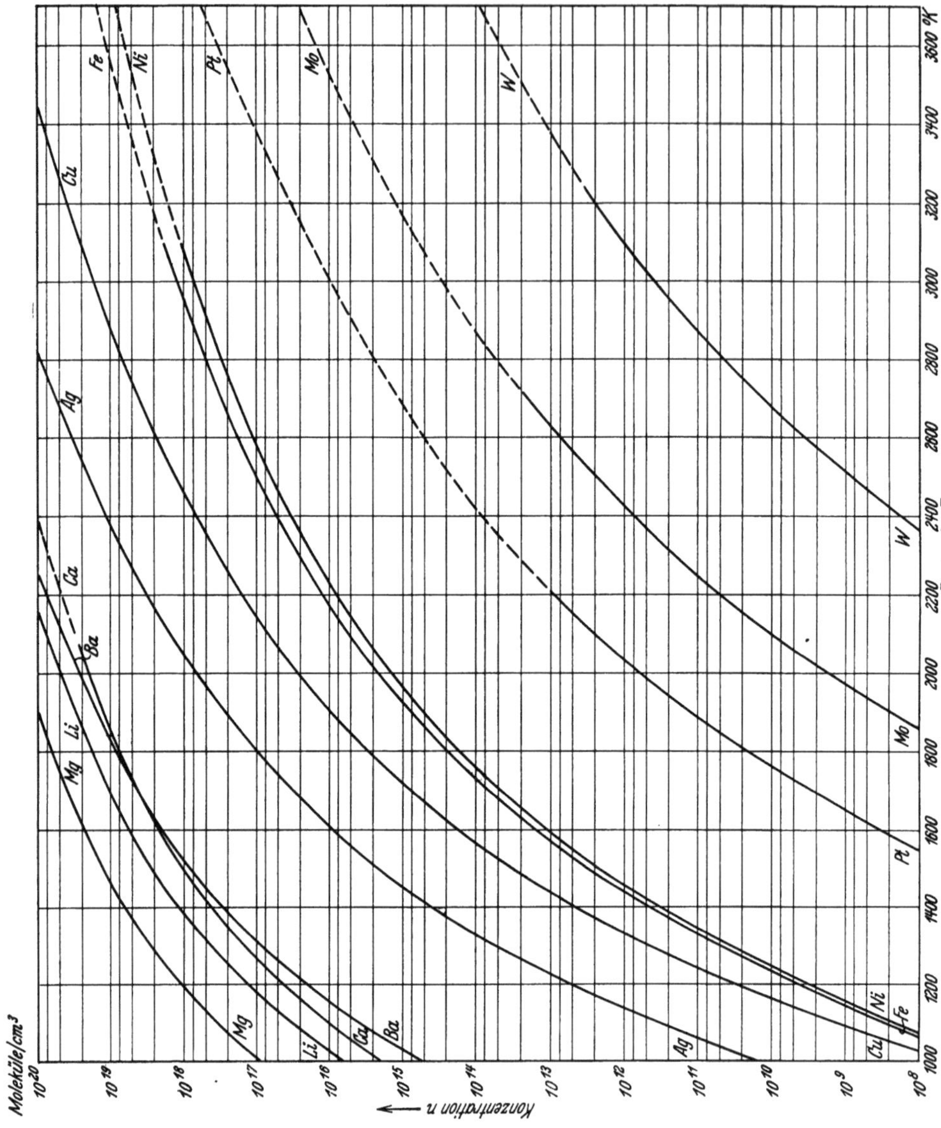

Abb. 21. Konzentration von gesättigten Metalldämpfen (Temperaturgebiet von 2000—3700 °K).

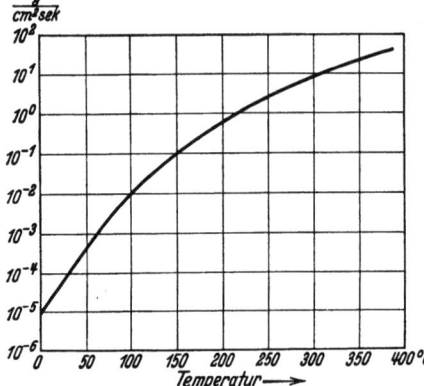

Abb. 22. Verdampfungs- und Kondensationsmengen von gesättigtem Quecksilberdampf (Transmissionskoeffizient = 1).

e 18) **Zahl der verdampfenden Moleküle pro Quadratzentimeter Oberfläche und Sekunde.**

$$n_D = \tau \frac{1}{\sqrt{2\pi}} \frac{p}{\sqrt{kTm}} \left[\frac{1}{cm^2\,s}\right],$$

$p$ [dyn/cm²] Druck;
$k \left[\frac{erg}{°K}\right]$ Boltzmannsche Konstante;
$m$ [g] Molekülmasse;
$T$ [°K] Temperatur;
$\tau$ = Transmissionskoeffizient;
$\mu$ Molekulargewicht.

Verdampfungsmenge.

$$M_D = \tau \cdot m \cdot n_D = \frac{\tau}{\sqrt{2\pi k L}} \sqrt{\mu} \cdot \frac{p}{\sqrt{T}} \left[\frac{\text{g}}{\text{cm}^2\,\text{s}}\right]$$

$$= \tau \cdot 43{,}74 \cdot 10^{-6}\, p_{\text{dyn/cm}^2} \sqrt{\frac{\mu}{T}} = \tau \cdot 0{,}0585\, p_{\text{tor}} \sqrt{\frac{\mu}{T}} \left[\frac{\text{g}}{\text{cm}^2\,\text{s}}\right].$$

Der Transmissionskoeffizient $\tau$ ($0 < \tau < 1$) gibt an, welcher Bruchteil der zum Durchfliegen der Grenzfläche (Kondensat—Dampf) fähigen Moleküle von dieser nicht reflektiert, also durchgelassen werden.

### e 19) Sättigungsdruck und Konzentration des Wasserdampfes[1].

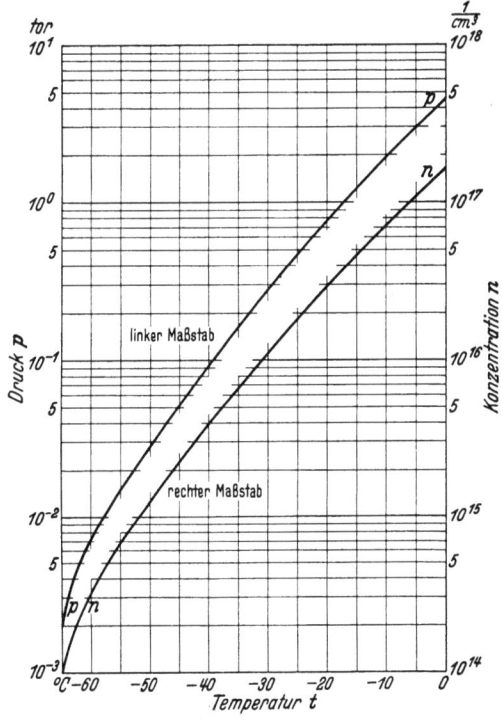
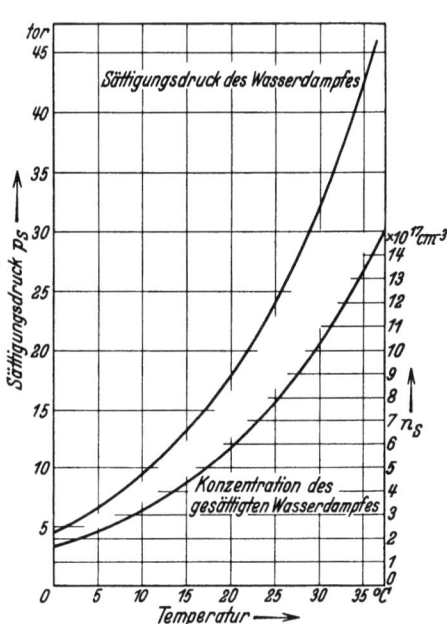

Abb. 23. Sättigungsdruck und Konzentration des gesättigten Wasserdampfes über Eis (−65° bis 0° C).

Abb. 24. Sättigungsdruck und Konzentration des gesättigten Wasserdampfes (0° bis 37,5° C).

### e 20) Wärmeleitung in homogenen Gasen.

Besteht in einem physikalisch homogenen Gase ein Temperaturfeld $T$, so entwickelt sich längs des Temperaturgradienten ein Energiestrom $\mathfrak{S}$. Seine Größe beträgt

$$\mathfrak{S} = -\varkappa\, \text{grad}\, T.$$

Die hierdurch definierte Zahl $\varkappa$ heißt Wärmeleitfähigkeit. Sie berechnet sich aus der Zähigkeit[2] $\eta$, der Mol- (bzw. Molekular-) wärme bei konstantem Volumen $C_v$ ($c_v$) und dem Molekular- (bzw. Molekül-)gewicht $M$ ($m$) mittels:

$$\varkappa = 2{,}5\, \eta\, \frac{C_v}{M} = 2{,}5\, \eta\, \frac{c_v}{m}.$$

---

[1] Landolt-Börnstein: H.-W., Bd. II S. 1314.   [2] Zähigkeit s. Ziffer **q 2.** S. 143.

## Spezifische Wärme von Gasen[1].

### a) Einatomige Gase.

|  | Konstantes Volumen | Konstanter Druck |
|---|---|---|
| Je Molekül | $c_v = \frac{3}{2} k = 2{,}06 \cdot 10^{-16}$ [erg/$^0 K$] | $c_p = \frac{5}{2} k = 3{,}43 \cdot 10^{-16}$ [erg/$^0 K$] |
| Je Mol . . | $C_v = \frac{3}{2} k L = 1{,}243 \cdot 10^8$ [erg/$^0 K$] | $C_p = \frac{5}{2} k L = 2{,}08 \cdot 10^8$ [erg/$^0 K$] |

$k$ [erg/$^0 K$] $= 1{,}371 \cdot 10^{-16}$ Boltzmannsche Konstante; $L$ Loschmidtsche Zahl $= 60{,}6 \cdot 10^{22}$.

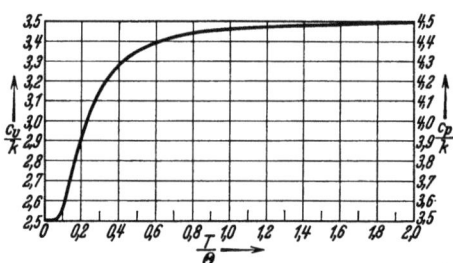

Abb. 25. Spezifische Wärme zweiatomiger Gase.

### b) Zweiatomige Gase (Rotation voll ausgebildet)[2].

|  | Konstantes Volumen | Konstanter Druck |
|---|---|---|
| Je Molekül | $c_v = k \left[ \dfrac{5}{2} + \left( \dfrac{\frac{\Theta}{T}}{2 \operatorname{Sin} \frac{1}{2} \frac{\Theta}{T}} \right)^2 \right]$ | $c_p = k \left[ \dfrac{7}{2} + \left( \dfrac{\frac{\Theta}{T}}{2 \operatorname{Sin} \frac{1}{2} \frac{\Theta}{T}} \right)^2 \right]$ |
| Je Mol . . | $C_v = L c_v = 8{,}31 \cdot 10^7 \left[ \dfrac{5}{2} + \left( \dfrac{\frac{\Theta}{T}}{2 \operatorname{Sin} \frac{1}{2} \frac{\Theta}{T}} \right)^2 \right]$ | $C_p = L \cdot c_p = 8{,}31 \cdot 10^7 \left[ \dfrac{7}{2} + \left( \dfrac{\frac{\Theta}{T}}{2 \operatorname{Sin} \frac{1}{2} \frac{\Theta}{T}} \right)^2 \right]$ |

$\Theta$ [$^0 K$] charakteristische Temperatur (vgl. Ziffer **e** 16 und **17**, S. 33).

### e 21) Dissoziation zweiatomiger Moleküle zu einatomigen.

Die Gleichung für den Grad der Dissoziation $x$ lautet:

1. für Moleküle aus zwei gleichartigen Atomen:

$$\frac{x^2}{1-x^2} p [\mathrm{dyn/cm^2}] = \frac{(2\pi)^{1/2}}{8} \frac{k^{3/2}}{h} \left(1 - e^{-\frac{\Theta}{T}}\right) \frac{M^{3/2}}{J} T^{3/2} e^{-\frac{Q_{\mathrm{diss}}}{kT}};$$

2. für Moleküle aus zwei verschiedenen Atomen:

$$\frac{x^2}{1-x^2} p [\mathrm{dyn/cm^2}] = \frac{(2\pi)^{1/2}}{4} \frac{k^{3/2}}{h} \left(1 - e^{-\frac{\Theta}{T}}\right) \frac{M^{3/2}}{J} T^{3/2} e^{-\frac{Q_{\mathrm{diss}}}{kT}}$$

$k =$ Boltzmannsche Konstante; $h =$ Plancksches Wirkungsquantum; $\Theta =$ charakteristische Temperatur; $M = \dfrac{m_1 m_2}{m_1 + m_2}$; $m_1$; $m_2 =$ Masse der Atome; $J =$ Trägheitsmoment des Moleküls; $Q_{\mathrm{diss}} =$ Dissoziationswärme.

---

[1] Angegeben in erg/$^0 K$. Umrechnung in andere Einheiten s. Ziffer **s** 3.
[2] Siehe Ziffer **a** 4. S. 4.

Will man den Dissoziationsgrad bei einem Druck von $p_{atp}$ wissen, so dividiere man den für 1 atp bei gleicher Temperatur gefundenen Wert für $\frac{x^2}{1-x^2}$ (rechte Ordinate) durch $p_{[atp]}$ und lese den Wert $x$ des Dissoziationsgrades auf der linken Ordinate in gleicher Höhe des korrigierten Wertes $p \frac{x^2}{1-x^2}$ ab (Abb. 26).

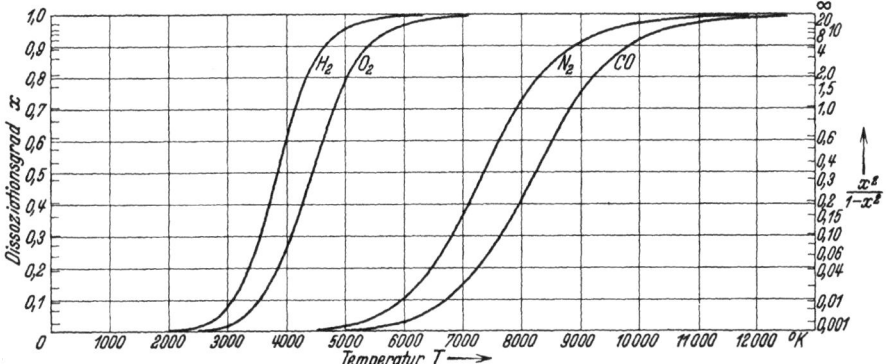

Abb. 26. Dissoziation zweiatomiger Gase zu einatomigen bei einem Druck von 1 atp = 760 tor.

### e 22) Barometerformel

der Konzentration: $n = n_0 e^{-\frac{\varphi}{kT}}$; des Druckes: $p = p_0 e^{-\frac{\varphi}{kT}}$;

wobei $\varphi$ durch die äußeren Kräfte auf die Moleküle ($-n$ grad $\varphi$) definiert ist ($k$ = Boltzmannsche Konstante; $T$ = Temperatur).

### e 23) Zusammensetzung der Atmosphäre.

Anzahl der Moleküle pro Kubikzentimeter Luft an der Erdoberfläche bei 25°C und 760 tor (vgl. Bartels, Überblick über die Physik der hohen Atmosphäre[1]).

| Gasart | $n$ Moleküle/cm³ | log $n$ |
|---|---|---|
| Stickstoff . $N_2$ | $1,99 \cdot 10^{19}$ | 19,30 |
| Sauerstoff . $O_2$ | $5,36 \cdot 10^{18}$ | 18,73 |
| Argon . . . Ar | $2,45 \cdot 10^{17}$ | 17,39 |
| Kohlendioxyd. $CO_2$ | $7,75 \cdot 10^{15}$ | 15,89 |
| Krypton . . Kr | $2,51 \cdot 10^{15}$ | 15,40 |
| Helium . . He | $1,02 \cdot 10^{14}$ | 14,01 |
| Wasserstoff $H_2$ | $2,57 \cdot 10^{15}$ | 15,41 |

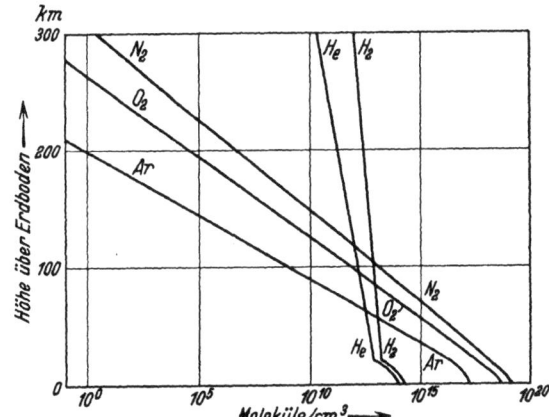

Abb. 27. Zahl der Moleküle pro Kubikzentimeter berechnet unter der Annahme, daß oberhalb 20 km Höhe keine konvektive Mischung stattfindet und die Temperatur −54° C herrscht (Bartels[1]).

Volumenverhältnisse der Bestandteile der Luft an der Erdoberfläche nach Jeans[2].

| Gasart | Volumenteile | pro Teile Luft | Gasart | Volumenteile | pro Teile Luft | Gasart | Volumenteile | pro Teile Luft |
|---|---|---|---|---|---|---|---|---|
| Stickstoff. | 78,03 | 100 | Neon . . . | 1,00 | 80 000 | Helium. . | 1,00 | 250 000 |
| Sauerstoff | 20,99 | 100 | Wasserstoff, | | | Krypton . | 1,00 | 2 000 000 |
| Argon . . | 0,94 | 100 | ungefähr . | 1,00 | 100 000 | Xenon . . | 1,00 | 17 000 000 |

[1] Bartels, J.: Elektr. Nachr.-Techn. Sonderheft Bd. 10 (1933) S. 14.
[2] Jeans, J. H.: Dynamische Theorie der Gase (übersetzt von R. Fürth) 1926 S. 433.

e 24) **Polarisierbarkeit (Dielektrizitätskonstante)[1] von Gasen** ($p = 760$ tor).

| Gas | Dielektrizitätskonstante $\varepsilon$ | Temperatur $t^0$ C | Gas | Dielektrizitätskonstante | Temperatur $t^0$ C |
|---|---|---|---|---|---|
| Argon . . . . . . | 1,000568 | 0 | Neon . . . . . . | 1,000574 | 20 |
|  | 1,000574 | 20 | Sauerstoff . . . . | 1,000545 | 0 |
| Chlor . . . . . . | 1,001536 | 0 | Stickstoff . . . . | 1,000600 | 0 |
| Helium . . . . . | 1,0000724 | 0 |  | 1,000581 | 20 |
| Kohlenmonoxyd . . | 1,000692 | 0 | Stickoxydul . . . | 1,001082 | 0 |
| Kohlendioxyd . . . | 1,000965 | 0 | Wasserstoff . . . | 1,000264 | 0 |
| Krypton . . . . . | 1,000850 | 0 |  | 1,000273 | 20 |
| Luft . . . . . . . | 1,000589 | 0 | Xenon . . . . . | 1,001378 | 0 |
|  | 1,000576 | 19 |  |  |  |

## f) Kinetik der Ladungsträger.

### f 1) Trägertemperatur

(für Ladungsträger mit Maxwellscher Verteilung der Geschwindigkeit).

$$\frac{1}{2} m v_{\text{eff}}^2 = \frac{3}{2} k T; \qquad T = \frac{1}{3} \frac{m v_{\text{eff}}^2}{k}; \qquad v_{\text{eff}} = \sqrt{\frac{3 k T}{m}};$$

$m = $ [g] Trägermasse; $k = $ [erg/grad] Boltzmannsche Konstante;

$T = $ [$^0$K] Temperatur; $v_{\text{eff}} = \left[\dfrac{\text{cm}}{\text{s}}\right]$ Effektivgeschwindigkeit.

**Voltenergie.**

Durch Vergleich der Energie der Temperatur mit derjenigen Voltenergie, die ein Träger mit der Elementarladung $e$ beim Durchfallen der Spannung $U$ aufnimmt, erhält man:

$$\frac{3}{2} k T = e U; \qquad U = \frac{3}{2} \frac{k}{e} T = \frac{3}{2} \frac{1{,}371 \cdot 10^{-23}}{1{,}59 \cdot 10^{-19}} T = \underline{U = 1{,}295 \cdot 10^{-4} T};$$

$k$ [Ws/grad].

### f 2) Mittlere freie Weglänge der Ionen (Index $j$)

(bei der Bewegung durch ein Gas [Index $g$]).

$$\lambda_j = \frac{1}{\sqrt{2}\, \pi\, R_j^2\, n_j + \pi R_{jg}^2\, n_g \sqrt{1 + \dfrac{m_j}{m_g}}}$$

$n$ [cm$^{-3}$] = Konzentration; $R$ [cm] = gaskinetischer Wirkungshalbmesser[2];
$m$ [g] = Masse.

Für $n_g \gg n_j$ und $m_j \approx m_g$ ist genau genug

$$\lambda_j = \frac{1}{\pi R_{jg}^2 n_g \sqrt{1 + \dfrac{m_j}{m_g}}} = \frac{1}{\pi \sqrt{2}\, R_{jg}^2\, n_g};$$

für $R_j \approx R_g$ wird $R_{jg} \approx 2 R_g$ und damit

$$\lambda_j = \frac{1}{\pi \sqrt{2}\, 4\, R_g^2\, n_g}.$$

Für Elektronen mit $m_0 \ll m_g$ und $R_{el} \ll R_g$ erhält man näherungsweise

$$\lambda_{el} = \frac{1}{\pi R_g^2 n_g}.$$

### f 3) Wirkungsradius neutraler Moleküle gegen Ladungsträger.

Es sei $R_c$ der Molekülhalbmesser nach Clausius-Mossotti (Ziffer **a 3**, S. 3), ferner $R_\infty$ der für die innere Reibung maßgebende Molekülhalbmesser (Ziffer **e 3**, S. 23), dann ist der wirksame Molekülhalbmesser $R_{wj}$ für Ionen zu berechnen:

---

[1] Jeans, J. H.: Dynamische Theorie der Gase (übersetzt von Fürth) 1926 S. 422; Landolt-Börnstein: Physikalis-chemische Tabellen, H.-W. Bd. II S. 1041, Erg.-Bd. I S. 570. Erg.-Bd. IIb, S. 1003.

[2] Für Ionen ist hier genauer der wirksame Molekülhalbmesser einzusetzen (vgl. **f 3**).

$$\left(\frac{R_{wj}}{R_\infty}\right)^2 = 1 + \frac{1}{2}\frac{e^2}{4\pi\Delta}\cdot\frac{1}{4}\cdot\frac{R_c^3}{R_\infty^2(4R_\infty^2 - R_c^2)}\cdot\frac{1}{kT};$$

$$= 1 + \frac{3}{16}\frac{r_0 R_c^3}{R_\infty^2(4R_\infty^2 - R_c^2)}.$$

$r_0$ [cm] Radius der Rekombinationszone (Ziffer **f 8**, S. 47);

$r_0 = \dfrac{1{,}054 \cdot 10^{-3}}{T\,[^0K]}$ [cm]; $e = 1{,}59 \cdot 10^{-19}$ [clb]; $\Delta = \dfrac{1}{4\pi 9 \cdot 10^{11}}\left[\dfrac{F}{cm}\right]$;

$k = 1{,}371 \cdot 10^{-23}\left[\dfrac{Ws}{^0K}\right]$; $T\,[^0K]$; $T_v$ (s. Ziffer **e 3**, S. 23); $R_c\ R_\infty$ [cm].

Sei der gaskinetische Molekülhalbmesser $R_g$, so ist nach Ziffer **e 3**, S. 23

$$\left(\frac{R_{wj}}{R_g}\right)^2 = \left(\frac{R_{wj}}{R_\infty}\right)^2 \cdot \left(\frac{R_\infty}{R_g}\right)^2 = \frac{\left(\dfrac{R_{wj}}{R_\infty}\right)^2}{1 + \dfrac{T_v}{T}}.$$

## f 4) Wirkungshalbmesser nach Ramsauer[1].

Wirkungshalbmesser für Stoß von Elektronen gegen Moleküle[2].

Ramsauer und andere geben den Wirkungsquerschnitt als Summe der Querschnitte in $\dfrac{cm^2}{cm^3}$ bei $0^0$ C und $p = 1$ tor an, in denen ein Elektron abgelenkt, verzögert oder ganz aufgehalten wird.

Aus den so definierten Angaben verschiedener Autoren[1] wurde der Wirkungshalbmesser für Elektronenstoß $r_e$ unter Annahme kreisförmiger Wirkungsquerschnitte berechnet:

$$r_e = \sqrt{\frac{W_q}{\pi n}} = 0{,}299 \cdot 10^{-8}\sqrt{W_q}\ [cm];$$

$W_q\left[\dfrac{cm^2}{cm^3}\right]$ Wirkungsquerschnitt nach Ramsauer;

$n$ [cm$^{-3}$] Konzentration einer Gases bei $0^0$ C und 1 tor

$$n = \frac{p}{kT} = \frac{1{,}33 \cdot 10^3}{1{,}371 \cdot 10^{-16} \cdot 273} = 3{,}56 \cdot 10^{16}\ [cm^{-3}].$$

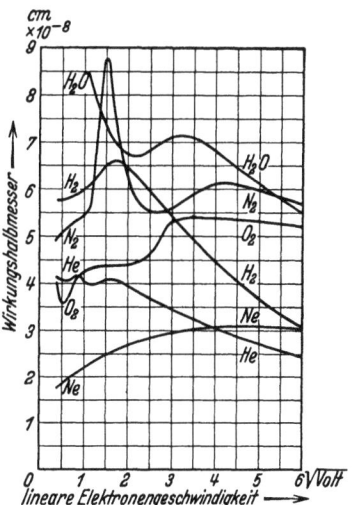

Abb. 28. Wirkungshalbmesser[2] für Helium, Neon, Wasserstoff, Sauerstoff, Stickstoff, Wasserdampf.

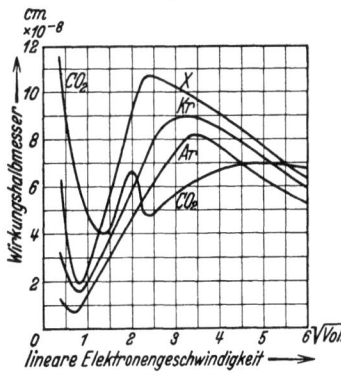

Abb. 29. Wirkungshalbmesser[2] für Argon, Krypton, Xenon, Kohlendioxyd.

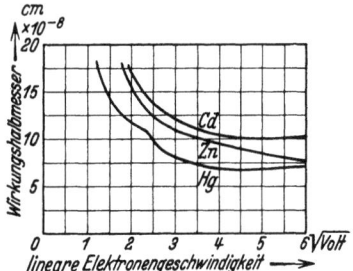

Abb. 30. Wirkungshalbmesser[2] für Cadmium, Zink Quecksilber.

---

[1] Vgl. z. B. Landolt-Börnstein: Physikalisch-chemische Tabellen und A. v. Engel u. M. Steenbeck: Elektrische Gasentladungen 1932.

[2] In den Abbildungen 28, 29, 30, 31, 32, 33, 34, 35, 36 ist infolge eines Versehens der Wirkungshalbmesser um den Faktor 3 zu groß angegeben. Die entnommenen Wirkungshalbmesser sind also sämtlich durch 3 zu dividieren.

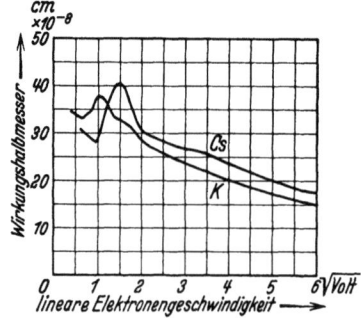

Abb. 31. Wirkungshalbmesser[1] für Cäsium, Kalium.

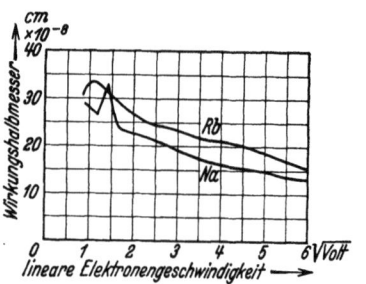

Abb. 32. Wirkungshalbmesser[1] für Rubidium, Natrium.

## Wirkungshalbmesser für Anregung und Ionisation durch Elektronenstoß[2].

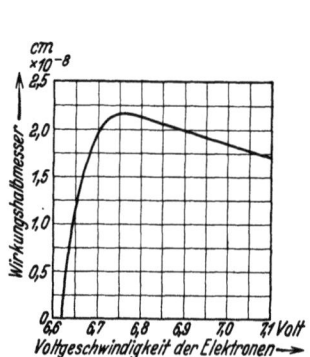

Abb. 33. Wirkungshalbmesser[1] für Anregung des $2\,^1P_1$-Terms in Quecksilberdampf nach Brattain.

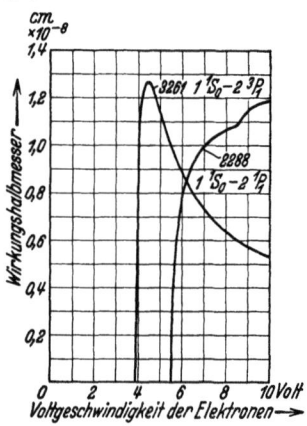

Abb. 34. Wirkungshalbmesser[1] für Anregung des $2\,^3P_1$- und $2\,^1P_1$-Terms in Cadmiumdampf nach Larché.

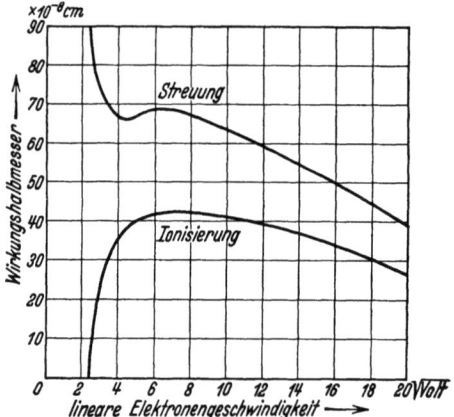

Abb. 35. Wirkungshalbmesser[1] für Elektronenstreuung und Ionisation in Quecksilberdampf nach Brode und Bleakney.

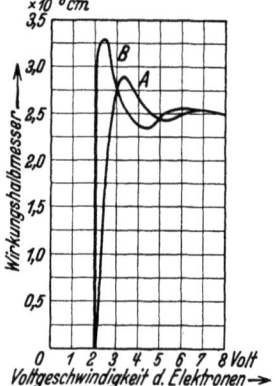

Abb. 36. Wirkungshalbmesser[1] für Anregung des $2\,^2P_{1/2}$- und $2\,^2P_{3/2}$-Terms in Natriumdampf nach Loveridge. A Verteilung der Elektronengeschwindigkeit nicht berücksichtigt. B Verteilung der Elektronengeschwindigkeit berücksichtigt.

---

[1] In den Abbildungen 28, 29, 30, 31, 32, 33, 34, 35, 36 ist infolge eines Versehens der Wirkungshalbmesser um den Faktor 3 zu groß angegeben. Die entnommenen Wirkungshalbmesser sind also sämtlich durch 3 zu dividieren.

[2] Brode, R. B.: Rev. modern Physics Bd. 5 (1933) S. 257. Umrechnung der Wirkungsquerschnitte auf Halbmesser wie oben (vgl. auch S. 53f.).

## f 5) Ionenbeweglichkeiten[1] von Gasen und Dämpfen

[bei 0° C, 1 tor und nicht extrem großen Feldstärken; einfach positiv ($b^+$) und negativ ($b^-$) geladene Ionen, die dem Gas selbst entstammen].

| Gas | $b^+$ $\frac{cm}{s} / \frac{V}{s}$ | $b^-$ $\frac{cm}{s} / \frac{V}{cm}$ |
|---|---|---|
| $H_2$ (mit Spuren von Fremdgasen) | $4,5 \cdot 10^3$ | $6,2 \cdot 10^3$ |
| $H_2$ (sehr rein) $E \sim 0$ | — | $5,9 \cdot 10^3$ |
| He (mit Spuren von Fremdgasen) | $5,1 \cdot 10^3$ | $6,3 \cdot 10^3$ |
| He (sehr rein) | — | $3,8 \cdot 10^5$ |
| He (sehr rein) $E \sim 0$ | $1,5 \cdot 10^3$ | $1,7 \cdot 10^7$ |
| Ne | $7,5 \cdot 10^3$ | — |
| Ar (mit Spuren von Fremdgasen) | $1,0 \cdot 10^3$ | $1,3 \cdot 10^3$ |
| Ar (sehr rein) $E \sim 0$ | $1,0 \cdot 10^3$ | $4,8 \cdot 10^7$ |
| $N_2$ (mit Spuren von Fremdgasen) | $0,97 \cdot 10^3$ | $1,4 \cdot 10^3$ |
| $N_2$ (sehr rein) | $0,97 \cdot 10^3$ | $1,1 \cdot 10^5$ |
| $N_2$ (sehr rein) $E \sim 0$ | — | $2,4 \cdot 10^7$ |
| $O_2$ | $1,0 \cdot 10^3$ | $1,4 \cdot 10^3$ |
| Luft (sehr rein) (Mittelwerte aus verschiedenen Messungen) | $1,4 \cdot 10^3$ | $1,9 \cdot 10^3$ |
| Luft (trocken) | $1,0 \cdot 10^3$ | $1,6 \cdot 10^3$ |
| Luft (bei 26° mit $H_2O$-Dampf gesättigt) | — | $1,2 \cdot 10^3$ |
| CO | $0,84 \cdot 10^3$ | $0,87 \cdot 10^3$ |
| CO (sehr rein) $E \sim 0$ | — | $1,9 \cdot 10^7$ |
| $CO_2$ | $0,61 \cdot 10^3$ | $0,70 \cdot 10^3$ |
| $CO_2$ (bei 25° C mit $H_2O$-Dampf gesättigt) | — | $0,62 \cdot 10^3$ |
| $SO_2$ | $0,31 \cdot 10^3$ | $0,31 \cdot 10^3$ |
| $N_2O$ | $0,63 \cdot 10^3$ | $0,69 \cdot 10^3$ |
| $H_2O$ (bei 100° C) | $0,47 \cdot 10^3$ | $0,43 \cdot 10^3$ |
| $NH_3$ | $0,43 \cdot 10^3$ | $0,50 \cdot 10^3$ |
| $C_2H_5Cl$ | $0,27 \cdot 10^3$ | $0,28 \cdot 10^3$ |
| $CCl_4$ | $0,23 \cdot 10^3$ | $0,24 \cdot 10^3$ |
| $H_2S$ | $0,54 \cdot 10^3$ | $0,54 \cdot 10^3$ |
| $Cl_2$ | $0,56 \cdot 10^3$ | $0,56 \cdot 10^3$ |
| $C_2H_2$ | $0,60 \cdot 10^3$ | $0,64 \cdot 10^3$ |
| HCl | $0,40 \cdot 10^3$ | $0,47 \cdot 10^3$ |
| $C_2H_5OH$ | $0,27 \cdot 10^3$ | $0,28 \cdot 10^3$ |

Beweglichkeit positiver einwertiger Alkaliionen von Edelgasen bei 0° C und 1 tor[2].

|  | He | Ne | Ar |  | He | Ne | Ar |
|---|---|---|---|---|---|---|---|
| $Na^+$ | $1,75 \cdot 10^4$ | $6,75 \cdot 10^3$ | $2,45 \cdot 10^3$ | $Rb^+$ | $1,58 \cdot 10^4$ | $5,4 \cdot 10^3$ | $1,8 \cdot 10^3$ |
| $K^+$ | $1,7 \cdot 10^4$ | $6,0 \cdot 10^3$ | $2,1 \cdot 10^3$ | $Cs^+$ | $1,46 \cdot 10^4$ | $4,9 \cdot 10^3$ | $1,7 \cdot 10^3$ |

---

[1] Engel, A. v. u. M. Steenbeck: Elektrische Gasentladungen, ihre Physik und Technik, Bd. 1 (1932) S. 182; Przibram: Handbuch der Physik, Bd. 22/1 (1933) S. 355 u. 356.

[2] Engel, A. v. u. M. Steenbeck: Elektrische Gasentladungen 1932 S. 182.

### f 6) Beweglichkeit von Elektronen (empirische Werte)[1].

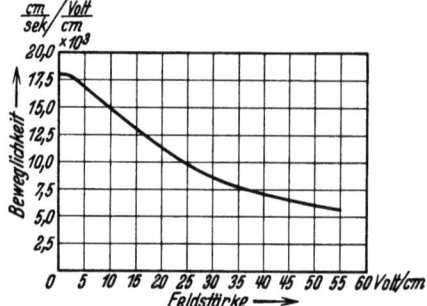

Abb. 37. Beweglichkeit von Elektronen in $N_2$ bei 760 tor und Zimmertemperatur nach Wahlin.

### f 7) Trägerdiffusion[2].

Kann man von den Feldkräften zwischen den Trägern absehen, so ist der Diffusionskoeffizient der Molekülionen

$$D_j = \frac{1}{3} \lambda_j \bar{v}_j.$$

Setzt man $\bar{v}_j \approx v_{\text{eff}}$

$$D_j \approx \frac{1}{3} \lambda_j \cdot \sqrt{\frac{3 k T_j}{m}}$$

$\lambda_j =$ mittlere freie Weglänge der Ionen, vgl. auch Ziffer e 13.
$\bar{v}_j =$ mittlere Geschwindigkeit der Ionen.

Für Elektronen gilt, wenn für $m$ die Ruhmasse $m_0$ gesetzt wird

$$D_{\text{el}} \approx \frac{1}{3} \lambda_{\text{el}} \sqrt{\frac{3 k T_{\text{el}}}{m_0}}$$

Ist die Elektronentemperatur höher als die Gastemperatur, dann fällt dementsprechend der Diffusionskoeffizient größer aus.

Einfluß eines Magnetfeldes auf die Trägerdiffusion.

a) Einheitliche Geschwindigkeit der Träger ($v$).
(Diffusionskoeffizient ohne Vorhandensein eines Magnetfeldes:

$$D_0 = \frac{1}{3} \frac{v^2}{T} T^2 = \frac{1}{3} v \lambda \left[\frac{\text{cm}}{\text{s}} \text{cm}\right] \qquad T = \frac{\lambda}{v} \text{ [s]; } \lambda \text{ [cm] freie Weglänge.}$$

Diffusionskoeffizient normal zum Magnetfeld:

$$D_n = \frac{1}{3} \frac{v^2}{\omega^2 T} \cdot \frac{(\omega T)^2}{1 + (\omega T)^2}$$

(Diffusionskoeffizient parallel zum Magnetfeld erfährt keine Änderung.)

$$\omega = \frac{q \mathfrak{B}}{m \cdot 10^{-7}}$$

$q$ [clb] Trägerladung; $m$ [g] Trägermasse; $\mathfrak{B} \left[\frac{\text{Vs}}{\text{cm}^2}\right]$.

Verringerung des Diffusionskoeffizienten normal zum Magnetfeld:

$$\frac{D_n}{D_0} = \frac{1}{1 + (\omega T)^2}.$$

b) Maxwellsche Verteilung der Trägergeschwindigkeiten.
Diffusionskoeffizient ohne Vorhandensein eines Magnetfeldes (und parallel zu einem wirkenden Magnetfeld):

$$D_0 = \frac{1}{3} \lambda v_w \frac{2}{\sqrt{\pi}} = \frac{1}{3} \lambda \bar{v},$$

$v_w \left[\frac{\text{cm}}{\text{s}}\right]$ wahrscheinlichste, $\bar{v} \left[\frac{\text{cm}}{\text{s}}\right]$ mittlere Geschwindigkeit.

---
[1] Wahlin: Physic. Rev. (2) Bd. 23 (1924) S. 169; vgl. auch Wahlin: Physic. Rev. (2) Bd. 27 (1926) S. 558; Bd. 35 (1930) S. 1568; Bd. 37 (1931) S. 101 u. 260.
[2] Bei der Berechnung von $\lambda_j$ ist der wirksame Molekülhalbmesser zu benutzen (Ziffer f 3. S. 42).

Verringerung des Diffusionskoeffizienten normal zum Magnetfeld:

$$\frac{D_n}{D_0} = 1 - \left(\frac{\omega\lambda}{v_w}\right)^2 \left\{1 + \left(\frac{\omega\lambda}{v_w}\right)^2 e^{\left(\frac{\omega\lambda}{v_w}\right)^2} \text{Ei}\left(-\left(\frac{\omega\lambda}{v_w}\right)^2\right)\right\}; \quad \text{Ei}(x) = \text{Exponentialintegral}.$$

### f 8) Größe der Rekombinationszone. (Abb. 38.)

$$r_0 = \frac{e}{4\pi\Delta U_{th}} = \frac{1{,}59 \cdot 10^{-19} \cdot 9 \cdot 10^{11}}{U_{th}} = \frac{1{,}43 \cdot 10^{-7}}{U_{th}} = \frac{1{,}054 \cdot 10^{-3}}{T} \text{ [cm]},$$

Abb. 38.

$e$ [clb] Elementarladung; $\Delta$ = Dielektrizitätskonstante des leeren Raumes im praktischen Maßsystem; $U_{th}$ [V] der Temperatur äquivalente Voltenergie $\left(U_{th} = \dfrac{T}{7{,}73 \cdot 10^3}\right)$; $T$ [$^0K$] Temperatur.

### f 9) Trägerbewegung in schwachen elektrischen Feldern.

Die Fortschreitungsgeschwindigkeit $u$ in Feldrichtung sei klein gegen die ungeordnete, thermische Geschwindigkeit, so daß die Maxwellsche Geschwindigkeitsverteilung fast ungestört ist. Unter Voraussetzung elastischer Zusammenstöße ist die Fortschreitungsgeschwindigkeit in Feldrichtung:

1. Wenn alle Träger scharf die Geschwindigkeit $v_{eff}$ besitzen

$$u = \frac{e\,\mathfrak{E}}{m \cdot 10^{-7}} \cdot \frac{\lambda}{v_{eff}}.$$

2. Wenn Maxwell-Verteilung der Geschwindigkeit vorliegt

$$u = \frac{e\,\mathfrak{E}}{m \cdot 10^{-7}} \cdot \frac{\lambda}{v_{eff}} \sqrt{\frac{6}{\pi}};$$

$u$ [cm/s]; $v_{eff}$ [cm/s]; $e$ [clb] Trägerladung; $\mathfrak{E}$ [V/cm]; $m$ [g]; $\lambda$ [cm] freie Weglänge.

Für thermisches Gleichgewicht der Träger mit dem Gas ist:

$$v_{eff} = \sqrt{\frac{3kT}{m}};$$

$k$ [erg/$^0K$] Boltzmannsche Konstante; $T$ [$^0K$]; $m$ [g].

Man kann also setzen: $u = \beta\,\mathfrak{E}$, wobei $\beta$ als „Beweglichkeit" bezeichnet wird.

Nach 1. $\quad \beta = \dfrac{e\lambda \cdot 10^{+7}}{m v_{eff}} = \dfrac{e\lambda \cdot 10^{+7}}{\sqrt{3kTm}}; \qquad \beta \left[\dfrac{\text{cm}}{\text{s}} \Big/ \dfrac{\text{V}}{\text{cm}}\right]$

Nach 2. $\quad \beta = \dfrac{e\lambda \cdot 10^{+7}}{m v_{eff}} \sqrt{\dfrac{6}{\pi}} = \dfrac{e\lambda \cdot 10^7}{\sqrt{3kTm}} \sqrt{\dfrac{6}{\pi}}.$

Wegen der Herleitung dieser Formeln aus einem stark vereinfachten Modell des Moleküls sind beide Formeln praktisch gleichwertig.

**Zusammenhang zwischen Beweglichkeitsformel und Gleichung für den Diffusionskoeffizienten.**

$$\frac{D}{\beta} = \frac{1}{3} \frac{m \cdot v_{eff}^2 \cdot 10^{-7}}{e} = \frac{2}{3} \frac{\frac{3}{2} kT \cdot 10^{-7}}{e} = \frac{2}{3} U_{th};$$

$U_{th}$ [V] Äquivalentspannung der Trägerbewegung. Sonstige Dimensionen wie oben.

### f 10) Akkumulationen der Energie nach G. Hertz bei der Bewegung von Elektronen durch ein Gas.

Die Elektronen geben beim Stoß auf Moleküle nur den Bruchteil $\varkappa$ ihrer Energie ab. Infolgedessen nähert sich die Translationsenergie der Elektronen in großer Entfernung vom Ausgangspunkt dem Grenzwert:

$$E_\infty = \frac{e\,\mathfrak{E}\,\lambda}{\sqrt{2\varkappa}}; \qquad \varkappa = 2\,\frac{m_0}{m_{gas}}.$$

Diesem Endzustand entspricht eine Effektivgeschwindigkeit von

$$v_{\text{eff}\infty} = \sqrt{\frac{2 E_\infty}{m_0 \cdot 10^{-7}}} = \frac{1}{\sqrt[4]{2\varkappa}} \sqrt{\frac{2 e \mathfrak{E} \cdot \lambda}{m_0 \cdot 10^{-7}}}.$$

$e$ [clb] Elementarladung; $\mathfrak{E}\left[\dfrac{\text{V}}{\text{cm}}\right]$ elektrische Feldstärke; $\lambda$ [cm] freie Weglänge;

$E$ [Ws]; $m_0$ [g] Elektronenmasse; $v_{\text{eff}} \left[\dfrac{\text{cm}}{\text{s}}\right]$.

Der „Umwegfaktor" $f_u$ ist dabei:

$$f_u = \frac{v_{\text{eff}}}{u} = \sqrt{\frac{2}{\varkappa}} \quad u = \text{Fortschreitungsgeschwindigkeit in Feldrichtung.}$$

Unter Annahme von Maxwellscher Verteilung der Geschwindigkeit in der Nähe der oben angegebenen Effektivgeschwindigkeit ist dann die Elektronentemperatur:

$$T_\infty = \frac{E_\infty}{\frac{3}{2}k} = \frac{2}{3} \frac{e \mathfrak{E} \cdot \lambda}{k \sqrt{2\varkappa}}; \quad k \text{ [Ws/}^0\text{K] Boltzmannsche Konstante.}$$

und die Äquivalentspannung

$$U_\infty = \frac{E_\infty}{e} = \frac{\mathfrak{E} \cdot \lambda}{2\sqrt{\varkappa}} \text{ [V]}.$$

Sie ist also größer als die Weglängenspannung $\mathfrak{E} \cdot \lambda$.

Die Fortschreitungsgeschwindigkeit in Feldrichtung ist:

$$u = \sqrt{\frac{2 e \mathfrak{E} \cdot \lambda}{m_0 \cdot 10^{-7}}} \sqrt[4]{\frac{\varkappa}{8}} \text{ [cm/s]}.$$

Mit Einführung einer Beweglichkeit erhält man:

$$\beta = \frac{u}{\mathfrak{E}} = \sqrt{\frac{2 e \lambda}{m_0 \cdot 10^{-7} \mathfrak{E}}} \cdot \sqrt[4]{\frac{\varkappa}{8}}. \quad \text{(Hier ist also die Beweglichkeit umgekehrt proportional der Wurzel aus der elektrischen Feldstärke.)}$$

Obige Formeln wurden entwickelt unter der Annahme, daß die stoßenden Elektronen alle die gleiche Geschwindigkeit $v_{\text{eff}}$ haben. Nimmt man als Verteilung dieser Geschwindigkeit eine Maxwellsche an, so ergeben sich etwas abweichende Formeln. Zunächst ist dabei die Einführung eines „mittleren Stoßverlustfaktors" $\bar{\varkappa} = \dfrac{4}{3}\varkappa$ erforderlich. Die einzelnen Formeln gehen in folgende über:

Grenzwert der Translationsenergie:

$$E_\infty = \frac{e \mathfrak{E} \lambda}{\frac{4}{3}\sqrt{\varkappa}}.$$

Grenzwert der Effektivgeschwindigkeit:

$$v_{\text{eff}\infty} = \sqrt{\frac{2 E_\infty}{m_0 \cdot 10^{-7}}} = \frac{1}{\sqrt{\frac{4}{3}\sqrt{\varkappa}}} \sqrt{\frac{2 e \mathfrak{E} \cdot \lambda}{m_0 \cdot 10^{-7}}}.$$

Umwegfaktor:

$$f_u = \frac{v_{\text{eff}\infty}}{u} = \sqrt{\frac{1}{\varkappa}}.$$

Grenzwert der Temperatur der Elektronen:

$$T_\infty = \frac{E_\infty}{\frac{3}{2}k} = \frac{2}{3} \frac{e \mathfrak{E} \lambda}{\frac{4}{3}k\sqrt{\varkappa}} = \frac{1}{2k} \frac{e \cdot \mathfrak{E} \cdot \lambda}{\sqrt{\varkappa}}.$$

Grenzwert der Äquivalentspannung:

$$U_\infty = \frac{E_\infty}{e} = \mathfrak{E} \lambda \frac{1}{\frac{4}{3}\sqrt{\varkappa}}.$$

Fortschreitungsgeschwindigkeit in Feldrichtung:

$$u = \frac{e\mathfrak{E}}{m_0 \cdot 10^{-7}} \frac{\lambda}{v_{\text{eff}}} \sqrt{\frac{6}{\pi}} = \sqrt[4]{\frac{4\varkappa}{\pi^2}} \cdot \sqrt{\frac{2e\mathfrak{E}\lambda}{m_0 \cdot 10^{-7}}}.$$

Beweglichkeit:

$$\beta = \frac{u}{\mathfrak{E}} = \sqrt{\frac{2e\lambda}{m_0 \cdot 10^{-7} \mathfrak{E}}} \sqrt[4]{\frac{4}{\pi^2}\varkappa}.$$

### f 11) Trägerbewegung in starken elektrischen Feldern.

Sind die Feldkräfte so groß, daß sie eine Fortschreitungsgeschwindigkeit erzeugen, die sehr groß im Verhältnis zur thermischen Geschwindigkeit ist, so ist die mittlere Fortschreitungsgeschwindigkeit der unstetigen Fallbewegung (einfach geladene Träger der Masse $m$):

$$u = \frac{\sum\limits_{r=1}^{N} x_r}{\sum\limits_{r=1}^{N} t_r} = \sqrt{\frac{e\mathfrak{E}}{2m \cdot 10^{-7}}} \frac{\sum\limits_{r=1}^{N} x_r}{\sum\limits_{r=1}^{N} \sqrt{x_r}}$$

$x_r$ = Fallhöhe längs einer freien Weglänge; $t_r$ = zu $x_r$ gehörige Fallzeit; $e$ [clb]; $m$ [g]; $\mathfrak{E}\left[\dfrac{V}{cm}\right]$; $\lambda$ = freie Weglänge [cm].

Unter Voraussetzung der Gültigkeit des Clausiusschen Weglängengesetzes gibt das

$$u = \sqrt{\frac{2}{\pi} \frac{e\mathfrak{E}\lambda}{m \cdot 10^{-7}}} \text{ [cm/s]}^1.$$

Die mittlere Flugzeit zwischen zwei Stößen:

$$\bar{t} = \lim_{N \to \infty} \frac{1}{N} \sum_{r=1}^{N} t_r = \frac{\sqrt{\pi}}{2} \sqrt{\frac{2m \cdot 10^{-7}\lambda}{e\mathfrak{E}}} \text{ [s]}. \quad N = \text{Zahl der Zusammenstöße.}$$

### f 12) Einfluß eines Magnetfeldes auf die Trägerbewegung in schwachen elektrischen Feldern.

**Voraussetzung.** Die wirkenden elektrischen Felder erzeugen geordnete Geschwindigkeiten, die gegen die mittlere (thermische) Geschwindigkeit eines betrachteten Trägerschwarmes klein sind. Von einer Schar von sehr vielen Trägern wird eine Gruppe von $N_v$-Trägern betrachtet, die zur Zeit $t = 0$ im Ursprung eines karthesischen, rechtsachsigen Koordinatensystems mit der thermischen Geschwindigkeit in beliebiger Richtung starten.

Wirken Felder nach Abb. 39, dann lauten die mittleren Bahngleichungen, so lange keine Zusammenstöße stattfinden:

$$\bar{x} = \frac{\mathfrak{E}_x}{\mathfrak{B}\omega}(1 - \cos\omega t) \text{ [cm]};$$

$$\omega = \frac{q\mathfrak{B}}{m \cdot 10^{-7}};$$

$$\bar{y} = \frac{\mathfrak{E}_x}{\mathfrak{B}\omega}(\omega t - \sin\omega t) \text{ [cm]};$$

$$\bar{z} = 0.$$

$m$ [g] Trägermasse;
$q$ [clb] Trägerladung;
$\mathfrak{E}$ [V/cm];
$\mathfrak{B}$ (Vs/cm²);
$t$ [s]

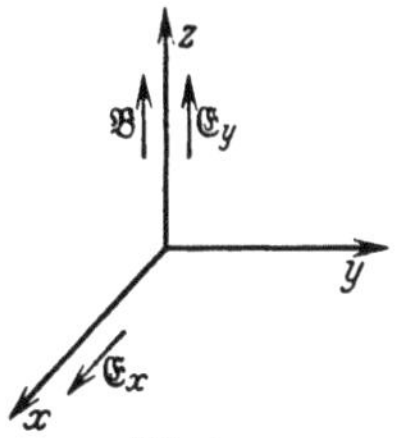

Abb. 39.

Die Dauer einer freien Fallzeit schwankt statistisch nach demselben Gesetz wie die freie Weglänge $\lambda$.

---
[1] Vgl. hierzu die Bemerkung bei G. A. Kugler, F. Ollendorff u. A. Roggendorf: Z. Physik, Bd. 81 (1933) S. 470.

## Statistik der Gasentladungen.

α) **Einheitliche Geschwindigkeit aller Träger.**

Erwartungswert der freien Fallhöhe in Richtung des elektrischen Feldes $\mathfrak{E}_x$.

$$\bar{\bar{x}} = \frac{q\,\mathfrak{E}_x}{m \cdot 10^{-7}\,\omega^2} \cdot \frac{(\omega T)^2}{1 + (\omega T)^2} \;[\text{cm}].$$

Erwartungswert der Querverschiebung senkrecht zum elektrischen Felde $\mathfrak{E}_x$.

$$\bar{\bar{y}} = \frac{q\,\mathfrak{E}_x}{m \cdot 10^{-7}\,\omega^2} \cdot \frac{(\omega T)^3}{1 + (\omega T)^2} \equiv (\omega T)\,\bar{\bar{x}} \;[\text{cm}].$$

Erwartungswert der Fallzeit.

$$T = \frac{\lambda}{v} \qquad \lambda\;[\text{cm}].$$

Mittlere Fortschreitungsgeschwindigkeit längs und quer zum elektrischen Felde.

$$u_x \equiv \frac{\bar{\bar{x}}}{T} = \frac{q\,\mathfrak{E}_x v}{m \cdot 10^{-7}\,\omega^2\,\lambda} \cdot \frac{(\omega T)^2}{1 + (\omega T)^2}; \quad u_y \equiv \frac{\bar{\bar{y}}}{T} = \frac{q\,\mathfrak{E}_x \cdot v}{m \cdot 10^{-7}\,\omega^2\,\lambda} \cdot \frac{(\omega T)^3}{1 + (\omega T)^2} \left[\frac{\text{cm}}{\text{s}}\right]$$

für verschwindendes Magnetfeld ($\omega \to 0$):

$$u_x \to u_{x0} = \frac{q\,\mathfrak{E}_x v\,T^2}{m \cdot 10^{-7}\,\lambda} \equiv \frac{q\,\mathfrak{E}_x\,\lambda}{m \cdot 10^{-7}\,v} \;[\text{cm/s}].$$

Relative Fortschreitungsgeschwindigkeiten.

$$\frac{u_x}{u_{x0}} = \frac{1}{1 + (\omega T)^2} \equiv \frac{1}{1 + \left(\dfrac{\omega \lambda}{v}\right)^2}; \quad \frac{u_y}{u_{x0}} = \frac{\omega T}{1 + (\omega T)^2} \equiv \frac{\dfrac{\omega \lambda}{v}}{1 + \left(\dfrac{\omega \lambda}{v}\right)^2}.$$

Relative Schwerpunktsgeschwindigkeit.

$$\frac{u_s}{u_{x0}} = \frac{\sqrt{u_x^2 + u_y^2}}{u_{x0}} = \frac{1}{\sqrt{1 + (\omega T)^2}}.$$

Richtung der Schwerpunktsgeschwindigkeit gegen die $x$-Achse.

$$\gamma = \operatorname{arc\,tg} \frac{u_y}{u_x} = \operatorname{arc\,tg} \omega T.$$

β) **Maxwellsche Verteilung der Geschwindigkeit $v$ der Träger im Ursprung. Mittlere Längsverschiebung aller $N_v$-Schwarmmitglieder.**

$$M(\bar{\bar{x}}) = \frac{q\,\mathfrak{E}_x}{m \cdot 10^{-7}\,\omega^2}\left[\left(\frac{\omega \lambda}{v_w}\right)^2 + \left(\frac{\omega \lambda}{v_w}\right)^4 e^{\left(\frac{\omega \lambda}{v_w}\right)^2} \operatorname{Ei}\left(-\left(\frac{\omega \lambda}{v_w}\right)^2\right)\right]$$

für verschwindendes Magnetfeld ($\omega \to 0$):

$$M_0(\bar{\bar{x}}) = \frac{q\,\mathfrak{E}_x}{m \cdot 10^{-7}\,\omega^2}\left(\frac{\omega \lambda}{v_w}\right)^2$$

$v_w$ = wahrscheinlichste Geschwindigkeit; $\operatorname{Ei}$ = Exponentialintegral.

Mittlere Querverschiebung.

$$M(\bar{\bar{y}}) = \frac{q\,\mathfrak{E}_x}{m \cdot \omega^{-7}\,\omega^2}\,\frac{\omega \lambda}{v_w}\,\pi \left(\frac{\omega \lambda}{v_w}\right)^2 \left\{\left(\frac{\omega \lambda}{v_w}\right)^3 e^{\left(\frac{\omega \lambda}{v_w}\right)^2}\left[1 - \Phi\left(\frac{\omega \lambda}{v_w}\right)\right] - \right.$$
$$\left. - \frac{1}{\sqrt{\pi}}\left(\frac{\omega \lambda}{v_w}\right)^3 + \frac{1}{2\sqrt{\pi}}\left(\frac{\omega \lambda}{v_w}\right)\right\}$$

$$\Phi\left(\frac{\omega \lambda}{v_w}\right) = \text{Gaußsche Fehlerfunktion von } \left(\frac{\omega \lambda}{v_w}\right).$$

Mittlere Fallzeit.
$$\overline{T} = \frac{\lambda}{v_w} \frac{1}{2} \sqrt{\pi} = \frac{\lambda}{\overline{v}}.$$

Geordnete Längsgeschwindigkeit bei ausgeschaltetem Magnetfeld.
$$u_{x0} = \frac{M_0(\overline{\overline{x}})}{\overline{T}} = \frac{q\,\mathfrak{E}_x \lambda^2}{m \cdot 10^{-7} v_w^2} \frac{2 v_w}{\lambda \sqrt{\pi}} = \frac{q\,\mathfrak{E}_x \lambda}{m \cdot 10^{-7} v_{\text{eff}}} \sqrt{\frac{6}{\pi}}.$$

Mittlere relative Fortschreitungsgeschwindigkeit parallel zum elektrischen Felde $\mathfrak{E}_x$.
$$\frac{u_x}{u_{x0}} = \frac{M(\overline{\overline{x}})}{M_0(\overline{\overline{x}})} = 1 + \left(\frac{\omega \lambda}{v_w}\right)^2 e^{\left(\frac{\omega \lambda}{v_w}\right)^2} \text{Ei}\left(-\left(\frac{\omega \lambda}{v_w}\right)^2\right).$$

Mittlere relative Quergeschwindigkeit.
$$\frac{u_y}{u_{x0}} = \frac{M(\overline{\overline{y}})}{M_0(\overline{\overline{x}})} = \pi\left(\frac{\omega \lambda}{v_\omega}\right)\left\{\left(\frac{\omega \lambda}{v_w}\right)^3 e^{\left(\frac{\omega \lambda}{v_w}\right)^2}\left[1 - \Phi\left(\frac{\omega \lambda}{v_w}\right)\right] - \right.$$
$$\left. - \frac{1}{\sqrt{\pi}}\left(\frac{\omega \lambda}{v_w}\right)^3 + \frac{1}{2\sqrt{\pi}}\left(\frac{\omega \lambda}{v_w}\right)\right\}$$

Mittlere relative Schwerpunktsgeschwindigkeit.
$$\frac{u_s}{u_{x0}} = \frac{\sqrt{u_x^2 + u_x^2}}{u_{x0}}.$$

Richtung der Schwerpunktsgeschwindigkeit gegen die $x$-Achse.
$$\gamma = \text{arc tg } \frac{u_y}{u_x}.$$

## f 13) Bewegung von Trägern durch ein Gas unter dem gleichzeitigen Einfluß von starken elektrischen und magnetischen Feldern[1].

Unter denselben Voraussetzungen über die wirkenden Felder wie oben (Abb. 3, S. 7) bewegen sich die Träger bei ihrer Wanderung durch ein Gas zwischen zwei unelastischen Zusammenstößen auf Zykloiden von der Art wie sie oben angegeben sind.

Der Erwartungswert $\overline{x}$ der „freien Fallhöhe" der Träger in Richtung des elektrischen Feldes $\mathfrak{E}$ ist dann:
$$\frac{\overline{x}}{\lambda} = \mathfrak{Cotg}\,\frac{2D}{\lambda} - \frac{\lambda}{2D}.$$

$\lambda$ [cm] freie Weglänge;  
$D$ [cm] Rollkreisdurchmesser der Zykloiden;  
$$D = \frac{2\,\mathfrak{E} \cdot m \cdot 10^{-7}}{q\,\mathfrak{B}^2};$$

$\mathfrak{E}\left[\dfrac{\text{V}}{\text{cm}}\right]$;  
$m$ [g];  
$q$ [clb];  
$\mathfrak{B}\left[\dfrac{\text{Vs}}{\text{cm}^2}\right].$

Die relative „mittlere Querverschiebung" (Bewegung senkrecht zu $\mathfrak{E}$) ist:
$$\frac{\overline{y}}{\lambda} = \frac{\pi}{4} \frac{\frac{2D}{\lambda}}{\mathfrak{Sin}\,\frac{2D}{\lambda}}\left(\frac{-2i J_1\left(i\,\frac{2D}{\lambda}\right)}{\frac{2D}{\lambda}}\right);$$

$J_1\left(i\,\dfrac{2D}{\lambda}\right) = $ Besselsche Funktion 1. Ordnung rein imaginären Arguments.

---
[1] Vgl. hierzu G. A. Kugler, F. Ollendorff u. A. Roggendorf: Z. Physik, Bd. 81 (1933) S. 733.

Die relative mittlere Fortschreitungsgeschwindigkeit in Feldrichtung ist:

$$\frac{u}{u_0} = \left(\mathfrak{Cotg}\,\frac{2D}{\lambda} - \frac{\lambda}{2D}\right) \frac{\mathfrak{Sin}\,\frac{2D}{\lambda}}{\sqrt{\frac{\pi}{2}\,\frac{2D}{\lambda}\,J_0\left(i\,\frac{2D}{\lambda}\right)}};$$

$J_0\left(i\,\frac{2D}{\lambda}\right)$ = Besselsche Funktion o. Ordnung rein imaginären Arguments;
$u_0$ = Fortschreitungsgeschwindigkeit ohne Einwirkung eines Magnetfeldes.

Die dazu senkrechte Fortschreitungsgeschwindigkeit, die mittlere relative Querverschiebung, ist:

$$\frac{v}{u_0} = \frac{\frac{\pi}{4}\left[-2i\,J_1\left(i\,\frac{2D}{\lambda}\right)\right]}{\sqrt{\frac{\pi}{4}\,\frac{2D}{\lambda}\,J_0\left(i\,\frac{2D}{\lambda}\right)}}.$$

Die resultierende Geschwindigkeit ist um den Winkel $\gamma$ gegen das elektrische Feld geneigt:

$$\operatorname{tg}\gamma = \frac{v}{u} = \frac{\frac{\pi}{4}\left[-2i\,J_1\left(i\,\frac{2D}{\lambda}\right)\right]}{\left(\mathfrak{Cotg}\,\frac{2D}{\lambda} - \frac{\lambda}{2D}\right)\mathfrak{Sin}\,\frac{2D}{\lambda}}.$$

### f 14) Trägerbewegung in starken elektrischen Wechselfeldern.

Unter Voraussetzung, daß das beschleunigte Wechselfeld von der Form
$$\mathfrak{E} = \mathfrak{E}_{max}\sin\omega t$$
ist, ist der Erwartungswert der Fortschreitungsgeschwindigkeit:

$$\bar{u} = \frac{q\,\mathfrak{E}_{max}}{m\cdot 10^{-7}\,\omega}\left(\frac{\omega\tau}{1+(\omega\tau)^2}\sin\omega t - \frac{(\omega\tau)^2}{1+(\omega\tau)^2}\cos\omega t\right);$$

$q$ = [clb] Trägerladung;
$m$ = [g] Trägermasse;
$\tau$ = mittlere Lebensdauer (Zeit zwischen zwei Stößen im Mittel);

$\tau = \dfrac{1}{\sqrt{2}\,\pi\,(2a)^2\,n\,\bar{v}}$;
$\bar{v}$ = mittlere Geschwindigkeit;
$n$ = Konzentration;
$a$ = gaskinetischer Molekülhalbmesser (vgl. Ziffer e 2, S. 23).

Der Erwartungswert der Konvektionsstromdichte ist dann:

$$\bar{i} = \frac{q^2 n}{m\cdot 10^{-7}}\left[\frac{\tau}{1+(\omega\tau)^2}\,\mathfrak{E}_{max}\sin\omega t - \frac{\omega\tau^2}{1+(\omega\tau)^2}\,\mathfrak{E}_{max}\cos\omega t\right]\left[\frac{A}{cm^2}\right].$$

Daher wirksame Leitfähigkeit des Gases:

$$\varkappa = \frac{q^2 n\tau}{m\cdot 10^{-7}\,(1+(\omega\tau)^2)}\left[\frac{A/cm^2}{V/cm}\right].$$

Die wirksame Dielektrizitätskonstante ist:

$$\varepsilon = 1 - \frac{q^2 n}{m\cdot 10^{-7}\,\Delta}\cdot\frac{\tau^2}{1+(\omega\tau)^2}.$$

$\Delta\left[\dfrac{As}{V\,cm}\right]$; $\left[\dfrac{F}{cm}\right]$ Dielektrizitätskonstante des leeren Raumes.

## g) Ionisierung, Anregung und Entionisierung von Gasen.

### g 1) Ionisierungsspannung von Atomen, Molekülen und Ionen durch Elektronenstoß[1].

$\Delta U_j^{1\to 2}$. Zusätzliche Spannung zur Erzeugung eines doppelt geladenen Ions aus einem einfach geladenen.

| Element | Ordnungszahl | $U_j$ V | $\Delta U_j^{1\to 2}$ V | $\Delta U_j^{2\to 3}$ V | $\Delta U_j^{3\to 4}$ V | $\Delta U_j^{4\to 5}$ V | $\Delta U_j^{5\to 6}$ V | Element | Ordnungszahl | $U_j$ V | $\Delta U_j^{1\to 2}$ V | $\Delta U_j^{2\to 3}$ V | $\Delta U_j^{3\to 4}$ V | $\Delta U_j^{4\to 5}$ V | $\Delta U_j^{5\to 6}$ V |
|---|---|---|---|---|---|---|---|---|---|---|---|---|---|---|---|
| H | 1 | 13,5 | — | — | — | — | — | Kr | 36 | 14,0 | 26,4 | 31,2 | — | — | — |
| $H_2$ | 1 | 15,4 | — | — | — | — | — | Rb | 37 | 4,16 | 27,3 | — | — | — | — |
| He | 2 | 24,5 | 54,2 | — | — | — | — | Sr | 38 | 5,67 | 11,0 | — | — | — | — |
| Li | 3 | 5,37 | 75,3 | 121,9 | — | — | — | Y | 39 | 6,5 | 12,3 | 20,6 | — | — | — |
| Be | 4 | 9,28 | 18,14 | 153,1 | 216,6 | — | — | Zr | 40 | 6,0 | 14,0 | — | 34,2 | — | — |
| B | 5 | 8,33 | 24,0 | 37,8 | (261) | 339 | — | Mo | 42 | 7,35 | — | — | — | — | — |
| C | 6 | 11,22 | 24,28 | 46,34 | 64,19 | (395) | 487 | Ru | 44 | (7,5) | — | — | — | — | — |
| N | 7 | 14,5 | 29,5 | 47,2 | 73,5 | 97,4 | — | Rh | 45 | (7,7) | — | — | — | — | — |
| $N_2$ | 7 | 15,8 | — | — | — | — | — | Pd | 46 | (8,3) | (19,8) | — | — | — | — |
| O | 8 | 13,6 | 34,9 | 54,0 | 77,0 | (109,2) | 137,5 | Ag | 47 | 7,54 | 17,1 | — | — | — | — |
| $O_2$ | 8 | 12,5 | — | — | — | — | — | Cd | 48 | 8,95 | 16,8 | (32,0) | — | — | — |
| F | 9 | 18,6 | 34,5 | (62,5) | (86,8) | (102,3) | — | In | 49 | 5,76 | 18,8 | 27,9 | (53) | — | — |
| Ne | 10 | 21,5 | 40,9 | 63,2 | — | — | — | Sn | 50 | 7,37 | 14,5 | 30,5 | 40,4 | — | — |
| Na | 11 | 5,12 | 47,5 | 70,8 | — | — | — | Sb | 51 | 8,35 | 13,8 | 24,7 | 43,9 | 55,4 | — |
| Mg | 12 | 7,61 | 15,0 | (81) | 109,0 | — | — | Te | 52 | 8,96 | — | — | — | 60 | — |
| Al | 13 | 5,96 | 18,75 | 28,32 | (122) | 153,6 | — | J | 53 | 10,4 | — | — | — | — | — |
| Si | 14 | 8,12 | 16,27 | 33,4 | 45,0 | (169) | — | X | 54 | 12,1 | 21,1 | 28,5 | — | — | — |
| P | 15 | 11,1 | 19,8 | 30,0 | (48) | 64,7 | — | Cs | 55 | 3,88 | 23,4 | — | — | — | — |
| S | 16 | 10,3 | 23,3 | 34,9 | 47,1 | (67) | 87,7 | Ba | 56 | 5,19 | 9,95 | — | — | — | — |
| Cl | 17 | 13,0 | 23,7 | 39,7 | 47,4 | 67,7 | (88,6) | La | 57 | 5,5 | — | — | — | — | — |
| Ar | 18 | 15,7 | 27,8 | 36,8 | 178 | 242 | — | Ce | 58 | (6,9) | — | — | — | — | — |
| K | 19 | 4,32 | 31,7 | 46,5 | — | — | — | Pr | 59 | (5,76) | — | — | — | — | — |
| Ca | 20 | 6,09 | 11,8 | 50,8 | — | — | — | Nd | 60 | (6,31) | — | — | — | — | — |
| Sc | 21 | 6,57 | 12,8 | 24,6 | (72,2) | — | — | Il | 61 | — | — | — | — | — | — |
| Ti | 22 | 6,80 | 13,6 | 27,6 | 44,7 | 95,7 | — | Sm | 62 | (6,55) | — | — | — | — | — |
| V | 23 | 6,76 | 14,7 | (29,6) | (48,3) | 68,6 | 122 | Gd | 64 | (6,65) | — | — | — | — | — |
| Cr | 24 | 6,74 | 16,6 | (31) | (50,4) | (72,8) | — | Tb | 65 | (6,74) | — | — | — | — | — |
| Mn | 25 | 7,40 | 15,7 | (32) | (52) | (75,7) | — | Dy | 66 | (8,82) | — | — | — | — | — |
| Fe | 26 | 7,83 | 16,5 | — | — | — | — | Yb | 70 | (7,06) | — | — | — | — | — |
| Co | 27 | 7,81 | 17,3 | — | — | — | — | Re | 75 | 7,85 | — | — | — | — | — |
| Ni | 28 | 7,61 | 18,1 | — | — | — | — | Pt | 78 | 8,9 | — | — | — | — | — |
| Cu | 29 | 7,69 | 20,2 | — | — | — | — | Au | 79 | 9,19 | — | — | — | — | — |
| Zn | 30 | 9,35 | 17,9 | — | — | — | — | Hg | 80 | 10,4 | 18,7 | (41) | (72) | (82) | — |
| Ga | 31 | 5,97 | 18,9 | 30,6 | 63,9 | — | — | Tl | 81 | 6,08 | 20,3 | 29,7 | — | — | — |
| Ge | 32 | 7,85 | 15,9 | 32,0 | 45,5 | (90) | — | Pb | 82 | 7,38 | 15,0 | 31,9 | 43,9 | — | — |
| As | 33 | 9,96 | — | 28,0 | (51,7) | 62,4 | — | Bi | 83 | 7,25 | — | — | — | — | — |
| Se | 34 | 9,7 | — | — | 42,7 | 72,8 | 81,4 | Em | 86 | 10,7 | — | — | — | — | — |
| Br | 35 | 11,8 | — | — | — | — | — | Ru | 88 | (5,4) | 10,2 | — | — | — | — |

### g 2) Wirkungsquerschnitte der Ionisierung bei der Elektronengeschwindigkeit, die der maximalen Ausbeute entspricht[2].

|  | Gaskinet. W.-Q. cm² | W.-Q. der Ionisierung cm² |  | Gaskinet. W.-Q. cm² | W.-Q. der Ionisierung cm² |
|---|---|---|---|---|---|
| Ar+ . . | $27,2 \cdot 10^{-16}$ | $3,2 \cdot 10^{-16}$ | $H_2$ . . | $18,1 \cdot 10^{-16}$ | $1,1 \cdot 10^{-16}$ |
| Ar++ . . | 27,2 ,, | 0,32 ,, | Hg+ . | 10 ,, | 6,2 ,, |
| Ar+++ . . | 27,2 ,, | 0,01 ,, | Hg++ . | 10 ,, | 0,9 ,, |
| Ne+ . . | 17,5 ,, | 0,98 ,, | Hg+++ . | 10 ,, | 0,2 ,, |
| Ne++ . . | 17,5 ,, | 0,06 ,, | Hg++++ | 10 ,, | 0,04 ,, |
| He+ . . | 11,1 ,, | 0,51 ,, | HCl . . | 54,9 ,, | 5,28 ,, |
| $N_2$ . . . | 30,8 ,, | 3,04 ,, | | | |

[1] Landolt-Börnstein: Erg.-Bd. IIb S. 562, Handbuch der Physik Bd. 23/1 S. 106; v. Engel-Steenbeck: 1932 S. 60; Klemperer: 1933 S. 87; 1933 S. 153 (zum Teil etwas abweichende Werte). — [2] Kallman, H. u. B. Rosen: Physik. Z. Bd. 32 (1931) S. 540; vgl. auch f 4. S. 43.

## g 3) Einsatzspannungen (Volt) der Ionisation durch Alkaliionen in Edelgasen nach Beeck und Mouzon[1].

|       | Ne  | Ar    | Kr    | Xe    |
|-------|-----|-------|-------|-------|
| Li+   | 307 | 100   | (420) | 250   |
| Na+   | 175 | 105   | (400) | (360) |
| K+    | 320 | 95    | 80    | 120   |
| Rb+   | 423 | 180   | 100   | 145   |
| Cs+   | 437 | (365) | 143   | 105   |

## g 4) Energiestufen des Wasserstoffatoms[2].

$$\nu = \frac{R}{n^2}; \qquad R = 109\,677{,}759 \left[\frac{1}{\text{cm}}\right].$$

(Rydberg-Konstante)

Spektralserien:

$$\nu = R\left(1 - \frac{1}{n^2}\right) \qquad n = 2, 3, 4 \text{ (Lyman)};$$

$$\nu = R\left(\frac{1}{2^2} - \frac{1}{n^2}\right) \qquad n = 3, 4, 5 \text{ (Balmer)};$$

$$\nu = R\left(\frac{1}{3^2} - \frac{1}{n^2}\right) \qquad n = 4, 5, 6 \text{ (Paschen)};$$

$$\nu = R\left(\frac{1}{4^2} - \frac{1}{n^2}\right) \qquad n = 5, 6, 7 \text{ (Brackett)}.$$

| $n$ | $\lambda$ (Å) | $\frac{1}{\lambda} = \nu$ (cm$^{-1}$) | (Spektr.) $U$ (V) | (Elektr.) $U$ (V) | $n$ | $\lambda$ (Å) | $\frac{1}{\lambda} = \nu$ (cm$^{-1}$) | (Spektr.) $U$ (V) | (Elektr.) $U$ (V) |
|---|---|---|---|---|---|---|---|---|---|
| 2 | 1215,7 | 82258  | 10,154 | 10,15 | 6 | 937,8 | 106631 | 13,162 | 13,17 |
| 3 | 1025,7 | 97491  | 12,034 | 12,05 | 7 | 930,8 | 107440 | 13,262 | 13,27 |
| 4 | 972,5  | 102833 | 12,692 | 12,70 | — | —     | —      | —      | —     |
| 5 | 949,7  | 105291 | 12,997 | 13,00 | ∞ | 911,8 | 109678 | 13,539 | 13,54 |

(Anregungsspannung $U$ [V]).

## g 5) Anregungs- und Ionisierungsspannungen der Alkaliatome[3].

| Element ($z$) | Bezeichnung | $\lambda$ (Å) | $U$ (Spektr.) [V] | $U$ (Elektr.) [V] |
|---|---|---|---|---|
| Na (11) | $3s\,^2S_{1/2} - 3p\,^2P_{1/2}$ | 5895,9 | 2,093 ⎱ 2,12 | 2,13 |
|         | $3s\,^2S_{1/2} - 3p\,^2P_{1/2}$ | 5889,9 | 2,095 ⎰ | |
|         | Ionisation | | 5,116 | 5,13 | 5,18 |
| K (19)  | $4s\,^2S_{1/2} - 4p\,^2P_{1/2}$ | 7699,1 | 1,603 ⎱ 1,55 | 1,63 |
|         | $4s^2\,S_{1/2} - 4p\,^2P_{1/2}$ | 7664,9 | 1,610 ⎰ | |
|         | Ionisation | | 4,321 | 4,13 | 4,41 |
| Rb (37) | $5s\,^2S_{1/2} - 5p\,^2P_{1/2}$ | 7947,6 | 1,553 ⎱ 1,66 | |
|         | $5s\,^2S_{1/2} - 5p\,^2P_{1/2}$ | 7800,2 | 1,582 ⎰ | |
|         | Ionisation | | 4,159 | 4,16 | |
| Cs (55) | $6s\,^2S_{1/2} - 6p\,^2P_{1/2}$ | 8943,6 | 1,380 ⎱ 1,48 | |
|         | $6s\,^2S_{1/2} - 6p\,^2P_{1/2}$ | 8521,2 | 1,448 ⎰ | |
|         | Ionisation | | 3,877 | 3,96 | |

---

[1] Beeck, O. u. J. C. Mouzon: Ann. Physik Bd. 11 (1931) S. 858.
[2] Handbuch der Physik Bd. 23/1 (1933) S. 77.
[3] Handbuch der Physik Bd. 23/1 (1933) S. 79.

## g 6) Anregung der Na-, K- und Cs-Linien (Newman)[1].

| | Bezeichnung | $U$ [V] (Spektr.) | (El.) | | Bezeichnung | $U$ [V] (Spektr.) | (El.) |
|---|---|---|---|---|---|---|---|
| Na | $3s\,^2S_{1/2} - 3p\,^2P_{1/2,\,1\frac{1}{2}}$ | 5890⎫ 5896⎭ 2,10 | 2,2 | K | $4p\,^2P\; -6s\,^2S$ | 6911⎫ 6939⎭ 3,39 | 3,7 |
| | $3s\,^2S_{1/2} - 4p\,^2P_{1/2,\,1\frac{1}{2}}$ | 3302⎫ 3303⎭ 3,74 | 4,0 | | $4s\,^2S\; -6p\,^2P$ | 3447⎫ 3448⎭ 3,58 | 3,9 |
| | $3p\,^2P\; -5s\,^2S$ | 6154⎫ 6161⎭ 4,10 | 4,4 | | Vollständiges Bogenspektrum | 4,32 | 4,4 |
| | $3p\,^2P\; -3d\,^2D$ | 5683⎫ 5688⎭ 4,27 | 4,6 | Cs | $6s\,^2S_{1/2} - 6p\,^2P_{1/2}$ | 8943 1,38⎫ | 1,6 |
| | Vollständiges Bogenspektrum | 5,12 | 5,2 | | $6s\,^2S_{1/2} - 6p\,^2P_{1/2}$ | 8521 1,45⎭ | |
| | | | | | $6s\,^2S\; -7p\,^2P$ | 4593 2,69 | 2,7 |
| K | $4s\,^2S_{1/2} - 4p\,^2P_{1/2}$ | 7699 1,60⎫ | 1,9 | | $6p\,^2P_{1/2}-8s\,^2S$ | 7944 3,01 | 3,2 |
| | $4s\,^2S_{1/2} - 4p\,^2P_{1\frac{1}{2}}$ | 7665 1,61⎭ | | | $6s\,^2S\; -8p\,^2P$ | 3889 3,17 | 3,2 |
| | $4s\,^2S\; -5p\,^2P$ | 4044⎫ 4047⎭ 3,05 | 3,3 | | Vollständiges Bogenspektrum | 3,88 | 3,9 |
| | $4p\,^2P\; -3d\,^2D$ | 6936⎫ 6965⎭ 3,38 | 3,7 | | | | |

## g 7) Kritische Spannungen der Alkalimetalle (Mohler) vom Grundzustand des neutralen Atoms aus gerechnet (Volt)[2].

| Element | | | | | Beobachtete Effekte |
|---|---|---|---|---|---|
| Li | Na | K | Rb | Cs | |
| 54 ± 2 | 35 ± 2 | 19 ± 1 | 16 ± 0,5 | 14 ± 2 | Strahlung, Zunahme der Ionisierung, Funkenlinien bei starkem Strom |
| | | 23 ± 1 | 21,6 ± 0,5 | | Verstärkung der Strahlung |
| | 44 ± 2 | 28 ± 1 | 25,2 ± 1 | 21,5 ± 1 | Funkenlinien bei schwachem Strom |

## g 8) Kritische Spannungen des Kupfers[3].

| Energiedifferenz | V (Spektr.) | (Elektr.) |
|---|---|---|
| $4s\,^2S\; -\; 3d^9\,4s^2\,^2D_{2\frac{1}{2}}$ | 1,38 | 1,38 |
| $3d^9\,4s^2\,^2D\; -\; 4p\,^2P$ | 2,13—2,39 | 2,0—2,6 |
| $3d^9\,4s^2\,^2D_{1\frac{1}{2}}\; -\; 3d^9\,4s\,4p\,^4P_{1\frac{1}{2}}$ | 3,18 | 3,18 |
| $4s\,^2S\; -\; 4p\,^2P_{1/2}$ | 3,77 | 3,73 |
| $3d^9\,4s^2\,^2D_{1\frac{1}{2}}\; -\; 5p\,^2P_{1/2}$ | 4,46 | 4,2 |
| $4s\,^2S\; -\; 3d^9\,4s\,4p\,^4P_{2\frac{1}{2}}$ | 4,87 | 4,8 |
| $4s\,^2S\; -\; 3d^9\,4s\,4p\,^2D_{2\frac{1}{2}}$ | 5,75 | 6,67 |
| $4s\,^2S\; -\; 5p\,^2P_{1/2}$ | 6,09 | 6,09 |
| $3d^9\,4s^2\,^2D_{1\frac{1}{2}}\; -\; 3d^9\,4s\,5s\,^2D_{2\frac{1}{2}}$ | 6,65 | 6,61 |
| $4s\,^2S\; -\; 6s\,^2S$ | 6,52 | 6,61 |
| $3d^9\,4s^2\,^2D_{1\frac{1}{2}}\; -\; 3d^9\,4s\,4d^2\,G_{4\frac{1}{2}}$ | 7,10 | 7,06 |
| $4s\,^2S\; -\; 3d^9\,4s\,5s\,^2D_{2\frac{1}{2}}$ | 8,28 | 8,14 |
| $4s\,^2S\; -\; 3d^9\,4s\,4d^2\,G_{4\frac{1}{2}}$ | 8,73 | (8,71) |
| $4s\,^2S\; -\; 3d^9\,4s\,4d\,^2P_{1/2}$ | 9,27 | 9,42 |
| Ionisation | | |
| $4s\,^2S\; \to\; 3d^{10}\,^1S$ | 7,69 | 7,72 |
| $3d^9\,4s^2\,^2D_{1\frac{1}{2}}\; \to\; 3d^9\,4s\,^3D_3$ | 8,95 | (9,0) |
| $4s\,^2S\; \to\; 3d^9\,4s\,^3D_1$ | 10,90 | 10,85 |

---

[1] Handbuch der Physik Bd. 23/1 (1930) S. 80.
[2] Handbuch der Physik Bd. 23/1 (1930) S. 81.
[3] Handbuch der Physik Bd. 23/1 (1930) S. 82.

## g 9) Resonanz- und Ionisierungsspannungen von Mg und Ca[1].

| Element ($z$) | Bezeichnung | $\lambda$ (Å) | U [V] (Sp.) | U [V] (El.) | Element ($z$) | Bezeichnung | $\lambda$ (Å) | U [V] (Sp.) | U [V] (El.) |
|---|---|---|---|---|---|---|---|---|---|
| Mg (12) | $3s\,{}^1S_0 - 3p\,{}^3P_{012}$ | 4571 | 2,70 | 2,65 | Ca (20) | $4s\,{}^1S_0 - 4p\,{}^3P_{012}$ | 6573 | 1,88 | 1,90 |
| | $3s\,{}^1S_0 - 3p\,{}^1P_1$ | 2852 | 4,33 | 4,42 | | $4s\,{}^1S_0 - 4p\,{}^1P_1$ | 4226 | 2,92 | 2,8 |
| | Ionisation | | 7,61 | 7,75; 8,0 | | Ionisation | | 6,09 | 6,01 |

## g 10) Anregungs- und Ionisierungsspannungen von Zn, Cd, Hg[2].

| Element ($z$) | Bezeichnung | $\lambda$ (Å) | U [V] (Spektr.) | U [V] (Elektr.) |
|---|---|---|---|---|
| Zn (30) | $4s\,{}^1S_0 - 4p\,{}^3P_1$ | 3076,0 | 4,02 | 4,1; 4,8 |
| | $4s\,{}^1S_0 - 4p\,{}^1P_1$ | 2139,3 | 5,77 | 5,65 |
| | Ionisation | — | 9,35 | 9,5; 9,3 |
| Cd (48) | $5s\,{}^1S_0 - 5p\,{}^3P_1$ | 3261,2 | 3,95 | 3,95; 3,88 |
| | $5s\,{}^1S_0 - 5p\,{}^1P_1$ | 2288,8 | 5,35 | 5,35 |
| | Ionisation | — | 8,95 | 9,0; 8,92 |
| Hg (80) | $6s\,{}^1S_0 - 6p\,{}^3P_1$ | 2536,5 | 4,86 | 4,9 |
| | $6s\,{}^1S_0 - 6p\,{}^1P_1$ | 1849,5 | 6,67 | 6,7 |
| | Ionisation | — | 10,39 | 10 ÷ 10,8 |

## g 11) Anregungs- und Optimalspannung[3] einiger Quecksilberlinien (Schaffernicht)[4].

| $\lambda$ (Å) | Bezeichnung | Anregungsspannung V ber. | $U_a$ opt. Max. V | $\lambda$ (Å) | Bezeichnung | Anregungsspannung V ber. | $U_a$ opt. Max. V |
|---|---|---|---|---|---|---|---|
| | Bogenlinien | | | 3131 | $6p\,{}^3P_1 - 6d\,{}^1D_1$ | 8,8 | 30 |
| 6234 | $7s\,{}^1S_0 - 9p\,{}^1P_1$ | 9,9 | 45 | 3131 | $6p\,{}^3P_1 - 6d\,{}^3D_1$ | 8,8 | 12 |
| 6123 | | — | 11 | 3125 | $6p\,{}^3P_1 - 6d\,{}^3D_2$ | 8,8 | 11 u. 30 |
| 6072 | $7s\,{}^3S_1 - 8p\,{}^1P_1$ | 9,7 | 45 | 3027 | $6p\,{}^3P_2 - 7d\,{}^1D_2$ | 9,5 | 30 |
| 5790 | $6p\,{}^1P_1 - 6d\,{}^1D_2$ | 8,8 | 30 | 3023 | $6p\,{}^3P_2 - 7d\,{}^3D_2$ | 9,4 | 12 u. 30 |
| 5769 | $6p\,{}^1P_1 - 6d\,{}^3D_2$ | 8,8 | 11 u. 30 | 3021 | $6p\,{}^3P_2 - 7d\,{}^3D_3$ | 9,4 | 11,2 |
| 5675 | $7s\,{}^3S_1 - 9p\,{}^1P_1$ | 9,9 | 45 | 2968 | $6p\,{}^3P_0 - 6d\,{}^3D_1$ | 8,8 | 12 |
| 5461 | $6p\,{}^3P_2 - 7s\,{}^3S_1$ | 8,7 | 9,3 | 2925 | $6p\,{}^3P_2 - 9s\,{}^3S_1$ | 9,6 | 11,1 |
| 4916 | $6p\,{}^1P_1 - 8s\,{}^1S_0$ | 9,2 | 10,3 u. 35 | 2893 | $6p\,{}^3P_1 - 8s\,{}^3S_1$ | 9,1 | 10,5 |
| 4358 | $6p\,{}^3P_1 - 7s\,{}^3S_1$ | 8,7 | 9,3 | 2856 | $6p\,{}^3P_1 - 8s\,{}^1S_0$ | 9,2 | 10,3 u. 35 |
| 4347 | $6p\,{}^1P_1 - 7d\,{}^1D_2$ | 9,5 | 30 | 2806 | $6p\,{}^3P_2 - 8d\,{}^1D_2$ | 9,7 | 30 |
| 4339 | $6p\,{}^1P_1 - 7p\,{}^3D_2$ | 9,4 | 12 u. 30 | 2803 | $6p\,{}^3P_2 - 8d\,{}^3D_3$ | 9,7 | 11,5 |
| 4108 | $6p\,{}^1P_1 - 7s\,{}^1S_0$ | 7,9 | 10,6 u. 35 | 2759 | $6p\,{}^3P_1 - 10s\,{}^3S_1$ | 9,8 | 11,5 |
| 4077 | $6p\,{}^3P_1 - 7s\,{}^3S_1$ | 8,7 | 11,5 u. 35 | 2752 | $6p\,{}^3P_0 - 8s\,{}^3S_1$ | 9,1 | 11,5 |
| 4047 | $6p\,{}^3P_0 - 7s\,{}^3S_1$ | 8,7 | 9,3 | 2700 | $6p\,{}^3P_2 - 9d\,{}^1D_2$ | 10,0 | 30 |
| 3906 | $6p\,{}^1P_1 - 8d\,{}^1D_2$ | 9,7 | 30 | 2698 | $6p\,{}^3P_2 - 9d\,{}^3D_3$ | 10,0 | 11,7 |
| 3801 | $6p\,{}^1P_1 - 10s\,{}^1S_0$ | 9,9 | 11,1 u. 35 | 2655 | $6p\,{}^3P_1 - 7d\,{}^1D_2$ | 9,5 | 30 |
| 3704 | $6p\,{}^1P_1 - 9d\,{}^1D_2$ | 10,0 | 30 | 2654 | $6p\,{}^3P_1 - 7d\,{}^3D_1$ | 9,4 | 12 |
| 3663 | $6p\,{}^3P_2 - 6d\,{}^1D_2$ | 8,8 | 30 | 2652 | $6p\,{}^3P_1 - 7d\,{}^3D_1$ | 9,4 | 12 u. 30 |
| 3662 | $6p\,{}^3P_2 - 6d\,{}^3D_1$ | 8,8 | 12 | 2639 | $6p\,{}^3P_2 - 10d\,{}^3D_3$ | 10,1 | 11,9 |
| 3654 | $6p\,{}^3P_2 - 6d\,{}^3D_2$ | 8,8 | 11 u. 30 | 2603 | $6p\,{}^3P_2 - 11d\,{}^3D_3$ | 10,2 | 12 |
| 3650 | $6p\,{}^3P_3 - 6d\,{}^3D_3$ | 8,8 | 10,5 | 2578 | $6p\,{}^3P_2 - 12d\,{}^3D_3$ | 10,2 | 12 |
| 3592 | $6p\,{}^1P_1 - 10d\,{}^1D_2$ | 10,1 | 30 | 2576 | $6p\,{}^3P_1 - 9s\,{}^3S_1$ | 9,6 | 11,1 |
| 3524 | $6p\,{}^1P_1 - 11d\,{}^1D_2$ | 10,2 | 30 | 2537 | $6s\,{}^1S_0 - 6p\,{}^3P_1$ | 4,9 | 6,5 |
| 3341 | $6p\,{}^3P_2 - 8s\,{}^3S_1$ | 9,1 | 10,5 | 2534 | $6p\,{}^3P_0 - 7d\,{}^3D_1$ | 9,4 | 12 |

[1] Handbuch der Physik, Bd. 23/1 (1933) S. 83. — [2] Handbuch der Physik Bd. 23/1 (1933) S. 89. — [3] Optimalspannung = Anregungsspannung bei maximaler Ausbeute der Anregung. — [4] Handbuch der Physik Bd. 23/1 (1933) S. 87.

Tabelle g 11 (Fortsetzung).

| $\lambda$ (Å) | Bezeichnung | Anregungsspannung V ber. | $U_a$ opt. Max. V | $\lambda$ (Å) | Bezeichnung | Anregungsspannung V ber. | $U_a$ opt. Max. V |
|---|---|---|---|---|---|---|---|
| 2482 | $6p\,^3P_1 - 8d\,^3D_2$ | 9,8 | 12 | | Hg III | | |
| 2464 | $6p\,^3P_0 - 9s\,^3S_1$ | 9,6 | 11,1 | 3090 | | | Max. |
| 2446 | $6p\,^3P_1 - 10s\,^3S_1$ | 9,8 | 11,5 | 3312 | | | bei |
| 2400 | $6p\,^3P_1 - 9d\,^1D_2$ | 10,0 | 30 | 3556 | | | 200 bis |
| 2399 | $6p\,^3P_1 - 9d\,^3D_2$ | 10,0 | 12 | 4797 | | | 300 |
| | Funkenlinien Hg II | | | | Hg IV | | |
| 2224 | $6p\,^2P_{1\frac{1}{2}} - 6d\,^2D_{2\frac{1}{2}}$ | 24,0 | 55 | 2572 | | | |
| 2260 | $6p\,^2P_{1\frac{1}{2}} - 7s\,^2S_{\frac{1}{2}}$ | 22,3 | 55 | 2810 | | | |
| 2262 | | | 55 | 2809 | | | Max. |
| 2847 | $6p\,^2P_{1\frac{1}{2}} - 7s\,^2S_{\frac{1}{2}}$ | 22,3 | 55 | 2992 | | | bei |
| 2935 | | | 90 | 3114 | | | 400 |
| 2947 | | | 90 | 3832 | | | |
| 3209 | | | 90 | 3968 | | | |

g 12) **Anregungsfunktionen einiger Hg-Linien**[1].

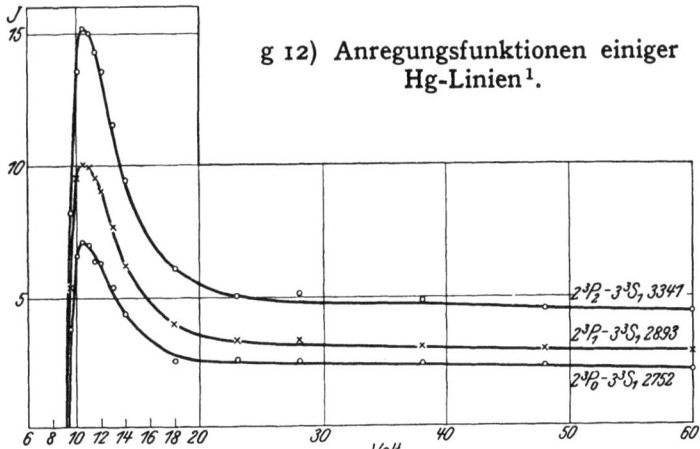

Abb. 40. Anregungsfunktionen des $2\,^3P - 3\,^3S$-Tripletts des Hg (nach Schaffernicht) (Ordinatenmaßstab für verschiedene Kurven verschieden).

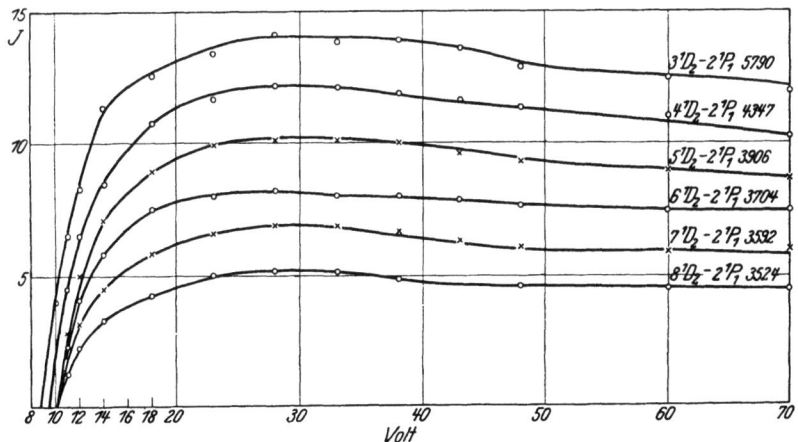

Abb. 41. Anregungsfunktion einiger Singulettlinien des Hg (nach Schaffernicht) (Ordinatenmaßstab für verschiedene Kurven verschieden).

---

[1] Handbuch der Physik Bd. 23/1 (1933) S. 86.

### g 13) Anregungs- und Ionisierungsspannungen von Ga, In, Tl[1].

| Element ($z$) | Bezeichnung | $\lambda$ (Å) | V (Sp.) | V (El.) | Element ($z$) | Bezeichnung | $\lambda$ (Å) | V (Sp.) | V (El.) |
|---|---|---|---|---|---|---|---|---|---|
| Ga (31) | $4p\,^2P_{1/2}-5s\,^2S_{1/2}$ | 4172 | 2,96 | 2,70 | In (49) | $5p\,^4P_{1/2}-6s\,^2S_{1/2}$ | 4101 | 3,01 | 3,03 |
|  | $4p\,^2P_{1/2}-5s\,^2S_{1/2}$ | 4033 | 3,06 | 3,07 |  | $5p\,^2P_{1/2}-5d\,^2D$ | 3039 | 4,06 | 4,07 |
|  | $4p\,^2P_{1/2}-4d\,^2D$ | 2943 | 4,19 | 3,80 |  | Ionisation | — | 5,76 | 6,3 |
|  |  | 2944 |  |  |  |  | — | — | 14,1 |
|  | $4p\,^2P_{1/2}-4d\,^2D$ | 2874 | 4,29 | 4,22 | Tl (81) | $6p\,^2P_{1/2}-6p\,^2P_{1/2}$ | — | 0,96 | 0,9 |
|  | Ionisation | — | 5,97 | 5,8 |  | $6p\,^2P_{1/2}-7s\,^2S_{1/2}$ | 3775 | 3,27 | 3,5 |
|  |  | — | — | 13,2 |  | $6p\,^2P_{1/2}-7s\,^2S_{1/2}$ | 5350 | — | — |
| In (49) | $5p\,^2P_{1/2}-5p\,^2P_{1/2}$ | — | 0,272 | 0,30 |  | Ionisation | — | 6,08 | 6,04 |
|  | $5p\,^2P_{1/2}-6s\,^2S_{1/2}$ | 4511 | 2,74 | 2,8 |  |  |  |  |  |

### g 14) Anregungs- und Ionisierungsspannungen des He[2].

| Bezeichnung | $\lambda$ [Å] Lyman | $\lambda$ [Å] Dorgelo | $\lambda$ [Å] Compton | $U$ [V] Spektr. | $U$ [V] Franck | $U$ [V] Hertz | $U$ [V] ber. |
|---|---|---|---|---|---|---|---|
| $1s\,^1S_0-2s\,^3S_1$ | — | — | — | 19,77 | 19,75 | 19,77 | 19,72 |
| $1s\,^1S_0-2s\,^1S_0$ | — | — | — | 20,55 | 20,55 | 20,55 | 20,51 |
| $-2p\,^1P_1$ | 584,4 | 584,44 | 584,41 | 21,12 | 21,2 | — | — |
| $-3p\,^1P_1$ | 537,1 | 537,08 | 537,04 | 22,97 | 22,9 | — | — |
| $-4p\,^1P_1$ | 522,3 | 522,17 | 522,25 | 23,62 | — | — | — |
| $-5p\,^1P_1$ | 515,7 | — | 515,60 | 23,92 | — | — | — |
| Ionisation . . | 502 | — | 504,94 | 24,47 | 24,6 | 24,5 | 24,47 |

### g 15) Anregungsfunktion einiger He-Linien (Hanle)[3].

| $\lambda$ (Å) | Bezeichnung | Anregungs- spannung V | Optimal- spannung V | Anstieg — Abfall |
|---|---|---|---|---|
| 6678 | $2p\,^1P - 3d\,^1D$ | 23,0 | 60 | — |
| 5876 | $2p\,^3P - 3d\,^3D$ | 23,0 | 35 | ziemlich steil     langsam |
| 5048 | $2p\,^1P - 4s\,^1S$ | 23,6 | 40 | mäßig     flach |
| 5016 | $2s\,^1S - 3p\,^1P$ | 23,1 | 120 | sehr flach |
| 4922 | $2p\,^1P - 4d\,^1D$ | 23,7 | 50—100 | ziemlich flach |
| 4713 | $2p\,^3P - 4s\,^3S$ | 23,6 | 36 | ziemlich steil |
| 4471 | $2p\,^3P - 4d\,^3D$ | 23,7 | 35 | ziemlich steil     langsam |
| 4438 | $2p\,^1P - 5s\,^1S$ | 24,0 | 43 | mäßig     flach |
| 4388 | $2p\,^1P - 5d\,^1D$ | 24,0 | 100 | flach |
| 4166 | $2p\,^1P - 6s\,^1S$ | 24,15 | 43 | mäßig     flach |
| 4144 | $2p\,^1P - 6d\,^1D$ | 24,15 | 100 | flach |
| 4121 | $2p\,^3P - 5s\,^3S$ | 24,0 | 30 | ziemlich steil     steil |
| 4026 | $2p\,^3P - 5d\,^3D$ | 24,05 | 50—100 | flach     schwach |
| 4024 | $2p\,^1P - 7s\,^1S$ | 24,3 | — | — |
| 4009 | $2p\,^1P - 7d\,^1D$ | 24,3 | 60 | — |
| 3964 | $2s\,^1S - 4p\,^1P$ | 23,7 | 120 | sehr flach |
| 3934 | $2p\,^1P - 8s\,^1S$ | 24,4 | — | — |
| 3926 | $2p\,^1P - 8d\,^1D$ | 24,4 | — | — |
| 3888 | $2s\,^3S - 3p\,^3P$ | 23,0 | 33 | ziemlich steil |
| 3878 | $2p\,^1P - 9s\,^1S$ | 24,4 | — | — |
| 3871 | $2p\,^1P - 9d\,^1D$ | 24,4 | — | — |
| 3867 | $2p\,^3P - 6s\,^1D$ | 24,15 | 30 | ziemlich steil |
| 3819 | $2p\,^3P - 6d\,^1D$ | 24,15 | 50—100 | flach     schwach |

---

[1] Handbuch der Physik Bd. 23/1 (1933) S. 90.
[2] Handbuch der Physik, Bd. 23/1 (1933) S. 94.
[3] Handbuch der Physik, Bd. 23/1 (1933) S. 95.

## g 16) Anregungsspannungen einiger Argonbogenlinien[1].

| λ (Å) | Anregungsspannung [V] | | λ (Å) | Anregungsspannung [V] | |
|---|---|---|---|---|---|
| | nach Meißner | n. Schulze | | nach Meißner | n. Schulze |
| 7635 | 13,1  | 13,3 | 6752 | 14,66 | 14,7 |
| 7504 | 13,4  | 13,3 | 4181 | 14,61 | 14,7 |
| 7047 | 13,31 | 13,3 | 7353 | 14,75 | 15,1 |
| 6677 | 13,4  | 13,5 | 6367 | 14,05 | 15,1 |
| 4702 | 13,38 | 13,5 | 6467 | 15,10 | 15,4 |
| 4522 | 14,38 | 14,5 | 5221 | 15,36 | 15,4 |
| 4158 | 14,45 | 14,5 | 4876 | 15,75 | 15,7 |
| 4251 | 14,38 | 14,5 | 4587 | 15,52 | 15,7 |

## g 17) Kritische Spannungen der Edelgasatome[2].

| Elektronenbahnen | Terme | V vom Grundzustand aus (Spektr.) | V (Elektr.) | Ionisierungsstufe |
|---|---|---|---|---|
| | | Helium | | |
| $1s^2$ | $^1S_0$ | 0 | — | He |
| $1s\,2s$ | $^3S_1$ | 19,77 | 19,75; 19,77  19,6 | He |
| $1s\,2s$ | $^1S_0$ | 20,55 | 20,55; 20,55 | He |
| $1s\,2p$ | $^1P_1$ | 21,12 | 21,2 | He |
| $1s\,3p$ | $^1P_1$ | 22,97 | 22,9 | He |
| $1s$ | $^2S$ | 24,47 | 24,6; 24,5  24,5 | He$^+$ |
| $2s, p$ | $^2S, P$ | 65,1 | — | He$^+$ |
| Vollständig ionisiert | — | 78,63 | 79,5 ± 0,3 | He$^{++}$ |
| | | Neon | | |
| $2s^2\,2p^6$ | $^1S_0$ | 0 | — | Ne |
| $2s^2\,2p^5\,3s$ | $^{1,3}P$ | 16,54—16,80 | 16,65 | Ne |
| $2s^2\,2p^5\,3p$ | $^{1,3}S, P, D$ | 18,3—18,9 | 18,45 | Ne |
| $2s^2\,2p^5$ | $^2P_{1½}$ | 21,47 | 21,5 | Ne$^+$ |
| $2s\,2p^6$ | $^2S$ | 48,3⎫ | | |
| $2s^2\,2p^4\,3s$ | $^4P$ | 49,2⎬ | 48,0 ± 1 | Ne$^+$ |
| | $^2P$ | 49,4⎭ | | |
| $2s^2\,2p^4\,3p$ | $^{2,4}S, P, D$ | 52,5—52,9 | — | |
| $2s^2\,2p^4\,3d$ | $^{2,4}P, D, F$ | 56,1—56,3 | 54,9 ± 1 | Ne$^+$ |
| $2s^2\,2p^4$ | $^2P_2$ | 62,39 | 63,0 ± 0,5 | Ne$^{++}$ |
| $2s\,2p^5$ | $^3P_{012}$ | 87,6 | | Ne$^{++}$ |
| $2s^2\,2p^3$ | $^4S_{1½}$ | 125,7 | 125 ± 1 | Ne$^{+++}$ |
| $2s^2\,2p^3$ | $^2D$ | 130,0 | | Ne$^{+++}$ |
| | $^2P$ | 132,5 | | |
| $2s\,2p^4$ | $^4P$ | 148,3 | 143 | |
| | | 156,1 | 157 | |
| | | 164,2 | | |
| | | Argon | | |
| $3s^2\,3p^6$ | $^1S_0$ | 0 | — | Ar |
| $3s^2\,3p^5\,4s$ | $^3P_2$ | 11,49 | 11,5; 11,51 | Ar |
| | $^3P_1$ | 11,58 | | |
| | $^3P_0$ | 11,69 | | |
| | $^1P_1$ | 11,78 | | |
| $3s^2\,3p^5\,4p$ | $^{1,3}S, P, D$ | 12,7—13,3 | 13,0; 12,89; 13,3—5 | Ar |
| $3s^2\,3p^5\,5s$ | $^{1,3}P$ | 14,0—14,9 | 13,9; 14,79; 14,5—7 | Ar |
| $3s^2\,3p^5\,4d$ | $^{1,3}P, D, F$ | 14,1—14,3 | 14,02 | Ar |

[1] Handbuch der Physik, Bd. 23/1 (1933) S. 101.
[2] Entnommen aus Handbuch der Physik, Bd. 23/1 2. Aufl. S. 104/105.

Statistik der Gasentladungen.

Tabelle g 17) (Fortsetzung).

| Elektronenbahnen | Terme | V vom Grund-zustand aus (Spektr.) | V (Elektr.) | Ionisierungs-stufe |
|---|---|---|---|---|
| \multicolumn{5}{c}{Argon} ||||

| Elektronenbahnen | Terme | V vom Grundzustand aus (Spektr.) | V (Elektr.) | Ionisierungsstufe |
|---|---|---|---|---|
| | | Argon | | |
| $3s^2\,3p^5$ | $^2P_{1\frac{1}{2}}$ | 15,68 | $\begin{cases}15,81\\15,4;\ 15,2\\15,7\pm0,1\end{cases}$ | Ar+ |
| | $^2P_{1\frac{1}{2}}$ | 15,86 | | |
| $3s^2\,3p^4\,3d$ | $^4D$ | 32,9—32,3 | $32,2\pm0,2$ | Ar+ |
| $3s^2\,3p^4\,3d$ <br> $3s^2\,3p^4\,4s$ <br> $3s^2\,3p^4\,4p$ | $^{2,4}S,P,D,F$ | 32,5—35,8 | $\begin{cases}34,8\pm0,5\\34,0\pm0,5\\34\end{cases}$ | Ar+ |
| $3s^2\,3p^4\,4d$ <br> $3s^2\,3p^4\,5s$ | $^{2,4}P,D,F$ | 38,5—39,3 | $39,6\pm0,5$ | Ar+ |
| $3s^2\,3p^4$ | $^3P_2$ | 43,51 | $45,3\pm1,5$ <br> $44,0\pm0,5$ | Ar++ |
| $3s\,3p^5$ | $^3P_{012}$ | 56,3—57,5 | | Ar++ |
| $3s^2\,3p^3$ | $^4S_{1\frac{1}{2}}$ | 80,25 | $88\pm1;\ 70\pm2$ | Ar+++ |
| $3s^2\,3p^2$ | $^3P_0$ | | 258 <br> 300 <br> 345 | Ar4+ |
| $3s^2\,3p$ | $^2P_{\frac{1}{2}}$ | | 500 | Ar5+ |
| | | Krypton | | |
| $4s^2\,4p^6$ | $^1S_0$ | 0 | | Kr |
| $4s^2\,4p^5\,5s$ | $^3P_2$ | 9,9 | 9,9; 9,8 | Kr |
| | $^3P_1$ | 10,0 | | Kr |
| | $^3P_0$ | 10,5 | 10,5 | Kr |
| | $^1P_1$ | 10,6 | | Kr |
| $4s^2\,4p^5\,5p$ | $^{1,3}S,P,D$ | 11,2—11,6 | 11,5 | Kr |
| | | 12,0—12,1 | 12,1 | Kr |
| $4s^2\,4p^5$ | $^2P_{1\frac{1}{2}}$ | 13,94 | 13,3; 12,7 | Kr+ |
| | | | $28,25\pm0,5$ | Kr+ |
| | | | 59 | Kr++ |
| | | Xenon | | |
| $5s^2\,5p^6$ | $^1S_0$ | 0 | | X |
| $5s^2\,5p^5\,6s$ | $^3P_1$ | 8,3 | 8,3; 8,4 | X |
| | $^3P_1$ | 8,45 | | X |
| | $^3P_0$ | 9,4 | | X |
| | $^1P_1$ | 9,55 | 9,9; 9,5 | X |
| $5s^2\,5p^5\,6p$ | $^{1,3}S,P,D$ | $\begin{cases}9,5-9,95\\10,95-11,05\end{cases}$ | 11,0 | X |
| $5s^2\,5p^5\,5d$ | $^{1,3}P,D,F$ | 9,8—10,1 | | X |
| $5s^2\,5p^5$ | $^2P_{1\frac{1}{2}}$ | 12,08 | 11,5>11,7; 12,0 | X+ |
| | $^2P_{\frac{1}{2}}$ | 13,38 | | |
| $5s\,5p^6$ | $^2S_{\frac{1}{2}}$ | 23,1 | | X+ |
| $5s^2\,5p^4\,6s$ | $^4P$ | 23—23,5 | | X+ |
| | $^2P,D$ | 25 | | |
| $5s^2\,5p^4\,5d$ | $^4D$ | 24—25 | 24,2 | |
| $5s^2\,5p^4\,6p$ | $^{2,4}S,P,D$ | 26—27 | | |
| $5s^2\,5p^4$ | $^3P_2$ | 33,2 | | X++ |
| | | | 51 | X++ |
| | | Emanation | | |
| $6s^2\,6p^6$ | $^1S_0$ | 0 | | Em |
| $6s^2\,6p^5\,7s$ | $^3P_1$ | 6,93 | | Em |
| | $^1P_1$ | 8,52 | | Em |
| $6s^2\,6p^5$ | $^2P_{1\frac{1}{2}}$ | 10,7 | 10,6 | Em+ |

g 18) **Anregungsspannung der $N_2$-Niveaus (in Volt) nach Elektronenstoßversuchen mit gleichzeitiger spektroskopischer Beobachtung**[1].

| | $N_2$ | | | | | | | $N_2^+$ |
|---|---|---|---|---|---|---|---|---|
| | Singuletterme | | | Triplettterme | | | | |
| Alte Bezeichnung[2] | $X$ | $a$ | $b, c$ | $A$ | $B$ | $C$ | $D$ | $A'$ |
| Neue Bezeichnung[3][4] | $^1\Sigma^+$ | $^1\Pi_u$ | | $^3\Sigma_g^+$ | $^3\Pi_u$ | $^3\Pi_g$ | | $^2\Sigma_u$ |
| Anfangsniveau der | | | | | 1. pos. Gr. | 2. pos. Gr. | 4. pos. Gr. | Neg. Bd. |
| Energie ($v = 0$) berechnet aus den Bandenspektren[5] . . . . . . . | 0 | 8,5 | 12,8; 12,9 | $v_A$ | $U_A+1,2$ | $U_A+4,8$ | $U_A+6,6$ | $U_j+3,2$ |
| Energie ($v = 0$) nach Sponer[6], Turner u. Samson[7] und vorhergehende Spalte . . . . . | 0 | 8,5 | 12,8; 12,9 | 8,2 | 9,4 | 13,0 | 14,8 | 19,0 |

g 19) **Energieverlust von Elektronen in $N_2$.**

Energieverluste $U_a$ von Elektronen größerer Geschwindigkeit $(U)$ in Stickstoff[8].

| Verfasser | $U$ [V] | $U_a$ [V] |
|---|---|---|
| Rudberg . | 90—370 | $9,25 \pm 0,2$ |
| | | $12,78 \pm 0,1$ |
| | | $13,93 \pm 0,1$ |
| | | $15,82 \pm 0,2$ |
| Langmuir und Jones | ~100 | $13,0 \pm 0,5$ |
| Harnwell . | 75—300 | 12,9 |
| Renninger | 200—2000 | 13 |

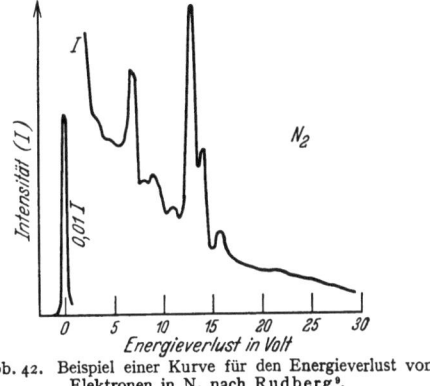

Abb. 42. Beispiel einer Kurve für den Energieverlust von Elektronen in $N_2$ nach Rudberg[9].

g 20) **Kritische Spannungen des $O_2$ (Volt)**[10].

| | $O_2$ | | | $O_2^+$ | | | | |
|---|---|---|---|---|---|---|---|---|
| Alte Bezeichnung | $X$ | $A$ | $B$ | $X'$ | $A'$ | $a'$ | $b'$ | |
| Neue Bezeichnung | $^3\Sigma_g^-$ | $^1\Sigma$ | $^3\Sigma_u^-$ | $^2\Pi$ | $^2\Pi$ | $\Pi?$ | $\Sigma?$ | |
| Oberer Term der | | Atm.Abs.Bd. | Sch. Ru. Bd. | | 1. neg. Gr. | | 2. neg. Gr. | |
| $v = 0$ berechnet aus den Bandenspektren . . . | 0 | 1,62 | 6,09 | $U_j$ | $U_j+5,2$ | $U_2$ | $U_2+2$ | |
| Mittelwerte verschiedener Autoren . . . . . | | 8,5 | | 13,5 | 19,2 | | 21 | 22,7; 20; 19,5 |
| Ionisationsprodukte . . | | | | $O_2^+$ | | | | $O+O^+$ |

---

[1] Handbuch der Physik, Bd. 23/1 (1933) S. 123. — [2] Das Niveau $b$ wurde von Birge und Hopfield früher mit $b'$ bezeichnet. Astrophysic. J. Bd. 68 (1928) S. 257. — [3] Nach Hund: Z. Physik Bd. 63 (1930) S. 719. Weil diese Deutung nicht sicher ist, benutzen wir in dieser Ziffer die alten Bezeichnungen. — [4] Nach der neuen Übersicht Mullikens: Rev. Mod. Physik Bd. 4 (1932) S. 1 ist das $A$-Niveau vielleicht als $^3\Sigma_u^+$, das $a$-Niveau als $^3\Sigma_u^+$ zu bezeichnen. — [5] Mulliken, R. S.: Physic. Rev. Bd. 32 (1928) S. 186; Birge, R. T.: Int. crit. tables, Bd. 5 (1929) S. 417. — [6] Sponer, H.: Z. Physik Bd. 34 (1925) S. 622. — [7] Turner, L. A. u. E. W. Samson: Physic. Rev. Bd. 34 (1929) S. 747. — [8] Handbuch der Physik, Bd. 23/1 (1933) S. 124. — [9] Rudberg, E.: Proc. Roy. Soc., Lond. (A) Bd. 127 (1930) S. 111. — [10] Handbuch der Physik, Bd. 23/1 (1933) S. 129.

## g 21) Kritische Spannungen des CO (Volt)[1].

| | CO | | | | | | CO+ | | | | | |
|---|---|---|---|---|---|---|---|---|---|---|---|---|
| Alte Bezeichnung | $X$ | $A$ | $B$ | $a$ | $b$ | $c$ | $X'$ | $A'$ | $B'$ | | | |
| Neue Bezeichnung | $^1\Sigma$ | $^1\Pi$ | $^1\Sigma$ | | | | $^2\Sigma$ | $^2\Pi$ | $^2\Sigma$ | | | |
| $v=0$ berechnet aus den Bandenspektren | 0 | 8,0 | 10,7 | 6,0 | 10,3 | 11,4 | $U_j$ | $U_j+1,9$ | $U_j+5,6$ | | | |
| Mittelwerte verschiedener Autoren | 8,1 | 10,7 | 5,8 | 10,2 | 11,1 | | 14,1 | 16,8 | 20,0 | 23,1 21,5 22,5 | 24 25 | 45 43 |
| | | | | | | | CO+ | | | C++O | C+O+ | CO++ |

## g 22) Linienstärken $f$ und Lebensdauern $\tau$ *.

| Element | Übergang | $\lambda$ $10^{-8}$cm(Å) | $f$ | $\tau$ [s] | Element | Übergang | $\lambda$ $10^{-8}$cm(Å) | $f$ | $\tau$ [s] |
|---|---|---|---|---|---|---|---|---|---|
| Li[2] | $1\,^2S-2\,^2P_{3/2, 1/2}$ | 6707,9 | 0,71 | | Hg[8] | $1\,^1S_0-2\,^1P_1$ | 1849,6 | 1,3 | $1,3 \cdot 10^{-9}$ |
| | 1—3 | 3232,6 | 0,009 | | | $1\,^1S_0-2\,^3P_1$ | 2536,5 | 0,026 | $1 \cdot 10^{-7}$ |
| | 1—4 | 2741,3 | 0,010 | | | $1\,^1S_0-2\,^3P_2$ | 2275 | | $\geq 1/22$ |
| | 1—Kont. | $\leq$ 2297 | 0,14 | | | $1\,^1S_0-2\,^3P_0$ | 2650 | | $\geq 1/77$ |
| | 2—Kont. | $\leq$ 5000 | 0,77 | | | $1\,^1S_0-$Kont. | | | |
| Na[3] | $1\,^2S-2\,^2P_{3/2}$ | 5889,96 | 0,70 | | Ca[9] | $1\,^1S_0-2\,^1P_1$ | 4226,73 | | $6,8 \cdot 10^{-9}$ |
| | $1\,^2S-2\,^2P_{1/2}$ | 5895,93 | 0,36 | | | $1\,^1S_0-2\,^3P_1$ | 6572,8 | | $5,2 \cdot 10^{-4}$ |
| | 1—3 | 3302,3 | 0,014 | | Sr[9] | $1\,^1S_0-2\,^1P_1$ | 4607,3 | | $8 \cdot 10^{-9}$ |
| | 1—4 | 2852,8 | 0,01 | | | $1\,^1S_0-2\,^3P_1$ | 6892,6 | | $3 \cdot 10^{-5}$ |
| | 1—Kont. | $\leq$ 2410 | 0,004 | | Ba[9] | $1\,^1S_0-2\,^1P_1$ | 5534,5 | | $1,2 \cdot 10^{-8}$ |
| Cs[4] | $1\,^2S-2\,^2P_{3/2}$ | 3521,1 | 0,66 | | | $1\,^1S_0-2\,^3P_1$ | 7911,4 | | $3,5 \cdot 10^{-6}$ |
| | $1\,^2S-2\,^2P_{1/2}$ | 8943,5 | 0,32 | | He[10] | $1\,^1S_0-2\,^1P_1$ | 584,4 | 0,034 | |
| | $1\,^2S-3\,^2P_{3/2}$ | 4555,3 | 0,012 | | | Hauptserie | | 0,54 | |
| | $1\,^2S-3\,^2P_{1/2}$ | 4593,2 | 0,003 | | | 1—Kont. | | 1,55 | |
| Mg[5] | $1\,^1S_0-2\,^1P_1$ | 2852,1 | | $3,1 \cdot 10^{-9}$ | | $1\,^1S_0-2\,^3S_1$ | | | $\geq 10^{-3}$ |
| | $1\,^1S_0-2\,^3P_1$ | 4571,2 | | $5,3 \cdot 10^{-3}$ | | | | | |
| Zn[6] | $1\,^1S_0-2\,^1P_1$ | 2138,6 | | $1,7 \cdot 10^{-9}$ | Ne[11] | $1\,^1S_0-2\,^1S_1$ | 736 | $0,2 \pm 0,1$ | $0,8 \pm$ |
| | $1\,^1S_0-2\,^3P_1$ | 3075,9 | | $3,2 \cdot 10^{-5}$ | | | | | $0,4 \cdot 10^{-9}$ |
| Cd[7] | $1\,^1S_0-2\,^1P_1$ | 2288,0 | 1,19 | $2,0 \cdot 10^{-9}$ | | $2\,^1P-2\,^3P_2$ | 6402 | $0,8 \pm 0,2$ | |
| | $1\,^1S_0-2\,^3P_1$ | 3261,0 | | $2,4 \cdot 10^{-6}$ | Ar[12] | Resonanzl. | | 0,025 | |

[1] Handbuch der Physik, Bd. 23/1 (1933) S. 135.
* Vgl. Ziffer d 11, S. 19.
[2] Hargreaves, J.: Proc. Cambridge philos. Soc. Bd. 25 (1929) S. 75; Trumpy, B.: Z. Physik Bd. 57 (1929) S. 787; berechnete $f$-Werte siehe Filippov: Z. Physik Bd. 69 (1931) S. 526; Trumpy, B.: Z. Physik Bd. 66 (1930) S. 720, Bd. 71 (1931) S. 720.
[3] Ladenburg, R. u. E. Thiele: Z. Physik Bd. 72 (1931) S. 697; Zehden, W.: Naturwiss. Bd. 19 (1931) S. 826; Duschinsky, F.: Z. Physik Bd. 78 (1932) S. 586; ber. A. Filippov u. W. Prokofjew: Z. Physik Bd. 56 (1929) S. 458; Prokofjew, W.: Z. Physik Bd. 58 (1929) S. 255; beob. B. Trumpy: Z. Physik Bd. 61 (1930) S. 54.
[4] Minkowski, R. u. W. Mühlenbruch: Z. Physik Bd. 63 (1930) S. 198.
[5] Prokofjew, W.: Z. Physik 50 (1928) S. 701.
[6] Prokofjew, W.: Z. Physik Bd. 50 (1928) S. 701; Filippov, A.: Sowjet. Physik Bd. 1 (1932) S. 289.
[7] $f$ nach M. W. Zemanski: Z. Physik Bd. 72 (1931) S. 587; $\tau$ nach W. Prokofjew: Z. Physik 50 (1928) S. 701; Filippov, A.: Sowjet. Physik Bd. 1 (1932) S. 289.
[8] $f$ nach S. Wolfsohn: Z. Physik Bd. 85 (1933) S. 366 und R. Ladenburg u. S. Wolfsohn: Z. Physik Bd. 65 (1930) S. 207; Marshall: Astrophys. J. Bd. 60 (1924) S. 243; Wien, W.: Ann. Physik Bd. 73 (1924) S. 480; Keußler: Ann. Physik Bd. 82 (1927) S. 810; Prokofjew: Z. Physik Bd. 50 (1928) S. 701; Filippov, A.: Siehe Anm. 7; Pringsheim, P.: Handbuch der Physik, Bd. 22 S. 491; Dorgelo: Physika Bd. 5 (1925) S. 429.

## g 23) Übersicht der Ionisierungsprozesse bei zweiatomigen Molekülen[1] (Volt).

| Gas | $U$ beob. | $U$ min | Wahrscheinlicher Vorgang | Gas | $U$ beob. | $U$ min | Wahrscheinlicher Vorgang |
|---|---|---|---|---|---|---|---|
| $H_2$ | 15,8 | 15,4 | $H_2 \to H_2^+$ | $Cl_2$ | 13 | | |
| | 18 | 17,9 | $\to H^+ + H$ | CO | 14,1 | 12,9? | $CO \to CO^+$ |
| | 26 | 17,9 | $\to H^+ + H + $ kin. En. | | 22 | 21,0 | $\to C^+ + O$ |
| | 46 | 31,4 | $\to H^+ + H^+ + $ kin. En. | | 24 | 23,4 | $\to C + O^+$ |
| | | | | | 44 | | $\to CO^{++}$ |
| $N_2$ | 15,8 | 15,8 | $N_2 \to N_2^+$ | NO | 9,5 | | $NO \to NO^+$ |
| | 24,5 | 22,7 | $\to N^+ + N$ | | 21 | 19,3 | $\to O^+ + N$ |
| $O_2$ | 12,5 | 11,7? | $O_2 \to O_2^+$ | | 22 | 20,2 | $\to O + N^+$ |
| | 20 | 18,7 | $\to O^+ + O$ | HCl | 13,8 | | $HCl \to HCl^+$ |
| $J_2$ | 9,7 | | $J_2 \to J_2^+$ | HBr | 13,2 | | |
| | 9,7 | | $\to J^+ + J$ | HJ | 12,8 | | |
| $Br_2$ | 12 | | | | | | |

## g 24) Übersicht der Anregung und Ionisierung von mehratomigen Gasen[2].

| Gas | Anregung V | Ionisierung V | Ionen | Wahrscheinlicher Prozeß | Mind. erf. Energie ber. |
|---|---|---|---|---|---|
| $CO_2$ | 11,2; 12,9 15,9 | 14,4 19,6 ± 0,4 20,4 ± 0,7 28,3 ± 1,5 | $CO_2^+$ $O^+$ $CO^+$ $C^+$ | $CO_2 \to CO_2^+$ $\to CO + O^+$ $\to CO^+ + O$ $\to C^+ + O + O$ | 19,1 19,6 26,5 |
| $NO_2$ | | 11,0 ± 1 ? 17,7 ± 1 ? 20,8 ± 1 | $NO_2^+$ $NO^+$ $O^+$ $O_2^+$ $N^+$ | $NO_2 \to NO_2^+$ $\to NO^+ + O$ $\to NO + O^+$ $\to N + O_2^+$ $\to N^+ + O_2$ | 12,7 16,9 16,4 18,4 |
| $N_2O$ | | 12,9 ± 0,5 16,3 ± 1 ? 15,3 ± 0,5 21,4 ± 0,5 | $N_2O^+$ $O^+$ $N_2^+$ $NO^+$ $N^+$ | $N_2O \to N_2O^+$ $\to N_2 + O^+$ $\to N_2^+ + O$ $\to NO^+ + N$ $\to NO + N^+$ | 15,4 17,6 13,7 18,8 |
| $H_2O$ | | 13,0 17,3 19,2 6,6; 8,8 | $H_2O^+$ $HO^+$ $H^+$ $H^-$ | $H_2O \to H_2O^+$ $\to HO^+ + H$ $\to HO + H^+$ | 18,4 |
| $H_2S$ | | 10,4 16,9 15,8 | $H_2S^+$ $HS^+$ $S^+$ | $H_2S \to H_2S^+$ ? ? | |

[9] Filippov, A. u. Kamenewsky: Sowjet. Physik Bd. 1 (1923) S. 299; Filippov, A.: Sowjet. Physik Bd. 1 (1932) S. 289.
[10] Herzfeld, K. F. u. K. L. Wolf: Ann. Phys. Bd. 76 (1925) S. 71 u. 567; Vinti, J. P.: Phys. Rev. Bd. 42 (1932) S. 632, Bd. 44 (1933) S. 259; Ebbinghaus, E.: Ann. Physik Bd. 7 (1930) S. 267; Kannenstine: Astrophys. J. Bd. 55 (1922) S. 345, Bd. 59 (1924) S. 133; Physic. Rev. Bd. 19 (1922) S. 590, Bd. 20 (1922) S. 115, Bd. 23 (1924) S. 108.
[11] Schütz, W.: Ann. Physik Bd. 18 (1933) S. 719; Kopfermann, H. u. R. Ladenburg: Z. Physik Bd. 65 (1930) S. 167.
[12] Herzfeld, K. F. u. K. L. Wolf: Siehe Anm. 10.
[1] Handbuch der Physik, Bd. 23/I (1933) S. 141.
[2] Handbuch der Physik, Bd. 23/I (1933) S. 142.

Tabelle g 24 (Fortsetzung).

| Gas | Anregung V | Ionisierung V | Ionen | Wahrscheinlicher Prozeß | Mind. erf. Energie ber. |
|---|---|---|---|---|---|
| $C_2N_2$ . . . . . | | 13,5<br>18<br>17<br>22,5 | $C_2N_2^+$<br>$CN^+$<br>$C_2^+$<br>$C^+$ | $C_2N_2 \to C_2N_2^+$<br>$\to CN + CN^+$<br>$\to C_2^+ + N_2$<br>$\to C^+ + C + N_2$ | 20,4 |
| $NH_3$ . . . . . | | $11,2 \pm 1,5$<br>$12,0 \pm 1,5$<br>$11,2 \pm 1,5$ | $NH_3^+$<br>$NH_2^+$<br>$NH^+$ | $NH_3 \to NH_3^+$<br>$\to NH_2^+ + H$<br>Sekundär? | |
| $CH_4$ . . . . . | | 14,5<br>15,5 | $CH_4^+$<br>$CH_3$ | $CH_4 \to CH_4^+$<br>$\to CH_3^+ + H$ | |
| $C_2H_2$ . . . . . | | 12,3 | | | |
| $C_2H_4$ . . . . . | | 12,2 | | | |
| $C_2H_6$ . . . . . | | 12,8 | | | |
| $C_6H_6$ . . . . . | 6,0 | 9,6 | | | |
| $C_7H_8$ . . . . . | 6,2 | 8,5 | | | |
| $C_8H_{10}$ . . . . . | 6,5 | 10,0 | | | |
| $CHCl_3$ . . . . | 6,5 | 11,5 | | | |
| $C_4H_{10}O$ . . . . | 6,6; 8,1 | 13,6 | | | |
| HCN . . . . | | 15 | $HCN^+$ | $HCN \to HCN^+$ | |
| $Zn(C_2H_5)_2$ . . | 7 | 12 | | | |
| $HgCl_2$ . . . . | | 12,1 | | | |
| $ZnCl_2$ . . . . | | 12,9 | | | |
| S . . . . . . | 4,8 | 12,2 | | | |
| P . . . . . . | 5,8 | 13,3 | | | |

## g 25) Die wichtigsten Linien einiger Atome.

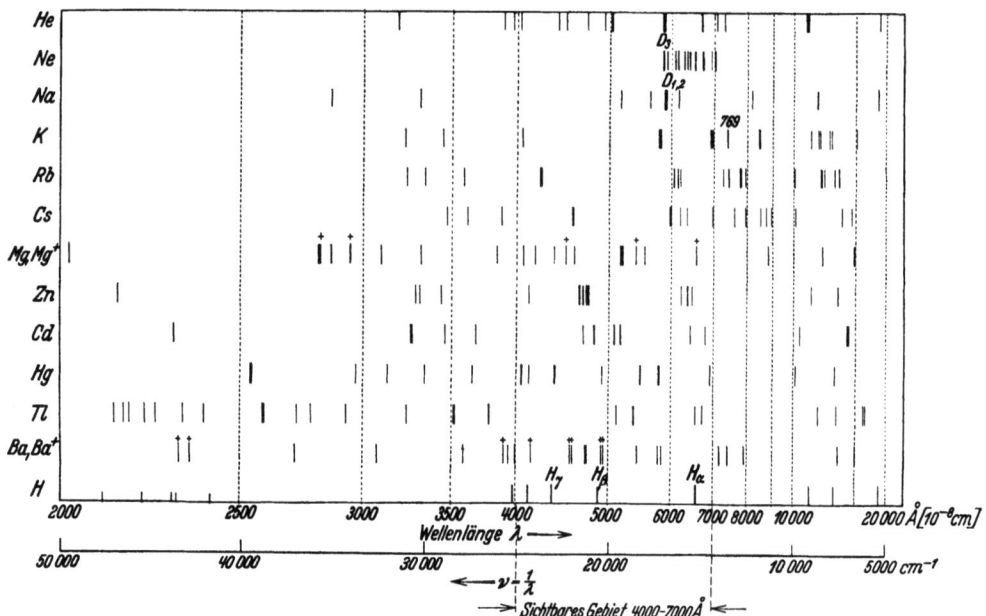

Abb. 43. Wellenlängen der wichtigsten Linien einiger Atome.

## g 26) Differentiale Ionisierung durch Elektronenstrahlen in Gasen[1].

Als „differentiale Ionisierung" $s$ wird definiert die Anzahl der Ionenpaare, die ein Elektron auf der Einheit seiner Bahnlänge erzeugt. Dabei werden durch sekundäre und tertiäre usw. Elektronen erzeugte Ladungsträger einbegriffen. Die betrachtete Länge des Weges sei dabei so klein, daß von der Änderung der Elektronenenergie auf dem Wege abgesehen werden kann.

Die differentiale Ionisierung ist bei gleicher Elektronenenergie im selben Gas der Gasdichte proportional. Die folgenden Diagramme (Abb. 44 und 45) beziehen sich auf Gase bei 1 tor und 0° C. Für andere Drucke und Temperaturen sind die Ordinaten proportional der Dichte umzurechnen.

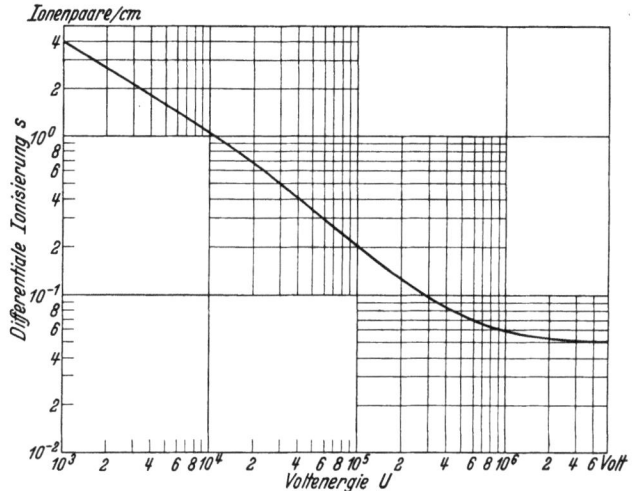

Abb. 44. Differentiale Ionisierung $s$ durch Elektronenstrahlen der Voltgeschwindigkeit $U$ in Luft von 1 tor und 0° C

1. Bereich der Voltgeschwindigkeit $> 5 \cdot 10^3$ V. In diesem Bereich sind die Werte der differentialen Ionisierung bei gleicher Voltenergie in verschiedenen Gasen der Dichte, oder genauer genommen, der Anzahl der Atomelektronen, ungefähr proportional.

Das Diagramm (Abb. 44) für Luft kann daher mittels der folgenden Tabellen auch auf andere Gase umgerechnet werden.

Relative differentiale Ionisierung $s$ durch Elektronenstrahlen von $> 5 \cdot 10^3$ V in verschiedenen Gasen von gleichem Druck

| | bezogen auf die Luftdichte $d = 1$ | | | | bezogen auf die Zahl $m$ der Elektronen je Molekül | |
|---|---|---|---|---|---|---|
| Gas | $s$ | $d$ | $\frac{s}{d}$ | Gas | $m$ | $\frac{s}{m}$ |
| Luft . . . . . | 1,0 | 1,0 | 1,0 | Luft . . . . . | 14,4 | 1 |
| $O_2$ . . . . . . | 1,17 | 1,11 | 1,05 | $O_2$ . . . . . . | 16 | 1,05 |
| $CO_2$ . . . . . . | 1,60 | 1,53 | 1,05 | $CO_2$ . . . . . . | 22 | 1,05 |
| $(CN)_2$ . . . . . | 1,86 | 1,81 | 1,03 | $(CN)_2$ . . . . . | 26 | 1,03 |
| $N_2O$ . . . . . | 1,55 | 1,53 | 1,01 | $N_2O$ . . . . . | 22 | 1,01 |
| $SO_2$ . . . . . . | 2,25 | 2,22 | 1,01 | $SO_2$ . . . . . . | 32 | 1,01 |
| $NH_3$ . . . . . . | 0,89 | 0,59 | 1,5 | $NH_3$ . . . . . . | 10 | 1,29 |
| $H_2$ . . . . . . | 0,165 | 0,069 | 2,4 | $H_2$ . . . . . . | 2 | 1,18 |

[1] Engel, A. v. u. M. Steenbeck: Elektrische Gasentladungen 1932 S. 33f.

2. Bereich der Voltgeschwindigkeit $< 5 \cdot 10^3$ V. Die einfachen Beziehungen wie unter 1. gelten hier nicht mehr. Die verschieden starke Bindung der Atomelektronen bewirkt Unterschiede bei den verschiedenen Gasen.

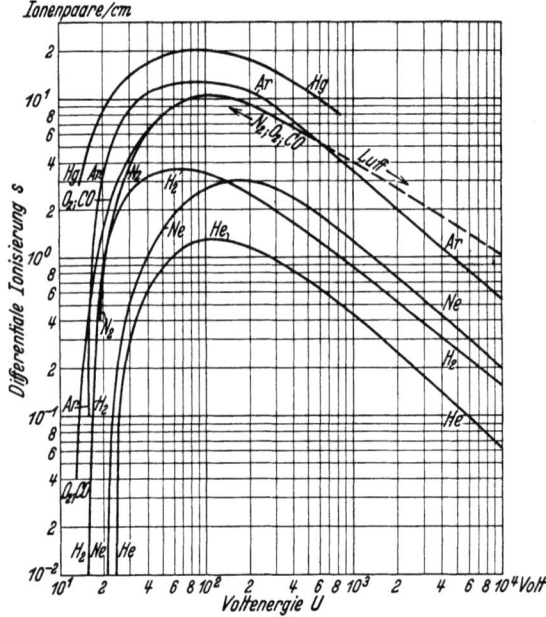

Abb. 45. Differentiale Ionisierung $s$ durch Elektronenstrahlen der Voltgeschwindigkeit $U$ in verschiedenen Gasen bei 1 tor und 0° C.

Den Verlauf der differentialen Ionisierung für verschiedene Gase im Bereich von $10^1 \div 10^4$ V zeigt Abb. 45.

Die Kurve für Hg ist vergleichsweise für einen angenommenen Druck von 1 tor und 0° C gezeichnet worden. Für die wirklich vorkommenden Hg-Dampfzustände sind die Ordinaten proportional der Dichte zu verändern (wie grundsätzlich auch bei anderen Gasen).

3. Bereich sehr kleiner Voltgeschwindigkeiten (zwischen Ionisierungsenergie und etwa 50 V).

Für Strahlen zwischen der Ionisierungsspannung $U_j$ und etwa 50 V steigt die differentiale Ionisierung annähernd linear mit der Voltenergie. Daher gilt die Gleichung:

$$s = a\,(U - U_j).$$

$U$ = Voltgeschwindigkeit; $U_j$ = Ionisierungsspannung in V; $a$ = Konstante, für jedes Gas charakteristisch.

**Konstanten der differentialen Ionisierung durch Elektronenstrahlen geringer Geschwindigkeit[1].**

| Gas | entstehende Ionenart | $U_j$ V | $a$ | ungefährer Gültigkeitsbereich V |
|---|---|---|---|---|
| Ar | Ar$^+$ | 15,0 | 0,71 | 15 ÷ 25 |
|    | Ar$^{++}$ | 45,0 | 0,031 | 45 ÷ 80 |
| He | He$^+$ | 23,5 | 0,046 | 23,5 ÷ 35 |
| Ne | Ne$^+$ | 21,0 | 0,056 | 21 ÷ 40 |
|    | Ne$^{++}$ | 65,0 | 0,0013 | 65 ÷ 190 |
| O$_2$ | O$_2^+$ O$_1^+$ | 12,5 | 0,24 | 13 ÷ 40 |
| N$_2$ | N$_2^+$ N$_1^+$ | 15,8 | 0,30 | 16 ÷ 30 |
| H$_2$ | H$_2^+$ H$_1^+$ | 16,0 | 0,21 | 16 ÷ 35 |
| Hg | Hg$^{n+}$ | 10,4 | 0,828 | 10,4 ÷ 16 |
|    | Hg$^+$ | 10,4 | 0,82 | 10 ÷ 16 |
|    | Hg$^{++}$ | 29,0 | 0,06 | 29 ÷ 50 |
|    | Hg$^{+++}$ | 71,0 | 0,006 | 71 ÷ 150 |
|    | Hg$^{++++}$ | 143,0 | 0,001 | 143 ÷ 200 |
|    | Hg$^{+++++}$ | 225,0 | 0,0002 | 225 ÷ 300 |
| Luft | Luft$^+$ | 16,3 | 0,26 | 16 ÷ 30 |

[1] Smith, P. T.: Physic. Rev. Bd. 36 (1930) S. 1293; Smith, P. T.: Physic. Rev. Bd. 37 (1931) S. 808; Smith, P. T. u. J. T. Tate: Physic. Rev. Bd. 39 (1932) S. 270.

## g 27) Differentiale Ionisierung nach Messungen verschiedener Autoren.

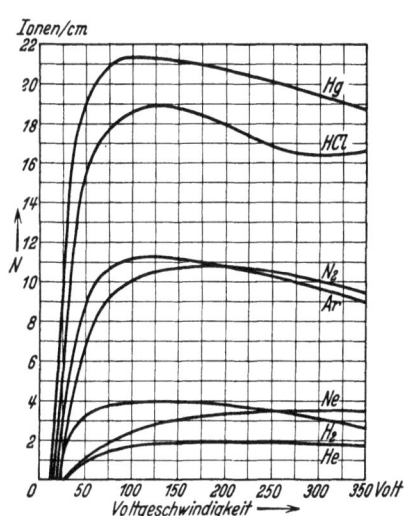

Abb. 46. Anzahl der Ionen pro cm bei 25° C und 1 tor nach Compton und van Voorhis[1].

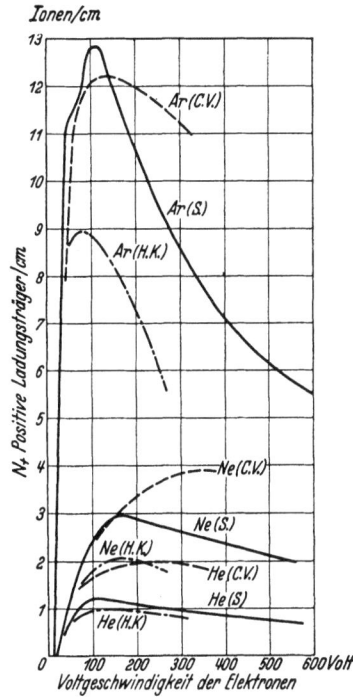

Abb. 48. Anzahl der Ionen pro cm bei 0° C und 1 tor nach Smith (S); Compton-van Voorhis (C.V.); Huges-Klein (H.K.)[3].

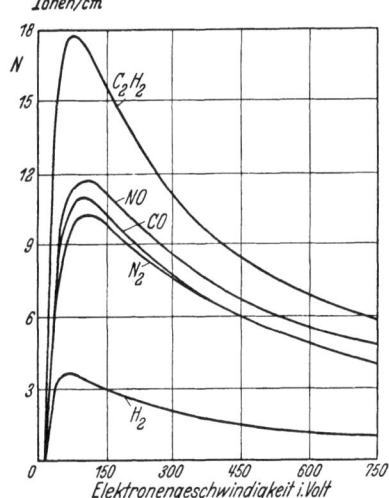

Abb. 47. Anzahl der Ionen pro cm bei 0° C und 1 tor nach Tate und Smith[2].

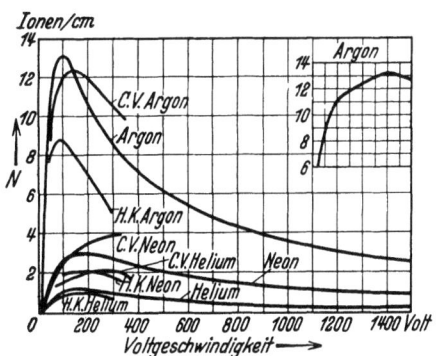

Abb. 49. Anzahl der Ionen pro cm bei 0° C und 1 tor nach Compton und van Voorhis; Huges und Klein[1].

[1] Vgl. H. Kallmann u. B. Rosen: Physik. Z. Bd. 32 (1931) S. 541.
[2] Tate, J. T. u. P. T. Smith: Physic. Rev. Bd. 39 (1932) S. 270.
[3] Handbuch der Physik, Bd. 23/1 (1933) S. 96.

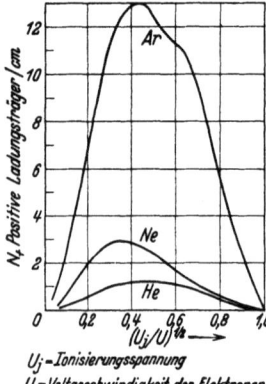

Abb. 50. Anzahl $N_+$ positiver Ladungsträger pro cm Weglänge eines Elektrons bei $0°$ C und 1 tor in Abhängigkeit von $\left(\dfrac{U_j}{U}\right)^{1/2}$ nach Smith[1].

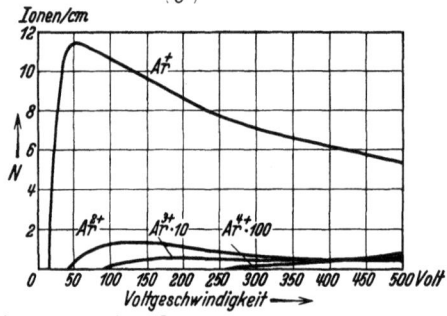

Abb. 52. Anzahl der Ionen pro cm in Argon bei $0°$ C und 1 tor nach Bleakney[2].

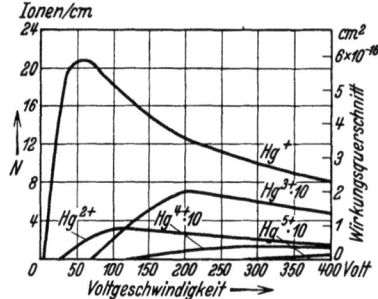

Abb. 54. Anzahl der Ionen pro cm in Quecksilberdampf bei $0°$ und 1 tor nach Bleakney[2].

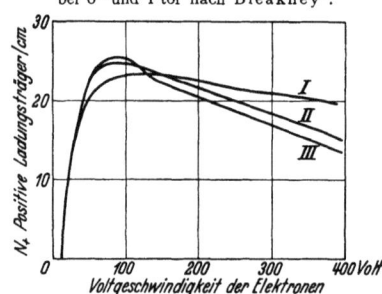

Abb. 56. Anzahl der Ionen pro cm in Quecksilberdampf bei $0°$ C und 1 tor nach I Compton, II Jones, III Bleakney[1].

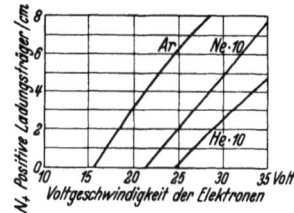

Abb. 51. Anzahl der Ionen pro cm bei $0°$ C und 1 tor in der Nähe der Ionisierungsspannung nach Smith[1].

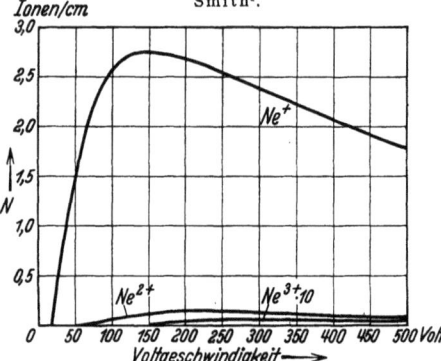

Abb. 53. Anzahl der Ionen pro cm in Neon bei $0°$ C und 1 tor nach Bleakney[2].

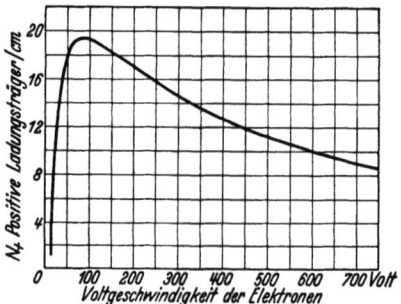

Abb. 55. Anzahl der Ionen pro cm in Quecksilberdampf bei $0°$ C und 1 tor nach Smith[3].

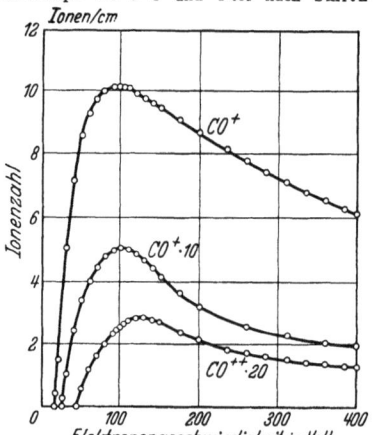

Abb. 57. Anzahl der Ionen pro cm in Kohlenoxyd bei $0°$ C und 1 tor nach Vaughan[1].

---

[1] Handbuch der Physik, Bd. 23/1 (1933) S. 96. — [2] Vgl. Kallmann, H. u. B. Rosen: Physik. Z. Bd. 32 (1931) S. 541. — [3] Smith, P. T.: Physic. Rev. Bd. 38 (1931) S. 808.

### g 28) Ionisierung durch Elektronenstoß (Stoßfunktion nach Townsend).

#### Theoretische Formeln.

Ionisierungszahl nach Townsend.

$$\alpha_n = \frac{1}{\lambda} e^{-\frac{U_j}{\mathfrak{E}\lambda}} \qquad \alpha_n \left[\frac{\text{Trägerpaare}}{\text{cm}}\right].$$

Freie Weglänge der Elektronen

$$\lambda = \frac{1}{\pi R_g^2 n_g} = \frac{kT}{\pi R_g^2 p}.$$

$U_j$ [V] = Ionisierungsspannung; $\mathfrak{E}\left[\dfrac{V}{cm}\right]$ = beschleunigendes Feld; $\lambda$ [cm] = freie Weglänge der Elektronen; $n_g$ [cm$^{-3}$] = Konzentration des Gases; $R_g$ [cm] = Gaskinetischer Wirkungsradius der Gasmoleküle; $p$ [dyn/cm$^2$] = Gasdruck; $T$ [°K] = Temperatur.

Ähnlichkeitsgesetz nach Paschen ($T$ = const):

$$\left(\frac{\alpha_n}{p}\right) = \frac{\pi R_g^2}{kT} e^{-\left(\frac{\pi R_g^2}{kT}\right)\frac{U_j}{\mathfrak{E}/p}} = f\left(\frac{\mathfrak{E}}{p}\right).$$

Weglängenspannung

$$U_\lambda = \mathfrak{E}\lambda = \left(\frac{kT}{\pi R_g^2}\right)\left(\frac{\mathfrak{E}}{p}\right).$$

Mittlere Stoßenergie:

$$\bar{\varepsilon} = e\, U_\lambda = e\, \mathfrak{E}\, \lambda.$$

Optimale Feldstärke:

$$\mathfrak{E}_{\text{opt}} = \frac{U_j}{\lambda}; \qquad s = \left(\frac{\mathfrak{E}_{\text{opt}}}{p}\right) = \left(\frac{\pi R_g^2}{kT}\right)\cdot U_j$$

$s$ (Stoletow-Konstante[1]; für $\mathfrak{E}$ = const findet man $p = p_{\text{opt}}$).

Ionisierungszahl nach Davis:

$$\left(\frac{\alpha_n}{p}\right) = \left(\frac{\pi R_g^2}{kT}\right)\left[e^{-\left(\frac{\pi R_g^2}{kT}\right)\frac{U_j}{\mathfrak{E}/p}} + \left(\frac{\pi R_g^2}{kT}\right)\frac{U_j}{\mathfrak{E}/p}\,\text{Ei}\left(-\frac{\pi R_g^2}{kT}\frac{U_j}{\mathfrak{E}/p}\right)\right]$$

Ei = Exponentialintegral.

#### Stoletow-Konstanten[2]. Gaskinetische Wirkungsradien.

| Gas | $s\,\dfrac{V}{cm\,tor}$ | $s\,\dfrac{V}{cm\,dyn/cm^2}$ | $U_j$ V | $R_g$ cm aus Stoletow-Konstanten | $R_g$ cm aus Gaskinetik |
|---|---|---|---|---|---|
| Luft . . . . . | 365 | 275 · 10$^{-3}$ | 25 | 1,14 · 10$^{-8}$ | 1,64 · 10$^{-8}$ |
| Stickstoff . . | 342 | 257 · 10$^{-3}$ | 27,6 | 1,05 · 10$^{-8}$ | 1,67 · 10$^{-8}$ |
| Wasserstoff . . | 130 | 97,8 · 10$^{-3}$ | 26 | 0,688 · 10$^{-8}$ | 1,18 · 10$^{-8}$ |
| Kohlensäure . | 466 | 352 · 10$^{-3}$ | 23,3 | 1,795 · 10$^{-8}$ | 2,00 · 10$^{-8}$ |
| Salzsäure . . . | 366 | 276 · 10$^{-3}$ | 16,5 | 1,385 · 10$^{-8}$ | 1,93 · 10$^{-8}$ |
| Wasserdampf . | 289 | 277 · 10$^{-3}$ | 22,4 | 1,11 · 10$^{-8}$ | 1,92 · 10$^{-8}$ |
| Argon . . . . | 235 | 177 · 10$^{-3}$ | 17,3 | 1,11 · 10$^{-8}$ | 1,60 · 10$^{-8}$ |
| Helium . . . | 34,4 | 25,9 · 10$^{-3}$ | 12,3 | 0,50 · 10$^{-8}$ | 1,04 · 10$^{-8}$ |

### g 29) Ionisierung durch Elektronenstoß.

#### Halbempirische Formeln.

Ionisierungszahl:

$$\frac{\alpha_n}{p} = A\, e^{-\frac{B}{(\mathfrak{E}/p)}} \qquad \alpha_n\left[\frac{\text{Trägerpaare}}{\text{cm}}\right];\ p\,[\text{tor}];\ \mathfrak{E}\left[\frac{V}{cm}\right].$$

---

[1] Abweichende Definition bei A. v. Engel u. M. Steenbeck: Elektrische Gasentladungen 1932 S. 100.
[2] Teilweise nach Seeliger u. Mierdel: Handbuch der Experimentalphysik, Bd. 13/3 S. 106.

## Tabelle für $A$ und $B$[1].

| Gas | $A$ | $B$ | Gültigkeitsbereich $\frac{\mathfrak{E}}{p}\left[\frac{V}{cm\ tor}\right]$ | Gas | $A$ | $B$ | Gültigkeitsbereich $\frac{\mathfrak{E}}{p}\left[\frac{V}{cm\ tor}\right]$ |
|---|---|---|---|---|---|---|---|
| Luft | 13,2 | 278 | 30 ÷ ∞ | $H_2O$ | 12,9 | 289 | 150 ÷ 1000 |
| $N_2$ | 12,4 | 342 | 150 ÷ 600 | Ar | 13,6 | 235 | 100 ÷ 600 |
| $H_2$ | 5,0 | 130 | 150 ÷ 600 | He | 2,8 | 34 | 20 ÷ 150 |
| $CO_2$ | 20,0 | 466 | 500 ÷ 1000 | | | | |

Genauere Formel, besonders für kleinere Elektronengeschwindigkeiten, nach Townsend. (Annahme: Treppenförmiger Anstieg der Ionisierungswahrscheinlichkeit.)

$$\frac{\alpha_n}{p} = c_1 A \left(e^{-\frac{10A}{(\mathfrak{E}/p)}} - e^{-\frac{20A}{(\mathfrak{E}/p)}}\right) + c_2 A \left(e^{-\frac{20A}{(\mathfrak{E}/p)}} - e^{-\frac{30A}{(\mathfrak{E}/p)}}\right) + A \cdot e^{-\frac{30A}{(\mathfrak{E}/p)}}$$

$$c_1 = 0,118; \quad c_2 = 0,349.$$

**g 30) Stoßionisierung durch halbelastische Stöße.**

Mittlere Ionisierungswahrscheinlichkeit

$$W_{jr} = \int_0^\infty W_j\left(\varkappa \frac{1}{2} m_0 v_w^2 \left(\frac{v_r}{v_w}\right)^2\right)\left(\frac{v_r}{v_w}\right)^2 e^{-\left(\frac{v_r}{v_w}\right)^2} 2\frac{v_r}{v_w}\frac{dv_r}{dv_w},$$

$$= f\left(\varkappa \frac{1}{2} m_0 v_w^2\right),$$

$$= f\left(\frac{\sqrt{\varkappa}}{2} e \cdot \mathfrak{E} \cdot \lambda\right).$$

$\varkappa$ relative Energieabgabe je Stoß;
$\lambda$ freie Weglänge;
$\mathfrak{E}$ elektrische Feldstärke.

Ionisierungszahl (Zahl der pro Weglängeneinheit erzeugten Trägerpaare)

$$\alpha_n = \frac{1}{\sqrt{\varkappa}\,\lambda} f\left(\frac{\sqrt{\varkappa}}{2} e\,\mathfrak{E}\,\lambda\right).$$

Bei geeigneter Annahme über $\varkappa$ als Funktion von $\mathfrak{E}$ ergibt sich das Townsendsche Gesetz

$$\frac{\alpha_n}{p} = A e^{-\left(\frac{B}{\mathfrak{E}/p}\right)} \qquad \alpha_n\left[\frac{1}{cm}\right]; \ p\ [tor]\ Druck.$$

wobei aber $A$ und $B$ vom Feld abhängen können (vgl. Abb. 58 und 59).
Empirische Werte für Ionisierungszahl in Luft:

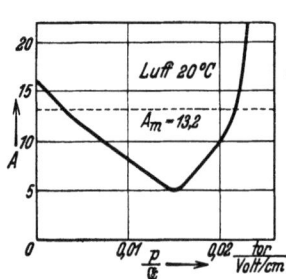

Abb. 58. $A$ in Abhängigkeit von der Feldstärke.

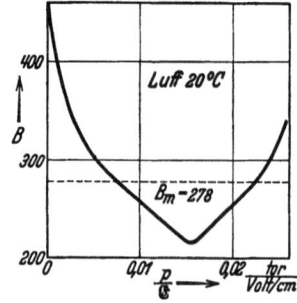

Abb. 59. $B$ in Abhängigkeit von der Feldstärke.

Die Konstanten sind dadurch gewonnen, daß man die Kurve

$$\log \frac{\alpha_n}{p} = f\left(\frac{p}{\mathfrak{E}}\right)$$

punktweise durch die Kurventangente annäherte.

---
[1] Teilweise nach A. v. Engel u. M. Steenbeck: Elektrische Gasentladungen 1932 S. 98.

## g 31) Ionisierungszahlen in verschiedenen Gasen.

(Elektronenstoß im elektrischen Feld; $t = 0°$ C.)

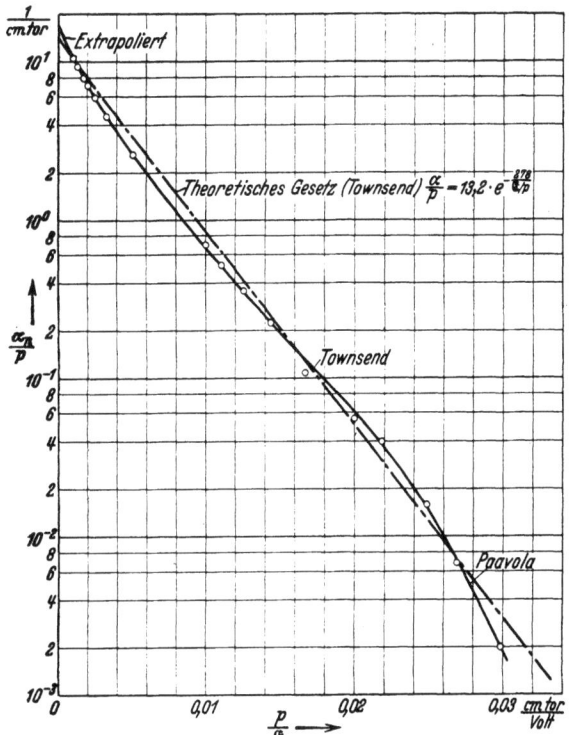

Abb. 60. Ionisierungszahl in Luft (beobachtete Werte).

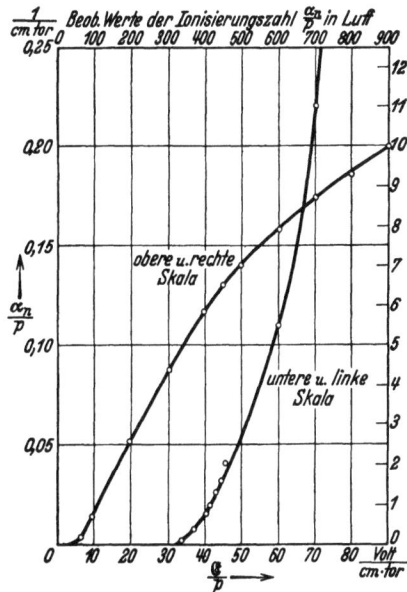

Abb. 61. Ionisierungszahl in Luft (beobachtete Werte).

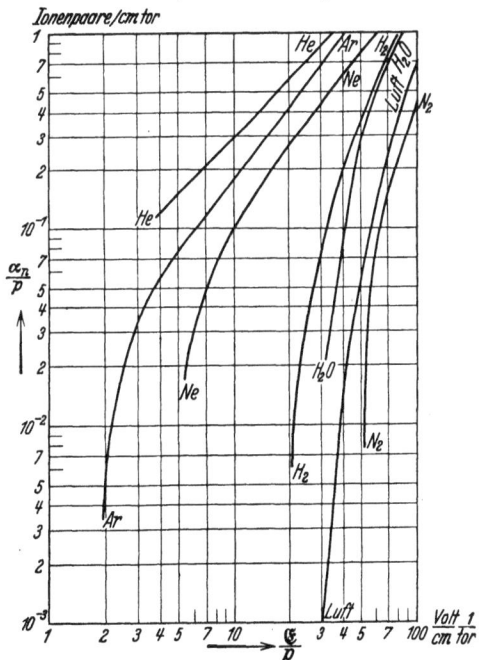

Abb. 62. Ionisierungszahlen in verschiedenen Gasen [1].

Abb. 63. Ionisierungszahl [2] für verschiedene Gase. Bereich $1$—$100 \frac{V}{cm \cdot tor}$. (Zuverlässig sind die Werte für Luft und Edelgase, $N_2$-Kurve verläuft nach neueren Messungen in die Kurve für Luft hinein.)

[1] Klemperer, O.: Einführung in die Elektronik 1933 S. 165. — [2] Engel, A. v. u. M. Steenbeck: Elektrische Gasentladungen 1932 S. 105.

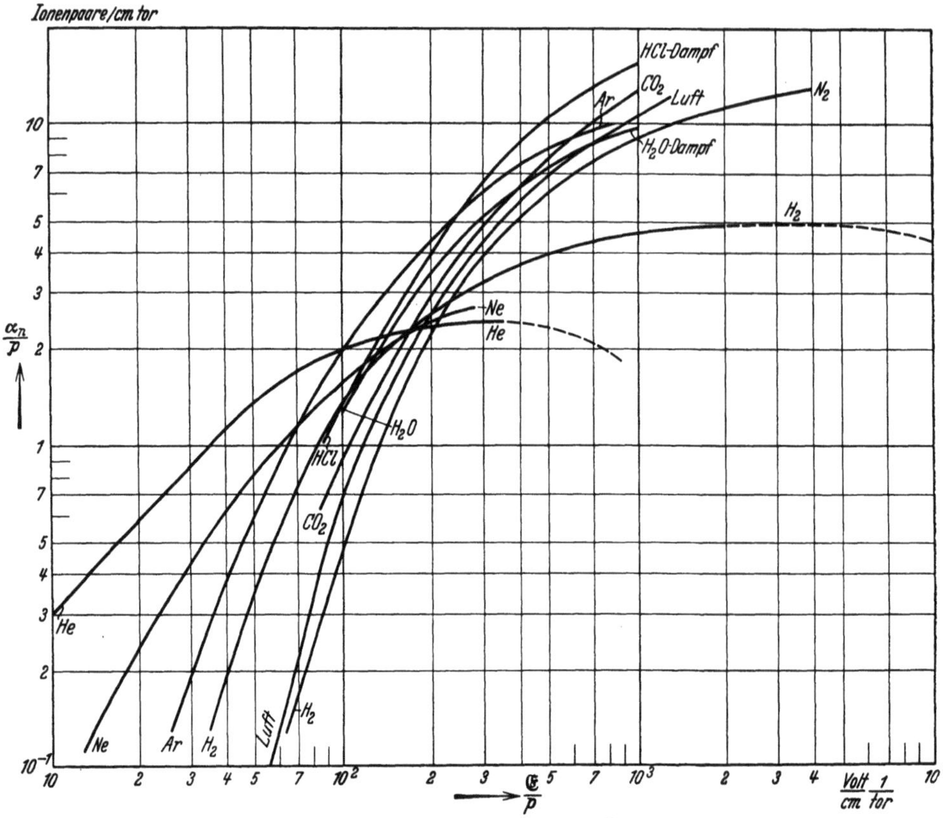

Abb. 64. Ionisierungszahl[1] für verschiedene Gase. Bereich $10^1$–$10^4 \frac{V}{cm\,tor}$. (Kurven geben zuverlässige Werte. Jedoch verläuft Ar-Kurve für $\frac{\mathfrak{E}}{p} < 100$ zu niedrig, s. Abb. 63.)

## g 32) Temperaturabhängigkeit der Ionisierungszahl bei Townsendmechanismus.

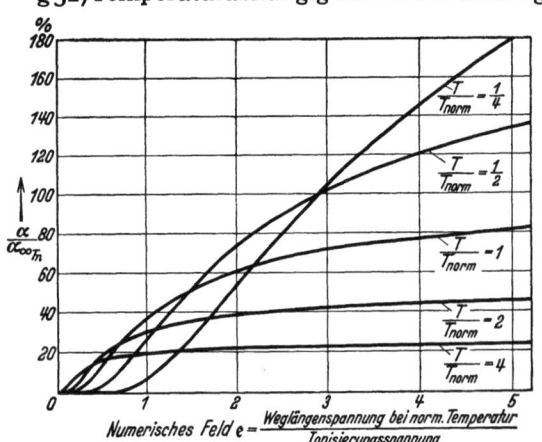

Abb. 65. Abhängigkeit der Ionisierungszahl vom Felde und von der Temperatur. Townsendscher Ansatz der Ionisierungswahrscheinlichkeit.

Für eine Normaltemperatur $T_n$ sei

$$\frac{\alpha}{p} = A\, e^{-\frac{B}{\mathfrak{E}/p}}$$

$\alpha \equiv \alpha_n =$ Ionisierungszahl;
$p$ [tor] Druck.

Für eine von $T_n$ verschiedene Temperatur $T$ gilt dann

$$\frac{\alpha}{p} = A\, \frac{T_n}{T}\, e^{-\frac{T_n}{T} \cdot \frac{B}{\mathfrak{E}/p}};$$

$$\frac{\alpha}{\alpha_{\infty\,T_n}} = \frac{T_n}{T}\, e^{-\frac{T_n}{T}\, \frac{1}{e}};$$

Numerisches Feld $e = \dfrac{\frac{\mathfrak{E}}{p}}{B} \approx \dfrac{\text{Weglängenspannung bei Normaltemperatur}}{\text{Ionisierungsspannung}}$.

---

[1] A. v. Engel und M. Steenbeck: Elektrische Gasentladungen, 1932, S. 106.

### g 33) Ionisierung durch Stoß positiver Träger.

Paschensches Gesetz der positiven Ionisierungszahl:

$$\left(\frac{\alpha_p}{p}\right) = \left(\frac{\pi\sqrt{2}\cdot 4\, R_g^2}{kT}\right) e^{-\left(\frac{\pi\sqrt{2}\, 4\, R_g^2}{kT}\right)\frac{U_j}{\mathfrak{E}/p}}$$

Freie Weglänge der Träger unter Voraussetzung thermischen Gleichgewichtes mit dem Gas:

$$\lambda_j = \frac{1}{\sqrt{2}\,\pi\,(2R_g)^2\, n} = \frac{\lambda_{el}}{\sqrt{2}\cdot 4}.$$

$\lambda_{el}$ [cm] = freie Weglänge der Elektronen; $p$ [dyn/cm²] = Druck des Gases; $R_g$ [cm] = gaskinetischer Wirkungsradius; $U_j$ [V] = Ionisierungsspannung; $\mathfrak{E}\left[\frac{V}{cm}\right]$ = beschleunigendes Feld; $n$ [cm⁻³] = Konzentration des Gases.

### g 34) Ionisierungszahl positiver Träger. (Beobachtete Werte 0° C.)

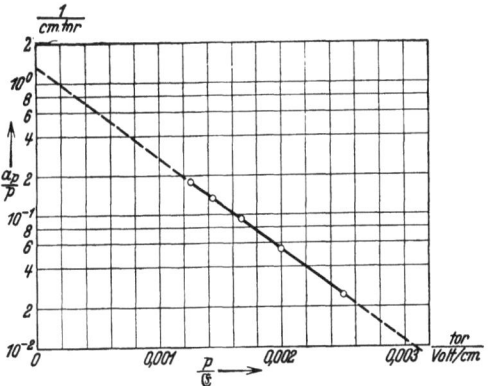

Abb. 66. Ionisierungszahl $\frac{\alpha_p}{p}$ positiver Träger in Luft. (Beobachtete Werte ausgezogen, erwarteter Verlauf gestrichelt.)

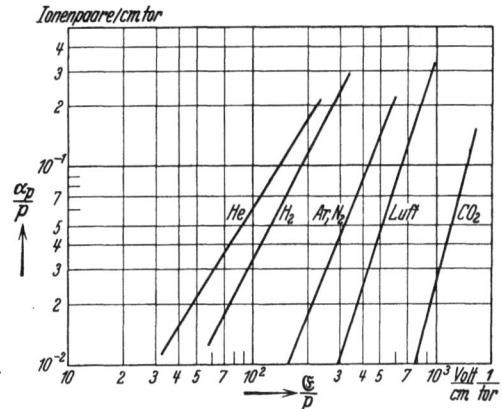

Abb. 67. Ionisierungszahl $\frac{\alpha_p}{p}$ positiver Träger für verschiedene Gase (Anhaltswerte über die Größenordnung)[1].

### g 35) Reichweite und Ionisierungszahl des α-Teilchens in Luft[2].

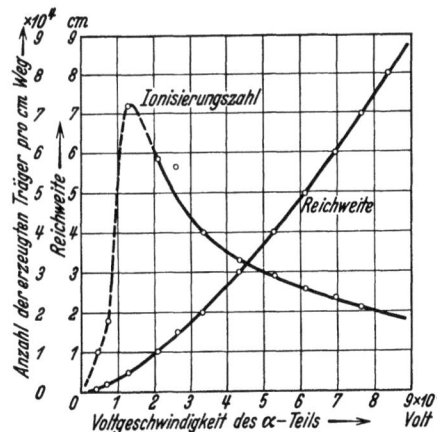

Abb. 68. Reichweite und Ionisierungszahl pro cm Weg des α-Teilchens in Luft von 15° C und 760 tor.

### g 36) Anlagerungswahrscheinlichkeit für Elektronen an ein Molekül.

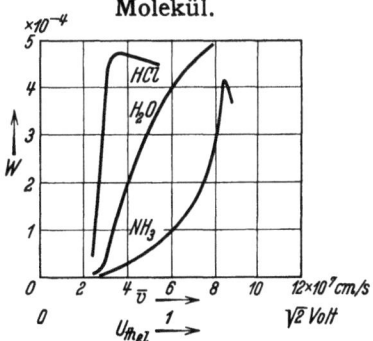

Abb. 69. Wahrscheinlichkeit $W$ der Anlagerung eines Elektrons an ein Molekül (Bildung eines negativen Ions) für Chlorwasserstoff, Wasserdampf, Ammoniak in Abhängigkeit von der mittleren Geschwindigkeit $\bar{v}$ der ungeordneten Elektronenbewegung (nach Bailey und Ducanson). ($U_{th\,el}$ = Äquivalentspannung der ungeordneten Elektronengeschwindigkeit.)

---

[1] Engel, A. v. u. M. Steenbeck: Elektrische Gasentladungen 1932 S. 107.
[2] Klemperer, O.: Einführung in die Elektronik 1933 S. 179.

### g 37) Raum-Entionisierung (Rekombination).

Die Rekombinationszahl $\varrho_i$ wird definiert als Proportionalitätsfaktor der Gleichung:

$$\frac{dz}{dt} = - \varrho_i \cdot n_+ \cdot n_-, \qquad \varrho_i \left[\frac{cm^3}{s}\right]$$

wobei $\frac{dz}{dt}$ die Rekombinationsgeschwindigkeit pro Kubikzentimeter und $n_+$ und $n_-$ die Konzentrationen der positiven und negativen Träger sind.

#### Rekombinationsgesetz.

α) **Für hohen Druck** ($p >$ 1000 tor) (Ladung der Ionen = $e$, thermisches Gleichgewicht zwischen Gas und Trägern)

$$\varrho_i = \frac{e}{\Delta}(\beta_+ + \beta_-); \qquad \varrho_i \left[\frac{cm^3}{s}\right]$$

$$= \frac{e}{\Delta}\frac{1}{\sqrt{3kT}}\left(\frac{\lambda_+}{\sqrt{m_+}} + \frac{\lambda_-}{\sqrt{m_-}}\right);$$

$$= \frac{1{,}41 \cdot 10^{-17}}{\sqrt{T}}\left(\frac{\lambda_+}{\sqrt{m_+}} + \frac{\lambda_-}{\sqrt{m_-}}\right).$$

$e$ [clb] Elementarladung;

$\Delta \left[\frac{As}{V/cm}\right] = \frac{1}{4\pi \cdot 9 \cdot 10^{11}} =$ Dielektrizitätskonstante des leeren Raumes;

$k \left[\frac{Ws}{°K}\right]$ Boltzmannsche Konstante;

$T$ [°K] Temperatur;

$\lambda_+$; $\lambda_-$ [cm] freie Weglängen der Ionen;

$m_+$; $m_-$ [g · $10^{-7}$] Masse der Ionen;

$\beta_+$; $\beta_- \left[\frac{cm}{s}\Big/\frac{V}{cm}\right]$ Beweglichkeiten der Ionen.

β) **Für niedrigen Druck** ($p <$ 1000 tor)

$$\varrho_i = 2\sqrt{\pi}\, r_0^2\, v_{r_{eff}}\, [W_{x+} + W_{x-} - W_{x+} \cdot W_{x-}].$$

$r_0 =$ Halbmesser der Rekombinationszone [cm] (Ziffer **f 8**, S. 47);

$v_{r_{eff}} =$ effektive Relativgeschwindigkeit der rekombinierenden Träger $\left[\frac{cm}{s}\right]$ (Ziffer **e 6** S. 25 in Verbindung mit **e 9**, S. 27);

$W =$ „Dreierstoßwahrscheinlichkeit" [1]

$$W = 1 - 2\left[\frac{1 - e^{-\frac{2r_0}{\lambda}}}{\left(\frac{2r_0}{\lambda}\right)^2} - \frac{e^{-\frac{2r_0}{\lambda}}}{\left(\frac{2r_0}{\lambda}\right)}\right];$$

$\lambda_+$ ($\lambda_-$) freie Weglänge der positiven (negativen) Ionen.

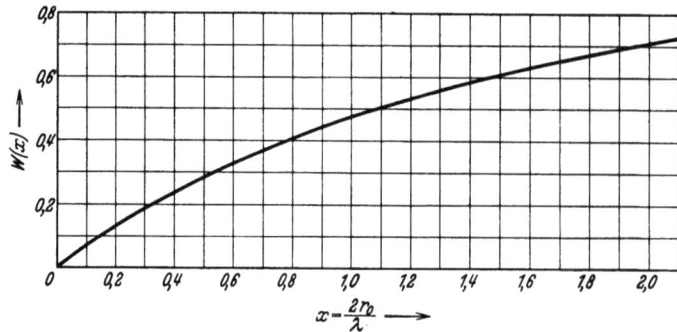

Abb. 70. Dreierstoßwahrscheinlichkeit.

---

[1] Dreierstoßwahrscheinlichkeit = Wahrscheinlichkeit dafür, daß innerhalb der für die Rekombination erforderlichen Zeit ein drittes Teilchen die überschüssige Energie abführt.

Rekombination in Abhängigkeit des Druckes[1].

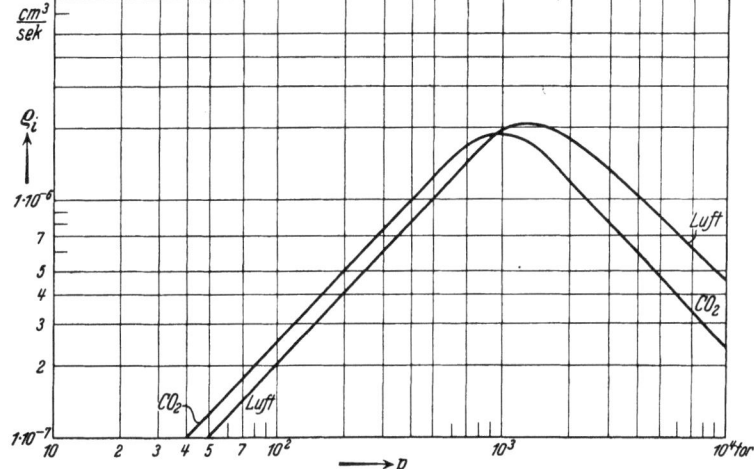

Abb. 71. Rekombinationskoeffizient $\varrho_i$ positiver und negativer Ionen in Abhängigkeit vom Gasdruck $p$ für Luft und $CO_2$.

Rekombinationskoeffizient $\varrho_i$ von positiven und negativen Ionen in Gasen bei $0^0$ C und 760 tor; Alter[1] etwa 0,1 s.

| Gas | $\varrho_i$ cm³·s⁻¹ | Gas | $\varrho_i$ cm³·s⁻¹ |
|---|---|---|---|
| Ar | $1,2 \cdot 10^{-6}$ | Luft | $1,41 \cdot 10^{-6}$ |
| CO | $0,85 \cdot 10^{-6}$ | $N_2$ | $1,2 \cdot 10^{-6}$ |
| $CO_2$ | $1,67 \cdot 10^{-6}$ | $N_2O$ | $1,42 \cdot 10^{-6}$ |
| $H_2$ | $0,3 \div 1,44 \cdot 10^{-6}$ | $O_2$ | $1,51 \cdot 10^{-6}$ |
| $H_2O$ bei $100^0$ C | $\sim 0,9 \cdot 10^{-6}$ | $SO_2$ | $1,43 \cdot 10^{-6}$ |

## h) Ionisierung und Entionisierung an Grenzflächen von festen Körpern gegen Gase.

### h 1) Elektronenaustrittsarbeiten und langwellige Grenzen des lichtelektrischen Elektronenaustritts von Elementen und einigen Verbindungen[2].

| Material | Bereich der beobachteten Austrittsarbeit in V | Bereich der langwelligen Grenze in $10^{-7}$ cm (m$\mu$) | Material | Bereich der beobachteten Austrittsarbeit in V | Bereich der langwelligen Grenze in $10^{-7}$ cm (m$\mu$) |
|---|---|---|---|---|---|
| Al | $1,77 \div 3,95$ | $697 \div 313$ | Hf | 5,13 | 241 |
| Ag | $3,09 \div 4,71$ | $399 \div 262$ | Hg | $4,05 \div 4,75$ | $305 \div 260$ |
| As | 5,23 | 236 | Ka | $0,46 \div 2,02$ | $2680 \div 611$ |
| Au | $4,33 \div 4,75$ | $285 \div 260$ | Li | $2,34 \div 2,38$ | $528 \div 518$ |
| Ba | $1,59 \div 2,29$ | $777 \div 538$ | Mg | $1,77 \div 3,74$ | $698 \div 331$ |
| Bi | $3,74 \div 4,83$ | $330 \div 256$ | Mo | $3,22 \div 4,33$ | $383 \div 285$ |
| C | $4,3 \div 4,81$ | $287 \div 257$ | Na | $1,80 \div 2,12$ | $686 \div 582$ |
| Ca | $1,7 \div 3,34$ | $727 \div 370$ | Ni | $3,68 \div 4,57$ | $336 \div 270$ |
| Cd | $2,60 \div 4,05$ | $475 \div 305$ | Pb | $3,48 \div 4,14$ | $355 \div 298$ |
| Ce | 2,06 | 599 | Pd | $4,31 \div 5,35$ | $287 \div 231$ |
| Co | $3,92 \div 4,28$ | $315 \div 288$ | Pt | $3,63 \div 6,5$ | $340 \div 190$ |
| Cs | $0,7 \div 1,36$ | $1760 \div 908$ | Rb | $1,2 \div 1,45$ | $1030 \div 852$ |
| Cu | $3,85 \div 4,82$ | $321 \div 256$ | Sb | 1,02 | 307 |
| Fe | $3,92 \div 4,79$ | $315 \div 258$ | Se | $4,62 \div 5,61$ | $267 \div 220$ |
| Ge | $4,92 \div 4,85$ | $288 \div 255$ | Si | 4,80 | 257 |

[1] Engel, A. v. u. M. Steenbeck: Elektrische Gasentladungen 1932 S. 222.
[2] Simon, H. u. R. Suhrmann: Lichtelektrische Zellen und ihre Anwendungen 1932 S. 22; Engel, A. v. u. M. Steenbeck: Elektrische Gasentladungen 1932 S. 121.

## Tabelle h 1) (Fortsetzung).

| Material | Bereich der beobachteten Austrittsarbeit in V | Bereich der langwelligen Grenze in $10^{-7}$ cm (m$\mu$) | Material | Bereich der beobachteten Austrittsarbeit in V | Bereich der langwelligen Grenze in $10^{-7}$ cm (m$\mu$) |
|---|---|---|---|---|---|
| Sn . . . | 3,41 ÷ 4,51 | 362 ÷ 274 | W . . . . | 4,31 ÷ 5,36 | 286 ÷ 230 |
| Sr . . . | 1,79 ÷ 2,15 | 689 ÷ 574 | Zn . . . | 3,02 ÷ 4,10 | 408 ÷ 301 |
| Ta . . . | 4,12 ÷ 4,92 | 300 ÷ 251 | Zr . . . . | 4,51 | 274 |
| Th . . . | 2,69 ÷ 3,57 | 458 ÷ 345 | | | |
| Tl . . . | 3,43 | 360 | | | |

### Verbindungen und Schichten auf gewissen Trägermaterialien.

| Material | Bereich der beobachteten Austrittsarbeit in V | Bereich der langwelligen Grenze in $10^{-7}$ cm (m$\mu$) | Material | Bereich der beobachteten Austrittsarbeit in V | Bereich der langwelligen Grenze in $10^{-7}$ cm (m$\mu$) |
|---|---|---|---|---|---|
| AgCl . . | 4,0 ÷ 5,28 | 312 ÷ 234 | CuO . . . | 5,34 | 231 |
| AgBr . . | 3,7 ÷ 5,14 | 332 ÷ 240 | Cu$_2$O . . | 5,15 | 239 |
| AgJ . . | 3,0 ÷ 4,92 | 407 ÷ 251 | Cyanin . . | 5,22 | 237 |
| Ag$_2$S . . | 3,0 ÷ 4,68 | 407 ÷ 264 | Fuchsin . . | 5,26 | 235 |
| BaO . . . | 1,00 | 1235 | Glimmer . . | ∼ 4,8 | 265 ÷ 254 |
| Cs-Film auf W . . . | 1,36 | 909 | NaCl . . . | ∼ 4,2 | 313 ÷ 202 |
| Cs-Film auf oxyd. W. | 0,71 | 1740 | Th-Film auf W . . . | 2,62 | 472 |

### h 2) Farbenempfindlichkeit lichtelektrischer Schichten.

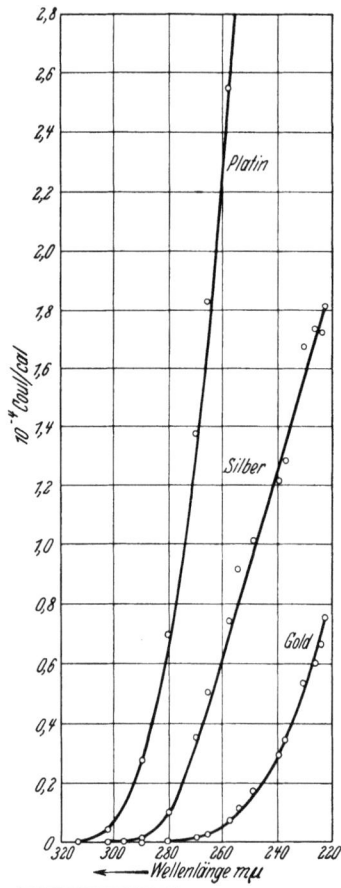

Abb. 72. „Normale" lichtelektrische Empfindlichkeitskurven (nach Suhrmann)[1].

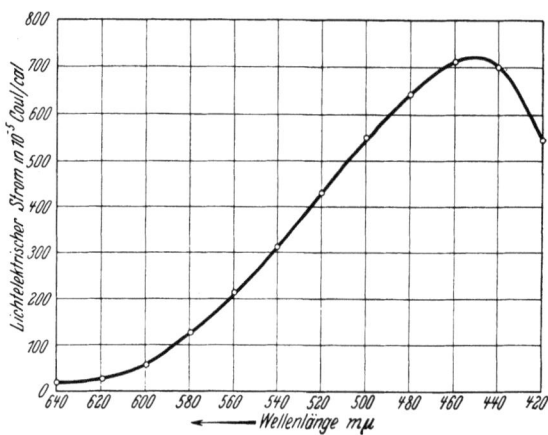

Abb. 73. Spektrale Empfindlichkeitskurve einer mit Kalium in atomarer Verteilung bedeckten oxydierten Silberkathode; Kalium Schichtdicke > monoatomar (nach Suhrmann)[2].

---

[1] Simon, H. u. R. Suhrmann: Lichtelektrische Zellen 1932 S. 5 Abb. 5.
[2] Simon, H. u. R. Suhrmann: Lichtelektrische Zellen 1932 S. 28.

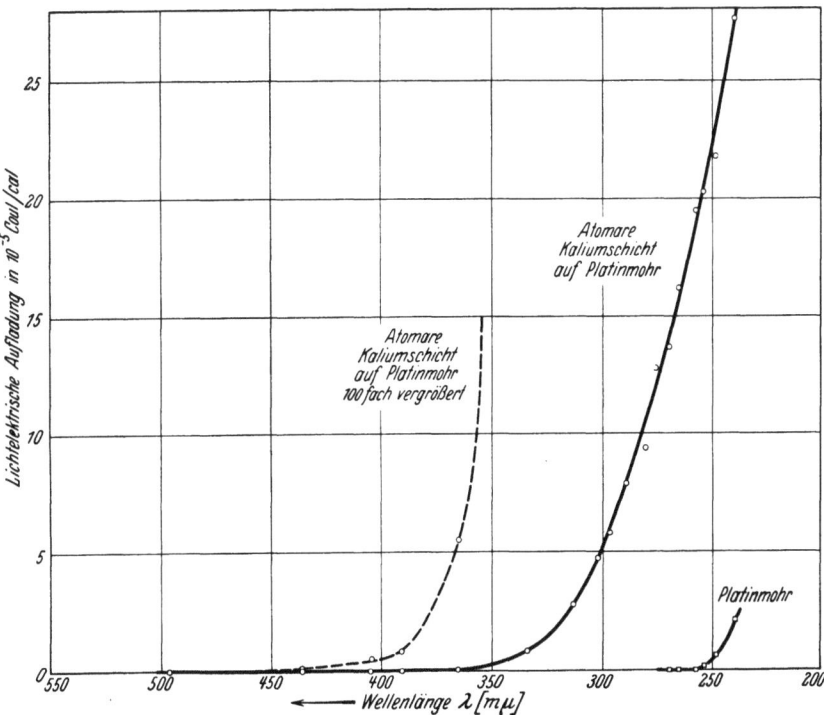

Abb. 74. Spektrale Empfindlichkeitskurve einer Platinmohroberfläche und einer mit Kalium in atomarer Verteilung besetzten Platinmohroberfläche (nach Suhrmann und Theissing)[1].

### h 3) Erzeugung von Sekundärelektronen an Grenzflächen durch Elektronenstoß[2].

Verhältnis $\delta$
(befreite/einfallende Elektronen) bei verschiedenen Metallen.

$\delta$ ist im Gebiet kleiner Primärvoltgeschwindigkeiten merklich abhängig vom getroffenen Material. Bei größeren Primärvoltgeschwindigkeiten ist eine Stoffabhängigkeit nicht zu erwarten.

$U_{\delta \max}$ = Primärvoltgeschwindigkeit beim Maximalwert $\delta_{\max}$;

$U_{\delta = 1}$ = Primärvoltgeschwindigkeit für $\delta = 1$.

Nach Angaben der folgenden Tabelle kann der ungefähre Verlauf von $\delta = f(U)$ analog zu nebenstehender Kurve abgeschätzt werden (nur für großes $U$, Werte verschiedener Autoren für fast ausnahmslos gut entgaste Oberflächen.) Gasbeladung der Oberfläche erhöht im allgemeinen $\delta$, schlecht leitende Schichten (Oxyde, Fette) verkleinern $\delta$.

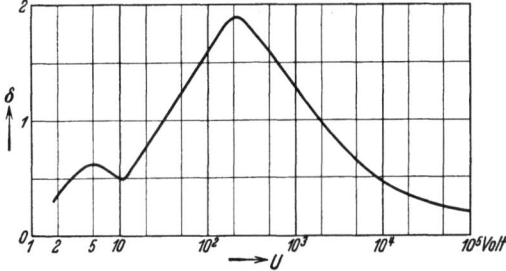

Abb. 75. Zahl $\delta$ der von einem auffallenden Elektron der Voltgeschwindigkeit $U$ ausgelösten Elektronen (einschließlich der reflektierten Primärelektronen) bei Aluminium.

| Element | $\delta_{\max}$ | $U_{\delta \max}$ V | $U_{\delta = 1}$ V | Element | $\delta_{\max}$ | $U_{\delta \max}$ V | $U_{\delta = 1}$ V | Element | $\delta_{\max}$ | $U_{\delta \max}$ V | $U_{\delta = 1}$ V |
|---|---|---|---|---|---|---|---|---|---|---|---|
| Al . . | 1,9 | 220 | 35 | Fe . . | 1,3 | 350 | 120 | Ni . . | 1,3 | 460 | 160 |
| Al . . | — | — | 45 | Fe . . | — | — | 183 | Pt . . | — | — | 250 |
| Au . . | 1,14 | 330 | 160 | Mg . . | — | — | 80 | W . . | 1,45 | 700 | 200 |
| Cu . . | 1,32 | 240 | 100 | Mo . . | 1,3 | 360 | 120 | W . . | 1,4 | 630 | 240 |
| Cu . . | — | — | 220 | Mo . . | 1,15 | 600 | 280 | W . . | 1,3 | 630 | 250 |

[1] Simon, H. u. R. Suhrmann: Lichtelektrische Zellen 1932 S. 25.
[2] Engel, A. v. u. M. Steenbeck: Elektrische Gasentladungen 1932 S. 108 f.

## h 4) Erzeugung von Elektronen durch Stoß positiver Ionen auf Metalloberflächen[1].

Das Verhältnis $\gamma$ (ausgelöste Elektronen pro einfallendes Ion) ist stark abhängig von der Oberflächenbeschaffenheit des getroffenen Materials, die Abhängigkeit von der Ionenart ist vermutlich geringer. Die Ionenstrahlen enthalten außer den angegebenen Ionen $H_1^+$-Ionen in merklicher Anzahl. Beimengungen von neutralen Teilchen bewirken eine Unsicherheit der Angaben um den Faktor 2. Kurve $e$ hat saubere Versuchsbedingungen und Freiheit von Störungen durch neutrale Moleküle zur Voraussetzung.

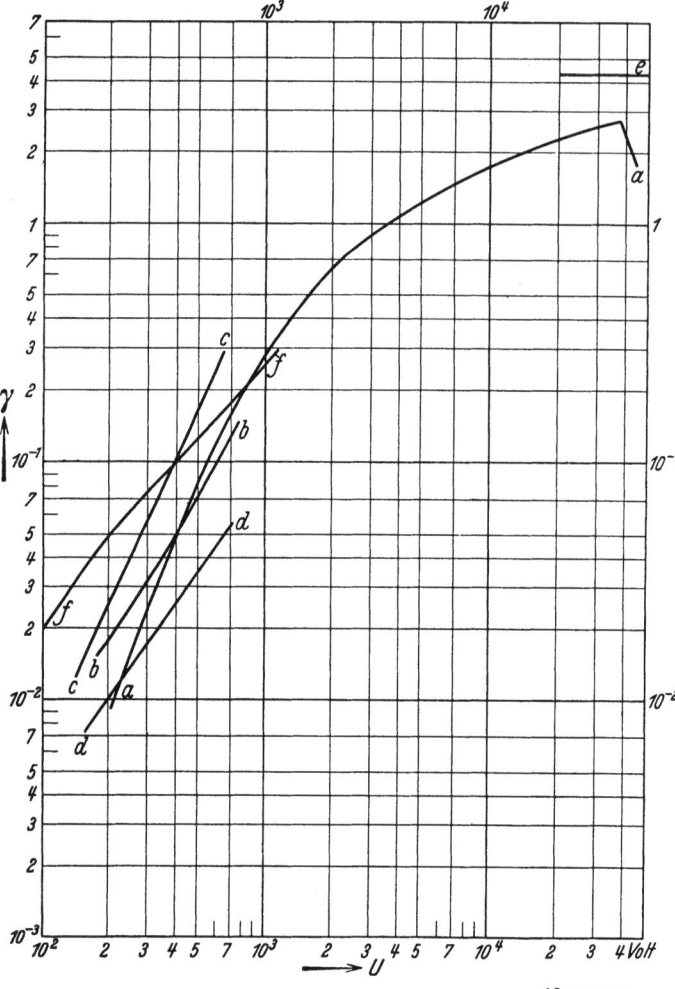

Abb. 76. Zahl der Elektronen $\gamma$, die durch ein auffallendes positives Ion der Voltenergie $U$ an Metalloberflächen befreit werden. $a$ $H_1$- und Na-Ionen an Cu, $b$ K-Ionen an Al, $c$ Li-Ionen an Al, $d$ Rb-Ionen an Al, $e$ $H_1$-Ionen an Cu, Al, Au, $f$ $H_1$-Ionen an Ni.

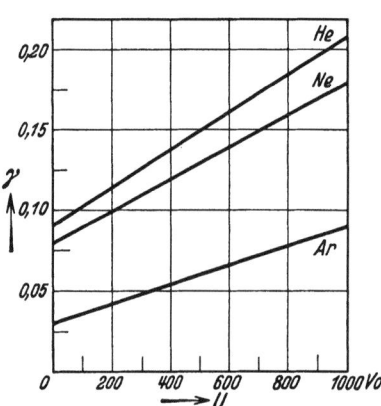

Abb. 77. Anzahl $\gamma$ an Ni durch Auftreffen eines positiven Edelgasions der Voltgeschwingkeit $U$ ausgelöster Elektronen[2].

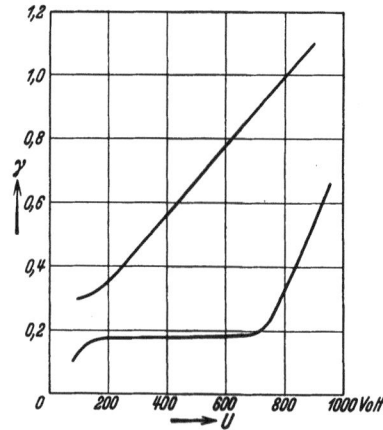

Abb. 78. Anzahl $\gamma$ von Elektronen, die durch ein He+-Ion der Voltgeschwindigkeit $U$ ausgelöst werden, beim Aufprall auf eine entgaste (untere Kurve) und eine nicht entgaste (obere Kurve) Ni-Elektrode[3].

---

[1] Engel, A. v. u. M. Steenbeck: Elektrische Gasentladungen 1932 S. 116.
[2] Engel, A. v. u. M. Steenbeck: Elektrische Gasentladungen 1932 S. 117 Abb. 50.
[3] Engel, A. v. u. M. Steenbeck: Elektrische Gasentladungen 1932 S. 118 Abb. 51.

Zahl der pro einfallendes Ion aus einer Metall-Gas-Grenzfläche ausgelösten Elektronen $\gamma$ (in %) für langsame Ionen.

Die Werte der folgenden Tabelle sind unter der Annahme errechnet, daß die von der Kathode einer Glimmentladung ausgehenden Elektronen sämtlich durch positive Ionen erzeugt seien. Da auch andere Prozesse im allgemeinen an der Auslösung beteiligt sind, sind die so errechneten Zahlen obere Grenzwerte und geben nur die Größenordnung richtig. Die bei obiger Voraussetzung vorhandene Voltgeschwindigkeit der betreffenden Ionen dürfte etwa bei 10 V liegen. Werte, die direkten Messungen entstammen, sind in Klammern beigefügt.

**h 5) Oberflächenionisierungszahl $\gamma$ in Luft (aus Durchschlagsversuchen).**

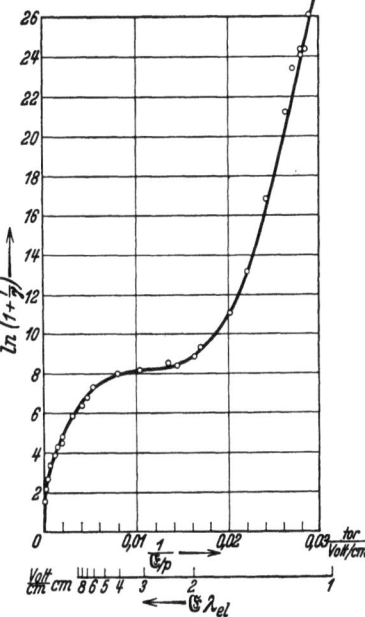

Abb. 79. Oberflächenionisierungszahl $\gamma$ in Luft aus Durchschlagsversuchen (Kathodenmaterial verschieden).

|    | Ar     | H$_2$ | He   | Luft | N$_2$ | Ne      |
|----|--------|-------|------|------|-------|---------|
| Al | 12,0   | 9,5   | 2,1  | 3,5  | 10,0  | 5,3     |
| Ba | 14,0   | —     | 10,0 | —    | 14,0  | —       |
| C  | —      | 1,4   | —    | —    | —     | —       |
| Cu | 5,8    | 5,0   | —    | 2,5  | 6,6   | (2)     |
| Fe | 5,8    | 6,1   | 1,5  | 2,0  | 5,9   | 2,2 (4) |
| Hg | —      | 0,8   | 2,0  | —    | —     | —       |
| K  | 22     | 22    | 17   | 7,7  | 12    | 22      |
| Mg | 7,7    | 12,5  | 3,1  | 3,8  | 8,9   | 11      |
| Ni | 5,8 (3)| 5,3   | 1,5 (9)| 3,6| 7,7   | 3,1 (8) |
| Pt | 5,8    | 2,0   | 1,0  | 1,7  | 5,9   | 2,3     |
| W  | —      | —     | —    | —    | —     | 4,5     |

**h 6) Ionisierung an adsorbierten Gasschichten (nach Kistiakowsky)[1].**

$U_j$ = Ionisierungsspannung des adsorbierten Stickstoffs bzw. Wasserstoffs.

| Adsorbierende Oberfläche | $U_j$ für adsorbierten | |
|---|---|---|
|  | Stickstoff [V] | Wasserstoff [V] |
| Aktives Eisen | 11,1 | 12,9 |
| Gew. Eisen . . | 10,8 | 13,0 |
| Nickel . . . . | 10,8 | 13,1 |
| Kupfer . . . . | 10,8 | 13,3 |
| Platin . . . . | 11,0 | 13,3 |

**h 7) Mittlere Lebensdauer $\bar{t}$ von Ionen bei ausschließlicher Wandrekombination.**

1. Die Ionen erfüllen gleichmäßig einen von zwei planparallelen Wänden begrenzten Raum

$$\bar{t} = \frac{l^2}{12\,D}$$

$l$ = Wandabstand;
$D$ = Diffusionskonstante (Ziffer **e 13** und **f 7**).

2. Die Ionen erfüllen gleichmäßig ein sehr langes, zylindrisches Rohr

$$\bar{t} = \frac{R^2}{7{,}96\,D}$$

$R$ = Rohrhalbmesser.

3. Die Ionen befinden sich in unmittelbarer Achsennähe eines sehr langen zylindrischen Rohres (Fadenstrahl, Lichtbogen)

$$\bar{t} = \frac{R^2}{3{,}78\,D}.$$

---
[1] Kallmann, H. u. B. Rosen: Physik. Z. Bd. **32** (1931) S. 539.

## i) Entladungen ohne merkliche Raumladungswirkung.

### i 1) Differentialgleichung der Townsendströmung.

Voraussetzungen: Rekombination vernachlässigt, stationärer Zustand.
$F$ = Querschnittsfläche einer Stromröhre, die mit einer Kraftröhre übereinstimmt;
$s$ = Bogen von der Kathode längs einer Stromlinie; $i_p$ = positive Ionenstromdichte;
$i_n$ = negative Ionenstromdichte; $i = i_p + i_n$ = Gesamtstromdichte; $\alpha_p$ = Ionisierungszahl positiver Träger; $\alpha_n$ = Ionisierungszahl negativer Träger.

$$\frac{\partial (F i_p)}{\partial s} = -\alpha_p (F i_p) - \alpha_n (F i_n); \qquad \frac{\partial (F i_n)}{\partial s} = \alpha_p (F i_p) + \alpha_n (F i_n);$$

$$F(i_p + i_n) = Fi = \text{const}.$$

### i 2) Der dunkle Vorstrom.

Voraussetzung: Die Entladung wird lediglich durch dauernde Befreiung von Elektronen aus der Kathode im Gang erhalten (unselbständige Entladung). Rekombination wird vernachlässigt.

Ebene Elektrodenanordnung. Elektrodenabstand $S$.

$\alpha$) Stoßionisation lediglich der Elektronen verstärkt den primären Elektronenstrom ($I_0$, an der Kathode). Gesamter dunkler Vorstrom:

$$I = I_0 e^{\alpha_n S}. \qquad \alpha_n = \text{Ionisierungszahl der Elektronen}.$$

$\beta$) Falls die Beschleunigungsspannung $U$ des dunklen Vorstroms mit der Ionisierungsspannung $U_j$ vergleichbar ist, gilt genauer:

$$I = I_0 e^{\alpha_n S \left(1 - \frac{U_j}{U}\right)}.$$

$\gamma$) Raumionisation der Elektronen (im Entladungsraum) und Flächenionisation der rücklaufenden positiven Ionen (an der Kathode) verstärkt $I_0$ auf:

$$I = \frac{I_0 e^{\alpha_n \cdot S}}{1 - \gamma (e^{\alpha_n S} - 1)} \qquad \gamma = \text{Oberflächenionisierungszahl der positiven Ionen}.$$

Beliebige Elektrodenanordnung (analog Fall $\gamma$).

Der Strom $I_0$ wird verstärkt auf:

$$I = \frac{I_0 e^{\int_0^S \alpha_n ds}}{1 - \gamma \left(e^{\int_0^S \alpha_n ds} - 1\right)} \qquad \begin{array}{l} s = \text{Koordinate längs der Vorstromlinie;} \\ S = \text{Länge der Vorstromlinie.} \end{array}$$

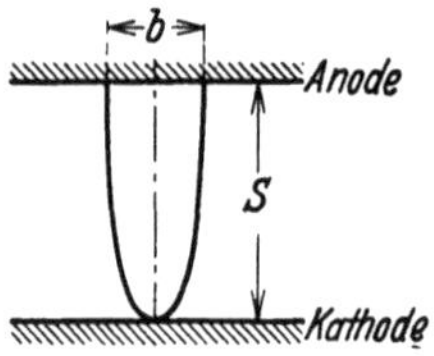

### Kanalbreite von Elektronenlawinen.

$$\frac{b}{S} = 2 \sqrt{\frac{U_{th}}{U}} \qquad \begin{array}{l} U_{th} = \text{Voltgeschwindigkeit der Gastemperatur;} \\ U = \text{Zündspannung.} \end{array}$$

Abb. 80. Mittlere Kanalform einer Elektronenlawine. (vgl. Abb. 80).

### i 3) Verstärkung der Stromdichte einer Photozelle durch Gasfüllung.

Voraussetzung: Die Ionisierung der positiven Träger ist zu vernachlässigen, desgleichen die Rekombination. Je Flächeneinheit der Kathode (planparalleles System) werde lichtelektrisch die Ladung $i_{n_0}$ je Sekunde befreit. Die beobachtbare Gesamtstromdichte ist, falls man die Ionisierungszahl aus der mittleren freien Weglänge nach Ziffer f 2, S. 42, berechnet.

$$\frac{i}{in_0} = e^{\frac{S}{\lambda}\left(1-\frac{U_j}{U}\right)} e^{-\frac{U_j}{U}\cdot\frac{S}{\lambda}} \quad (U_j < U)$$

(vgl. Abb. 81).

Günstigster Gasdruck

$$p_{opt} = \frac{kT}{\pi R^2}\frac{1}{S}\frac{U}{U_j}$$

ergibt günstigste Verstärkung

$$\left(\frac{i}{in_0}\right)_{opt} = e^{\left(\frac{U}{U_j}-1\right)} e^{-1} .$$

$U$ = Beschleunigungsspannung;
$U_j$ = Ionisierungsspannung;
$S$ = Elektrodenabstand;
$\lambda$ = freie Weglänge;
$k$ = Boltzmannsche Konstante;
$T$ = Gastemperatur;
$R$ = gaskinetischer Halbmesser der Gasmoleküle.

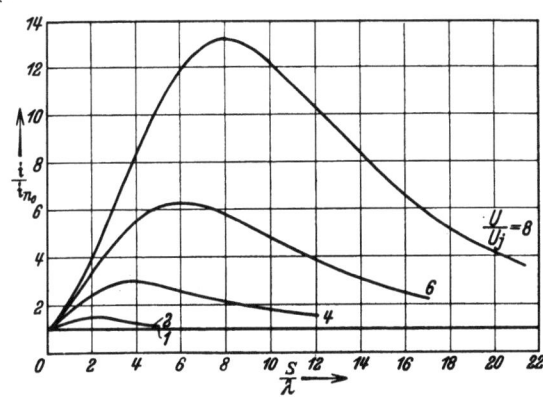

Abb. 81. Verstärkung von Photoströmen durch Gasfüllung. Druckabhängigkeit.

## i 4) Theoretische Zündbedingungen nach Townsend.

Voraussetzung: Die positiven Träger ionisieren merklich nur an der Kathode (Oberflächenionisierungszahl $\gamma$), die negativen nur im Entladungsraum (Ionisierungszahl $\alpha_n \equiv \alpha$).

Ebene Anordnung:

$$p \cdot S = \frac{1}{\frac{\alpha}{p}} \ln\left(1+\frac{1}{\gamma}\right) \qquad \begin{array}{l} S = \text{Elektrodenabstand};\\ p = \text{Druck}. \end{array}$$

Allgemeine Anordnung:

$$p \cdot S = \frac{1}{\frac{\alpha_k}{p}} \ln\left(1+\frac{1}{\gamma}\right) \cdot \frac{1}{g}$$

$S$ = Schlagweite längs der Entladungsbahn gemessen; $\alpha_k$ = Ionisierungszahl der Elektronen an der Kathode; $\mathfrak{E}_k$ = Feldstärke an der Kathode $= \frac{U}{S}\sigma$; $U$ = Zündspannung; $\sigma$ = Elektrodenformfaktor; $g$ = Stoßgrad $\equiv g\left(\frac{\mathfrak{E}_k}{p}\right)$.

Berechnung des Elektrodenformfaktors und des Stoßgrades für verschiedene Elektrodenformen, falls der Ansatz benützt wird

$$\frac{\alpha}{p} = A e^{-\frac{B}{\mathfrak{E}_k}p} \quad \text{(vgl. Ziffer g 28 bis g 30, S. 69, 70).}$$

Konzentrische Zylinder:

$$\sigma = \frac{\frac{S}{a}}{\ln\left(1+\frac{S}{a}\right)}; \quad g = \frac{1-e^{-\frac{Bp}{\mathfrak{E}_k}\frac{S}{a}}}{\frac{B\cdot p}{\mathfrak{E}_k}\cdot\frac{S}{a}} = g\left(\frac{\mathfrak{E}_k}{p}\right)$$

$a$ = Innenhalbmesser; $S + a$ = Außenhalbmesser.

## Statistik der Gasentladungen.

Achsenparallele Zylinder:

$$\sigma = \frac{\sqrt{\left(1+\frac{S}{4a}\right)\frac{S}{4a}}}{\ln\left[\sqrt{1+\frac{S}{4a}}+\sqrt{\frac{S}{4a}}\right]}; \quad g = \frac{e^{-\frac{B\cdot p}{\mathfrak{E}_k}\frac{S}{4a}}\cdot\psi\left(\sqrt{\frac{B\cdot p}{\mathfrak{E}_k}\frac{S}{4a}}\right)}{\sqrt{\frac{B\cdot p}{\mathfrak{E}_k}\frac{S}{4a}}};$$

$$\psi(x) = \int_0^x e^{n^2}\,dn \quad \text{(s. Ziffer t 7, S. 167).}$$

Zylinder (Halbmesser $a$)-Platte oder zwei Spitzen vom Halbmesser $a$:

$$\sigma = \frac{\sqrt{\left(1+\frac{S}{2a}\right)\frac{S}{2a}}}{\ln\left[\sqrt{1+\frac{S}{2a}}+\sqrt{\frac{S}{2a}}\right]}; \quad g = \frac{e^{-\frac{B\cdot p}{\mathfrak{E}_k}\frac{S}{2a}}\cdot\psi\left(\sqrt{\frac{B\cdot p}{\mathfrak{E}_k}\frac{S}{2a}}\right)}{\sqrt{\frac{B\cdot p}{\mathfrak{E}_k}\frac{S}{2a}}}.$$

Spitze von Halbmesser $a$-Platte:

$$\sigma = \frac{\sqrt{\frac{S}{a}\left(1+\frac{S}{a}\right)}}{\ln\left[\sqrt{1+\frac{S}{a}}+\sqrt{\frac{S}{a}}\right]}; \quad g = \frac{e^{-\frac{B\cdot p}{\mathfrak{E}_k}\frac{S}{a}}\cdot\psi\left(\sqrt{\frac{B\cdot p}{\mathfrak{E}_k}\frac{S}{a}}\right)}{\sqrt{\frac{B\cdot p}{\mathfrak{E}_k}\frac{S}{a}}}.$$

Konzentrische Kugeln:

$$\sigma = 1 + \frac{S}{a}; \quad g = \frac{e^{\frac{B\cdot p}{\mathfrak{E}_k}}\cdot\frac{\sqrt{\pi}}{2}\left[\Phi\left\{\left(1+\frac{S}{a}\right)\sqrt{\frac{B\cdot p}{\mathfrak{E}_k}}\right\}-\Phi\left\{\sqrt{\frac{B\cdot p}{\mathfrak{E}_k}}\right\}\right]}{\frac{S}{a}\sqrt{\frac{B\cdot p}{\mathfrak{E}_k}}}.$$

$\Phi(x)$ = Gaußsches Fehlerintegral (s. Ziffer t 4, S. 162).

Für $\frac{S}{a} \to \infty$ wird

$$\lim_{\frac{S}{a}\to\infty}\sigma = \frac{S}{a}; \quad \lim_{\frac{S}{a}\to\infty} g = \frac{e^{\frac{B\cdot p}{\mathfrak{E}_k}}\cdot\frac{\sqrt{\pi}}{2}\left[1-\Phi\left(\sqrt{\frac{B\cdot p}{\mathfrak{E}_k}}\right)\right]}{\frac{S}{a}\sqrt{\frac{B\cdot p}{\mathfrak{E}_k}}}.$$

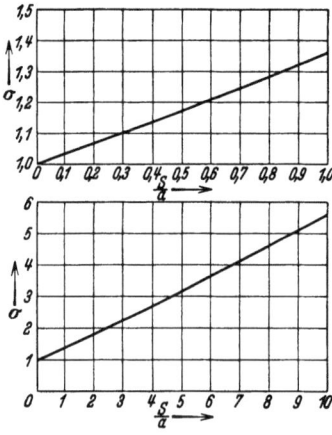

Abb. 82. Elektrodenformfaktor $\sigma$ als Funktion von $\frac{\text{Schlagweite}}{\text{Kugelradius}}$ bei symmetrischer Spannungsverteilung an einer Kugelfunkenstrecke (angenäherte Werte nach Schumann[1]).

Kugelfunkenstrecke, symmetrisch beansprucht:

Für:

$$\mu = \operatorname{Ar}\mathfrak{Cof}\left(1+\frac{S}{2a}\right); \quad \lambda = \operatorname{Ar}\mathfrak{Cof}\left(1+\frac{2S}{a}+\frac{S^2}{2a^2}\right)$$

$$\sigma = \frac{S}{a}\cdot\frac{1}{2}\mathfrak{Sin}\mu\left\{\sum_{k=0}^{\infty}\frac{\mathfrak{Sin}(\mu+\lambda k)+\mathfrak{Sin}\lambda k}{[\mathfrak{Sin}(\mu+\lambda k)+\mathfrak{Sin}\lambda k]^2}+\right.$$

$$\left.+\sum_{k=0}^{\infty}\frac{\mathfrak{Sin}(\mu+\lambda k)+\mathfrak{Sin}\lambda(k+1)}{[\mathfrak{Sin}(\mu+\lambda k)-\mathfrak{Sin}\lambda(k+1)]^2}\right\}$$

(vgl. Abb. 82)

$$g = \frac{e^{-\frac{B\cdot p}{\mathfrak{E}_k}\frac{S}{2a}}\psi\left(\sqrt{\frac{Bp}{\mathfrak{E}_k}\frac{S}{2a}}\right)}{\sqrt{\frac{Bp}{\mathfrak{E}_k}\cdot\frac{S}{2a}}}$$

---

[1] Schumann, W. O.: Elektrische Durchbruchsfeldstärke von Gasen 1923, S. 29.

i 5) **Durchbruchsfeldstärke ebener Elektroden in Luft**[1].

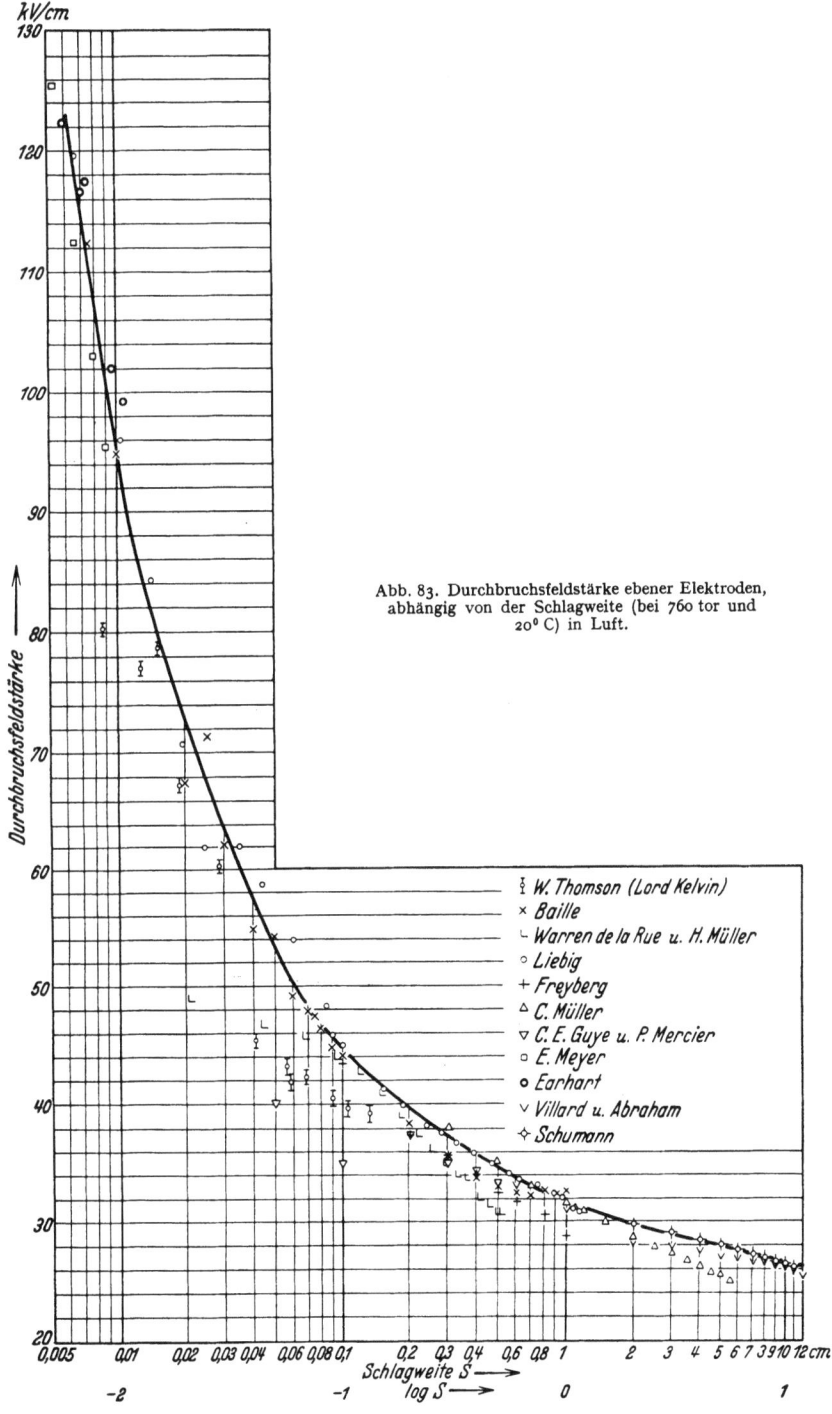

Abb. 83. Durchbruchsfeldstärke ebener Elektroden, abhängig von der Schlagweite (bei 760 tor und 20° C) in Luft.

---

[1] Schumann, W. O.: Elektrische Durchbruchsfeldstärke von Gasen 1923 S. 25.

## i 6) Funkenspannung ebener Elektroden in verschiedenen Gasen in Abhängigkeit von Druck $p$ mal Schlagweite $S$[1].

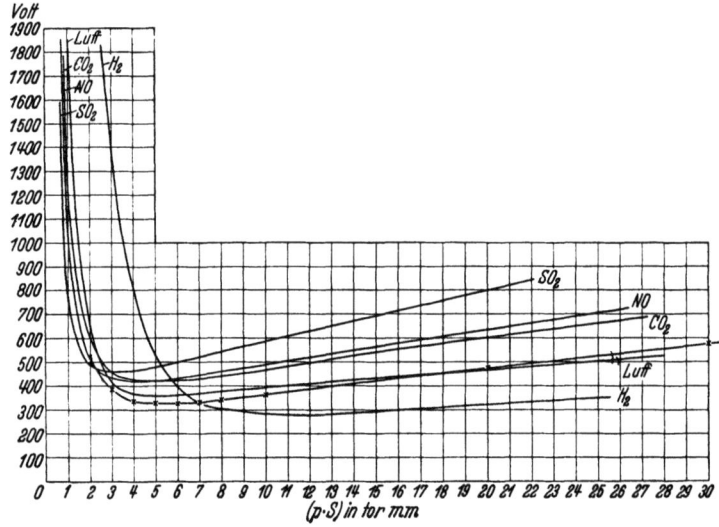

Abb. 84. Funkenspannung in Luft, NO, $CO_2$, $SO_2$ und $H_2$ für ebene Elektroden, abhängig von $p \cdot S$ nach Carr. Zimmertemperatur. Kurve × in Luft nach E. Meyer (21° C).

## i 7) Durchbruchsfeldstärke zylindrischer Elektroden (achsenparallel oder koaxial) in Luft[2].

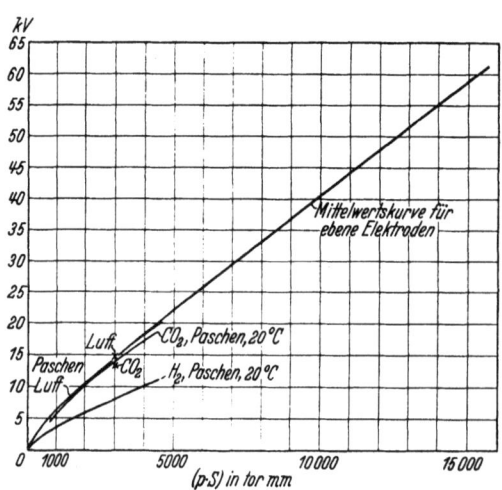

Abb. 85. Funkenspannung ebener Elektroden, abhängig von $p \cdot S$ nach Paschen, de la Rue und Müller (× Punkte nach Orgler).

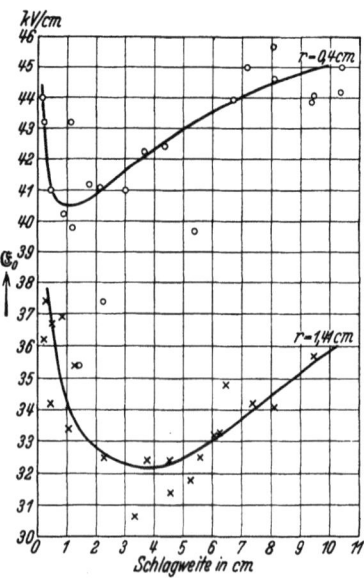

Abb. 86. Feldstärke beim Überschlag zweier gleicher paralleler Zylinder, abhängig von der Schlagweite. 760 tor (Gleichspannung) Luft.

---

[1] Schumann, W. O.: Elektrische Durchbruchsfeldstärke von Gasen 1923 S. 53 u. 57.
[2] Schumann, W. O.: Elektrische Durchbruchsfeldstärke von Gasen 1923 S. 78.

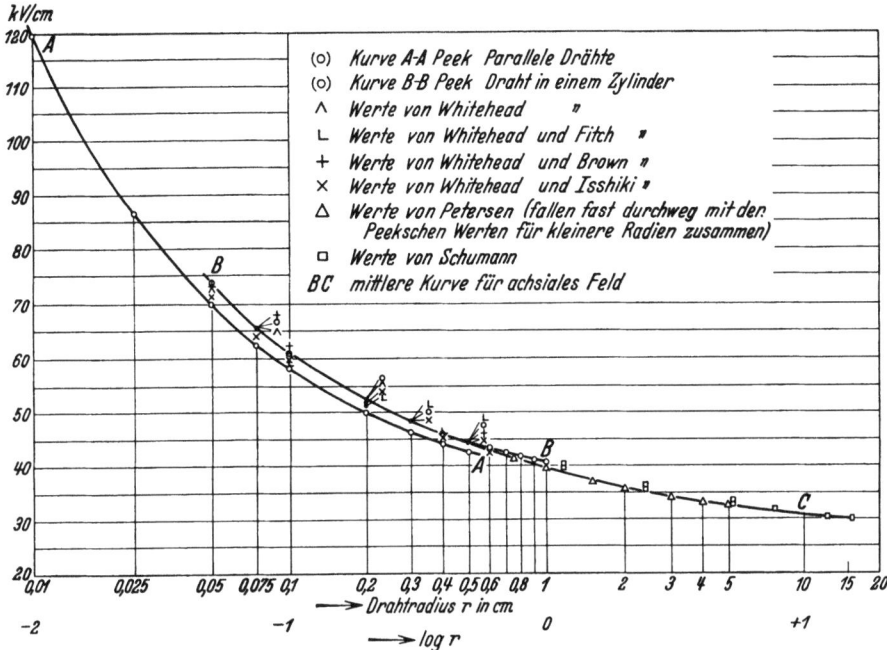

Abb. 87. Durchbruch- (Korona-) feldstärke an der Oberfläche zylindrischer[1] Leiter, abhängig vom Drahtradius (760 tor, 25° C, Wechselspannungsmessungen in Luft).

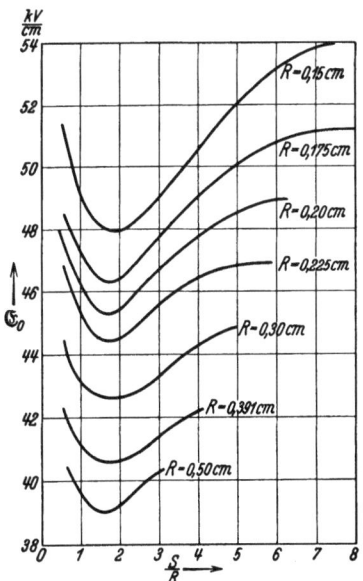

Abb. 88. Durchbruchsfeldstärke zwischen gleichen, achsenparallelen Zylindern[2] in Luft bei 760 tor und Zimmertemperatur. S Schlagweite, R Zylinderradius.

---

[1] Schumann, W. O.: Elektrische Durchbruchsfeldstärke von Gasen 1923 S. 82.
[2] Handbuch der Experimentalphysik, Bd. 13/3 S. 183. Leipzig 1929.

## i 8) Durchbruchsfeldstärke bei Kugelfunkenstrecken[1].
### Zwei Kugeln bei symmetrischer Spannungsverteilung.

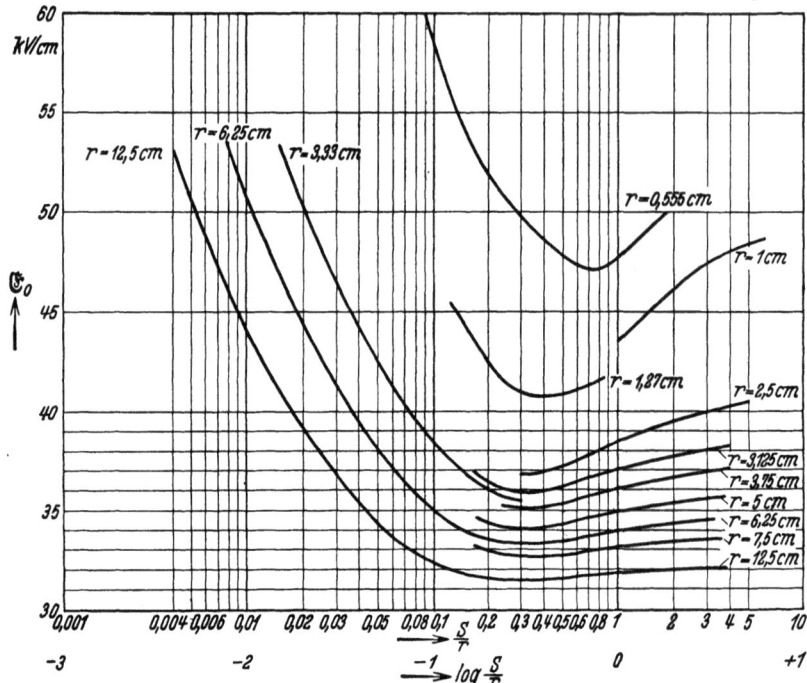

Abb. 89. Durchbruchsfeldstärke $\mathfrak{E}_0$ einer Funkenstrecke aus zwei gleichen Kugeln bei symmetrischer Spannungsverteilung, abhängig vom Verhältnis Schlagweite $S$ zu Radius $r$. Luft (760 tor und 20° C).

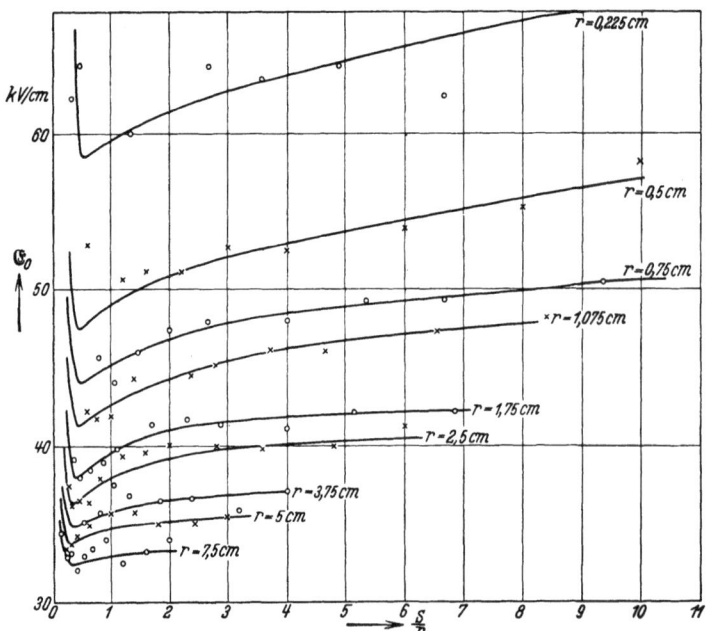

Abb. 90. Durchbruchsfeldstärke für zwei gleiche Kugelelektroden bei symmetrischer Spannungsverteilung (760 tor, 20° C, Luft).

[1] Schumann, W. O.: Elektrische Durchbruchsfeldstärke von Gasen 1923 S. 31 u. 32.

## Zwei Kugeln, von denen eine geerdet ist.

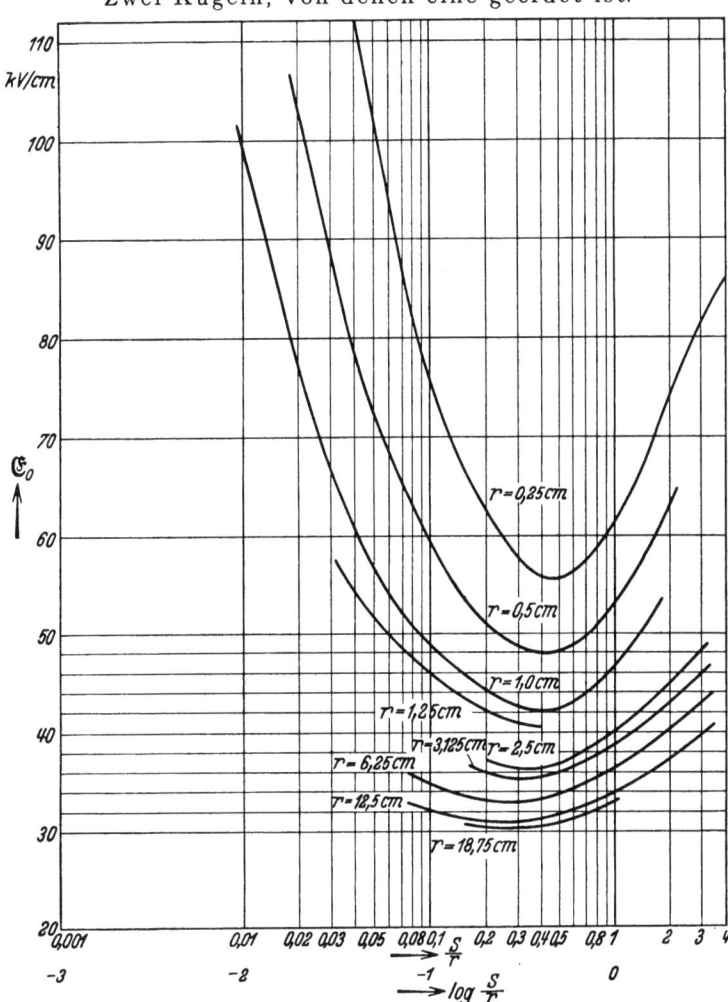

Abb. 91. Durchbruchsfeldstärke $\mathfrak{E}_0$ einer Funkenstrecke aus zwei gleichen Kugeln, von denen eine geerdet ist, abhängig vom Verhältnis Schlagweite $S$ zu Radius $r$ (760 tor, 20 °C, Luft).

## 19) Townsendsche Zündbedingung bei veränderlicher Temperatur.

Die Formel von Townsend lautet (parallele, ebene Elektroden):

$$\frac{S}{\lambda} = \frac{1}{\lambda \alpha} \ln\left(1 + \frac{1}{\gamma}\right); \qquad S = \frac{1}{\alpha} \ln\left(1 + \frac{1}{\gamma}\right);$$

$S$ [cm] Schlagweite; $\lambda$ [cm] freie Weglänge; $\alpha \equiv \alpha_n$ Ionisierungszahl; $\gamma$ Oberflächenionisierungszahl.

Die rechte Seite ist lediglich eine Funktion von

$$\mathfrak{E} \cdot \lambda \equiv \frac{U}{S} \cdot \lambda = U\left(\frac{\lambda}{S}\right).$$

Daher kann man schreiben $\quad \dfrac{S}{\lambda} = f\left(U \dfrac{\lambda}{S}\right).$

Denkt man sich diese Gleichung nach $\dfrac{\lambda}{S}$ aufgelöst, so erhält man die Zündkennlinie in der Form $U = F\left(\dfrac{S}{\lambda}\right)$; diese ist für Zimmertemperatur $T = 294^0 K$ bekannt (vgl. z. B. Abb. 84 und 85, S. 84.)

88    Statistik der Gasentladungen.

Nun ändere sich bei festem Druck die Temperatur. Dadurch ändert sich die freie Weglänge $\lambda$ im Verhältnis $\lambda = \lambda_{294} \cdot \dfrac{T}{294}$. Wir schreiben deshalb

$$U = F\left(\frac{S}{\lambda_{294}} \cdot \frac{294}{T}\right)$$

und erkennen, daß die Zündkennlinie mit reziprokem Abszissenmaßstab die Abhängigkeit der Zündspannung von der Temperatur liefert

$$U = G\left(\frac{\lambda}{S}\right) = G\left(\frac{\lambda_{294}}{S} \cdot \frac{T}{294}\right) = G_1\left(\frac{T}{S}\right).$$

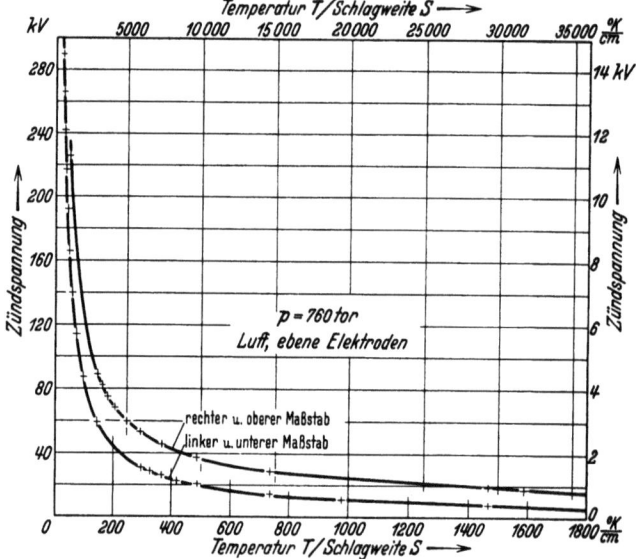

Abb. 92. Zündspannung bei ebenen Elektroden in Abhängigkeit von $\dfrac{\text{Temperatur}}{\text{Schlagweite}}$ (760 tor, Luft).

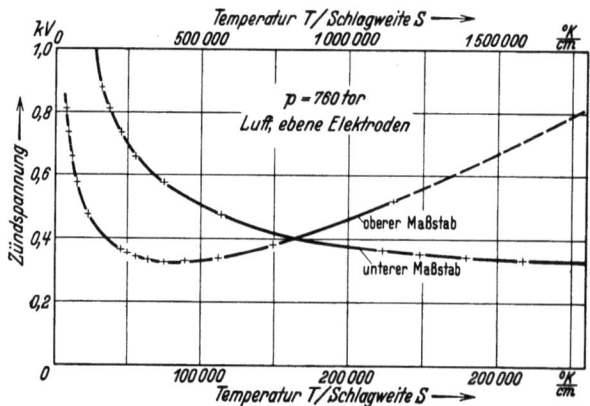

Abb. 93. Zündspannung bei ebenen Elektroden in Abhängigkeit von $\dfrac{\text{Temperatur}}{\text{Schlagweite}}$ (760 tor, Luft).

Da meist $\lambda_{294} \ll S$, bewegt man sich bei verkleinerter Temperatur in der überwiegenden Mehrzahl der Fälle auf dem linken (fallenden) Kennlinienteil: Die Zündspannung sinkt mit wachsender Temperatur, steigt mit abnehmender Temperatur. Dies ist für das Problem der Rückzündungen von grundlegender Bedeutung.

i 10) Zündspannung bei verschiedener Temperatur, abhängig vom Druck[1].

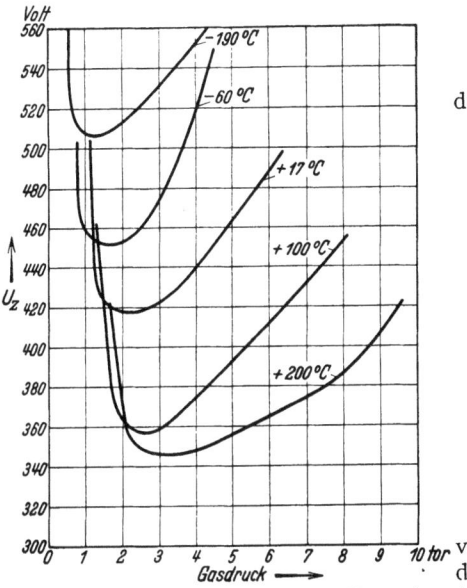

Abb. 94. Zündspannung und Temperatur (Burton). Luft (frei von $CO_2$ und $H_2O$-Dampf).

i 11) Brechung von Elektronenbahnen im raumladungsfreien elektrischen Feld[2].

Elektronenoptisches Brechungsgesetz.

Tritt ein Elektronenstrahl (Geschwindigkeit $U_0$) in eine planparallele Feldschicht

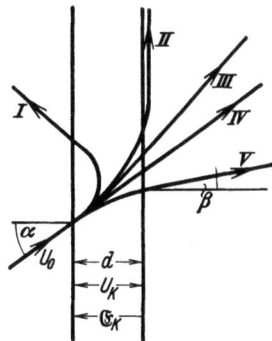

Abb. 95. Typische Bahnen eines Elektrons in einer elektrischen Feldschicht.

von der Dicke $d$ unter dem Winkel $\alpha$ (gegen das Einfallslot) ein, so gilt für den Austrittswinkel in Analogie zum Snelliusschen Brechungsgesetz:

$$\sin\beta = \frac{1}{n}\sin\alpha = \frac{1}{\sqrt{1+\frac{U_K}{U_0}}}\sin\alpha = \sqrt{\frac{U_0}{U_0+U_K}}\cdot\sin\alpha.$$

Der „Brechungsexponent" $n$ eines elektrischen Feldes ist also nur vom Verhältnis der Austrittsgeschwindigkeit zur Eintrittsgeschwindigkeit der Elektronen in die Feldschicht abhängig. In Abhängigkeit von $\frac{U_K}{U_0}$ unterscheidet man fünf Bahntypen (Abb. 95 und folgende Tabelle).

Beziehung zwischen Spannung und Brechungszahl für die Bahntypen der Abb. 95.
$$n = \frac{\sin\alpha}{\sin\beta} = \sqrt{1+\frac{U_K}{U_0}}.$$

| Bahn | | $\frac{U_K}{U_0}$ | Brechungszahl $n$ | Optische Wirkung der Feldschicht |
|---|---|---|---|---|
| I | | $\infty > \left|\frac{U_K}{U_0}\right| > \cos^2\alpha$ | $n < \sin\alpha$ oder imaginär | Totale Reflexion |
| II | negativ | $\left|\frac{U_K}{U_0}\right| = \cos^2\alpha$ | $n = \sin\alpha$ | Grenze der totalen Reflexion |
| III | $\leftarrow U_K \rightarrow$ | $\cos^2\alpha > \left|\frac{U_K}{U_0}\right| > 0$ | $\sin\alpha < n < 1$ | Brechung vom Einfallslot weg |
| IV | | $\frac{U_K}{U_0} = 0$ | $n = 1$ | keine Brechung |
| V | pos. | $0 < \left|\frac{U_K}{U_0}\right| < \infty$ | $1 < n < \infty$ | Brechung nach Einfallslot zu |

---
[1] Handbuch der Experimentalphysik, Bd. 13/3 S. 133. Leipzig 1929.
[2] Knoll u. Ruska, Ann. Physik. 5. Folge Bd. 12 (1932) S. 656.

## k) Raumladungsbeschwerte Entladungen.
### k 1) Elektronenemission von Glühkathoden.

Gesetze für Raumladungsstrom siehe Ziffer **m 10**, S. 107 f., Anlaufstrom siehe Ziffer **k 4**, S. 91.

Sättigungsstromdichte.

1. Für reine Metalle:

$$i_s = 2\alpha \frac{2\pi m_0}{h^3} k^2 T^2 e^{-\frac{eU_a}{kT}} \left[\frac{A}{cm^2}\right]$$

$$= A \cdot T^2 e^{-\frac{eU_a}{kT}} \left[\frac{A}{cm^2}\right]$$

$$A = 2\alpha \frac{2\pi m_0}{h^3} k^2 = 2\alpha \cdot 60{,}2 \frac{A}{cm^2 \, {}^0K^2}$$

2. Für Kathoden mit Oxydbelag usw.:

$$i_s = A T^2 e^{-\frac{eU_a}{kT}} = A T^2 e^{-\frac{B}{T}} \left[\frac{A}{cm^2}\right]$$

$\alpha$ = Emissionskoeffizient (für viele Metalle $2\alpha \approx 1$);
$m_0$ [g · $10^{-7}$] Elementarmasse;
$e$ [clb] Elementarladung;
$h$ [Ws²] Plancksches Wirkungsquantum;
$k \left[\frac{Ws}{{}^0K}\right]$ Boltzmannsche Konstante;
$T$ [${}^0K$] Kathodentemperatur;
$U_a$ [V] Austrittsspannung.

Experimentelle Bestimmung von $A$ und $B = \frac{eU_a}{k}$ mittels

$$\ln \frac{i_s}{T^2} = \ln A - \frac{B}{T}$$

ergibt Gradliniengesetz (Richardson-Grade) zwischen

$\ln \frac{i_s}{T^2}$ (Ordinate) und $\frac{1}{T}$ (Abszisse) (vgl. Ziffer **m 5**, S. 104).

3. Schottky-Effekt:

Wirkt am Glühdraht ein auf den Draht zu gerichtetes Feld $\mathfrak{E}$, so vergrößert sich die Sättigungsstromdichte auf

$$i'_s = i_s e^{\frac{3{,}75 \cdot 10^{-4} e \sqrt{\mathfrak{E}}}{kT}} = i_s e^{\frac{4{,}34 \sqrt{\mathfrak{E}}}{T}} \qquad \mathfrak{E}\left[\frac{V}{cm}\right]$$

### k 2) Konstanten der Richardson-Gleichung (empirische Werte)[1].

$$i_s = A T^2 e^{-\frac{B}{T}} [A/cm^2]; \quad B = \frac{eU_a}{k}.$$

| Metalle | $A$ A/cm² ${}^0K$ | $\alpha$ | $B$ ${}^0K$ | $U_a$ V |
|---|---|---|---|---|
| Ag, fest | 60,2 | 0,5 | 4,70 · 10⁴ | 4,06 |
| flüssig | 60,2 | 0,5 | 5,00 ,, | 4,31 |
| Au, fest | 60,2 | 0,5 | 4,90 ,, | 4,23 |
| flüssig | 60,2 | 0,5 | 5,30 ,, | 4,57 |
| Ca | 60 | ~ 0,5 | 2,60 ,, | 2,24 |
| Cs | 162 | 1,34 | 2,10 ,, | 1,81 |
| Cu, fest | 60,2 | 0,5 | 5,10 ,, | 4,40 |
| flüssig | 60,2 | 0,5 | 5,30 ,, | 4,57 |
| Hf | (55000) | (4,6 · 10²) | (5,95 ,,) | (3,80) |
| Mo | 60,2 | 0,5 | 5,15 ,, | 4,44 |
| Nb | 57 | 0,53 | 4,6 ,, | 3,96 |
| Ni | 26 | 0,22 | 3,21 ,, | 2,77 |
| Pt | (17000) | (1,4 · 10²) | (7,25 ,,) | (6,27) |
| Ta | 60 | ~ 0,5 | 4,76 ,, | 4,07 |
| Th | 60 | ~ 0,5 | 3,89 ,, | 3,35 |
| W | 60,2 | 0,5 | 5,24 ,, | 4,52 |

[1] Klemperer, O.: Einführung in die Elektronik 1933 S. 98; Engel, A. v. u. M. Steenbeck: Elektrische Gasentladungen 1932 S. 127. Bezüglich Hf und Pt vgl. Erklärungen bei Klemperer (vermutlich unreine Oberfläche).

Tabelle k 2) (Fortsetzung).

| Metalle | A<br>A/cm² °K | α | B<br>°K | $U_a$<br>V |
|---|---|---|---|---|
| Dünne Metallschichten auf Trägermetallen und Oxyde. | | | | |
| Kond. Ba-Dampf auf oxyd. W. | — | — | $1{,}28 \cdot 10^4$ | 1,19 |
| BaO | — | — | 1,15 ,, | 0,99 |
| CaO | — | — | 2,05 ,, | 1,77 |
| Cs-Film auf W. | — | — | 1,58 ,, | 1,36 |
| Cs-Film auf oxyd. W. | — | — | 0,83 ,, | 0,716 |
| SrO | — | — | 2,05 ,, | 1,77 |
| Th-Film auf W | 3,0 | $2{,}5 \cdot 10^{-2}$ | 3,05 ,, | 2,63 |

### k 3) Poissonsche Differentialgleichung.

Die Potentialfunktion einer Gasentladung mit der resultierenden Raumladung $\varrho = q\,(n_+ - n_-)$ unterliegt der Poissonschen Differentialgleichung.

$$\text{div grad } \varphi = -\frac{\varrho}{\varDelta}.$$

$n_\pm$ = Konzentration der $\genfrac{}{}{0pt}{}{\text{pos.}}{\text{neg.}}$ Träger; $q$ = Trägerladung; $\varDelta$ = Dielektrizitätskonstante des leeren Raumes.

Für ein rechtwinkliges kartesisches Koordinatensystem $(x, y, z)$:

$$\frac{\partial^2 \varphi}{\partial x^2} + \frac{\partial^2 \varphi}{\partial y^2} + \frac{\partial^2 \varphi}{\partial z^2} = -\frac{\varrho}{\varDelta}.$$

Für ein Zylinder-Koordinatensystem $(r, \psi, z)$:

$$\frac{\partial^2 \varphi}{\partial r^2} + \frac{1}{r}\frac{\partial \varphi}{\partial r} + \frac{1}{r^2}\frac{\partial^2 \varphi}{\partial \psi^2} + \frac{\partial^2 \varphi}{\partial z^2} = -\frac{\varrho}{\varDelta}.$$

Für sphärische Polarkoordinaten $(r, \psi, \vartheta)$.

$$\frac{1}{r^2}\frac{\partial}{\partial r}\left(r^2 \frac{\partial \varphi}{\partial r}\right) + \frac{1}{r^2 \sin^2 \vartheta}\frac{\partial^2 \varphi}{\partial \psi^2} + \frac{1}{r^2 \sin \vartheta}\frac{\partial}{\partial \vartheta}\left(\sin \vartheta \frac{\partial \varphi}{\partial \vartheta}\right) = -\frac{\varrho}{\varDelta}.$$

### k 4) Langmuir-Sonden[1].

**a) Ebene Sonde.**

Die Sonde sei gegen die Ausdehnung der zu untersuchenden Entladung klein. Die zur Sonde fließenden Ströme sollen so klein sein, daß die Potentialverteilung der Entladung nicht merklich geändert wird. Der Druck muß so klein sein, daß in der Raumladungszone keine Stöße stattfinden[2].

Erteilt man der Sonde ein veränderliches Potential (Messung gegen Kathode oder besser Anode), so erhält man einen Stromverlauf nach Abb. 96. Im Bereich $A-B$ ist die Sonde so stark negativ gegen ihre Umgebung, daß Elektronen nicht gegen sie anlaufen können. Um die Sonde entsteht dabei eine positive Raumladungsschicht, so daß im wesentlichen nur Ionen zur Sonde fließen. Die Ionenstromdichte ist:

$$i_i = \frac{\sqrt{\dfrac{2e}{m_i}}}{9\pi}\,\frac{U^{3/2}}{x^2}\left(1 + 2{,}66\sqrt{\frac{kT_i}{eU}}\right). \quad (1)$$

Bei geringeren negativen Potentialunterschieden zwischen Sonde und ihrer Umgebung $(B-C)$ können Elektronen gegen die Sonde anlaufen. Der Elektronenstrom (Anlaufstrom wie bei Elektronenröhren) (s. Skizze) ist dabei:

$$I'_e = i_e \cdot F_r \cdot e^{-\frac{eU}{k \cdot T_e}} = i_e \cdot F_r \cdot e^{-\frac{U_a}{U_{th}}} \quad (2)$$

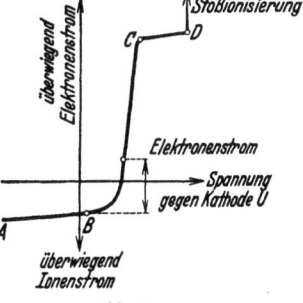

Abb. 96.

---
[1] Langmuir, I. u. H. Mott-Smith: Gen. electr. Rev. Bd. 27 (1924) S. 449, 538, 616, 762, 810; Langmuir, I.: Gen. Electr. Rev. Bd. 26 (1923) S. 731; Science Bd. 58 (1923) S. 290; J. Franklin Inst. Bd. 196 (1923) S. 751; Physic. Rev. Bd. 28 (1926) S. 727; Z. Physik. Bd. 64 (1928) S. 271.

[2] Vgl. auch K. Sommermeyer: Z. Physik, Bd. 90 (1934) S. 232 (Sondenmessungen bei höherem Druck).

$I'_i$ = Ionenstrom zur Sonde [A]; $i_i$ = Stromdichte des Ionenstroms in den der Sonde benachbarten Teilen der Entladung [A/cm²]; $m_i$ [g · 10⁻⁷] Ionenmasse; $T_i$ = Ionentemperatur [°K]; Index $e$ gilt sinngemäß für Elektronenströme; $e$ [clb] Elementarladung; $k$ [Ws/°K] Boltzmannsche Konstante; $x$ = Dicke der Raumladungsschicht [cm]; $F$ = Sondenfläche [cm²]; $F_r$ = Grenzfläche der Raumladungsschicht gegen die Entladung [cm²].

Der Gesamtsondenstrom ist also im Bereich $B-C$ eine Summe aus Ionen- und Elektronenströmen. Bei $C$ ist Sondenpotential und Potential der Umgebung gleich. Von $C$ ab in Richtung $D$ steigt das Sondenpotential gegen die Umgebung in positiver Richtung an. Bei $D$ setzt eine selbständige Entladung nach der Sonde hin ein. Wegen der geringen Beweglichkeit der Ionen laufen auch schon bei geringen positiven Potentialen keine Ionen gegen die Sonde an, der Stromverlauf (reiner Elektronenstrom) $CD$ ist also praktisch parallel zur $U$-Achse. Für den Elektronenstrom gilt dann sinngemäß dieselbe Raumladungsgleichung (1) wie für den Ionenstrom. Bei konstantem Elektronenstrom nimmt analog zu (1) die Dicke $x$ der entstehenden Raumladungsschicht mit steigendem Potentialunterschied zwischen der Sonde und der Grenze des Raumladungsgebietes gegen die Entladung zu.

### Bestimmung der Elektronentemperatur und des zu messenden Potentials $U_0$.

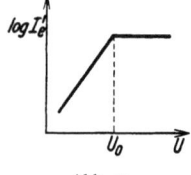
Abb. 97.

Man bestimmt aus der Kennlinie des Sondenstromes den Elektronenstrom (vgl. Abb. 96) und trägt ihn logarithmisch gegen $U$ auf:

$$\log I'_e = \frac{U e}{k T_e} + \text{const} = 11\,600 \frac{U}{T_e} + \text{const}.$$

Die Steigung der Geraden gibt dann $T_e$. Da ab $C$ in Richtung $D$ der Elektronenstrom konstant ist, entsteht im $\lg I'_e - U$-Diagramm (Abb. 97) ein Knick, der das Sondenpotential $U_0$ (Potential der Entladung an der Stelle der Sonde) bezeichnet. Mittels

$$\bar{v} = \sqrt{\frac{8 k T_e}{\pi m_0}} \quad \text{und} \quad i_e = \frac{1}{4} e n_e \cdot \bar{v}_e$$

$\bar{v}$ [cm/s] mittlere Elektronengeschwindigkeit; $n_e \left[\frac{1}{\text{cm}^3}\right]$.

läßt sich die Trägerkonzentration $n_e$ bestimmen.

b) Zylindersonde[1].

Für $\frac{e U}{k T} \ll \frac{a}{r}$ (kleine Sondenradien $r$ und kleine Stromdichten, $a$ = Radius der Raumladungsschicht) und $\frac{e U}{k T} > 2$ gilt entsprechend (2) angenähert für Ionen- oder Elektronenstrom

$$I' = i F \frac{2}{\sqrt{\pi}} \sqrt{\frac{e U}{k T} + 1} \quad \text{oder} \quad I'^2 = \frac{4}{\pi} F^2 i^2 \left(\frac{e U}{k T} + 1\right)$$

Bei bekannter Temperatur liefert die Neigung der Geraden $I'^2 = f(U)$ die Stromdichte und der Abschnitt auf der $U$-Achse das Potential der Sonde gegen ihre Umgebung. Die Trägerkonzentration findet man aus Stromdichte und Temperatur wie oben angegeben.

---

[1] Mott-Smith, H. u. I. Langmuir: Physic. Rev. Bd. 28 (1926) S. 727.

# 1) Plasmafelder.

## 1 1) Thermische Ionisation[1].

Der Dissoziationsgrad $x$ (Anzahl der ionisierten Moleküle im Verhältnis zur Gesamtzahl der vorhandenen Moleküle) für die Dissoziation einatomiger Gase in Ionen und Elektronen ist für bekannten Druck $p$ und Temperatur $T$ gegeben durch die Saha-Gleichung[2]:

$$p\left[\frac{Ws}{cm^3}\right] \frac{x^2}{1-x^2} = \frac{k^{5/2}}{h^3} (2\pi m_0)^{3/2} T^{5/2} e^{-\frac{e U_{jw}}{kT}}$$

In anderer Form lautet die Gleichung:

1. Für Druck in bar (dyn/cm²)

$$\frac{x^2}{1-x^2} = 4{,}80 \cdot 10^9 \frac{U_{jw}^{5/2}}{p_{[bar]}} \vartheta^{5/2} e^{-\frac{1}{\vartheta}}.$$

2. Für Druck in physikalischen Atmosphären

$$\frac{x^2}{1-x^2} = 4{,}73 \cdot 10^3 \frac{U_{jw}^{5/2}}{p_{[atp]}} \vartheta^{5/2} e^{-\frac{1}{\vartheta}}.$$

3. Für Druck in tor (mm Hg)

$$\frac{x^2}{1-x^2} = 3{,}61 \cdot 10^6 \frac{U_{jw}^{5/2}}{p_{[tor]}} \vartheta^{5/2} e^{-\frac{1}{\vartheta}}$$

$k\left[\frac{Ws}{°K}\right]$ Boltzmannsche Konstante; $h$ [Ws²] Plancksches Wirkungsquantum; $m_0$ [$10^{-7}$ g] Elementarmasse; $T$ [°K] Temperatur; $e$ [clb] Elementarladung; $U_{jw}$ [V] wirksame Ionisierungsspannung[3]; $\vartheta = \frac{kT}{eU_{jw}}$

**Bestimmung des Grades der thermischen Ionisation von Metalldämpfen und Gasen.**

Für den Druck in phys. Atmosphären lautet die Saha-Gleichung:

$$\frac{x^2}{1-x^2} = 4{,}73 \cdot 10^3 \frac{U_{jw}^{5/2}}{p_{[atp]}} \vartheta^{5/2} e^{-\frac{1}{\vartheta}} = \frac{c}{p_{[atp]}} \cdot \vartheta^{5/2} e^{-\frac{1}{\vartheta}}.$$

Die Konstanten dieser Gleichung sind in der folgenden Tabelle[4] zusammengestellt.

|  | $U_j$ V | $c$ | $\frac{\vartheta}{T}$ |
|---|---|---|---|
| Ag-Dampf | 7,5 | $0{,}734 \cdot 10^6$ | $1{,}15 \cdot 10^{-5}$ |
| Cu-Dampf | 7,7 | $0{,}785 \cdot 10^6$ | $1{,}12 \cdot 10^{-5}$ |
| Fe-Dampf | 7,8 | $0{,}808 \cdot 10^6$ | $1{,}11 \cdot 10^{-5}$ |
| Hg-Dampf | 10,4 | $1{,}655 \cdot 10^6$ | $0{,}830 \cdot 10^{-5}$ |
| Wasserstoff<br>Sauerstoff } (einatomig) | 13,5 | $3{,}17 \cdot 10^6$ | $0{,}640 \cdot 10^{-5}$ |
| Stickstoff (einatomig) | 14,5 | $3{,}78 \cdot 10^6$ | $0{,}595 \cdot 10^{-5}$ |

$$f(\vartheta) = \frac{c}{p_{[atp]}} \vartheta^{5/2} e^{-\frac{1}{\vartheta}} = \frac{x^2}{1-x^2}; \quad x = \sqrt{\frac{f(\vartheta)}{1+f(\vartheta)}}.$$

Abb. 98 zeigt für $p = 1$ atp $x$ als Funktion der Temperatur. Will man aus dem Diagramm $x$ für andere Drucke berechnen, so entnehme man $\frac{x^2}{1-x^2}$ als Funktion der Temperatur aus dem Diagramm. Diesen Wert dividiere man durch den vorliegenden Druck. Die linke Ordinatenskala ergibt dann das zugehörige $x$ für den vorliegenden Druck.

---

[1] Innere Atomfreiheitsgrade sind nicht berücksichtigt (eingefroren).
[2] Vgl. Saha: Z. Physik. Bd. 6 (1921) S. 40.
[3] Die wirksame Ionisierungsspannung $U_{jw}$ ist bei höheren Drucken und Temperaturen erfahrungsgemäß etwa $\frac{2}{3} U_j$. (Einfluß der stufenweisen Ionisation.)
[4] Die Tabelle ist für $U_j = U_{jw}$ gerechnet worden.

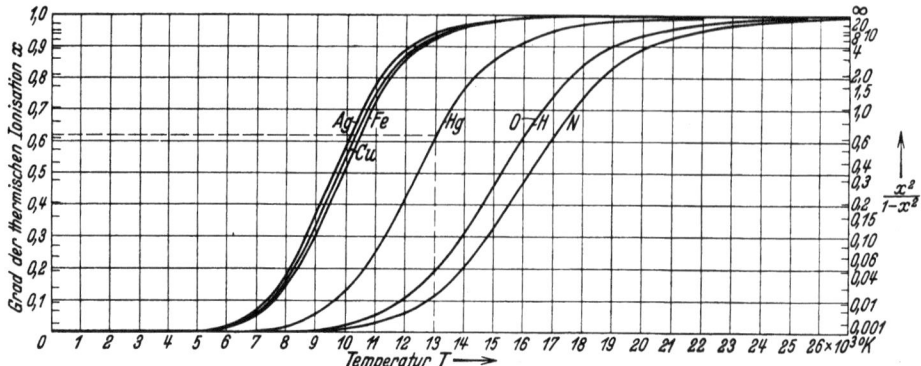

Abb. 98. Grad der thermischen Ionisation von Metalldämpfen und Gasen beim Druck von 1 atp = 760 tor.

## 1 2) Gradient der positiven Säule.

### 1. Neon[1].

Gradient in Neon in Abhängigkeit vom Druck; Stromstärke als Parameter.

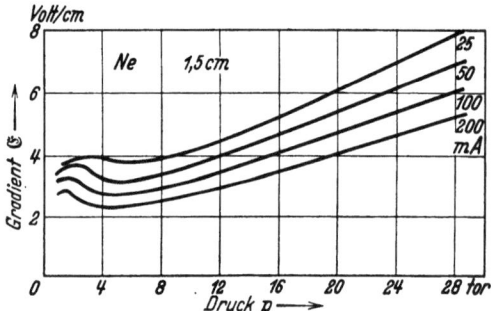

Abb. 99. Rohrdurchmesser 1,5 cm.

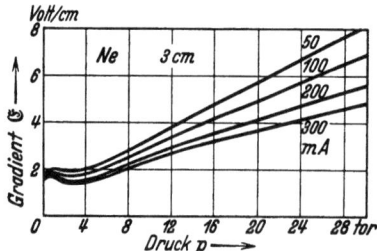

Abb. 100. Rohrdurchmesser 3 cm.

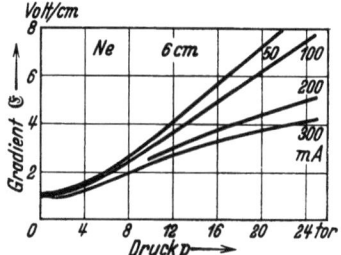

Abb. 101. Rohrdurchmesser 6 cm.

---

[1] Lompe u. R. Seeliger: Ann. Physik Bd. 5, 15 (1932) S. 300—316.

Gradient der positiven Säule. 95

### Gradient in Neon in Abhängigkeit von der Stromstärke; Druck als Parameter.

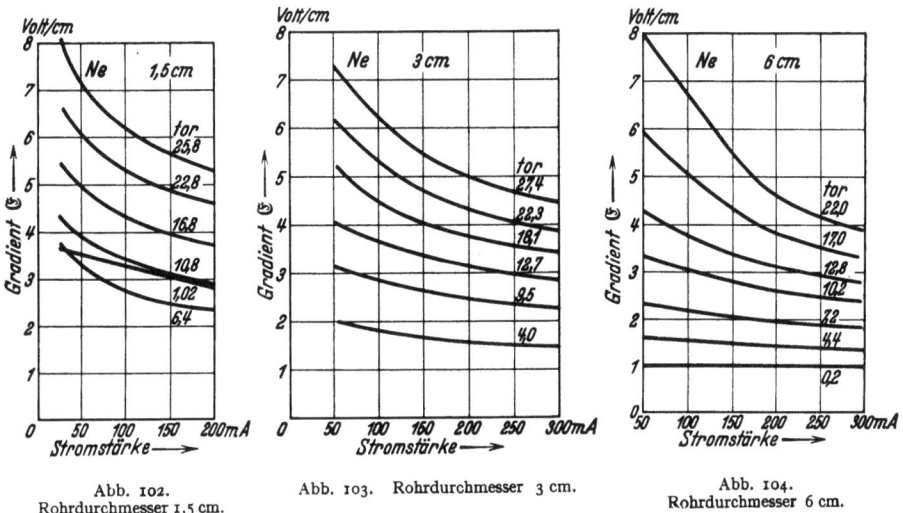

Abb. 102. Rohrdurchmesser 1,5 cm.

Abb. 103. Rohrdurchmesser 3 cm.

Abb. 104. Rohrdurchmesser 6 cm.

### 2. Helium[1].

### Gradient in Helium in Abhängigkeit vom Druck; Stromstärke als Parameter.

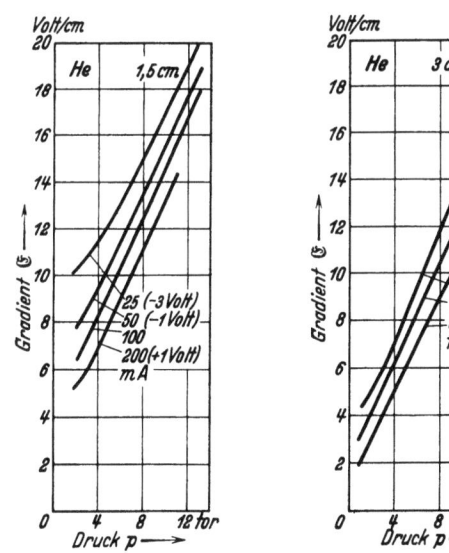
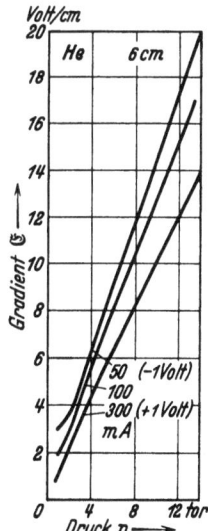

Abb. 105. Rohrdurchmesser 1,5 cm. 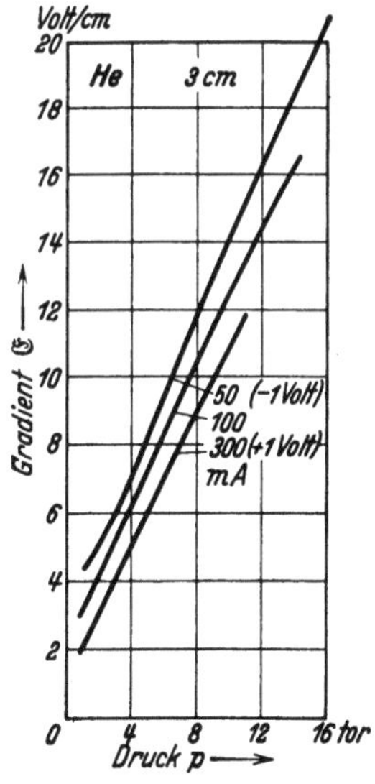  Abb. 106. Rohrdurchmesser 3 cm.  Abb. 107. Rohrdurchmesser 6 cm.

---

[1] Lompe u. R. Seeliger: Ann. Physik Bd. 5, 15 (1932) S. 300—316.

Gradient in Helium in Abhängigkeit von der Stromstärke; Druck als Parameter.

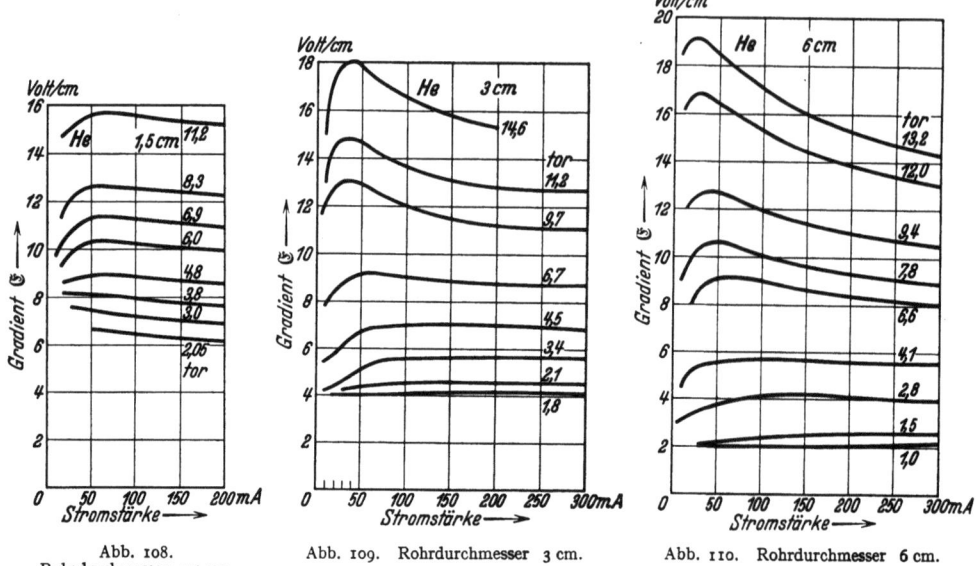

Abb. 108. Rohrdurchmesser 1,5 cm.  Abb. 109. Rohrdurchmesser 3 cm.  Abb. 110. Rohrdurchmesser 6 cm.

3. Argon[1].

Gradient in Argon in Abhängigkeit vom Druck; Stromstärke als Parameter.

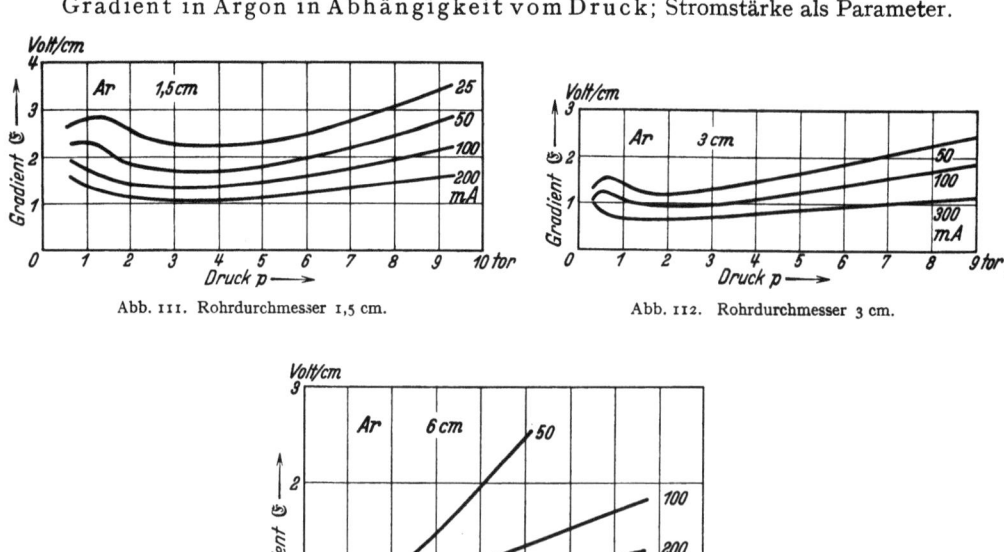

Abb. 111. Rohrdurchmesser 1,5 cm.  Abb. 112. Rohrdurchmesser 3 cm.

Abb. 113. Rohrdurchmesser 6 cm.

---

[1] Lompe u. R. Seeliger: Ann. Physik Bd. 5, 15 (1932) S. 300—316.

## Gradient der positiven Säule.

### Gradient in Argon in Abhängigkeit von der Stromstärke; Druck als Parameter.

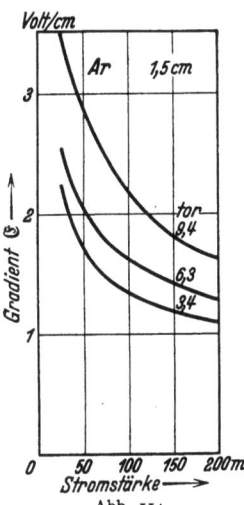

Abb. 114. Rohrdurchmesser 1,5 cm.

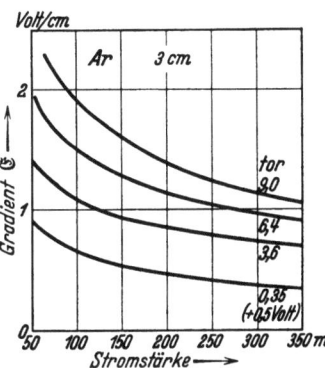

Abb. 115. Rohrdurchmesser 3 cm.

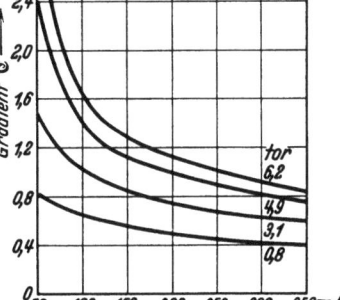

Abb. 116. Rohrdurchmesser 6 cm.

### 4. Quecksilberdampf[1].

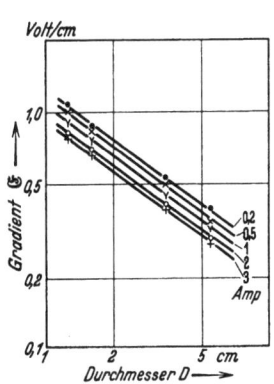

Abb. 117. Gradient $\mathfrak{E}$ [V/cm] in Abhängigkeit vom Durchmesser $D$ [cm] des Rohres; Stromstärke [A] als Parameter. Sättigungsdruck entspr. $t = 100°$ C.

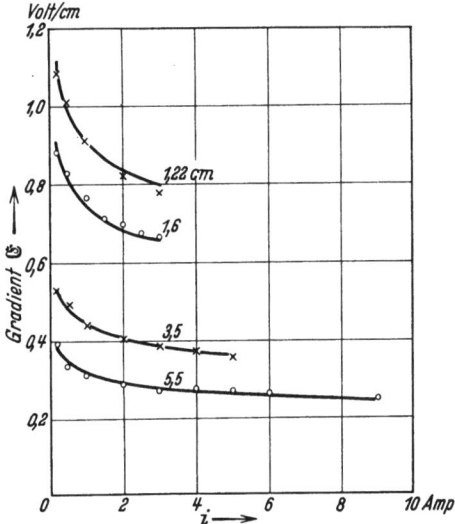

Abb. 118. Gradient $\mathfrak{E}$ [V/cm] in Abhängigkeit von der Stromstärke [A]; Rohrdurchmesser [cm] als Parameter. Sättigungsdruck entspr. $t = 100°$ C.

### 5. Stickstoff[2].

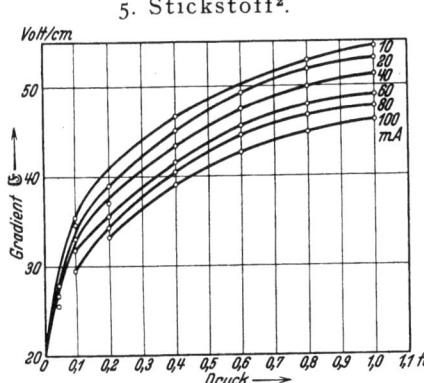

Abb. 119. Gradient in reinem Stickstoff nach Gehlhoff.

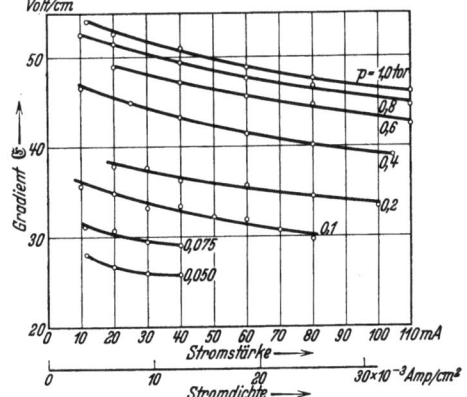

Abb. 120. Gradient in reinem Stickstoff nach Gehlhoff.

---

[1] Elenbaas, W.: Z. Physik Bd. 78 (1932) S. 603.
[2] Seeliger, R.: Einführung in die Physik der Gasentladungen, 1934 S. 326f.

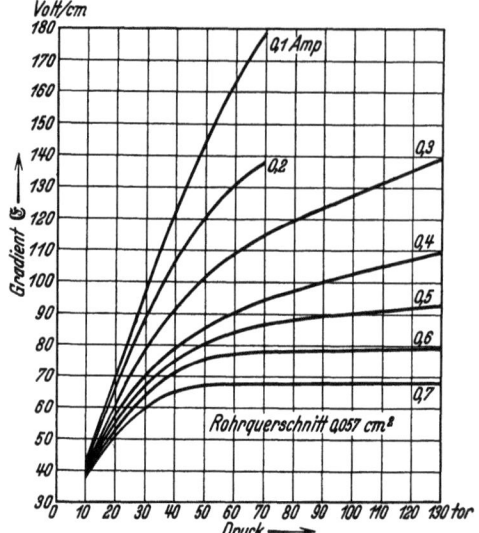

Abb. 121. Gradient in Stickstoff nach Matthies und Struck[1]

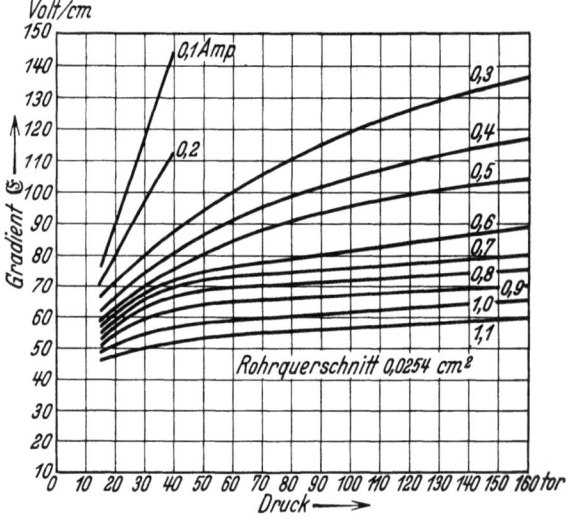

Abb. 122. Gradient in Stickstoff nach Matthies und Struck[1].

## 13) Elektronentemperatur in der positiven Säule[2].

|  | Hg | | | Ne | | | Ar | | |
|---|---|---|---|---|---|---|---|---|---|
| $p$ (tor) . . | $1{,}9 \cdot 10^{-2}$ | $7{,}3 \cdot 10^{-4}$ | $4 \cdot 10^{-5}$ | 10 | 1 | 0,1 | 10 | 1 | 0,1 |
| $U_{th_{el}}$ (V) . | 1,1 | 2,3 | 4,8 | 2 | 4 | 10 | 1 | 2 | 3 |
| $\mathfrak{E}$ (V/cm) . | 0,17 | 0,063 | 0,046 | 3 | 2 | 1 | 2 | 1 | 1 |

---

[1] Da die Messungen an Kapillaren durchgeführt wurden, darf man nicht auf größere Rohrquerschnitte extrapolieren.
[2] Seeliger, R.: Einführung in die Physik der Gasentladungen, 1934 S. 338.

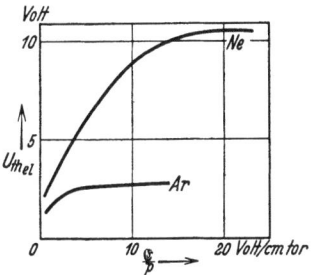

Abb. 123. Elektronentemperaturen[1] nach Hirchert und Seeliger für Neon und Argon, Rohrradius 2 cm, Stromstärke 100 mA.

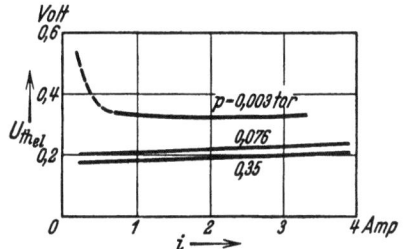

Abb. 124. Elektronentemperatur nach Mohler für Caesium, Rohrradius = 0,9 cm.

Verhältnis $\frac{T}{T_0}$ der Elektronentemperatur zur Temperatur der Gasatome.

Mittlere freie Weglänge $\lambda$ von Elektronen in verschiedenen Gasen.

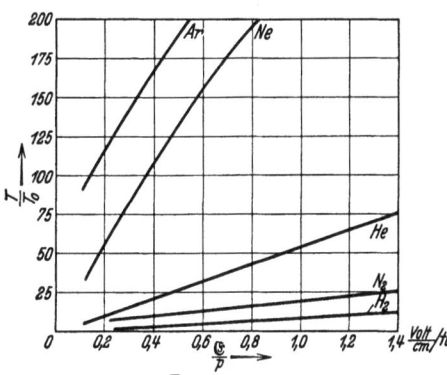

Abb. 125. Verhältnis $\frac{T}{T_0}$ der Elektronentemperatur zur Temperatur der Gasatome für Argon, Neon, Helium. Stickstoff und Wasserstoff als Funktion von $\frac{\mathfrak{E}}{p}$ ($\mathfrak{E}$ = Feldstärke; $p$ = Gasdruck) für $t = 0°$ C (?) (Townsend).

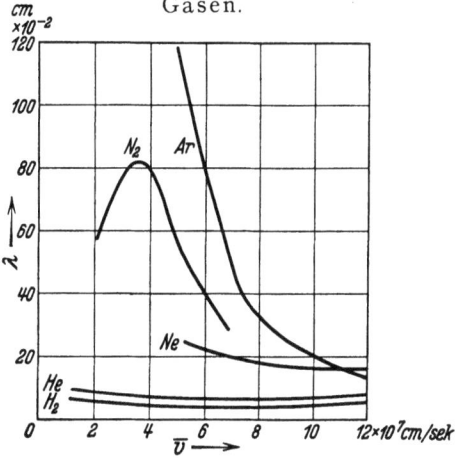

Abb. 126. Mittlere freie Weglänge $\lambda$ von Elektronen in Ar, Ne, H₂ bei einem Druck von 1 tor in Abhängigkeit von der mittleren Geschwindigkeit der ungeordneten Elektronenbewegung (Townsend).

## 14) Energiebilanz der positiven Säule[2].

$A = i |\mathfrak{E}| =$ je Längen- und Zeiteinheit geleistete Arbeit in der Säule ($\mathfrak{E}$ = Gradient; $i$ = Stromstärke); $E_s$ = Strahlungsenergie, die das Rohr je Zeiteinheit verläßt; $Q$ = je Zeiteinheit erzeugte Wärme; $Q = E_v + E_w$; $E_v$ = im Gas entstandene Wärme; $E_w$ = an der Wand des Gefäßes entstandene Wärme; $r$ = Rohrradius.

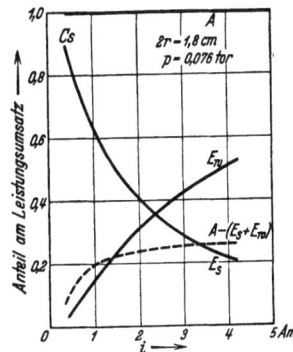

Abb. 127a. Energiebilanz der Säule nach Mohler für Caesiumdampf.

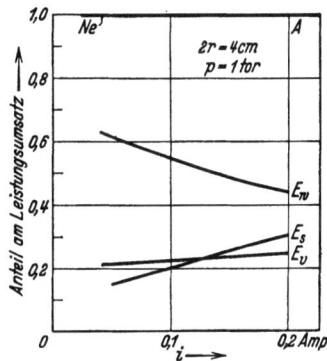

Abb. 127b. Energiebilanz der Säule nach Sommermeyer für Neon.

---

[1] 1 V = 7730° K. — [2] Seeliger, R.: Einführung in die Physik der Gasentladungen, 1934 S. 341.

### 15) Energieumsatz in der positiven Säule[1].

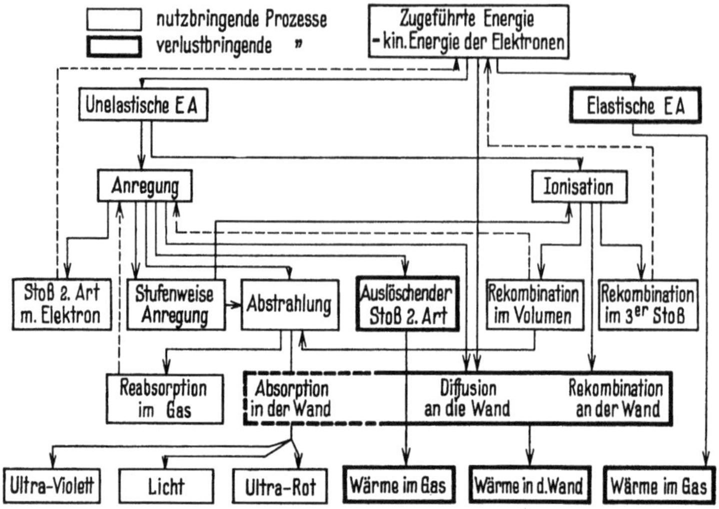

Abb. 128. Schema des Energieumsatzes in der positiven Säule einer Gasentladung. EA = Energieabgabe. (Ausgezogene Linien bezeichnen Energie entziehende, gestrichelte Linien Energie rückliefernde Vorgänge.)

## III. Besondere Entladungsformen.

### m) Elektronenröhren.

m 1) Charakteristische Daten (bezogen auf 1 cm² Oberfläche) direkt geheizter Glühkathoden in Abhängigkeit von der Temperatur[2].

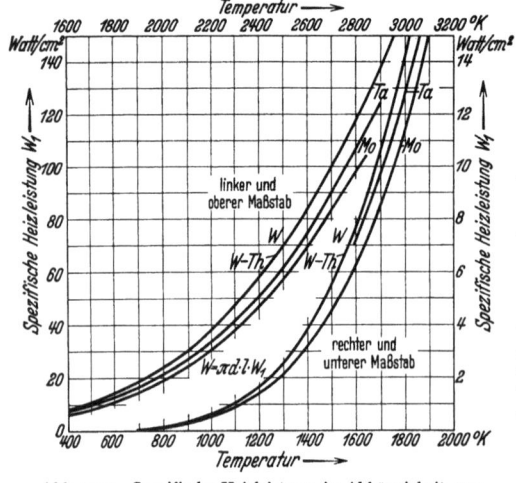

Abb. 129a. Spezifische Heizleistung in Abhängigkeit von der Temperatur.

$W_1$ [W/cm²] Spezifische Heizleistung;
$W$ [W] Heizleistung;
$\varrho$ [$\Omega \cdot$ cm] Spezifischer Widerstand;
$R$ [$\Omega$] Widerstand;
$I_{s_1}$ [A/cm²] Spezifischer Sättigungsstrom;
$I_s$ [A] Sättigungsstrom einer zylindrischen Glühkathode von der Länge $l$ [cm] und dem Durchmesser $d$ [cm].
W = reines Wolfram;
Mo = Molybdän;
Ta = Tantal;
W-Th = Wolfram mit einatomarer Thoriumschicht.

---

[1] Krefft, H., M. Reger u. R. Rompe: Z. techn. Physik Bd. 14 (1933) S. 242.
[2] W: Jones, H. H. u. J. Langmuir: Gen. electr. Rev. Bd. 30 (1927) S. 312; Mo, Ta: Worthing, A. G.: Physic. Rev. Bd. 28 (1926) S. 190; Dushman, S. u. I. W. Ewald: Gen. Electr. Rev. Bd. 26 (1923) S. 154; W—Th: Dushman, S.: Gen. Electr. Rev. Bd. 26 (1923) S. 156.

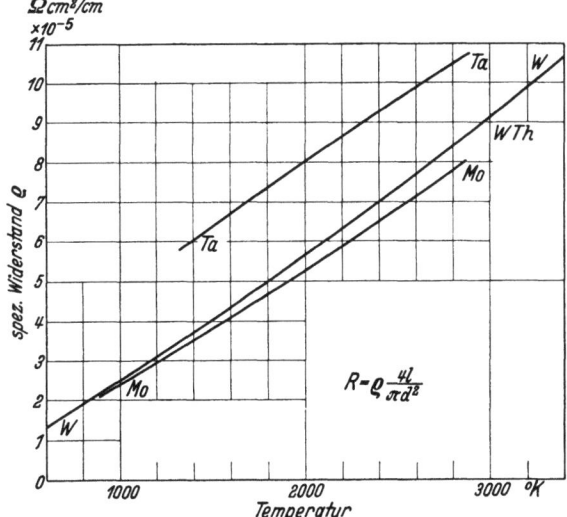

Abb. 129b. Spezifischer Widerstand von Kathodenmetallen in Abhängigkeit von der Temperatur.

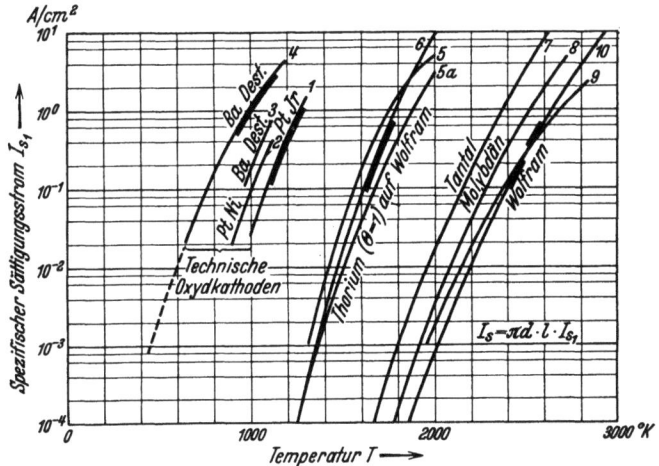

Abb. 130. Spezifischer Sättigungsstrom in Abhängigkeit von der Temperatur[1] [Θ = Bedeckungsfaktor (vgl. Ziffer m 7a, S. 105)] nach King (1), Davisson (2), Espe (3), Simon (4, 5, 9), Nottingham, Dushman und Ewalds (5a), Dushman (6, 7, 8) und Jones (10).

## m 2) Lebensdauer von Wolframdrahtkathoden in Abhängigkeit vom Durchmesser[2].

Empirische Werte nach Rukop und Simon für konstantes Verhältnis von Durchmesser $d$ zu Drahtlänge $l$; $\dfrac{d}{l} = \dfrac{1}{300}$.

Nach Simon gilt: $$L \approx \text{const} \cdot \dfrac{d^2}{I_s^2}$$

$L$ = Lebensdauer; $I_s$ = spezifische Emission (Emissionsstrom/Drahtoberfläche).

[1] Zusammenstellung von W. Espe, zum Teil nach unveröffentlichten Messungen. — (1) King: Bell. Syst. techn. J. Bd. 2 (1923) Nr. 4; (2) Davisson: I.C.T. Bd. 6 (1929) S. 53; (4, 5, 9) Simon: Handbuch der Experimentalphysik Bd. 13/1 (1928); (5a) Nottingham, Dushman und Ewalds: Physic. Rev. Bd. 36 (1930) S. 386; (6) Dushman: Gen. electr. Rev. Bd. 26 (1927) S. 156; (7, 8) Physic. Rev. Bd. 25 (1925) S. 338; (10) Jones: Gen. electr. Rev. Bd. 30 (1927) S. 310.

[2] Handbuch der Experimentalphysik, Bd. 13/1 (1928) S. 290. Vgl. auch K. Becker: Z. techn. Physik Bd. 6 (1925) S. 310.

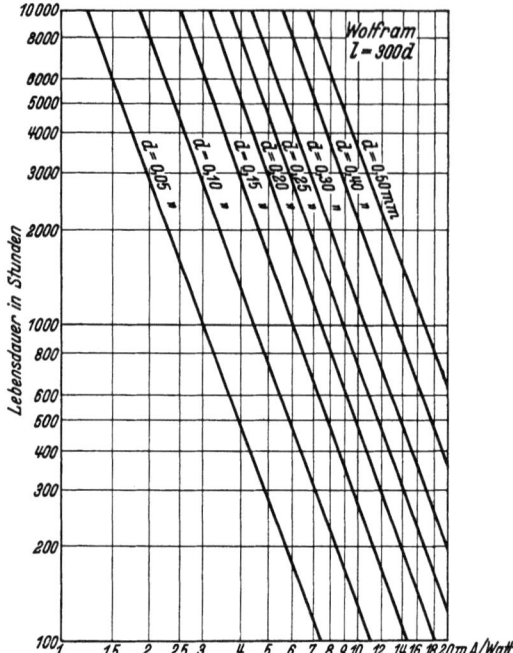

Abb. 131. Lebensdauer von Wolframdrähten in Abhängigkeit vom Durchmesser (nach H. Rukop).

### m 3) Endkorrektionen für Wolframdrahtkathoden[1].

Temperaturverteilung des Heizdrahtes zwischen Haltedraht und einem in seiner Temperatur durch Wärmeableitung nicht mehr beeinflußten Punkt (Kurve $A$):

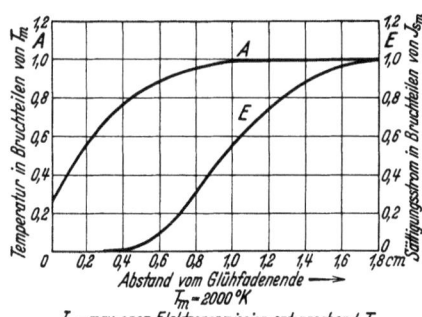

Abb. 132. Temperatur- und Emissionsverteilung an einem Glühkathodenende (nach Worthing).

$$T = T_m (1 - e^{-\lambda(x + x_0)});$$

$T$ = Temperatur eines Heizfadenpunktes in $x$ cm Abstand vom Haltedraht;
$T_m$ = maximale Temperatur der Heizfadenmitte;
$\lambda$; $x_0$ sind konstant ($\lambda$ s. Tabelle).

Für dünne Haltedrähte und Temperaturen über $1200^0$ C ist $x_0 = 0,25$; für dicke Haltedrähte und niedrigere Temperaturen ist $x_0 = 0,20$.

Infolge der veränderlichen Temperatur längs des Drahtes ist die Emission gleichfalls, und zwar in noch stärkerem Maße veränderlich (Kurve $E$, Abb. 132).

Um zur wirklichen spezifischen Emission zu gelangen, hat man die Drahtlänge um $\Delta x_e$ pro Haltedraht zu reduzieren (für geraden, zweifach gehaltenen Draht um $2 \cdot \Delta x_e$) Es ist

$$\Delta x_e = 3{,}85 \frac{1}{\lambda}.$$

wobei $\lambda$ für verschiedene Drahtdurchmesser der folgenden Tabelle zu entnehmen ist.

---

[1] Worthing, G. A.: Physic. Rev. Bd. 4 (1914) S. 524; Bd. 5 (1915) S. 445; J. Franklin Inst. Bd. 194 (1922) S. 597; vgl. auch H. Simon: Handbuch der Experimentalphysik, Bd. 13/1 (1928) S. 331.

| Temperatur | Korrektionsglied $\lambda$ für einen Drahtradius von $r$ (cm) | | | | | | |
|---|---|---|---|---|---|---|---|
| °K | $r = 0{,}001$ | $r = 0{,}002$ | $r = 0{,}005$ | $r = 0{,}010$ | $r = 0{,}015$ | $r = 0{,}020$ | $r = 0{,}030$ |
| 1000 | 2,50 | 1,76 | 1,12 | 0,79 | 0,645 | 0,56 | 0,46 |
| 1200 | 3,65 | 2,60 | 1,64 | 1,160 | 0,945 | 0,820 | 0,670 |
| 1400 | 4,95 | 3,50 | 2,21 | 1,560 | 1,275 | 1,105 | 0,900 |
| 1600 | 6,20 | 4,38 | 2,77 | 1,965 | 1,605 | 1,390 | 1,135 |
| 1800 | 7,55 | 5,32 | 3,36 | 2,38 | 1,940 | 1,680 | 1,375 |
| 2000 | 9,00 | 6,35 | 4,02 | 2,84 | 2,32 | 2,01 | 1,640 |
| 2200 | 11,35 | 7,35 | 4,64 | 3,28 | 2,68 | 2,32 | 1,895 |
| 2400 | 11,85 | 8,40 | 5,30 | 3,75 | 3,06 | 2,65 | 2,16 |
| 2600 | 13,35 | 9,45 | 5,96 | 4,22 | 3,45 | 2,98 | 2,44 |
| 2800 | 14,85 | 10,50 | 6,65 | 4,70 | 3,84 | 3,32 | 2,71 |
| 3000 | 16,40 | 11,60 | 7,35 | 5,19 | 4,23 | 3,67 | 3,00 |

m 4) **Änderung der Emission von Glühkathoden bei Heizungsänderungen**[1].

Prozentuale Änderung der Emission $I_s$ (mA) von Wolfram-, Thorium- und Oxydkathoden für verschiedene Belastungen bei Änderung der Heizstromstärke $I_h$, der Heizspannung $U_h$ oder der Heizleistung $N$ um 1%. Allgemein gelten bei kleinen Änderungen ($\sim$ 1%) folgende Beziehungen:

$$\Delta(I_s I_h) = \frac{\Delta I_s}{I_s} : \frac{\Delta I_h}{I_h}; \qquad \Delta(I_s U_h) = \frac{\Delta I_s}{I_s} : \frac{\Delta U_h}{U_h}; \qquad \Delta(I_s N) = \frac{\Delta I_s}{I_s} : \frac{\Delta N}{N}.$$

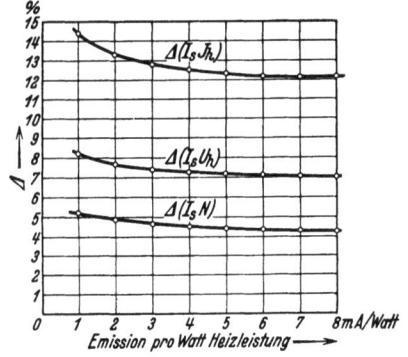

Abb. 133. Prozentuale Änderung der Emission von Wolframkathoden, bezogen auf 1% Änderung der Fadenspannung, des Fadenstromes und der Heizleistung bei verschiedener Belastung.

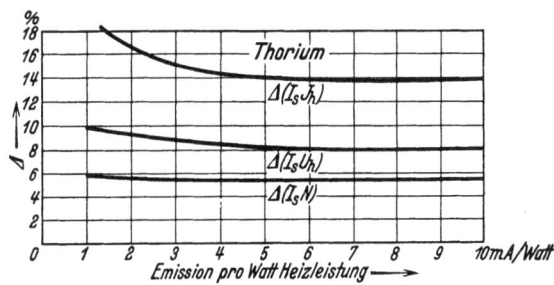

Abb. 134. Prozentuale Änderung der Emission von Thoriumkathoden, bezogen auf 1% Änderung der Fadenspannung, des Fadenstromes und der Heizleistung bei verschiedener Belastung.

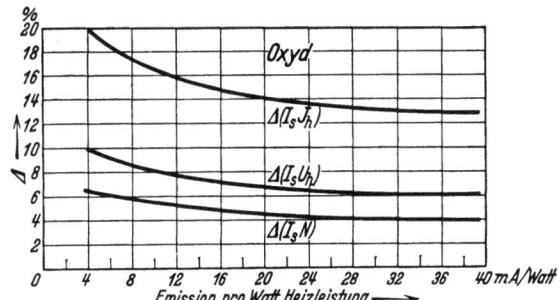

Abb. 135. Prozentuale Änderung der Emission von Oxydkathoden, bezogen auf 1% Änderung der Fadenspannung, des Fadenstromes und der Heizleistung bei verschiedener Belastung.

[1] Nach Rukop, vgl. H. Simon: Telefunkenztg. 1927 Nr. 47 S. 38f.

## m 5) Typische Richardson-Geraden[1].

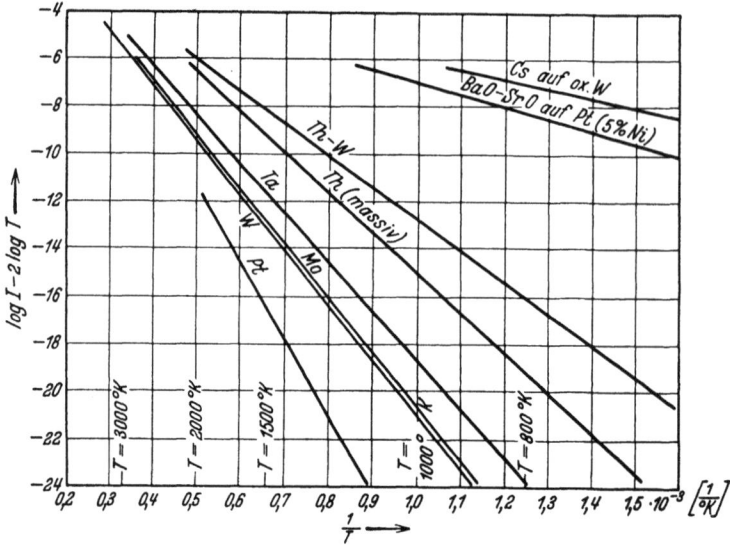

Abb. 136. Typische Richardson-Geraden einiger Glühkathoden nach Dushman[1].

## m 6) Formierungsprozeß von Oxydkathoden[2].

(Charakteristischer Verlauf.)

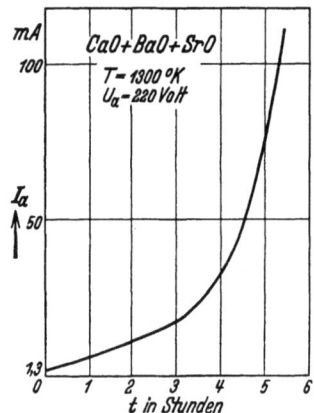

Abb. 137. Zunahme des Anodenstromes $I_a$ mit der Formierungsdauer $t$ bei konstanter Temperatur $T$ und Anodenspannung $U_a$.

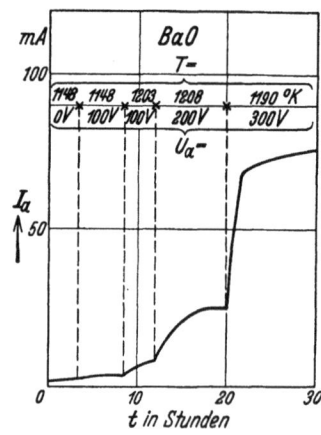

Abb. 138. Zunahme des Anodenstromes $I_a$ bei Veränderung der Temperatur $T$ und der Anodenspannung $U_a$.

---

[1] Dushman, S.: Rev. modern Phys. Bd. 2 (1930), S. 381. Vgl. auch Ziffer k 1 und 2, S. 90.
[2] Espe, W.: Wiss. Veröff. Siemens-Konz. Bd. 5 (1927) S. 29 u. 46. — Über Oxydkathoden vgl. auch die Arbeiten von W. Heinze: Ann. Physik Bd. 16 (1933) S. 41; Meyer, W. und A. Schmidt: Z. techn. Physik, Bd. 13 (1932) S. 137; Statz, W.: Z. techn. Physik, Bd. 8 (1927) S. 451.

## m 7) Emissions-Ökonomie direkt geheizter technischer Kathoden.

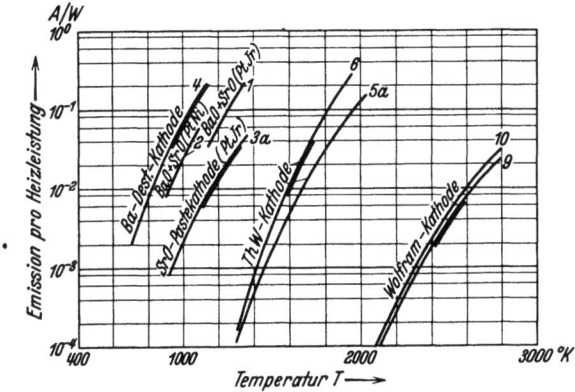

Abb. 139. Emission pro Watt Heizleistung in Abhängigkeit von der Temperatur[1] nach King (1), Davisson (2), Espe (3a), Simon (4, 9), Nottingham, Dushman, Ewalds (5a), Dushman (6) und Jones (10).

## m 7a) Spezifische Emission und Austrittsarbeit $U_a$ thorierter Kathoden.

Nach Langmuir ist der Bedeckungsfaktor definiert durch:

$$\Theta = \frac{U_{a\Theta} - U_{aW}}{U_{aTh} - U_{aW}};$$

Indizes:
$W$ = reines W;
$Th$ = reines Th;
$\Theta$ = W—Th;

ferner:

$$\Theta = \frac{\ln I_\Theta - \ln I_W}{\ln I_{Th} - \ln I_W}.$$

Nach Dushman[2] (1900°) und Sixtus[3] (1655°) ergeben sich die Kurven Abb. 140 ($U_{aW}=4{,}52$V, $U_{aTh}=2{,}63$V). Nach Schottky-Rothe[4] gilt die Kurve für 1500° K. Die Kurven geben für $T<1900°\,K$ bei bekannter spez. Emission ein Maß für $\Theta$.

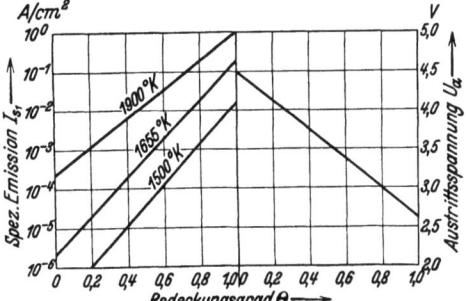

Abb. 140. Spezifische Emission und Austrittsarbeit von teilweise thorierten Wolframkathoden in Abhängigkeit vom Bedeckungsgrad $\Theta$.

## m 8) Austrittsarbeit und Querwiderstand von Oxydkathoden[5].

$\Delta L$ = Differenz der Leistung der Heizstromquelle ohne und mit Emission bei konstanter Kathodentemperatur; $N_K$ = kinetische Energie der austretenden Elektronen; $I_e$ = gemessener Emissionsstrom; $R_q$ = Querwiderstand der ganzen Kathode; $\varphi$ = Austrittsarbeit der Elektronen in V.

Nach Kroczek ist $\dfrac{\Delta L - N_K}{I_e} =$
$= f(I_e) = \varphi - I_e R_q$ eine Gerade. Somit ist die Neigung der Geraden ein Maß für $R_q$ und der Ordinatenabschnitt ein Maß für die Austrittsarbeit.
Einfluß der Schichtdicke des Oxyds (Abb. 141).

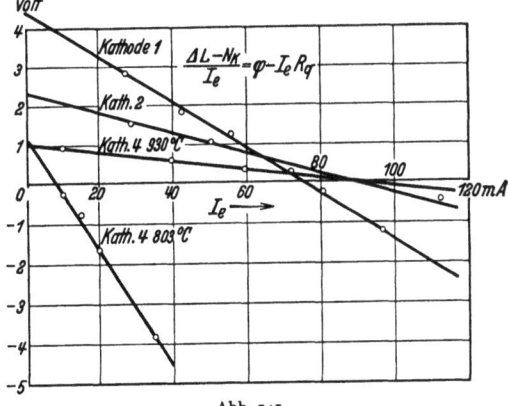

Abb. 141.

---

[1] Vgl. Fußnote 1, S. 101. — [2] Dushman, S.: Rev. modern Phys. 2 (1930), 381. — [3] Sixtus, K.: Ann. Phys. 3 (1929), 1041. — [4] Schottky-Rothe: Handbuch der Experimentalphysik Bd. 13/1 (1929), S. 169. — [5] Kroczek, J.: Erscheinungen an Oxydkathoden und deren Querwiderstand. Diss. Dtsch. techn. Hochschule Brünn 1930.

Zusammensetzung der Paste: 95% $BaCO_3$ + 5% $SrCO_3$, aufgeschwemmt mit 10%iger Essigsäurelösung.

| | Faden 1 | Faden 2 | Faden 4 | Faden 10 |
|---|---|---|---|---|
| Länge des bestrichenen Teiles in cm | 5,8 | 4,0 | 3,2 | 0,9 |
| Radiale Stärke der Schicht in cm | 0,003 | 0,001 | 0,0075 | 0,0005 ÷ 0,001 |
| Emittierende Oberfläche in cm² | 0,328 | 0,176 | 0,271 | 0,036 |
| Beobachtungstemperatur in °C | 803 | 803 | 803 830 | 955 900 825 |
| Querwiderstand in $\frac{\Omega}{mm^2}$ | 1891 | 454 | 3930 294,0 | 73,0 88,0 120,0 |
| Austrittsarbeit in V | 4,4 | 2,31 | — | 1,66 1,66 1,37 |

**Einfluß von Nachheizen und Nachformieren des Glühfadens (Abb. 142).**

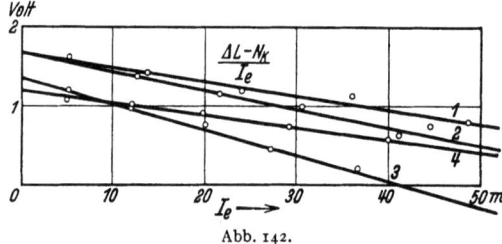
Abb. 142.

Kurve 1: Messung am gut formierten Faden bei 955°C. $R' = 73,0$ $\Omega/mm^2$; $\varphi = 1,66$ V.

Kurve 2: Temperatur auf 900°C herabgesetzt (ohne Glühen oder Nachformieren). $R' = 88,0$ $\Omega/mm^2$; $\varphi = 1,66$ V.

Kurve 3: Kurzzeitiges Aufglühen ohne Anodenspannung, anschließend Nachformieren bei nicht allzu hoher Anodenspannung bei höherer Temperatur. Messung bei $T = 825°$ C; $R' = 120,0$ $\Omega$; $\varphi = 1,37$ V.

Kurve 4: Anschließend Ausglühen und Nachformieren bei höherer Temperatur. Messung bei $T = 955°$ C. $R' = 60,0$ $\Omega/mm^2$; $\varphi = 1,19$ V.

Zusammensetzung der Paste wie oben (Faden 10).

**Einfluß der Temperatur (Abb. 143).**

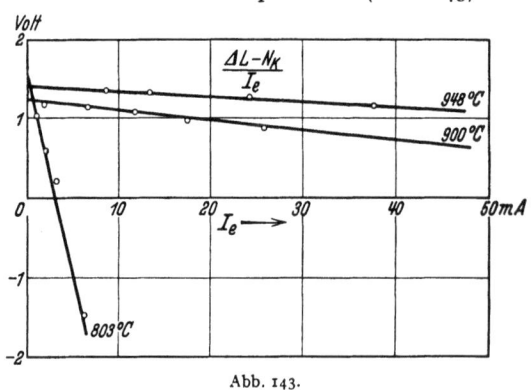
Abb. 143.

Zusammensetzung der Paste: 50% $BaCO_3$; etwa 49,7% Sr; etwa 0,3% $CaCO_3$ mit organischem Schwemmittel.

Länge des bestrichenen Teils 0,9 cm; radiale Stärke der Schicht 0,0065 cm.

Emittierende Oberfläche: $F = 0,0707$ cm²; Beobachtungstemperaturen: 803; 900; 948° C.

## m 9) Menge des Bariums an der Oberfläche einer Oxydkathode[1].

Faden: Kerndraht aus Pt mit 5% Ir; Länge 20 mm; Durchmesser 0,20 mm.
Paste: Gemisch aus Ba-, Sr-, K-Karbonat.

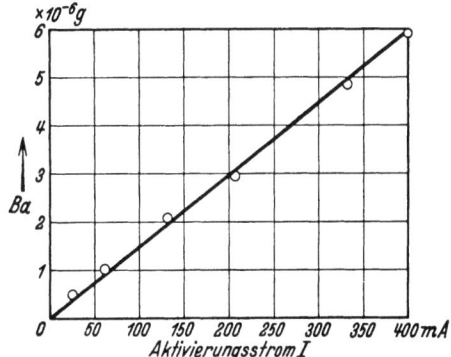

Abb. 144. Menge des Bariums, gemessen durch den bei der Reaktion des freien Bariums mit Wasserdampf entstehenden Wasserstoff als Funktion des Aktivierungsstromes $I$ (Ba + H$_2$O = BaO + H$_2$; Reaktionszeit 16 h).

## m 10) Durchgriff, Steuerspannung, Raumladungsstrom und Steilheit von Trioden[2].

### A. Gitteröffnung klein gegen Abstand Gitter-Kathode.

I. Planparallele Elektrodensysteme mit Äquipotentialkathode.

Allgemeine Näherungsformel für Drahtgitter[3] der Eigenschaft $2\,r_d \leq 0{,}13\,d$ (Fehler $\leq 5\%$).

(Gilt angenähert auch für zylindrische Elektrodensysteme mit großem Kathodenradius)

$r_d$; $d$; $a$; $g$ [cm].

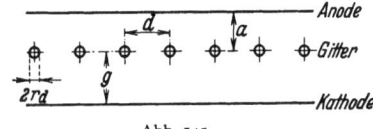

Abb. 145.

Durchgriff:
$$D = \frac{1}{2\pi a \lambda} \ln \frac{1}{2\pi r_d \lambda};$$
wobei $\lambda$ = Drahtlänge pro cm² Gitteroberfläche.

Hieraus: 1. Stabgitter: $\lambda = n$ (Stabzahl pro cm Gitterbreite). 2. Maschengitter: $\lambda = n_1 + n_2$ (Summe der Quer- und Längsstabzahl pro cm²).

Steuerspannung:
$$U_{st} = \frac{U_g + D U_a}{1 + D}$$

$U_g$ [V] Gitterspannung; $U_a$ [V] Anodenspannung; $F_k$ [cm²] Kathodenoberfläche.

Raumladungsstrom (für mittleren Teil der Kennlinie):
$$i_r = 2{,}35 \cdot 10^{-3} \frac{F_k}{g^2} U_{st}^{3/2} \text{ [mA]}.$$

Steilheit:
$$S = \frac{\partial i_r}{\partial U_g} = 3{,}53 \cdot 10^{-3} \frac{F_k}{g^2} \sqrt{U_{st}} \left[\frac{\text{mA}}{\text{V}}\right].$$

II. Planparallele Elektrodensysteme mit direkt geheizter Kathode (Berücksichtigung des Spannungsabfalls längs der Kathode).

Durchgriff und Steuerspannung wie unter A, I.

Wahrer Raumladungsstrom $i_{r_w}$ im Verhältnis zum Raumladungsstrom bei Äquipotentialkathode $i_r$:

1. $U_h \leq U_{st}$:
$$\frac{i_{r_w}}{i_r} = \frac{2}{5} \frac{U_{st}}{U_h} \left[1 - \left(1 - \frac{U_h}{U_{st}}\right)^{5/2}\right]$$
(vgl. Abb. 146, untere Kurve links)

$U_{st}$ [V] Steuerspannung; $U_h$ [V] Heizspannung.

---

[1] Berdennikowa, T. P.: Physik. Z. Sowjet-Union Bd. 2 H. 1 (1932) S. 77.
[2] Für Dioden ist in den Gleichungen für Raumladungsstrom und Steilheit $U_{st}$ durch $U_a$ (Anodenspannung) zu ersetzen.
[3] Vgl. z. B. W. Schottky: Arch. Elektrotechn. Bd. 8 (1919) S. 1 u. 299 oder F. Ollendorff: Potentialfelder, 1932.

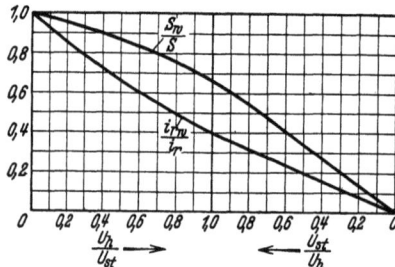

Abb. 146. Wahrer Raumladungsstrom $i_{r_w}$ im Verhältnis zum Raumladungsstrom $i_r$ bei Äquipotentialkathoden. Wahre Steilheit $S_w$ im Verhältnis zur Steilheit $S$ bei Äquipotentialkathoden.

2. $U_h \geqq U_{st}$:
$$\frac{i_{r_w}}{i_r} = \frac{2}{5}\frac{U_{st}}{U_h}$$

(vgl. Abb. 146, untere Kurve rechts).

Wahre Steilheit $S_w$ im Verhältnis zur Steilheit bei Äquipotentialkathoden $S$:

1. $U_h \leqq U_{st}$:
$$\frac{S_w}{S} = \frac{2}{3}\frac{U_{st}}{U_h}\left(\left[1-\left(1-\frac{U_h}{U_{st}}\right)^{5/2}\right] - \left[\left(1-\frac{U_h}{U_{st}}\right)^{3/2}\frac{U_h}{U_{st}}\right]\right)$$

(vgl. Abb. 146, obere Kurve links).

2. $U_h \geqq U_{st}$: $\dfrac{S_w}{S} = \dfrac{2}{3}\dfrac{U_{st}}{U_h}$ (vgl. Abb. 146, obere Kurve rechts).

### III. Planparallele Anoden- und Gittersysteme, fadenförmige Kathode[1].

Man benutze für planparallele Anoden und Gittersysteme bei fadenförmiger Kathode die Formeln unter A, I oder A, II, setze aber zur Berechnung von Raumladungsstrom und Steilheit für die Kathodenfläche die „wirksame Kathodenfläche" ein. Diese erhält man durch Projektion des Kathodendrahtes auf die Anode in der Breite $2g$ (vgl. Abb. 147). Sich überdeckende Flächen werden nicht gezählt. (Schraffierte Fläche = wirksame Fläche.)

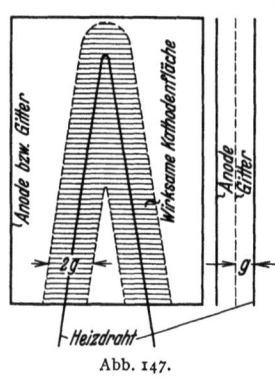

Abb. 147.

### IV. Zylindrische Elektrodensysteme mit Äquipotentialkathoden.

Allgemeine Näherungsformel für Drahtgitter der Eigenschaft $2r_d \leqq 0{,}13\,d$ (Fehler $\leqq 5\%$); $r_d \ll d \ll a$.

Durchgriff: $D = \dfrac{1}{\lambda}\dfrac{\ln\dfrac{r_g}{\lambda r_d}}{\ln\dfrac{r_a}{r_g}}$; $\lambda =$ Drahtlänge pro cm Gitterlänge in Achsenrichtung.

Hieraus:

1. Stabgitter aus Runddrähten:
$$D = \frac{1}{n}\frac{\ln\dfrac{r_g}{n\,r_d}}{\ln\dfrac{r_a}{r_g}}; \quad \lambda = n \text{ (Stabzahl; vgl. Abb. 148)}.$$

2. Wendelgitter aus Runddrähten:
$$D = \frac{1}{2\pi \cdot r_g \cdot n}\frac{\ln\dfrac{1}{2\pi \cdot n \cdot r_d}}{\ln\dfrac{r_a}{r_g}}; \quad \lambda = 2\pi r_g n \ (n = \text{Wendeln pro cm Gitterlänge}).$$

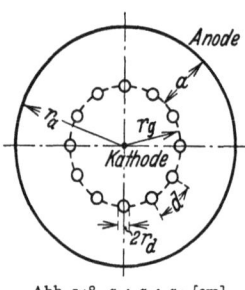

Abb. 148. $r_a$; $r_g$; $r_d$ [cm].

Steuerspannung: $U_{st} = \dfrac{U_g + D\,U_a}{1+D}$.

Raumladungsstrom (für mittleren Teil der Kennlinie):

$i_r = 1{,}475 \cdot 10^{-2} \dfrac{l}{r_g} U_{st}^{3/2}$ [mA] $l$ [cm] emittierende Kathodenlänge.

Steilheit: $S = \dfrac{\partial i_r}{\partial U_g} = 2{,}21 \cdot 10^{-2} \dfrac{l}{r_g}\sqrt{U_{st}}\left[\dfrac{\mathrm{mA}}{\mathrm{V}}\right]$.

---
[1] Kusunose, Y.: Res. of the Elektrot. Lab. Nr. 237 Tokio 1928.

## V. Zylindrische Elektrodensysteme mit direkt geheizter Kathode (Berücksichtigung des Spannungsabfalles längs der Kathode).

Der wahre Raumladungsstrom $i_{r_w}$ und die wahre Steilheit $S_w$ nehmen im selben Verhältnis ab wie bei A, II, nur sind für $i_r$ und $S$ hier die Werte von A, IV zu benutzen.

### B. Gitteröffnung beliebig.

Der Durchgriff wird auf die „numerische Gitteröffnung" $O$ zurückgeführt:

$$D = \frac{O}{1-O}.$$

#### I. Planparallele Elektrodensysteme.

Steuerspannung: $\quad U_{st} = \dfrac{U_g + D U_a}{1+D}.$

Raumladungsstrom (für mittleren Teil der Kennlinie).

$$i_r = 2{,}35 \cdot 10^{-3} \frac{F_k}{g_w^2} U_{st}^{3/2} \; [\text{mA}].$$

Steilheit: $\quad S = \dfrac{\partial i_r}{\partial U_g} = 3{,}53 \cdot 10^{-3} \dfrac{F_k}{g_w^2} \sqrt{U_{st}} \; \left[\dfrac{\text{mA}}{\text{V}}\right].$

$U_g$ [V] Gitterspannung; $U_a$ [V] Anodenspannung; $F_k$ [cm²] Kathodenoberfläche; $g_w$ [cm] wirksame Anodenentfernung (s. unten und Fußnote 1).

1. **Stabgitter aus Flachdrähten.**
Numerische Gitteröffnung:

$$O = \frac{-\ln \sin \dfrac{\pi b}{d}}{2\dfrac{\pi a}{d} - \ln \sin \dfrac{\pi b}{d}}$$

(vgl. Abb. 149).

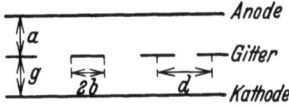

Wirksame Anodenentfernung[1]:

$$g_w = g + O \cdot a$$

(Abb. 149).

Abb. 149.

2. **Stabgitter aus Runddrähten.**
Numerische Gitteröffnung:

$$O = \frac{t}{2\dfrac{\pi a}{d} + t - 2\delta};$$

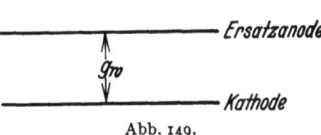

Abb. 150.

wobei: $\quad z_0 = \dfrac{\pi r_d}{d}$ [2];

$$t = -\ln 2 z_0 + \frac{z_0^2}{1 + \left(\dfrac{1}{3} z_0^2 - \dfrac{\dfrac{1}{675} z_0^8}{1 + \dfrac{4}{189} z_0^6}\right)} - \left(\dfrac{\dfrac{1}{18} z_0^4}{1 + \dfrac{1}{15} z_0^4}\right);$$

$$\delta = \frac{z_0^2}{1 + \left(\dfrac{1}{3} z_0^2 - \dfrac{\dfrac{1}{675} z_0^8}{1 + \dfrac{4}{189} z_0^6}\right)} \quad \text{(vgl. Abb. 150)[2]}.$$

---

[1] Die vereinigte Wirkung von Anode und Gitter wird erfaßt durch Einführung einer Ersatzanode, die von der Kathode den Abstand $g_w$ hat (Abb. 149).

[2] Für kleines $z_0$ können die eingeklammerten Glieder vernachlässigt werden, so daß

$$O \approx \frac{t}{2\dfrac{\pi a}{d} + t - 2 z_0^2}; \quad t = -\ln 2 z_0 + z_0^2; \quad z_0 = \frac{\pi r_d}{d}.$$

Hieraus ergibt sich für kleines $z_0$:

$$O \approx \frac{-\ln 2 z_0 + z_0^2}{2\dfrac{\pi a}{d} - \ln 2 z_0 - z_0^2}$$

oder

$$O \approx 1 - 2 \frac{\dfrac{\pi a}{d} - z_0^2}{\dfrac{2\pi a}{d} - \ln 2 z_0 - z_0^2}.$$

Wirksame Anodenentfernung $g_w$ von der Kathode (s. Abb. 149).

$g_w = g_{\text{red}} + O \cdot a_{\text{red}}$; wobei $g_{\text{red}} = g - \varDelta$; $a_{\text{red}} = a - \varDelta$; $\varDelta = \dfrac{d}{\pi}\delta$.

3. **Maschengitter.**

Für Maschengitter gilt allgemein: Man rechne das Maschengitter auf ein Stabgitter aus demselben Draht und von gleicher wirksamer Drahtlänge wie beim Maschengitter um. Der Durchgriff des so errechneten Stabgitters ist dann dem des Maschengitters gleich.

Beispiel: Die Fläche des Maschengitters, dessen Durchgriff berechnet werden soll, sei $p \cdot q$ cm²; Durchmesser der Drähte $2 r_d$; Abstand der Drähte $d'$. Dann sind in $p$-Richtung $\dfrac{p}{d'}$ Drähte, in $q$-Richtung $\dfrac{p}{d'}$ Drähte vorhanden. Gesamtlänge: $l' = \dfrac{pq}{d'} + \dfrac{qp}{d'} = 2\dfrac{pq}{d'}$. Berücksichtigt man die doppelte Lage der Drähte an den Kreuzungspunkten des Maschengitters, so ist die wirksame Länge des Maschendrahtes $l_w = \dfrac{2pq}{d'} - \dfrac{qp}{d'^2} \cdot 2 r_d$. Daraus kann man $\dfrac{l_w}{q}$ oder $\dfrac{l_w}{p}$ Stäbe in Richtung $q$ oder $p$ machen.

Die Drahtabstände des umgerechneten Gitters sind also $d = \dfrac{pq}{l_w}$, so daß für ein Gitter aus Runddrähten wird (für Gitter aus Flachdrähten ist sinngemäß ebenso zu verfahren): $O \approx \dfrac{-\ln 2 \alpha_0 + \alpha_0^2}{2\dfrac{\pi a}{d} - \ln 2 \alpha_0 - \alpha_0^2}$ ¹ worin $\alpha_0 = \dfrac{\pi r_d}{d'} \cdot 2\left(1 - \dfrac{r_d}{d'}\right)$

$a =$ Abstand Anode Mittelpunkt des Gitterdrahtes; $2 r_d =$ Drahtdurchmesser; $d' =$ Abstand der Drähte.

## II. Zylindrische Elektrodensysteme.

Steuerspannung: $U_{st} = \dfrac{U_g + D U_a}{1 + D}$.

Raumladungsstrom: $i_r = 1{,}475 \cdot 10^{-2} \dfrac{l}{r_{g_w}} U_{st}^{3/2}$ [mA]

bei $l$ cm Länge des Elektrodensystems in Achsenrichtung; $r_{g_w}$ [cm] wirksamer Anodenradius (der Ersatzanode s. unten).

Steilheit (für mittleren Teil der Kennlinie):

$$S = \frac{\partial i_r}{\partial U_g} = 2{,}21 \cdot 10^{-2} \frac{l}{r_{g_w}} \sqrt{U_{st}} \left[\frac{\text{mA}}{\text{V}}\right].$$

1. **Stabgitter aus Flachdrähten.**
Numerische Gitteröffnung:

$$O = \frac{-\ln \sin \dfrac{n}{2} \cdot \dfrac{b}{r_g}}{n \ln \dfrac{r_a}{r_g} - \ln \sin \dfrac{n}{2} \cdot \dfrac{b}{r_g}}; \quad n = \text{Stabzahl}.$$

Radius der Ersatzanode (zur Berechnung des Raumladestromes).
Ersatzanode

$$r_{g_w} = r_g^{(1-O)} \cdot r_a^O.$$

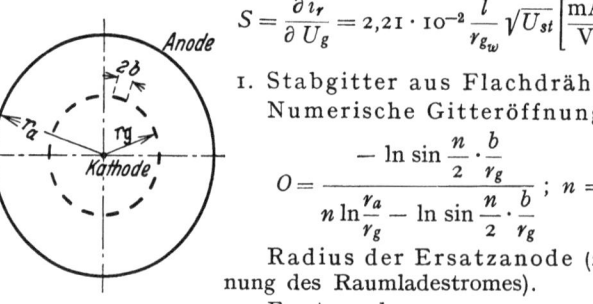

Abb. 151.

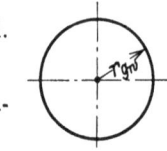

Abb. 152.

---
¹ Genauere Rechnung s. oben **B I, 2**.

## 2. Stabgitter aus Runddrähten.

Numerische Gitteröffnung (Näherungsformel für $n > 2$).

$$O = \frac{t}{n \ln \dfrac{r_a}{r_g \sqrt{1-\left(\dfrac{r_d}{r_g}\right)^2}} + t - 2\delta} \quad ; \quad n = \text{Stabzahl}.$$

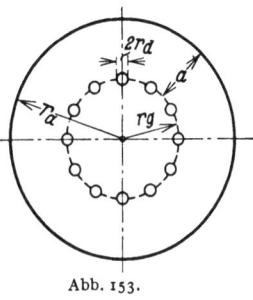

Abb. 153.

wobei:

$$t \approx -\ln 2 z_0 + z_0^2{}^1; \quad z_0 \approx -\frac{n}{2} \operatorname{arc\,tg} \frac{\dfrac{r_d}{r_g}}{\sqrt{1-\left(\dfrac{r_d}{r_g}\right)^2}}$$

$$d \approx z_0^2.$$

Radius der Ersatzanode (s. vorstehend).

$$r_{gw} = r_{g\mathrm{red}} (1-O)\, a_{\mathrm{red}}^{O} ;$$

wobei

$$r_{g\mathrm{red}} = r_g \left(1 - \frac{\delta}{n\sqrt{1-\left(\dfrac{r_d}{r_g}\right)^2}}\right)$$

$$a_{\mathrm{red}} = r_a - r_g \left(1 + \frac{\delta}{n\sqrt{1-\left(\dfrac{r_d}{r_g}\right)^2}}\right).$$

## 3. Wendelgitter.

Der Durchgriff bei einem Wendelgitter mit der Gesamtdrahtlänge $l$ ist gleich dem Durchgriff bei einem Stabgitter von derselben Drahtlänge $l$. Man kann also nach Umrechnung des Wendelgitters auf ein äquivalentes Stabgitter die Formeln unter 1 oder 2 benutzen.

### Beispiel für Wendelgitter aus Runddrähten.

Numerische Gitteröffnung[1].

$$O \approx \frac{t}{n \ln \dfrac{r_a}{r_g \sqrt{1-\left(\dfrac{r_d}{r_g}\right)^2}} + t - 2\delta}$$

wobei:

$$t \approx \ln 2 z_0 + z_0^2{}^1; \quad z_0 = -\frac{n}{2} \operatorname{arc\,tg} \frac{\dfrac{r_d}{r_g}}{\sqrt{1-\left(\dfrac{r_d}{r_g}\right)^2}}$$

$n$ = Anzahl der Windungen pro cm
$\delta \approx z_0^2$.

Radius der Ersatzanode.

$$r_{gw} = r_{g\mathrm{red}}^{(1-O)} \cdot a_{\mathrm{red}}^{O}$$

wobei:

$$r_{g\mathrm{red}} = r_g \left(1 - \frac{\delta}{n\sqrt{1-\left(\dfrac{r_d}{r_g}\right)^2}}\right);$$

$$a_{\mathrm{red}} = r_a - r_g \left(1 + \frac{\delta}{n\sqrt{1-\left(\dfrac{r_d}{r_g}\right)^2}}\right).$$

---

[1] Für genauere Rechnung sind für $t$ und $\delta$ die unter **B I, 2** angegebenen Formeln zu verwenden.

### 4. Maschengitter.

Die Umrechnung erfolgt analog zu dem unter B I, 3 angegebenen Verfahren.
Man rechnet das Maschengitter auf ein Stabgitter aus demselben Draht und von gleicher wirksamer Drahtlänge wie die des Maschengitters um. Der Durchgriff des so errechneten Stabgitters ist dann dem des Maschengitters gleich.

Beispiel: Bezieht man sich auf eine Gitterfläche von 1 cm², so ist beim Maschengitter die Drahtlänge insgesamt $l' = \dfrac{2}{d'}$ wobei $d'$ der Abstand der Drahtmitten beim Maschengitter ist. Bei Berücksichtigung der Überkreuzungspunkte ergibt sich eine wirksame Drahtlänge $l_w = \dfrac{2}{d'} - \dfrac{2\,r_d}{d'^2} = \dfrac{2}{d'}\left(1 - \dfrac{r_d}{d'}\right)$. Daraus kann man in Achsenrichtung pro cm Länge $\dfrac{l_w}{1}$ Stäbe für das Ersatz-Stabgitter machen. Die Entfernung der Gitterstäbe im Ersatzgitter mit der Fläche 1 cm² ist dann $d = \dfrac{1}{l_w} = \dfrac{d'}{2\left(1 - \dfrac{r_d}{d'}\right)}$. Die Stabzahl des Ersatzgitters ist:

$$n = \frac{2\pi r_g}{d} = \frac{4\pi r_g}{d'}\left(1 - \frac{r_d}{d'}\right).$$

Dieses $n$ für das Ersatzgitter wird in die Formeln für Stabgitter eingesetzt. Für Gitter aus Runddrähten (vgl. B, II 2) ist dann:

$$O \approx \frac{t}{n \ln \dfrac{r_a}{r_g \sqrt{1 - \left(\dfrac{r_d}{r_g}\right)^2}} + t - 2\delta};$$

wobei $t \approx -\ln 2\, z_0 + z_0^2$;

$$z_0 \approx \frac{\pi r_g}{d'} \operatorname{arc\,tg} \frac{\dfrac{r_d}{r_g}}{\sqrt{1 - \left(\dfrac{r_d}{r_g}\right)^2}}; \quad \delta \approx z_0^2.$$

Für Gitter aus Flachdrähten benutzt man sinngemäß die Formeln B II, 1.

## C. Fadenförmige Kathode zwischen ebener Anode und Steuerplatte (Plation).

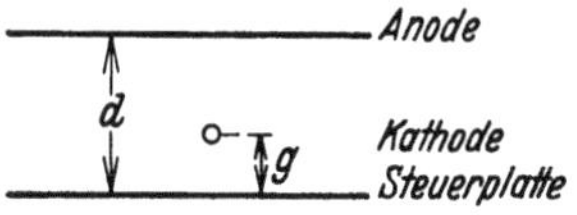

Abb. 154.

Numerische Gitteröffnung:

$$O \approx \frac{g}{d}.$$

Durchgriff:

$$D \approx \frac{O}{1 - O} = \frac{g}{d - g}.$$

Steuerspannung:

$$U_{st} = \frac{U_g + D\,U_a}{1 + D}.$$

$U_g$ [V] Gitterspannung; $U_a$ [V] Anodenspannung.

Raumladungsstrom (durch Zurückführung auf ein äquivalentes Zylindersystem):

$$i_r = 1{,}475 \cdot 10^{-2} \frac{l}{r_{g_w}} U_{st}^{3/2} \ [\mathrm{mA}]$$

bei $l$ cm Achsenlänge des Systems, wobei

$$r_{g_w} = (2g)^{1-O}\,(2(d-g))^{O}$$

Steilheit (für mittleren Teil der Kennlinie):

$$S = 2{,}21 \cdot 10^{-2} \frac{l}{r_{g_w}} \cdot \sqrt{U_{st}} \ \left(\frac{\mathrm{mA}}{\mathrm{V}}\right).$$

## m 11) Abhängigkeit des Durchgriffs einer Elektronenröhre vom Emissionsstrom.

1. Durch inhomogene Feldverteilung (Inselbildung) in Kathodennähe[1] Abb. 155; (Besonders stark, wenn Gitteröffnung $\geqq$ Gitter–Kathodenabstand.)

2. Durch Raumladungen zwischen Gitter und Anode (nur wenn Gitterspannung positiv, Anodenspannung negativ, Fall der Bremsfeldröhre)[2].

$$D = \left(\frac{\Delta U_g}{\Delta U_a}\right)_{I_a + I_g \,=\, \text{const}} \quad \text{müßte für}$$

$I_a + I_g = \text{const}$ eine Gerade sein. Abb. 156 zeigt Abweichungen infolge veränderlichen Durchgriffs (bei fein unterteiltem Gitter).

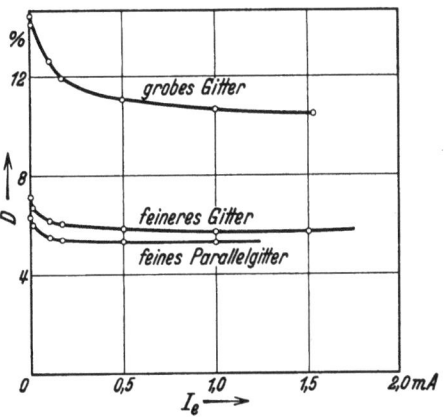

Abb. 155. Abhängigkeit des Durchgriffes vom Emissionsstrom.

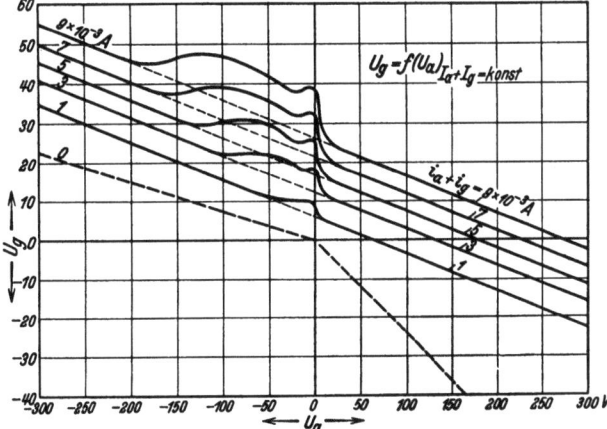

$D$ = Durchgriff;
$U_g$ = Gitterspannung;
$U_a$ = Anodenspannung;
$I_g$ = Gitterstrom;
$I_a$ = Anodenstrom.

Abb. 156. Gitterspannung in Abhängigkeit von der Anodenspannung. $U_g = f(U_a)$ bei $I_a + I_g = \text{const}$.

## m 12) Magnetronröhre.

Die Magnetronröhre hat eine kreiszylindrische Anode, in deren Achse der Heizfaden verläuft. Parallel zu diesem wirkt ein homogenes Magnetfeld $\mathfrak{H}$.

Die Gleichungen für die Radialbewegung (Radius $\varrho$) des Elektrons lauten:

$$m_0 \frac{d^2 \varrho}{dt^2} = e \frac{\partial}{\partial \varrho}\left(\varphi - \Pi^2 \frac{e}{m_0} \frac{1}{8} \varrho^2 \mathfrak{H}^2\right)$$

$m_0$ = Elektronenmasse; $e$ = Elementarladung; $\varphi$ = elektr. Potential.

Setzt man das Fadenpotential mit Null an, so ist einem aus dem Faden austretendem Elektron nur der durch

$$\varphi - \Pi^2 \frac{e}{m_0} \frac{1}{8} \varrho^2 \mathfrak{H}^2 \geqq 0; \quad \mathfrak{H}\left[\frac{A}{\text{cm}}\right]; \quad \Pi = 4\pi \cdot 10^{-9}$$

Abb. 157.

gekennzeichnete Zylinderbereich erreichbar. Dieser Bereich mit dem Radius $\varrho_{max}$ kann durch Veränderung von $\mathfrak{H}$, $U_a$ (Anodenspannung) oder $\varrho_a$ (praktisch durch Konstruktion festgelegt) innerhalb der Anode bleiben oder die Anode umfassen. In dem ersten Falle erreichen die Elektronen die Anode nicht, im andern Falle fließt ein Anodenstrom. Im Grenzfalle $\varrho_{max} = \varrho_a$ lauten die Betriebsbedingungen

$$\varrho_a = \sqrt{\frac{8\, m_0\, U_a}{\Pi\, e\, \mathfrak{H}^2}}; \qquad \frac{U_a}{(\varrho_a\, \mathfrak{H})^2} = \frac{1}{8} \frac{e}{m_0} \Pi^2 = 0{,}035; \quad U_a\,[\text{V}]; \ \varrho_a\,[\text{cm}].$$

---
[1] Rukop, H.: Z. Hochfrequenztechn. Bd. 14 (1919) S. 110.
[2] Pool jr., B. van der: Z. Hochfrequenztechn. Bd. 25 (1925) S. 126.

Knoll, Ollendorff u. Rompe, Gasentladungstabellen.

Praktisch setzt der Anodenstrom nicht plötzlich ein, da die Austrittsgeschwindigkeit der Elektronen aus der Kathode verschieden ist. Geringe Änderungen von $\mathfrak{H}$ oder $U_a$ in der Nähe des „kritischen" Punktes bewirken aber starke Änderungen des Anodenstromes.

**m 13) Ablenkung eines Strahlenbündels in einer Kathodenstrahlröhre[1].**

1. Strahlausschlag auf dem Leuchtschirm durch ein Magnetfeld von der Induktion $\mathfrak{B}$ [Gauß][2] bei der Anodenspannung $U_b$.

a) Unbegrenztes homogenes Ablenkfeld (Strahllänge kleiner als Feldausdehnung, z. B. Erdfeld).

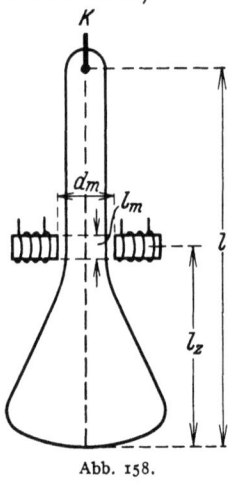

Abb. 158.

$$x' = \frac{c}{2\sqrt{U_b}}\sqrt{\frac{1}{U_b + 2m_0\frac{c^2}{e}}}\,\mathfrak{B}\,l^2 \qquad U_b\,[\text{kV}]$$

$$= \frac{0{,}15}{\sqrt{U_b}}\sqrt{\frac{1}{U_b + 1020}}\,\mathfrak{B}\,l^2\,[\text{cm}] \qquad l\,[\text{cm}]$$

b) Begrenztes homogenes Ablenkfeld (Ablenkspulen, Abb. 158).

$$x = \frac{0{,}3}{\sqrt{U_b}}\sqrt{\frac{1}{U_b + 1020}}\,\mathfrak{B}\,l_m\,l_z\,[\text{cm}];\quad U_b\,[\text{kV}];\ l_m,\ l_z\,[\text{cm}];$$

c) Ablenkgleichung 1b für langsame Elektronen:

$$x = 0{,}3\frac{\mathfrak{B}\,l_m\,l_z}{\sqrt{U_b}}\,[\text{cm}];\quad U_b\,[\text{V}].$$

d) Berechnung der Ablenkspulen mit parallelen Polflächen:

Stromamplitude $I_{max}$ [A]; Windungszahl $N$; Gewünschter Strahlausschlag $x$ [cm]; Polabstand $d_m$ [cm]; $U_b$ [kV]. Für Spulen mit vernachlässigbar kleinem magnetischen Eisenwiderstand.

$$I_{max} = \frac{10}{4\pi}\frac{1}{N}d_m \cdot \mathfrak{B}\,[\text{A}].$$

Gleichung für die Windungszahl:

$$N = 2{,}65\sqrt{U_b}\sqrt{U_b + 1020}\,\frac{x\,d_m}{I_{max}\,l_m\,l_z}.$$

2. Strahlausschlag auf dem Leuchtschirm durch ein elektrisches Feld von der Feldstärke $\mathfrak{E}$ [V/cm] bei der Anodenspannung $U_b$.

a) Unbegrenztes homogenes Ablenkfeld (Strahllänge kleiner als Feldausdehnung).

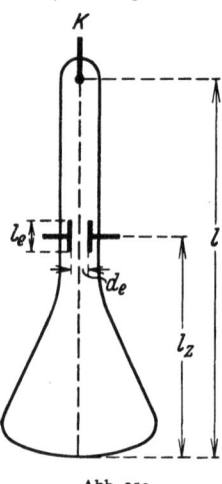

Abb. 159.

$$x' = \frac{1}{2\cdot U_b}\frac{U_b + \frac{m_0 c^2}{e}}{U_b + \frac{2m_0 c^2}{e}}\,\mathfrak{E}\,l^2,$$

$$= 5\cdot 10^{-4}\frac{1}{U_b}\frac{U_b + 510}{U_b + 1020}\,\mathfrak{E}\,l^2\,[\text{cm}];\quad U_b\,[\text{kV}];\ l\,[\text{cm}].$$

b) Begrenztes homogenes Ablenkfeld (Ablenkplatten, Abb. 159).

$$x = 1\cdot 10^{-3}\frac{1}{U_b}\frac{U_b + 510}{U_b + 1020}\,\mathfrak{E}\,l_e \cdot l_z\,[\text{cm}];\quad U_b\,[\text{kV}];\ l_e,\ l_z\,[\text{cm}].$$

c) Ablenkgleichung 2b für langsame Elektronen:

$$x = \frac{1}{2}\frac{\mathfrak{E}\,l_e\,l_z}{U_b}\,[\text{cm}];\qquad U_b\,[\text{V}].$$

d) Berechnung von parallelen Ablenkplatten: Spannungsamplitude $U_{max}$ [V] an den Ablenkplatten. Gewünschter Strahlausschlag $x$ [cm]; Plattenabstand $d_e$ [cm] $U_b$ [kV]

$$l_e = 1000\,U_b\frac{U_b + 1020}{U_b + 510}\frac{d_e\,x}{U_{max}\,l_z}\,[\text{cm}].$$

---

[1] Gleichung 1, a, b und d, sowie Gleichung 2, a, b und d gelten für schnelle und langsame Elektronen. — [2] Umrechnung s. Ziffer s 2. S. 156.

## m 14) Dispersion und Streuung eines Elektronenstrahlbündels.

1. **Strahlverbiegung durch elektromagnetische Feldkräfte zwischen den bewegten Elektronen**[1].

**Schnelle Elektronen** (vgl. Abb. 160).
$U_b$ Beschleunigungsspannung; $r$ Strahlradius in der Blende; $y$ Strahlradius in der Entfernung $x$ von der Blende.

$R = \dfrac{y}{r}$ Strahlverbreiterung in der Entfernung $x$ von der Blende; $j$ Stromdichte in der Blende.

Es ist:
$$x = \sqrt{\frac{m_0 c}{4\pi e}\left[\frac{2}{c^2}\frac{e}{m_0}U_b + \left(\frac{1}{c^2}\frac{e}{m_0}U_b\right)^2\right]^{3/4}} \, j^{-\frac{1}{2}} \int_1^R \frac{dR}{\sqrt{\ln R}}.$$

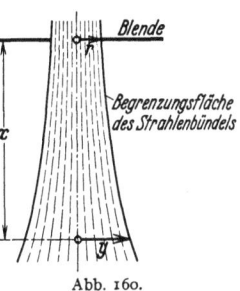

Abb. 160.

Die Auswertung dieser Beziehung ist mittels Abb. 161 möglich[2].

Sind Strahllänge $x$, Beschleunigungsspannung $U_b$ und Stromdichte $j$ im Blendenquerschnitt gegeben, so findet man die Strahlverbreiterung auf folgendem Wege: Man sucht den Schnittpunkt der Ordinate über der Strahllänge $x$ mit der Geraden für die gegebene Spannung $U_b$. Durch diesen Punkt legt man zur Abszisse eine Parallele. Der Schnittpunkt dieser mit der Linie für die gegebene Stromdichte $j$ gibt die Strahlverbreiterung $R$ an.

Beispiel: $x = 100$ cm; $U_b = 10$ kV; $j = 300\,\dfrac{\mu A}{mm^2}$ ergibt $R = 5{,}6$.

Eine spezielle Auswertung der obigen Gleichung gibt Abb. 162.

**Langsame Elektronen:** $U_b$ [kV]
$$x = 59{,}2 \sqrt[4]{\frac{U_b^3}{j^2}} \int_1^R \frac{dR}{\sqrt{\ln R}} \; [\text{cm}] \quad j\left[\frac{\mu A}{mm^2}\right]$$

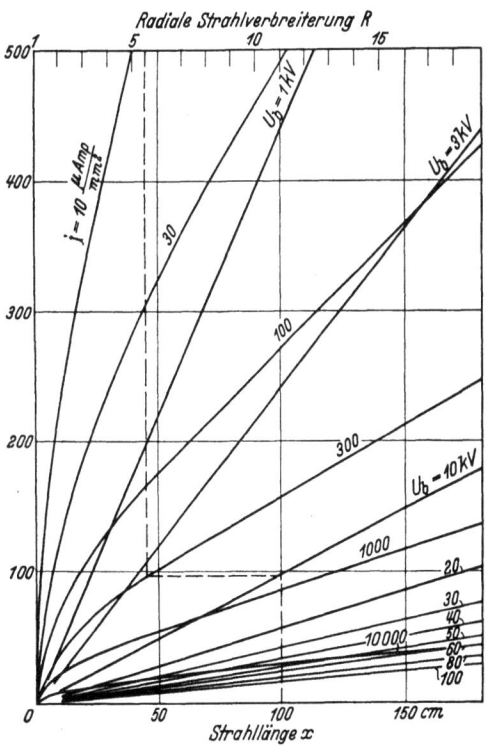

Abb. 161. Kurventafel zur Bestimmung der radialen Strahlverbreiterung eines Parallelstrahls von Elektronen.

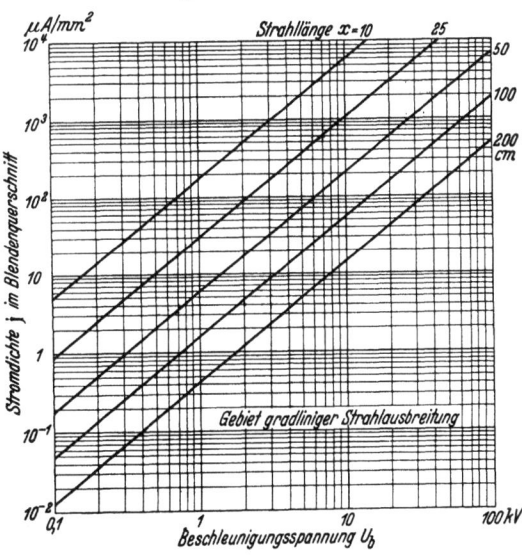

Abb. 162. Stromdichte im Blendenquerschnitt, die bei gegebener Beschleunigungsspannung $U_b$ und gegebener Strahllänge $x$ eine Verbreiterung des Strahldurchmessers auf das doppelte bewirkt.

---

[1] Watson, E. E.: Philos. Mag. (S 7) Bd. 3 (1924) S. 849. — [2] Knoll, M. u. E. Ruska: Ann. Physik (F 5) Bd. 12 (1932) S. 604. Auswertung des Integrals $\int_1^R \dfrac{dR}{\sqrt{\ln R}}$ vgl. Ziffer t 6. S. 166.

## 2. Richtungsänderung der Elektronen durch Zusammenstöße mit Gasmolekülen.

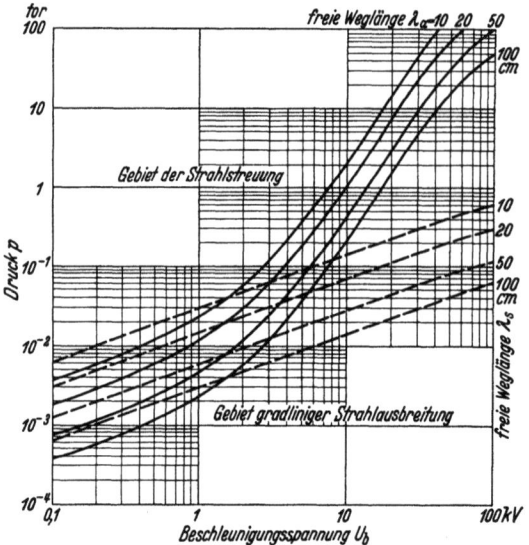

Abb. 163. Zusammenhängende Werte von Druck $p$ und Beschleunigungsspannung $U_b$ für eine mittlere freie Elektronenweglänge von 100 cm bis 10 cm in Luft.

Streuung tritt ein, wenn die Strahllänge $l$ gleich oder größer als die mittlere freie Weglänge $\lambda$ der Elektronen in dem Füllgas der Röhre ist. $\lambda$ ist dem absorbierenden bzw. dem sekundärstrahlenden Querschnitt der Restgasmoleküle indirekt proportional. In Abb. 163 sind die zu verschiedenen Drucken $p$ und Beschleunigungsspannungen $U_b$ einer Kathodenstrahlröhre gehörigen freien Weglängen $\lambda_a$ (absorbierender Querschnitt) und $\lambda_s$ (sekundärstrahlender Querschnitt)[1] für Strahllängen von 100, 50, 20 und 10 cm angegeben.

Nur der unterhalb beider Kurven liegende Spannungs- und Druckbereich ist frei von Streuung. Der Übergang vom Gebiet der Streuung in das streuungsfreie Gebiet erfolgt allmählich.

### m 15) Durchlässigkeit eines Lenard-Fensters für Elektronen
(in Abhängigkeit von der Foliendicke und der Voltgeschwindigkeit)[2].

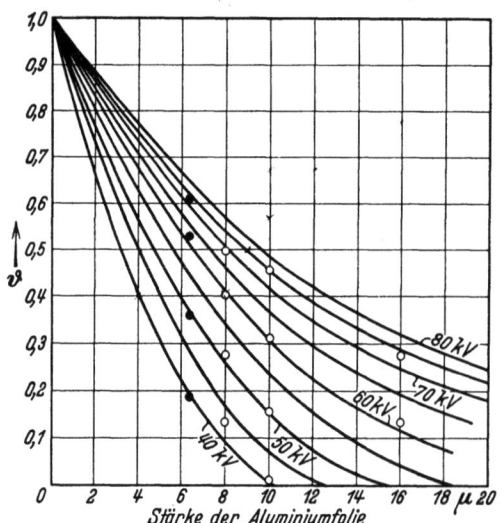

Abb. 164. Durchlässigkeit $\vartheta$ eines L e n a r d -Fensters aus Aluminium für Elektronenstrahlen in Abhängigkeit von Foliendicke und Voltgeschwindigkeit der Elektronen.

Die Kurven gelten für Aluminium von der Dichte 2,9; für Folien aus anderen Stoffen von der Dichte $\gamma$ wird die Ordinate $\vartheta$ mit
$$\frac{\gamma_{al}}{\gamma} = \frac{2,9}{\gamma} \text{ multipliziert.}$$

Zellonfenster: $\gamma = 1,27$.

Zellophan: $\gamma = 1,45$.

---

[1] Nach Messungen von P. Lenard: Quantitatives über Elektronenstrahlen, 1925 S. 181. Tabelle 15.
[2] Borries, B. v. u. M. Knoll: Phys. Z. Bd. 35 (1934) S. 279.

m 16) **Brennweite elektrischer Linsen**[1].

| $r$; $r_1$; $r_2$ Linsen-radien | Beschleunigungslinsen $\left(U_k \text{ positiv, } n = \sqrt{1 + \dfrac{U_k}{U_b}} > 1\right)$ | | | Verzögerungslinsen $\left(U_k \text{ negativ, } n = \sqrt{1 + \dfrac{U_k}{U_b}} < 1\right)$ | | |
|---|---|---|---|---|---|---|
| Linsen-form | | $\dfrac{U_k}{U_b}$ | $\dfrac{U_k}{U_b}$ für $f \gg r$ | $f$ | $\dfrac{U_k}{U_b}$ | $\dfrac{U_k}{U_b}$ für $f \gg r$ |
| )( | $f = \dfrac{a \cdot b}{a+b}$ | | | | | |
| )( | $f = \dfrac{1}{n-1} \dfrac{r}{2}$ | $\dfrac{U_k}{U_b} = \left(1 + \dfrac{r}{2f}\right)^2 - 1$ | $\dfrac{U_k}{U_b} \approx \dfrac{r}{f}$ | $f = \dfrac{n}{1-n} \dfrac{r}{2}$ | $-\dfrac{U_k}{U_b} = 1 - \dfrac{1}{\left(1+\dfrac{r}{2f}\right)^2}$ | $-\dfrac{U_k}{U_b} \approx \dfrac{r}{f}$ |
| )( | $f = \dfrac{1}{n-1} r$ | $\dfrac{U_k}{U_b} = \left(1 + \dfrac{r}{f}\right)^2 - 1$ | $\dfrac{U_k}{U_b} \approx \dfrac{2r}{f}$ | $f = \dfrac{n}{1-n} r$ | $-\dfrac{U_k}{U_b} = 1 - \dfrac{1}{\left(1+\dfrac{r}{f}\right)^2}$ | $-\dfrac{U_k}{U_b} \approx \dfrac{2r}{f}$ |
| )( | $f = \dfrac{1}{n-1} \dfrac{r_1 r_2}{|r_2 - r_1|}$ $\dfrac{U_k}{U_b} = \left(1 + \dfrac{r_1 r_2}{f\,|r_2 - r_1|}\right)^2 - 1$ | | $\dfrac{U_k}{U_b} \approx \dfrac{r_1 r_2}{f\,|r_2 - r_1|}$ | $f = \dfrac{n}{1-n} \cdot \dfrac{r_1 r_2}{|r_2 - r_1|}$ | $-\dfrac{U_k}{U_b} = 1 - \dfrac{1}{1 + \dfrac{r_1 r_2}{(f\,|r_2 - r_1|)^2}}$ | $-\dfrac{U_k}{U_b} \approx \dfrac{r_1 r_2}{f\,|r_2 - r_1|}$ |

$U_k$ = Spannung an dem die Linse bildenden Kondensator.
$U_b$ = Beschleunigungsspannung der Elektronen (Eintrittsgeschwindigkeit in die Linse).
$a$, $b$ Gegenstands- und Bildweite.

Brennweite einer Konvexlinse mit nur einer Doppelfläche[2]: $f = \dfrac{r}{1 - \sqrt{\dfrac{U_1}{U_2}}}$

$U_1$ = Eintrittsgeschwindigkeit [V]; $U_2$ = Austrittsgeschwindigkeit [V].

---

[1] Knoll u. Ruska: Beitrag zur geometrischen Elektronenoptik. Ann. Physik. 5. Folge Bd. 12 (1932) S. 656.
[2] Knoll u. Schlömilch: Arch. Elektrotechn. Bd. 28 (1934) S. 511.

**m 17) Elektrische Elemente der geometrischen Elektronenoptik[1].**

| Beschleunigungselemente | | Form der Doppelfläche | Verzögerungselemente | |
|---|---|---|---|---|
| | | a) Ebene | | Planspiegel |
| | | b) $\left\{\begin{array}{l}\text{Ellipsoid}\\\text{Parabolloid}\\\text{Kugel}\end{array}\right.$ | | Hohlspiegel |
| Prisma von Kante weg brechend | | c) Prisma | | Prisma nach Kante zu brechend |
| Sammellinse | | d) Konvexlinse | | Zerstreuungslinse |
| Zerstreuungslinse | | e) Konkavlinse | | Sammellinse |

Die Linsen sind aufgebaut aus feinmaschigem Draht der skizzierten Form.

[1] Knoll u. Ruska: Beitrag zur geometrischen Elektronenoptik. Ann. Physik 5. Folge Bd. 12 (1932) S. 651.

## m 18) Brennweite magnetischer Linsen.

**a) Langsame Bewegung der Elektronen.**

Voraussetzung: Kurze Spulen axial zum Elektronenstrahl außerhalb des Einflusses des Beschleunigungsfeldes (Achsialgeschwindigkeit $v_{z_0}$ konstant).

Für die Radialbewegung gilt (zylindrisches System; $z$-Achse in Strahlmitte):

$$\frac{d^2 \varrho}{d z^2} = -\frac{\varrho}{4} \frac{\left(\frac{e}{m_0 \cdot 10^{-7}} \Pi\right)^2 \mathfrak{H}_z^2}{v_{z_0}^2}.$$

Daraus Näherung für die Richtungsänderung des Elektronenstrahles.

$$\delta \approx \frac{\varrho_0}{4} \frac{\left(\frac{e}{m_0 \cdot 10^{-7}} \Pi\right)^2}{v_{z_0}^2} \int_{+\infty}^{-\infty} \mathfrak{H}_z^2 \, dz.$$

Linsenformel:

$$\frac{1}{a} + \frac{1}{b} = \frac{\alpha+\beta}{\varrho_0} = \frac{\delta}{\varrho_0} = \frac{\left(\frac{e}{m_0 \cdot 10^{-7}} \Pi\right)^2 \int_{-\infty}^{+\infty} \mathfrak{H}_z^2 \, dz}{4 v_{z_0}^2} \equiv \frac{1}{f}.$$

Ist $D$ die Spulendurchflutung, so definiert man:

$$\int_{-\infty}^{+\infty} \mathfrak{H}_z^2 \, dz = \frac{D^2}{l_w}; \qquad l_w = \frac{D^2}{\int_{-\infty}^{+\infty} \mathfrak{H}_z^2 \, dz}$$

als wirksame Spulenlänge.

Ersetzt man $v_{z_0}$ durch die entsprechende Beschleunigungsspannung $U$, so ist:

$$\frac{f}{l_w} = \frac{8 U}{\Pi^2 \frac{e}{m_0 \cdot 10^{-7}} D^2} = 28{,}6 \frac{U}{D^2}.$$

Für Kreisringspule[1] (linearer Kreisleiter) vom Radius $R$ wird:

$$l_w = \frac{2}{3} \frac{R}{\pi^3}.$$

$\varrho$ [cm] Abstand eines Bahnpunktes von der Achse $z$;
$z$ [cm] Länge in Achsenrichtung;
$e$ [clb] Elektronenladung;
$m_0$ [g] Elektronenmasse;
$\Pi \left[\frac{\text{Vs}}{\text{A/cm}}\right]$ Permeabilität des leeren Raumes;
$\mathfrak{H}_z$ [A/cm] Magnetische Feldstärke in Achsenrichtung;
$v_{z_0}$ [cm/s] Geschwindigkeit der Elektronen in Richtung $z$;
$\delta$ Winkel im Bogenmaß;
$a$ [cm] „Gegenstandsweite";

$b$ [cm] Bildweite;
$\varrho_0$ [cm] Achsenabstand in der Ebene der Linse;
$\alpha = \frac{\varrho_0}{a} =$ Divergenzwinkel bei Abflug aus dem Brennpunkt;
$\beta = \delta - \alpha = \frac{\varrho_0}{b} =$ Divergenzwinkel bei Ankunft am anderen Brennpunkt;
$U$ [V] Vollgeschwindigkeit der Elektronen;
$D$ [A] Durchflutung (Amperewindungszahl der Spule).

**b) Schnelle Bewegung der Elektronen.**

Das magnetische Feld leistet am Elektron keine Arbeit. Mit Einführung der relativistischen Massenkorrektur[2] $\frac{1}{\sqrt{1-\beta^2}}$ gelten die klassischen Gleichungen. Für die magnetische Linse gilt daher:

$$f = \frac{4 v_{z_0}^2}{\left(\frac{e}{m_0 \cdot 10^{-7}} \Pi\right)^2 (1-\beta^2) \int_{-\infty}^{+\infty} \mathfrak{H}_z^2 \, dz}.$$

---
[1] Für Spulen von Rechteckquerschnitt ist die Durchflutung um $\sim 15\%$ größer; für Spulen mit Eisengehäuse und Schlitz ist nur $\sim 60\%$ der nach obiger Formel berechneten Durchflutung erforderlich. (Nach E. Ruska u. M. Knoll: Z. techn. Physik Bd. 12 (1931) Nr. 8.)
[2] Vgl. Ziffer b 5. S. 8.

Einführung der Beschleunigungsspannung $U$:

$$v_{z_0}^2 = 2\frac{e}{m_0 \cdot 10^{-7}} U \frac{1 + \frac{1}{2}\frac{e}{m_0 \cdot 10^{-7}} U \frac{1}{c^2}}{\left(1 + \frac{e}{m_0 \cdot 10^{-7}} U \frac{1}{c^2}\right)^2}; \quad 1 - \beta^2 = \frac{1}{\left(1 + \frac{e}{m_0 \cdot 10^{-7}} U \frac{1}{c^2}\right)};$$

$c$ [cm/s] Lichtgeschwindigkeit.

$$f = \frac{8 U}{\Pi^2 \dfrac{e}{m_0 \cdot 10^{-7}} \int\limits_{-\infty}^{+\infty} \mathfrak{H}_z^2 \, dz} \left(1 + \frac{1}{2}\frac{e}{m_0 \cdot 10^{-7}} U \frac{1}{c^2}\right)$$

oder mit $l_w = \dfrac{D^2}{\int\limits_{-\infty}^{+\infty} \mathfrak{H}_z^2 \, dz}$ :

$$\frac{f}{l_w} = \frac{8 U}{\Pi^2 \dfrac{e}{m_0 \cdot 10^{-7}} D^2} \underbrace{\left(1 + \frac{1}{2}\frac{e}{m_0 \cdot 10^{-7}} U \frac{1}{c^2}\right)}_{\text{Relativistische Korrektur.}} = 28{,}6 \frac{U}{D^2} (1 + 0{,}986 \cdot 10^{-6} U)$$

**m 19) Abschirmung von Elektronenröhren gegen magnetische Störfelder**[1].

Definition: Durchlässigkeit $\varDelta = \dfrac{\mathfrak{H}i}{\mathfrak{H}}$, wobei $\mathfrak{H}i$ die Feldstärke im Innern und $\mathfrak{H}$ die außerhalb des Zylinders ist.

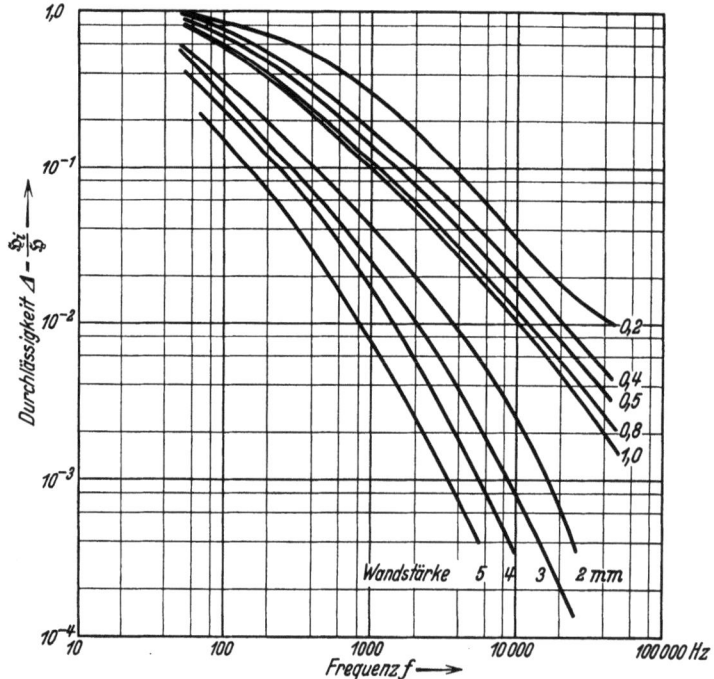

Abb. 165. Durchlässigkeit $\varDelta$ von Kupferzylindern von 12 cm Durchmesser und verschiedenen Wandstärken in Abhängigkeit von der Frequenz.

---

[1] Lubszynski, H. G.: Diss. Techn. Hochschule Berlin, 30. Jan. 1933. Dort finden sich weitere Angaben über eine Reihe von anderen Metallen.

Für Nickelloyzylinder mit einem inneren Durchmesser von etwa 13 cm und 1 mm Wandstärke ist die Durchlässigkeit bei Feldstärken von 0,2—2 Örstedt etwa $2-5 \cdot 10^{-2}$ (bei 50 Hz). Bei Frequenzen bis zu 50 kHz fällt $\Delta$ bis auf $0,5-1 \cdot 10^{-2}$.

## m 20) Schwärzung photographischer Platten durch Elektronenstrahlen[1].

Definition der Schwärzung:

Läßt eine Platte $\frac{1}{n}$ des auf sie fallenden Lichtes durch, so ist die zugehörige Schwärzung $S = \log n$.

### a) Direkte Bestrahlung.

1. **Lange Expositionsdauer** ($10^2 \div 10^{-2}$ s; Abb. 166).

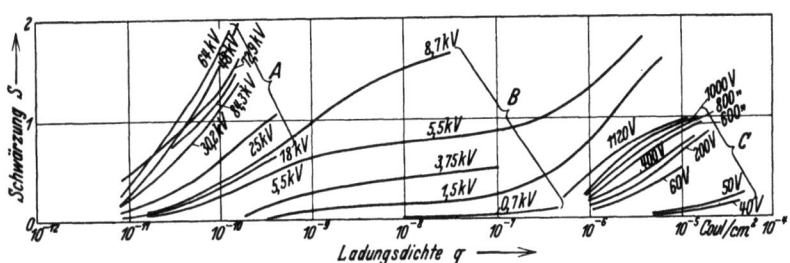

Abb. 166. Schwärzung $S$ als Funktion der aufgefallenen Ladungsdichte und der Voltgeschwindigkeit.

$A$ — Agfa-Extrarapidplatte[2].
$B$ — Agfa-Kontrastplatte[3].
$C$ — Agfa-Extrarapidplatte[4].

2. **Kurze Expositionsdauer** ($10^{-5} \div 10^{-8}$ s; Abb. 167).

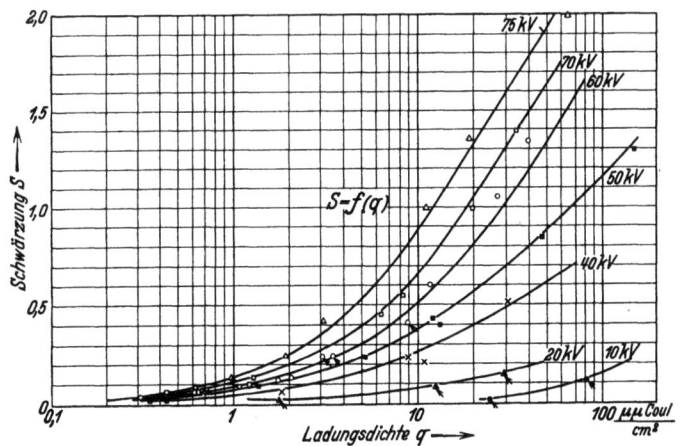

Abb. 167. Schwärzung $S$ als Funktion der aufgefallenen Ladungsdichte und der Voltgeschwindigkeit

○ Agfa-Isochromfilm[1 u. 5].

---
[1] Borries, B. v. u. M. Knoll: Physik. Z. Bd. 35 (1934) S. 279.
[2] Becker, A. u. E. Kiphan: Ann. Physik Bd. 10 (1931) S. 15.
[3] Nacken, M.: Physik. Z. Bd. 31 (1930) S. 296.
[4] Weidner, V.: Ann. Physik Bd. 12 (1932) S. 239.
[5] Schäffer, H.: Arch. Elektrotechn. Bd. 26 (1932) S. 313.

b) **Indirekte Bestrahlung** (durch elektronenerregte Fluoreszenz).
1. **Kurze Expositionsdauer** ($10^{-5} \div 10^{-8}$ s[1]; Abb. 168).

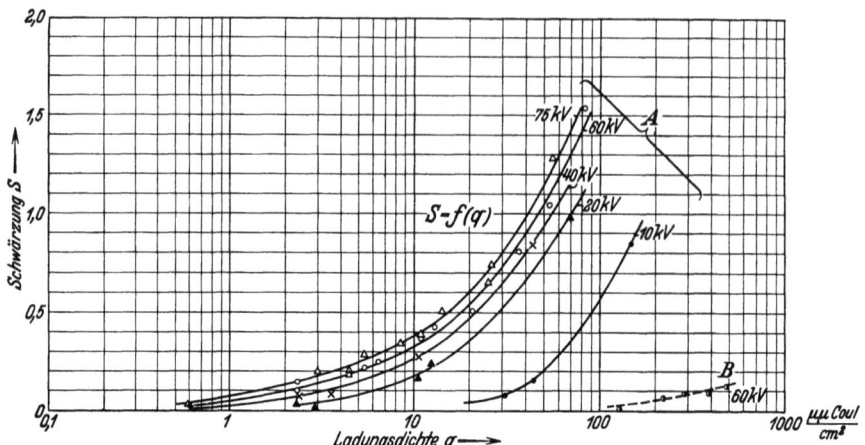

Abb. 168. Schwärzung durch elektronenerregte Fluoreszenz als Funktion der auf den Leuchtschirm fallenden Ladungsdichte und der Voltgeschwindigkeit.

Leuchtsubstanz: ZnS—Ag, blau (nach Schleede).
Emulsion: Agfa-Isochromfilm.
Kurven $A$: Kontaktphotographie.
Kurve $B$: Kamera und Linse ($1 : f = 1 : 1{,}8$).

2. **Einfluß der Belegungsstärke des Leuchtschirms**[1].

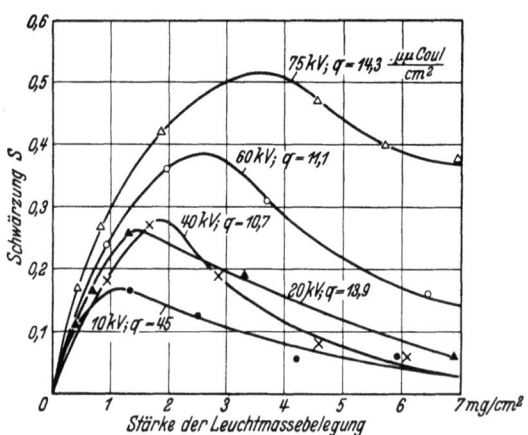

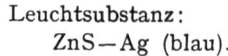

Leuchtsubstanz:
ZnS—Ag (blau).

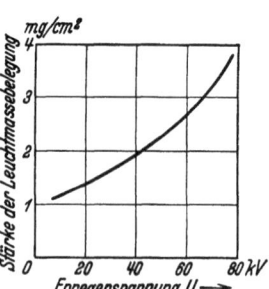

Abb. 169. Schwärzung durch elektronenerregte Fluoreszenz als Funktion der Belegungsstärke des Leuchtschirms und der Voltgeschwindigkeit.

Abb. 170. Optimale Leuchtsubstanzschichtdicke des Leuchtschirms als Funktion der Voltgeschwindigkeit.

---

[1] Borries B. v. u. M. Knoll, Physik. Z. Bd. 35 (1934) S. 279.

## c) Vergleich des Energiebedarfs bei direkter und indirekter Schwärzung.

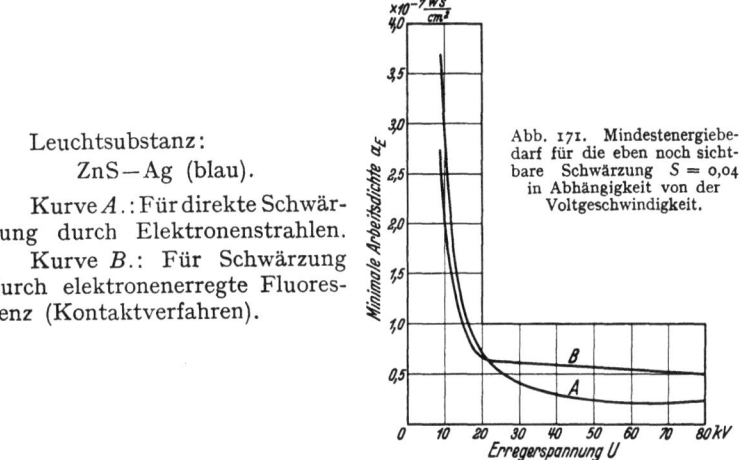

Leuchtsubstanz:
ZnS—Ag (blau).
Kurve $A$.: Für direkte Schwärzung durch Elektronenstrahlen.
Kurve $B$.: Für Schwärzung durch elektronenerregte Fluoreszenz (Kontaktverfahren).

Abb. 171. Mindestenergiebedarf für die eben noch sichtbare Schwärzung $S = 0{,}04$ in Abhängigkeit von der Voltgeschwindigkeit.

## n) Ionenröhren.

### n 1) Lichtgebilde der Glimmentladung.

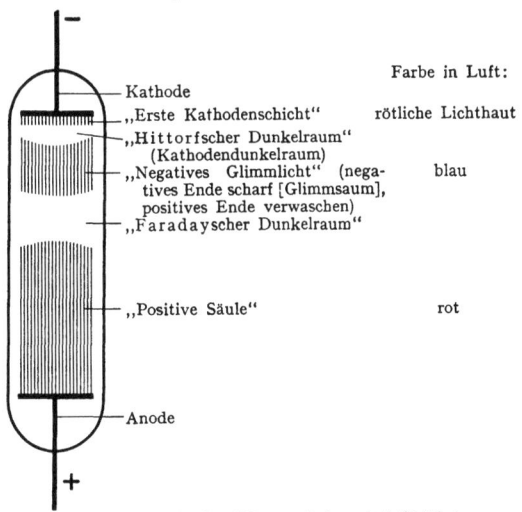

Farbe in Luft:

— Kathode
„Erste Kathodenschicht"         rötliche Lichthaut
„Hittorfscher Dunkelraum" (Kathodendunkelraum)
„Negatives Glimmlicht" (negatives Ende scharf [Glimmsaum], positives Ende verwaschen)        blau
„Faradayscher Dunkelraum"

„Positive Säule"                 rot

— Anode

Abb. 172. Lichtgebilde der Glimmentladung bei Gleichstrom; kalte Kathode; Farben in Luft.

### n 2) Farbe des negativen Glimmlichtes, der ersten Kathodenschicht, des Kathodendunkelraumes und der positiven Säule bei verschiedenen Gasen und Dämpfen.

| | Negatives Glimmlicht | Erste Kathodenschicht | Kathodendunkelraum | Positive Säule |
|---|---|---|---|---|
| Argon | blau | rosa | violettrot | violett |
| Arsen | bläulich | | | grünlich |
| Blei | gelbrot | | | violett |
| Brom | gelblichgrün | | | rosa |
| Cadmium | rot | | | grünlichblau |

Tabellen 2) (Fortsetzung).

| | Negatives Glimmlicht | Erste Kathodenschicht | Kathodendunkelraum | Positive Säule |
|---|---|---|---|---|
| Caesium . . | milchiggrün | rosa | | bei kleinen Belastungen blau, bei großen Belastungen weiß |
| Chlor . . . . | grünlich | | | weißgrün |
| Helium . . . | blaßgrün | rot | smaragdgrün | violettrot bis gelbrosa |
| Jod . . . . | grünlichgelb-rosa | | rötlichblau | rötlichblau |
| Kalium . . . | grün | grün | | grün |
| Krypton . . | grün | | gelbgrün | |
| Lithium . . . | hellrot | rot | | rot |
| Luft . . . . | blau | rosa | violett | rötlich |
| Magnesium . | grün | grün | | grün |
| Natrium . . | weißlich | rosa bis rötlichgelb | | gelb |
| Neon . . . . | orange | gelb | dunkelrot | blutrot |
| Quecksilber . | gelblichweiß | grün | | grünlich |
| Rubidium . . | blauviolett | rosa | | blauweiß |
| Sauerstoff . . | gelblichweiß | rot | violett | zitronengelb mit rosa Kern |
| Silber . . . . | rosa | | | blaß-blaugrün |
| Stickstoff . . | blau | rosa | violett | rotgelb |
| Thallium . . | grün | | | grün |
| Wasserstoff . | hellblau | braunrosa | | rosa |
| Xenon . . . | blauweiß | | olivgrün | bei hohen Belastungen weiß |
| Zink . . . . | blau-blau-violett | violettrot | | blau |
| CCl$_4$ . . . . | hellgrün | | | weißlichgrün |
| CO . . . . | grünlichweiß | | | weiß |
| CO$_2$ . . . . | blau | | | |
| HCl . . . . | grün | | | rosa |
| SnCl$_4$ . . . | grün | | | himmelblau |

n 3) **Farben der geschichteten Säule**[1].

| Gas | Schichtkopf | Erster Saum | Zweiter Saum |
|---|---|---|---|
| Cadmium . | grün | violett, indigo | |
| Caesium . . | purpur | gelbrot | |
| Helium . . | violett | gelb oder grün | gelb oder grün |
| Kalium . . | violett | rotbraun | |
| Natrium . . | gelb | braun | |
| Quecksilber | bläulichweiß | bläulichweiß | |
| Rubidium . | purpur — blauweiß | gelbrot | grün |
| Sauerstoff . | schwach rosa | | |
| Stickstoff . | rosarot | violett | gelb-braunrot |
| Wasserstoff . | rosa | dunkelblau bis himmelblau | |
| Zink . . . | rötlich | violett | |

n 4) **Farbpunkte von Leuchtröhren im Maxwell-Königschen Farbdreieck.**

Im Farbdreieck sind die prozentualen Anteile der Grundempfindungen (Rot-, Grün-, Blauempfindung) auf den drei Seiten eines gleichseitigen Dreiecks aufgetragen. Jedem Punkt des Farbdreiecks ist auf diese Weise eine aus den drei Grundempfindungen resultierende Farbe zugeordnet.

In der Abb. 173 bezeichnet die gestrichelte (---) Kurve die Farbpunkte der reinen Spektralfarben (Wellenlängen in $10^{-5}$ cm). Die realisierbaren Farben liegen

---

[1] Handbuch der Physik, Bd. 14 (1927) S. 296.

sämtlich innerhalb eines Gebiets, das nach oben hin durch diese Kurve nach unten durch die Farbpunkte der Purpurfarben (— · — · —) begrenzt ist. Insbesondere sind angegeben:

1. Farbpunkte der schwarzen Strahlung bei verschiedenen Temperaturen [°K] (ausgezogene Kurve).
2. Farbpunkte einiger technischer Leuchtröhren unter normalen Betriebsbedingungen.

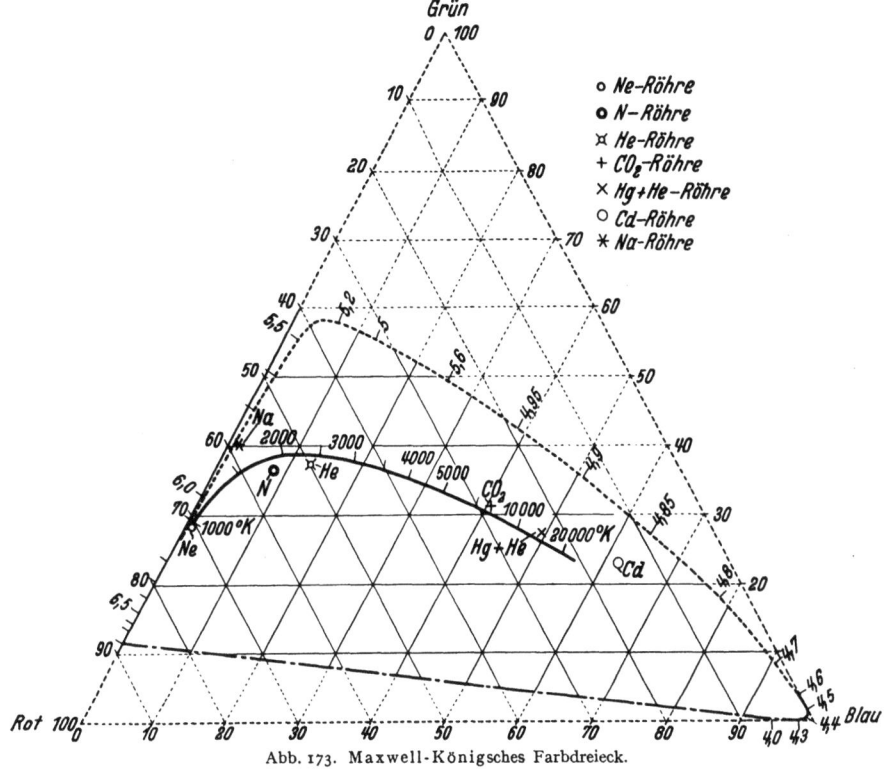

Abb. 173. Maxwell-Königsches Farbdreieck.

## n 5) Existenzbereich der wandernden Schichten[1].

Unabhängig von der Rohrweite verschwinden die wandernden Schichten in der positiven Säule bei bestimmtem Druck bei Überschreitung einer gewissen Grenzstromstärke. Die wandernden Schichten verschwinden nicht plötzlich, daher gibt Abb. 174 die Grenzen als schraffierte Gebiete wieder.

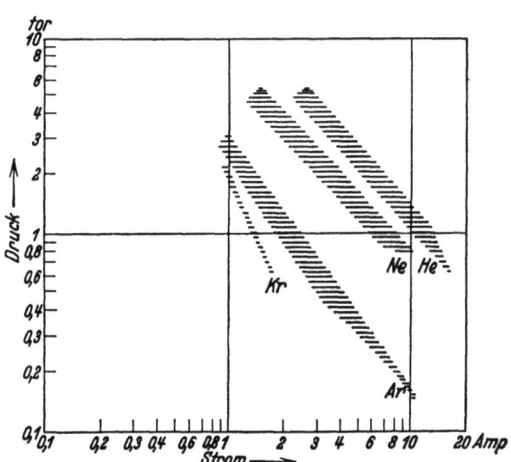

Abb. 174. Grenzen des Existenzbereiches der wandernden Schichten nach Pupp (Druck = Fülldruck bei Zimmertemperatur).

---

[1] Seeliger, R.: Einführungen in die Physik der Gasentladungen 1933 S. 267.

## n 6) Dicke des Kathodendunkelraumes[1].

Tabelle für $d_0$.

| Gas \ Kathodenmaterial | Al | Fe |
|---|---|---|
| Ar . . . . | 0,285 | 0,356 |
| $H_2$ . . . . | 0,724 | 0,900 |
| He . . . . | 1,32 | 1,66 |
| $N_2$ . . . . | 0,305 | 0,419 |
| Ne . . . | 0,637 | 0,722 |
| $O_2$ . . . . | 0,237 | 0,311 |

$p \cdot d = d_0 = $ const

$p$ [tor] Druck;
$d$ [cm] Dicke des Dunkelraumes.

## n 7) Beziehung zwischen Austrittsarbeit und Kathodenfall[2].

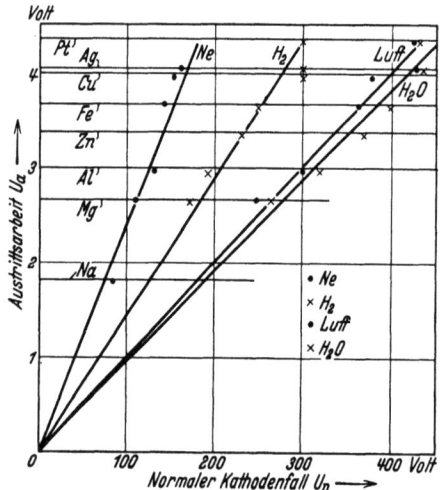

Abb. 175. Abhängigkeit des normalen Kathodenfalls $U_n$ von der Austrittsarbeit $U_a$ der Kathodenmetalle für verschiedene Gase.

Allgemein gilt die Formel:
$$U_n = C \cdot U_a.$$

Tabelle für $C$.

| Gas | C |
|---|---|
| Ar . . . | 45,8 |
| $H_2$ . . . | 68,5 |
| $H_2O$ . . | 103,9 |
| He . . . | 43,5 |
| Kr . . . | (58,1) |
| Luft . . | 79,0 |
| $N_2$ . . . | 67,1 |
| Ne . . . | 44,9 |
| X . . . | (82,7) |

$U_n$ = normaler Kathodenfall [V];
$U_a$ = Austrittsarbeit [V].

## n 8) Der normale Kathodenfall in Volt[3].

(Kathodengefälle bis zum Glimmsaum gerechnet, soweit Angaben darüber vorliegen.)

|  | Ar | $H_2$ | He | Hg | Kr | Luft | Luft[4] | $N_2$ | Ne | $O_2$ | X |
|---|---|---|---|---|---|---|---|---|---|---|---|
| Aluminium . . . | 100 | 171 | 141 | — | — | 229 | 302 | 179 | 120 | 311 | — |
| Antimon . . . | 135 | 252 | — | — | — | 269 | 396 | 225 | — | — | — |
| Barium . . . . | 93 | — | 86 | — | — | — | — | 157 | — | — | — |
| Blei . . . . . | 124 | 223 | — | — | — | 207 | 392 | 210 | — | — | — |
| Calcium . . . . | 93 | — | 86 | — | — | — | — | 157 | 86 | — | — |
| Eisen . . . . | 131 | 198 | 153 | 389 | 215 | 269 | 363 | 215 | — | 343 | 306 |
| Gold . . . . . | 131 | 247 | — | — | — | 285 | 418 | 233 | — | — | — |
| Iridium . . . . | — | — | — | — | — | — | 379 | — | — | — | — |
| Kadmium . . . | 119 | 200 | — | — | — | 266 | 375 | 213 | — | — | — |
| Kalium . . . . | 64 | 94 | 59 | — | — | — | — | 170 | 68 | — | — |
| Kobalt . . . . | — | — | — | — | — | — | 381 | — | — | — | — |

[1] Güntherschulze, A.: Z. Physik Bd. 20 (1923) S. 1. Messung von $d$ elektrisch (durch Feldstärkeminimum am Glimmsaum) ergibt Abweichungen von optischen Messungen bis zu 15%.
[2] Güntherschulze, A.: Z. Physik Bd. 24 (1924) S. 52.
[3] Handbuch der Experimentalphysik, Bd. 13/3 (1929) S. 350; Seeliger, R.: Einführung in die Physik der Gasentladungen. 1933.
[4] Werte nach Schaufelberger (Gut getrocknetes Füllgas).

Tabelle n 8) (Fortsetzung).

|  | Ar | H$_2$ | He | Hg | Kr | Luft | Luft[1] | N$_2$ | Ne | O$_2$ | X |
|---|---|---|---|---|---|---|---|---|---|---|---|
| Kohlenstoff | — | — | — | — | — | — | 438 | — | — | — | — |
| Kupfer | 131 | 214 | 177 | — | — | 252 | 375 | 208 | — | — | — |
| Magnesium | 119 | 153 | 125 | — | — | 224 | 247 | 188 | 94 | 310 | — |
| Molybdän | — | — | — | — | — | — | — | — | 115 | — | — |
| Natrium | — | 185 | 80 | — | — | — | — | 178 | 75 | — | — |
| Nickel | 131 | 211 | — | — | — | 226 | 353 | 197 | — | — | — |
| Palladium | — | — | — | — | — | — | 421 | — | — | — | — |
| Platin | 131 | 276 | 160 | 340 | — | 277 | 425 | 216 | 152 | 364 | — |
| Quecksilber | — | 270 | 142,5 | 340 | — | — | — | 226 | — | — | — |
| Silber | 131 | 216 | 162 | — | — | 279 | 428 | 233 | — | — | — |
| Strontium | 93 | — | 86 | — | — | — | — | 157 | — | — | — |
| Thallium | — | — | — | — | — | — | — | — | 125 | — | — |
| Wismut | 135 | 240 | 137 | — | — | 272 | 339 | 210 | — | — | — |
| Wolfram | — | — | — | — | — | — | — | — | 125 | — | — |
| Zink | 119 | 184 | 143 | — | — | 277 | 372 | 216 | — | 354 | — |
| Zinn | 123,5 | 226 | — | — | — | 262 | 393 | 216 | — | — | — |

### n 9) Kathodenzerstäubung[2].

Zerstäubung verschiedener Metalle in H$_2$ unter gleichen Entladungsbedingungen[3]. Die Reihenfolge ist für die meisten Metalle unabhängig von der Gasfüllung ($Q$ = Gewichtsverlust der Kathode).

| Kathodenmaterial | $Q$ $\frac{mg}{Ah}$ | Kathodenmaterial | $Q$ $\frac{mg}{Ah}$ | Kathodenmaterial | $Q$ $\frac{mg}{Ah}$ | Kathodenmaterial | $Q$ $\frac{mg}{Ah}$ |
|---|---|---|---|---|---|---|---|
| Mg | 9 | Mo | 56 | C | 262 | Sb | 890 |
| Ta | 16 | Co | 56 | Cu | 300 | Tl | 1080 |
| Cr | 27 | Wo | 57 | Zn | 340 | As | 1100 |
| Al | 29 | Ni | 65 | Pb | 400 | Te | (1200) |
| Cd | 32 | Fe | 68 | Au | 460 | Bi | 1470 |
| Mn | 38 | Sn | 196 | Ag | 740 | | |

### n 10) Beziehung zwischen „normaler Stromdichte" und Druck bei verschiedenen Kathodenmaterialien in verschiedenen Gasen[4].

Zylindrische Kathoden von 3 mm Durchmesser.

$$j_n = a\, p^b;$$

$j_n$ [mA/cm$^2$] normale Stromdichte;
$p$ [tor] Druck des Füllgases.

Tabelle der Konstanten $a$ und $b$.

|  | $a$ | | | $b$ | | |
|---|---|---|---|---|---|---|
|  | H$_2$ | N$_2$ | Ne | H$_2$ | N$_2$ | Ne |
| Ag | 0,125 | 0,260 | 0,021 | 1,86 | 1,75 | 1,00 |
| Al | 0,140 | 0,225 | 0,008 | 2,05 | 2,02 | 1,50 |
| Au | 0,150 | 0,225 | 0,019 | 1,80 | 1,87 | 1,14 |
| Cu | 0,125 | 0,350 | 0,024 | 1,86 | 1,75 | 1,06 |
| Fe | 0,140 | 0,325 | 0,026 | 1,89 | 1,77 | 1,38 |
| Pt | 0,125 | 0,290 | 0,011 | 1,90 | 1,85 | 1,30 |
| Zn | 0,120 | 0,240 | 0,006 | 1,94 | 1,91 | 1,83 |

---

[1] Werte nach Schaufelberger (Gut getrocknetes Füllgas).
[2] Güntherschulze, A.: Z. Physik Bd. 36 (1926) S. 563. Weitere Literatur vgl. Handbuch der Experimentalphysik, Bd. 13/3 (1929).
[3] Für Hg vgl. K. Meyer u. A. Güntherschulze: Z. Physik Bd. 71 (1931) S. 279.
[4] Seeliger, R. u. M. Reger: Ann. Physik Bd. 83 (1927) S. 535. Weitere Literatur vgl. Handbuch der Experimentalphysik, Bd. 13/3 (1929).

## n 11) Anodenfall[1].

**a) Anodenfall [V]** in verschiedenen Gasen bei verschiedenen Elektrodenmaterialien[2]. $p$ = Druck.

| | H₂ | | | N₂ | | O₂ |
|---|---|---|---|---|---|---|
| $p_{tor}$ | 1,73 | 1,71 | 1,70 | 1,39 | 1,37 | 1,20 |
| Pt | 18,0 | 18,4 | 17,3 | 18,8 | 18,5 | 22,2 |
| Ag | 18,4 | 18,8 | 17,7 | 19,1 | 18,6 | — |
| Au | 20,1 | 19,5 | 20,7 | 21,1 | 19,9 | 24,3 |
| Cu | 18,9 | 19,7 | 20,0 | 19,7 | 19,0 | 23,2 |
| Fe | 22,1 | 18,5 | — | 19,7 | 19,4 | 23,8 |
| Ni | — | 19,9 | 19,3 | 20,3 | 19,4 | 23,5 |
| Bi | 19,9 | — | 18,0 | — | — | — |
| Sb | 20,6 | — | — | — | — | 23,5 |
| Sn | 20,8 | — | 20,0 | — | — | 24,2 |
| Pb | — | 20,3 | — | 20,6 | 20,0 | — |
| Cd | 20,7 | — | 19,9 | 19,7 | 19,1 | 24,2 |
| Zn | 20,4 | 20,2 | 19,1 | 19,6 | 18,5 | — |
| Al | — | 20,1 | 19,7 | 22,2 | 21,9 | 23,9 |

**b) Anodenfall [V]** im Hg-Dampflichtbogen[3] (Werte verschiedener Autoren).

| Anodenmaterial | Stromstärke A | Anodenfall V | Anodenmaterial | Stromstärke A | Anodenfall V |
|---|---|---|---|---|---|
| C (Graphit) | — | 4,7 | Hg | — | 7,4 |
| | — | 2,5 | | etwa 3 | 6,35 |
| Fe | 1,25 | 6,5 | | etwa 3 | 6,4 |
| | 3,25 | 4,6 | | 3 | 7,0 |
| | 3,0 | 4,07 | | 4 | 7,1 |
| | ~3,0 | 6,87 | | 5 | 7,3 |
| | 3,5 | 4,06 | | 6 | 7,4 |
| | 4,0 | 4,04 | | | |
| | 4,5 | 3,94 | | | |
| | 3 | 6,87 | | | |
| | 5 | 6,18 | | | |
| | 7 | 6,30 | | | |

## n 12) Spektrale Intensitäten und Lichtausbeuten der positiven Säule in Neon[4].

Fülldruck: 2 tor bei Zimmertemperatur; Rohrdurchmesser: 20 mm. Gleichstrom; Gradient 1,59 V/cm.

Pro cm Säule aufgenommene Leistung . . . . . . 1,19 W ⎫
Pro cm Säule abgestrahlte Leistung . . . . . . . 0,175 W ⎬ bei 0,75 A.
Strahlungsausbeute für alle Linien des Neons . . . 14,7 % ⎭

| Wellenlänge in ÅE | Stromstärke: 0,75 A Stromdichte: 0,24 A/cm² | | Mittelwert über 3 Messungen bei 0,5; 0,75 und 1,0 A | Wellenlänge in ÅE | Stromstärke: 0,75 A Stromdichte: 0,24 A/cm² | | Mittelwert über 3 Messungen bei 0,5; 0,75 und 1,0 A |
|---|---|---|---|---|---|---|---|
| | Relative Intensität | Absolute Ausbeute % | Relative Intensität | | Relative Intensität | Absolute Ausbeute % | Relative Intensität |
| 5852 | 11,0 | 0,30 | 11,0 | 6402 | 100,0 | 2,75 | 100,0 |
| 5882 | 8,4 | 0,23 | 8,2 | 6506 | 43,6 | 1,20 | 43,2 |
| 5944 | 14,4 | 0,40 | 13,8 | 6533 | 11,5 | 0,32 | 11,0 |
| 5975 | 3,3 | 0,09 | 3,2 | 6599 | 16,4 | 0,45 | 16,0 |
| 6030 | 3,6 | 0,10 | 3,7 | 6652 | < 0,5 | <0,01 | <0,5 |
| 6074 | 13,8 | 0,38 | 13,6 | 6678 | 29,5 | 0,81 | 29,0 |
| 6096 | 21,7 | 0,60 | 21,0 | 6717 | 18,6 | 0,51 | 17,8 |
| 6128 | 0,5 | 0,01 | 0,5 | 6929 | 28,0 | 0,77 | 27,5 |
| 6143 | 36,2 | 1,00 | 35,8 | 7024 | <0,5 | <0,01 | < 0,5 |
| 6164 | 8,9 | 0,25 | 9,0 | 7032 | 47,7 | 1,31 | 47,0 |
| 6217 | 6,6 | 0,18 | 6,8 | 7174 | 6,8 | 0,19 | 6,8 |
| 6266 | 18,3 | 0,50 | 18,3 | 7245 | 19,3 | 0,53 | 18,8 |
| 6305 | 7,2 | 0,20 | 6,9 | 7439 | 4,8 | 0,13 | 4,7 |
| 6334 | 30,0 | 0,82 | 29,2 | 8082 | 0,5 | 0,01 | 0,5 |
| 6383 | 24,3 | 0,67 | 23,0 | | | | |

---

[1] Vgl. Handbuch der Experimentalphysik (R. Seeliger u. G. Mierdel) Bd. 13/3 (1929) S. 473, 474.
[2] Skinner, C. A.: Philos. Mag. Bd. 8 (1904) S. 387.
[3] Güntherschulze, A.: Z. Physik Bd. 13 (1923) S. 378.
[4] H. Krefft u. M. Pirani, Z. techn. Physik Bd. 14 (1933) S. 393.

## n 13) Verteilung der spektralen Intensität verschiedener Leuchtröhren[1].

Spektrale Intensitäten der Quecksilberhochdruckentladung bei drei verschiedenen Drucken $p$ und konstanter Stromstärke von 4 A (horizontal brennender Wechselstrombogen, Rohrdurchmesser 25 mm. Grundgas: Neon von einigen tor Druck).

| Wellenlänge in ÅE | Relative Intensität[2] | | | Wellenlänge in ÅE | Relative Intensität[2] | | |
|---|---|---|---|---|---|---|---|
| | $p = 200$ tor | $p = 400$ tor | $p = 800$ tor | | $p = 200$ tor | $p = 400$ tor | $p = 800$ tor |
| 2358 | 3,2 | 3,3 | 3,0 | 2967 | 15,2 | 14,8 | 16,2 |
| 2378 | 5,3 | 5,4 | 5,3 | 3022/26 | 29,6 | 31,5 | 33,0 |
| 2400 | 4,8 | 5,1 | 4,9 | 3126/32 | 80,9 | 66,4 | 63,2 |
| 2464 | — | 1,8 | 2,1 | 3341 | 7,4 | 8,1 | 8,7 |
| 2483 | 12,2 | 12,3 | 12,3 | 3650/63 | 100,0 | 100,0 | 100,0 |
| 2537 | 38,1 | 29,1 | 15,7 | 3906 | 1,1 | 1,4 | 1,5 |
| 2576[3] | 3,2 | 4,4 | 5,8 | 4047 | 39,8 | 30,9 | 26,5 |
| 2603 | 1,7 | 2,2 | 2,8 | 4078 | 5,0 | 5,1 | 5,4 |
| 2640 | 2,9 | 3,3 | 3,3 | 4358 | 68,2 | 55,3 | 49,5 |
| 2652 | 21,3 | 22,4 | 24,4 | 4916 | 1,0 | 1,2 | 1,3 |
| 2699 | 4,2 | 4,9 | 5,4 | 5461 | 80,9 | 68,2 | 64,2 |
| 2753 | 3,3 | 3,8 | 3,9 | 5770/90 | 71,3 | 75,6 | 79,1 |
| 2804 | 10,4 | 11,3 | 12,7 | 6907 | 1,3 | 1,7 | 2,0 |
| 2894 | 5,6 | 5,9 | 6,2 | 10140 | 32,8 | 33,4 | 37,1 |
| 2925 | 2,0 | 2,3 | 2,5 | | | | |

Spektrale Intensitäten von Quecksilber-, Cadmium- und Zinkniederdrucklampen. (Die Lampen haben eine „Grundfüllung" aus Edelgas von einigen tor Druck. Der Metalldampfdruck ist von der Größenordnung $1 \cdot 10^{-2}$ tor, die Stromdichte 1 A/cm².)

| Serienzugehörigkeit | Quecksilber[4] | | Cadmium[5] | | Zink[5] | |
|---|---|---|---|---|---|---|
| | Wellenlänge ÅE | Relative Intensität | Wellenlänge ÅE | Relative Intensität | Wellenlänge ÅE | Relative Intensität |
| Interkombinations-Resonanzlinie . . . . . . . . . . | 2537 | 745 | 3261 | 610 | 3076 | 92 |
| 1. Nebenserie, Triplettsystem . | 2967 | 13,8 | 3403 | 25 | 3282 | 15 |
| | 3126/32 | 60 | 3466/68 | 57 | 3303 | 36 |
| | 3650/63 | 57 | 3610/14 | 58 | 3345 | 55 |
| 2. Nebenserie, Triplettsystem . | 4047 | 64 | 4678 | 56 | 4680 | 38 |
| | 4358 | 106 | 4800 | 104 | 4722 | 68 |
| | 5461 | 100 | 5086 | 100 | 4811 | 100 |
| 1. Nebenserie, Singulettsystem | 5770/90[6] | 34 | 6438 | 35 | 6362 | 30 |
| 2. Nebenserie, Singulettsystem | 10140 | 60 | 10395 | 46 | 11055 | —[7] |

Spektrale Intensitäten der Natriumlampe. (Der Natriumdampfdruck beträgt etwa $5 \cdot 10^{-3}$ tor, die Stromdichte 1 A/cm². Grundgas: Neon von einigen tor Druck.)

| Wellenlänge in ÅE | Relative Intensität | Wellenlänge in ÅE | Relative Intensität |
|---|---|---|---|
| 11404—382 | 10 | 5688— 83 | 1,2 |
| 8195— 83 | 19 | 5154— 49 | <0,1 |
| 6161— 54 | 0,3 | 4983— 79 | <0,2 |
| 5890— 96 | 100 | | |

[1] Krefft, H. u. M. Pirani: Z. techn. Physik Bd. 14 (1933) S. 393.
[2] Die Intensität des Tripletts 3650/63 ist stets willkürlich gleich 100 gesetzt.
[3] Wegen des Untergrundes unsicher.
[4] Rohrdurchmesser: 18 mm; Material: Quarz.
[5] Rohrdurchmesser: 15 mm; Material: Ultraviolett durchlässiges Hartglas.
[6] Die Linien 5770 und 5790 haben ungefähr gleiche Intensität.
[7] Nicht gemessen.

## n 14) Berechnung der abgestrahlten Leistung einer Leuchtröhre[1].

Umrechnungsfaktoren verschiedener Gasentladungslampen.

| Leuchtröhre | $f$ |
|---|---|
| Neon | 0,90 ÷ 0,95 |
| Quecksilberhochdruck und -niederdruck, Cadmium | 0,82 |
| Natrium | 0,75 — 0,80 |

$N = 4\pi r^2 E \cdot f$ [W].

$E$ [W/cm²] Energiefluß senkrecht zur Röhrenachse in der Entfernung $r$ [cm] von der Strahlungsquelle gemessen;

$f$ Photometrischer Umrechnungsfaktor.

(Für einen im Verhältnis zur Entfernung $r$ kleinen kugelförmigen Strahler ist $f = 1$.)

## n 15) Für die Eichung im Ultraviolett geeignete Linien von Metalldampfniederdrucklampen[1].

| Lampe | Kurzwellige Linie ÅE | Langwellige Liniengruppen ÅE |
|---|---|---|
| Quecksilber | 2537 | 2967, 3126/32 3650/63 |
| Cadmium | 2288 | 3261 3403, 3466/68 3610/14 |
| Zink | 2139 | 3076 3282, 3303 3345 |

## n 16) Zündspannung gasgefüllter Ionenröhren mit Glühkathoden[2].

Entladungsgefäße: Dickdrähtige Glühlampenkolben für kleine Spannungen mit Hilfselektrode als Anode.

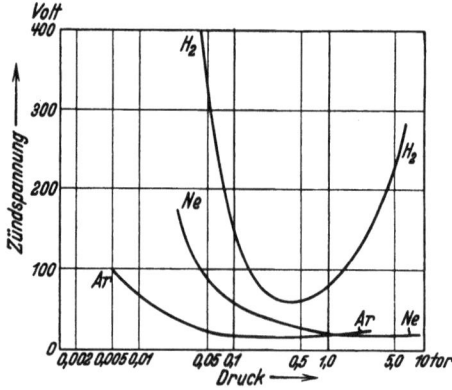

Abb. 176. Abhängigkeit der Zündspannung von Druck und Molekulargewicht des Gases.

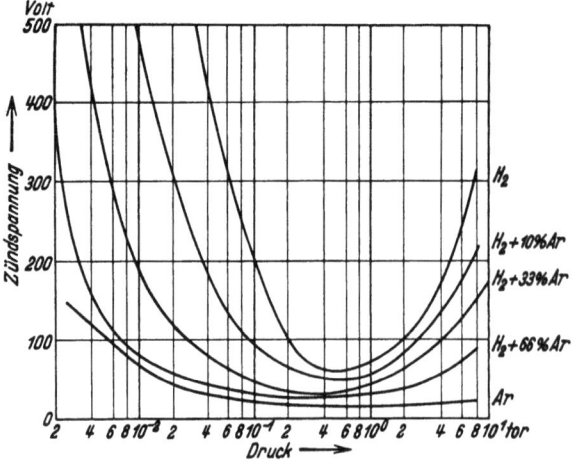

Abb. 177. Druckabhängigkeit der Zündspannung in Gasgemischen.

---

[1] Krefft, H. u. M. Pirani: Z. techn. Physik Bd. 14 (1933) S. 393.
[2] Altherthum, H., M. Reger u. R. Seeliger: Z. techn. Physik Bd. 9 (1928) S. 161.

n 17) **Abhängigkeit der Stromdichte bzw. Größe des Brennflecks im Kohlelichtbogen vom Druck**[1].

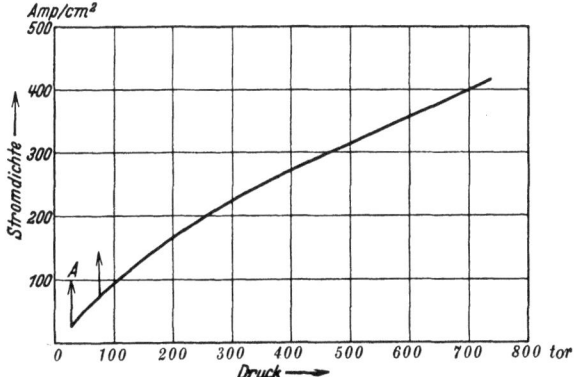

Abb. 178. Beziehung zwischen Stromdichte und Gasdruck (sorgfältig getrocknete Luft) für den Kohlelichtbogen.

Bei kleinen Drucken nimmt die Stromdichte plötzlich bis zu sehr großen Werten zu (in Abb. 178 bei A).

n 18) **Brennspannung $U_b$, Stromstärke $I$, Bogenlänge $l$ und Bogenwiderstand $R$ für Lichtbögen**[3] ($p = 760$ tor, Luft).

| Anode | Ø mm | Kathode | Ø mm | $U_b$ V | $I$ A | $l$ mm | $R$ Ω |
|---|---|---|---|---|---|---|---|
| Kohle: Noris Homogen . | 10 | Kohle: Noris Homogen | 10 | 66 | 5 | 6 | 11,6 |
| Kohle: Siemens Docht . | 9 | Kohle: Siemens Docht | 9 | 49 | 5 | 6 | 7,1 |
| Kohle: Siemens Effekt weiß . . . . | 10 | Kohle: Siemens Effekt weiß . . . | 10 | 31 | 5 | 6 | 7,4 |
| Kohle: Siemens Docht . | 9 | Kohle: Siem. Eff. weiß | 10 | 51 | 5 | 6 | 7,2 |
| Kohle: Siem. Eff. weiß . | 10 | Kohle: Siemens Docht | 9 | 29 | 5 | 6 | 7,0 |
| Metall: Eisen . . . . . | 12 | Metall: Eisen . . . . | 12 | 39 | 4 | 4 | 2,7 |
| Metall: Eisen . . . . . | 12 | Kohle: Noris Docht . | 12 | 37,5 | 4 | 4 | 6,2 |
| Metall: Kupfer . . . . . | 8 | Metall: Kupfer . . . | 8 | 47 | 2,8 | 3 | 9,4 |
| Metall: Kupfer . . . . . | 8 | Kohle: Noris Docht . | 12 | 34 | 4 | 4 | 7,7 |
| Metall: Wolfram . . . . | 4×5 | Kohle: Noris Docht . | 12 | 36 | 4 | 4 | 7,9 |

[1] Seeliger, R. u. H. Schmick: Physik. Z. Bd. 28 (1927) S. 605.
[2] Nach Duddel: $U = IR + E$; vgl. W. Duddel: Philos. Trans. Roy. Soc., Lond. Bd. 203 (A) (1908) S. 305.
[3] Seeliger, R. u. G. Mierdel: Handbuch der Experimentalphysik, Bd. 13/3 S. 662.

## n 19) Kennlinie des Reinkohlebogens („Ayrtonsche Gleichung"[1]).

1. Stromspannungsgleichung (Bogenlänge konstant):
$$U_b = a + bl + \frac{c + d \cdot l}{I}.$$

2. Stromleistungsgleichung (Bogenlänge konstant):
$$N_b = (a + b \cdot l) I + (c + d \cdot l).$$

3. Bogenlängeleistungsgleichung (Strom konstant):
$$N_b = (b \cdot I + d) \cdot l + (c + a I).$$

$U_b$ [V] Brennspannung; $I$ [A] Stromstärke; $N_b = U_b \cdot I$ [W] Bogenleistung; $l$ [mm] Bogenlänge; $a, b, c, d$ Konstanten der Gleichung.

Zahlenwerte der Konstanten $a, b, c, d$*.

| | a | b | c | d | | a | b | c | d |
|---|---|---|---|---|---|---|---|---|---|
| **Abhängigkeit vom Gas (760 tor)** | | | | | **Abhängigkeit vom Gasdruck (Luft)** | | | | |
| Luft stagnierend . | 35,7 | 3,0 | 114,8 | 1,8 | $p$tor = 740 . . | 38,5 | 2,15 | 54 | 6,1 |
| Luft zirkulierend | 44,1 | 2,6 | 17,8 | 1,8 | 200 . . | 35,5 | 1,84 | 38 | 8,3 |
| Argon . . . . | 24,8 | 0,9 | 10,2 | 0,0 | 50 . . | 33,7 | 1,51 | 26 | 10,8 |
| Kohlensäure . . | 44,5 | 1,7 | 18,2 | 8,7 | 10 . . | 27,0 | 1,35 | 19 | 13,4 |
| Stickstoff . . . . | 48,2 | 2,6 | 23,3 | 5,3 | 5 . . | 23,7 | 1,20 | 0 | 15,7 |

| | a | b | c | d |
|---|---|---|---|---|
| **Abhängigkeit von den Kohlen** | | | | |
| Homogen, +11, −9 mm . | 38,9 | 2,0 | 16,6 | 10,5 |
| Homogen Conradty 11 mm | 39,6 | 1,7 | 15,5 | 11,5 |
| Gekühlte Elektroden . . . | 45,8 | 3,3 | 35,7 | 19,3 |

4. Verallgemeinerung der Ayrtonschen Gleichung für Luft bei veränderlichem Druck[2]:
$$U_b = (0{,}444\, l + 6{,}40) \log p + 0{,}85 \cdot l + 20{,}1 + \frac{(-4{,}22 \cdot l - 23{,}5) \log p + 18{,}2 \cdot l - 16}{I}; \quad p \text{ [tor]}$$

Für den Metallbogen läßt sich eine ähnliche Gleichung aufstellen, jedoch hängen die betreffenden Konstanten stark von den speziellen Versuchsbedingungen ab.

## n 20) Wiederzündspannung in Abhängigkeit von der Zeit nach Verlöschen des Bogens[3].

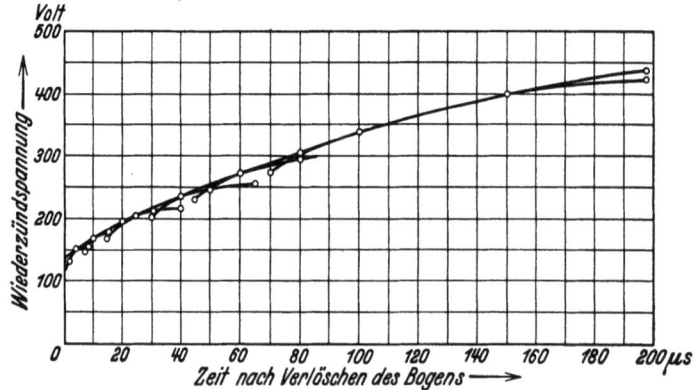

Abb. 179. Wiederzündspannung in Abhängigkeit von der Zeit nach Verlöschen des Bogens; typischer Verlauf für kurzen Bogen [5 ÷ 10 mm?], Kupferelektroden, Wechselstrom 60 Hz 100 ÷ 500 A.

---

[1] Ayrton, H.: The electric arc. London 1902. Gilt nur für kleine Bogenlängen (< 1 cm) und mittlere Stromstärken (bis zu 20 A).

* Seeliger, R. u. G. Mierdel: Handbuch der Experimentalphysik, Bd. 13/3 S. 668 u. 675. Leipzig 1929.

[2] Hagenbach, A. u. M. Bider: Arch. Sci. phys. nat. Bd. 8 (1926) S. 151.

[3] Slepian, J.: Trans. Amer. Inst. Electr. Engr. Bd. 47 (1928) S. 706.

## o) Entladungen in der Luft bei atmosphärischem Druck.

### o 1) Anfangsspannung und Koronaverluste bei parallelen Drähten.

Koronaverluste nach Peek an parallelen Leitern (für Drehstrom, Verluste auf einer Leitung; $U_{ph}$ = Phasenspannung)[1].

$$N_K = \frac{244}{\delta}(f+25)\sqrt{\frac{r}{a}}(U_{ph\text{eff}} - U_0)^2 \cdot 10^{-5} \left[\frac{\text{kW}}{\text{km}}\right].$$

Dabei ist die Anfangsspannung: $U_0 = 21{,}1 \cdot m \cdot r \cdot \delta \ln\left(\frac{a}{r}\right)$ [kV$_{\text{eff}}$].

$m$ Reduktionsfaktor zur Berücksichtigung der Oberflächenbeschaffenheit. Für Seile mit $r = 0{,}4 \div 1{,}5$ cm aus 7 Drähten ist für ausgesprochenes Glimmen $m = 0{,}82$, für beginnendes Glimmen $0{,}72$. Für Drähte ist $m = 1$ (glatte Oberfläche) oder $m = 0{,}93 - 0{,}98$ (für verwitterte Drähte mit rauher Oberfläche); $a$ [cm] Leiterabstand; $r$ [cm] Radius des Leiters bzw. des Umkreises um den Leiter (Seile); $\delta$ = relative Luftdichte, bezogen auf $25°$ C und 760 tor; $f$ [s$^{-1}$] Frequenz.

Anfangsspannung[2] $U_z$ für Gleichstrom (Draht—Platte, Abstand $a$):

Draht positiv: $U_z^+ = 33{,}8 \cdot r \cdot \delta \left[1 + \frac{0{,}24}{\sqrt{\delta \cdot r}}\right] \ln\left(\frac{2a}{r}\right)$ [kV];

Draht negativ: $U_z^- = 31{,}2 \cdot r \cdot \delta \left[1 + \frac{0{,}302}{\sqrt{\delta \cdot r}}\right] \ln\left(\frac{2a}{r}\right)$ [kV].

Anfangsspannung[2] $U_{zph}$ für Drehstromleitungen, Abstand $a$:

$$U_{zph} = \left(\frac{21{,}1}{\sqrt{3}}\right) \cdot r \cdot \delta \left[1 + \frac{0{,}302}{\sqrt{\delta \cdot r}}\right] \ln\left(\frac{a}{r}\right) [\text{kV}_{\text{eff}}].$$

Relative Koronaverluste an parallelen Leitern nach Holm (Abb. 180).

$$\frac{N_K}{N_b} = \frac{(1-\cos\zeta)\cos 0{,}6\zeta}{\pi} \cdot \left[2\frac{\ln\frac{2r}{a}}{\ln\frac{2r}{A_1}} - \left(1 + \frac{\ln\frac{2r}{A_2}}{\ln\frac{2r}{A_1}}\right)\right];$$

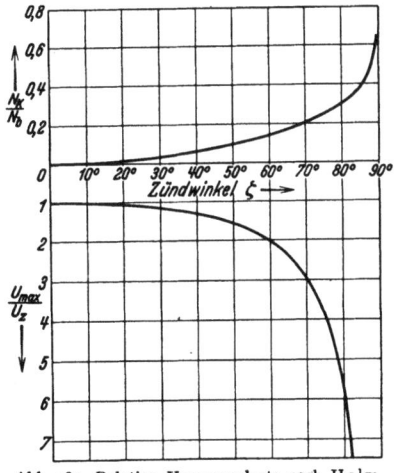

Abb. 180. Relative Koronaverluste nach Holm.

$\cos\zeta = \dfrac{U_z}{U_{\max}};$

$A_2^2 = A_1^2\left(1 + \dfrac{\beta_2}{\beta_1 \cos 0{,}3\zeta \cdot 0{,}6\zeta}\right);$

$A_1^2 = \dfrac{\beta_1}{\ln\frac{2r}{a}} U_{\max} \cdot \cos 0{,}3\zeta \cdot \dfrac{0{,}6\zeta}{2\pi f};$

$\beta_1 = 2{,}12 \,\dfrac{\text{cm/s}}{\text{V/cm}}; \quad \beta_2 = 1{,}44 \,\dfrac{\text{cm/s}}{\text{V/cm}}.$

$N_B = U^2 \cdot 2\pi f C =$ Blindleistung der Leitung[3];
$C =$ Kapazität der Leitung;
$U_{\max} =$ Maximalwert der Spannung.

---

[1] Roth, A.: Hochspannungstechnik 1927 S. 183 u. 187; Peek, F. W.: Dielectric Phenomena, 3. Aufl. (1929) New York.
[2] Holm, R: Arch. Elektrotechn. (1927) S. 567 (Bestätigung für kleines $r$ und $f \approx 50$); Engel, A. u. M. Steenbeck: Elektrische Gasentladungen, Bd. 2 (1934) S. 211—221.
[3] Vgl. Strecker: Hilfsbuch für Elektrotechnik (1925) S. 51.

## o 2) Glimmverluste an Drähten in Luft[1].

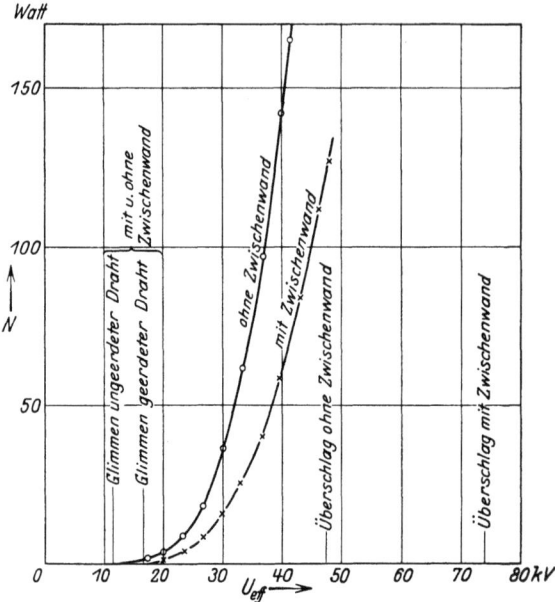

Abb 181. Glimmverluste zweier Drähte in Luft (0,05 cm Durchmesser) in 10 cm Abstand ohne und mit Preßspanzwischenwand (1 mm dick) in Symmetrieebene. 50 Hz, 15° C. Länge der Drähte 450 cm, ein Draht geerdet.

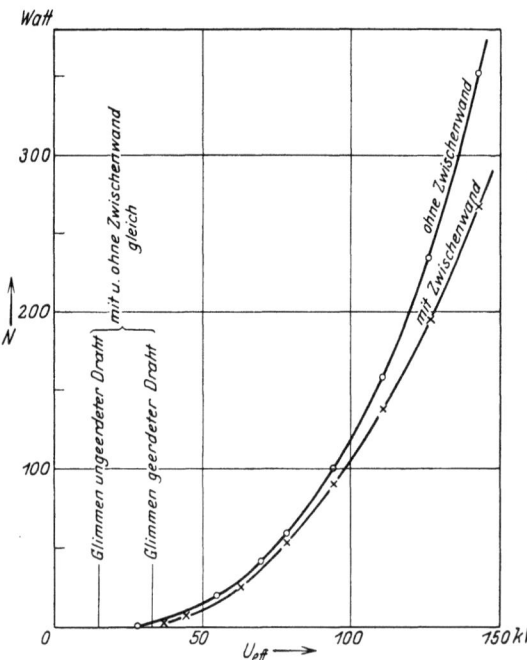

Abb. 182. Glimmverluste zweier Drähte in Luft (0,05 cm Durchmesser) in 50 cm Abstand ohne und mit Preßspanzwischenwand (1 mm dick) in Symmetrieebene. 50 Hz, 15° C. Länge der Drähte 450 cm, ein Draht geerdet (BBC).

---

[1] Roth, A.: Hochspannungstechnik 1927 S. 177f.
Neuere Messungen mit Gleichspannung s. W. Stockmeyer: Wiss. Veröff. Siemens-Konz. Bd. 13/2 (1934) S. 27.

### o 3) Glimmspannung zwischen Kanten[1].

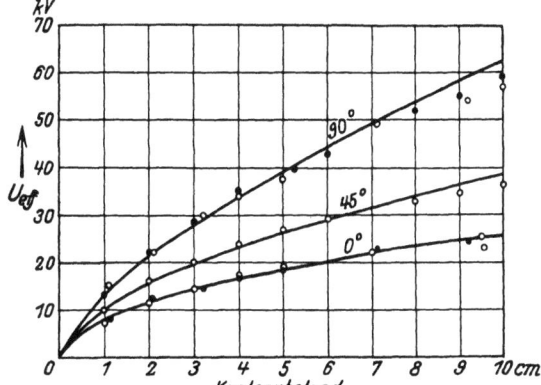

Abb. 183. Glimmspannung zwischen zwei Kanten mit verschiedenen Öffnungswinkeln; Luft von 760 tor und 24° C.

### o 4) Glimmverluste an ausgeführten Leitungen[2].

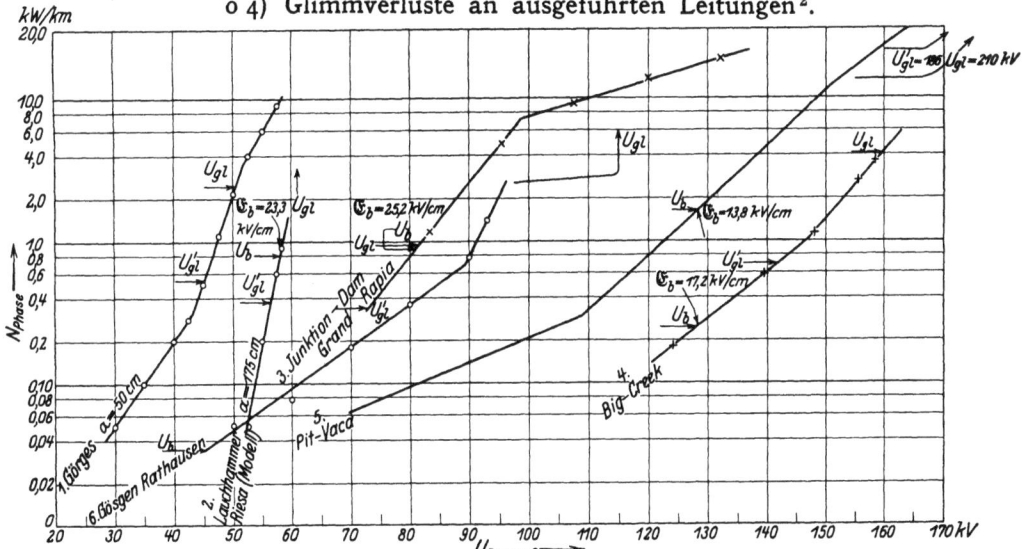

Abb. 184. Gemessene Glimmverluste verschiedener Hochspannungsleitungen je Leiter. $U_{gl}$ = berechnete eff. Glimmspannung für ausgeprägtes Glimmen des Kabels. $U'_{gl}$ = berechnete eff. Glimmspannung für beginnendes Glimmen der Kabel. $U_b$ und $\mathfrak{E}_b$ = normale eff. Betriebsspannung und eff. Feldstärke an der Drahtoberfläche.

$U_b$ = normale Betriebsspannung je Phase, $a$ = Abstand der Leitermitten, $r_a$ = Außenradius der Seile, $h_m$ = mittlere Höhe über Boden, $\delta$ = Luftdichte.

Leitungen:

1. Görges-Versuchsleitung: 2 Kupferseile, je 7×6 mm², $r_a = 0{,}41$ cm. Abstand $a = 50$ cm, $h_m = 4{,}50$ m, nebeneinander aufgehängt, 50 Hz, $p = 750$ tor, $t$ 17° C, $\delta = 1{,}015$.

2. Riesa-Lauchhammer (Modell): 3 Kupferseile nebeneinander aufgehängt, $a = 1{,}75$ m, $h_m = 4{,}5$ m, 50 Hz, $p = 750$ tor, $\delta = 1{,}015$, $U_b = 100/\sqrt{3}$ kV$_{\text{eff}}$.

3. Junction-Dam-Grand Rapids: 3 Kupferseile, je 56 mm², 7drähtig, $r_a = 0{,}48$ cm, $a = 3{,}65$ m, $h_m = 10$ m, genau übereinander aufgehängt, 30 Hz, $p = 746$ tor, $t = 7{,}1°$ C, $\delta = 1{,}04$ $U_b = 140/\sqrt{3}$ kV$_{\text{eff}}$.

4. Big-Creek Linie: 3 Stahl-Aluminium-Kabel, je 7 Aluminiumseile, $r_a = 1{,}22$ cm, $a = 5{,}25$ m, $h_m = 7{,}6$ m, nebeneinander aufgehängt. 50 Hz, $p = 720$ tor, $t = 11°$ C, $\delta = 0{,}992$, $U_b = 220/\sqrt{3}$ kV$_{\text{eff}}$.

5. Pit-Vaca: Kupferkabel je 7 Seile, $r_a = 1{,}66$ cm, $a = 4{,}50$ m, $h_m = 10$ m je 3 übereinander aufgehängt (Tannenbaum), 50 Hz, $p = 772$ tor, $t = 9°$ C, $\delta = 1{,}075$, $U_b = 220/\sqrt{3}$ kV$_{\text{eff}}$.

---
[1] Roth, A.: Hochspannungstechnik 1927 S. 184.
[2] Roth, A.: Hochspannungstechnik 1927 S. 189.

o 5) Spannungsmessungen an Kugelfunkenstrecken in Luft.

**Tabelle 1. Überschlagsspannungen (Effektivwerte!) von Kugelfunkenstrecken bei 20° und 760 tor Luftdruck[2].**

| Kugeldurchmesser cm | 5 | | 10 | | 15 | | 25 | | 50 | | 75 | | 100 | | Kugeldurchmesser cm |
|---|---|---|---|---|---|---|---|---|---|---|---|---|---|---|---|
| Schlagweite cm | Eine K geerdet kV | Beide K isoliert kV[3] | Eine K geerdet kV | Beide K isoliert kV[3] | Eine K geerdet kV | Beide K isoliert kV[3] | Eine K geerdet kV | Beide K isoliert kV[3] | Eine K geerdet kV | Beide K isoliert kV[3] | Eine K geerdet kV | Beide K isoliert kV[3] | Eine K geerdet kV | Beide K isoliert kV[3] | Schlagweite cm |
| 0,5 | 12,28 | 12,3 | 11,75 | 11,76 | — | — | — | — | — | — | — | — | — | — | 0,5 |
| 1,0 | 23,02 | 23,1 | 22,74 | 22,77 | — | — | — | — | — | — | — | — | — | — | 1,0 |
| 1,5 | 32,25 | 32,6 | 33,0 | 33,1 | 32,90 | 32,95 | — | — | — | — | — | — | — | — | 1,5 |
| 2,0 | (40,00) | 40,95 | 42,6 | 42,8 | 42,95 | 43,0 | — | — | — | — | — | — | — | — | 2,0 |
| 2,5 | — | 48,3 | 51,5 | 51,8 | 52,5 | 52,7 | 52,8 | 52,9 | — | — | — | — | — | — | 2,5 |
| 3,0 | — | (54,9) | 59,5 | 60,4 | 61,7 | 61,9 | 62,6 | 62,7 | — | — | — | — | — | — | 3,0 |
| 4,0 | — | — | 74,0 | 75,8 | 78,7 | 79,2 | 81,3 | 81,5 | — | — | — | — | — | — | 4,0 |
| 5,0 | — | — | (86,5) | 89,5 | 94,0 | 95,2 | 99,0 | 99,4 | 101,5 | 101,7 | — | — | — | — | 5,0 |
| 6,0 | — | — | — | (101,7) | 107,0 | 109,7 | 115,7 | 116,3 | 120,3 | 120,5 | — | — | — | — | 6,0 |
| 7,0 | — | — | — | — | (119,0) | 123,1 | 131,5 | 132,5 | 138,5 | 138,9 | 140,2 | 140,4 | — | — | 7,0 |
| 8,0 | — | — | — | — | — | 136,1 | 146,0 | 147,8 | 156,3 | 156,8 | 158,9 | 159,2 | — | — | 8,0 |
| 9,0 | — | — | — | — | — | 147,1 | 159,5 | 162,4 | 173,6 | 174,1 | 177,2 | 177,6 | — | — | 9,0 |
| 10,0 | — | — | — | — | — | (157,6) | 172,0 | 176,1 | 190,3 | 191,1 | 195,2 | 195,6 | 197,3 | 197,7 | 10,0 |
| 12,0 | — | — | — | — | — | — | 195,0 | 201,8 | 222,5 | 223,6 | 230,3 | 230,9 | 233,8 | 234,2 | 12,0 |
| 14,0 | — | — | — | — | — | — | (215,0) | 225,2 | 253,0 | 255,0 | 264,0 | 265,0 | 269,0 | 270,0 | 14,0 |
| 16,0 | — | — | — | — | — | — | — | 246,5 | 281,0 | 284,5 | 296,5 | 298,0 | 303,5 | 304,5 | 16,0 |
| 18,0 | — | — | — | — | — | — | — | (266,0) | 307,0 | 312,0 | 328,5 | 329,5 | 337,0 | 338,5 | 18,0 |
| 20,0 | — | — | — | — | — | — | — | — | 331,0 | 338,5 | 358,0 | 360,5 | 370,0 | 371,5 | 20,0 |
| 25,0 | — | — | — | — | — | — | — | — | (385,0) | 399,5 | 426,0 | 432,5 | 447,0 | 450,0 | 25,0 |
| 30,0 | — | — | — | — | — | — | — | — | — | 454,0 | 487,0 | 499,5 | 518,0 | 524,0 | 30,0 |
| 35,0 | — | — | — | — | — | — | — | — | — | (502,0) | 540,0 | 560,0 | 583,0 | 593,0 | 35,0 |
| 40,0 | — | — | — | — | — | — | — | — | — | — | (590,0) | 617,0 | 645,0 | 658,0 | 40,0 |
| 50,0 | — | — | — | — | — | — | — | — | — | — | — | 717,0 | 750,0 | 777,0 | 50,0 |
| 60,0 | — | — | — | — | — | — | — | — | — | — | — | (803,0) | (835,0) | 883,0 | 60,0 |
| 70,0 | — | — | — | — | — | — | — | — | — | — | — | — | — | 975,0 | 70,0 |
| 80,0 | — | — | — | — | — | — | — | — | — | — | — | — | — | (1059,0) | 80,0 |

[1] VDE 0430/1926. Regeln für Spannungsmessungen mit der Kugelfunkenstrecke in Luft. — [2] Über die Berechnung der Tafel siehe Peeksche Formel. — [3] D. h. symmetrische Spannungsverteilung gegen Erde durch Erdung der Mitte der Oberspannungswicklung des Transformators.

Bei der Verminderung des Kugelabstandes oder Steigerung der Spannung einer Funkenstrecke tritt der erste Überschlag bei der Scheitelspannung auf. Unter Voraussetzung sinusförmiger Spannungen gibt S. 136, Tabelle 1, die zu den entsprechenden Scheitelwerten gehörigen Effektivwerte an.

Bei Spannungen unterhalb 30 kV ergeben sich zuverlässige Werte für die Messung nur bei Bestrahlung der Funkenstrecke mit ultraviolettem Licht. Bei höheren Spannungen scheint dies nicht mehr erforderlich.

Die Überschlagsspannung hängt von der relativen Luftdichte ab. Es ist üblich, als Bezugspunkt 20° C und 760 tor zu wählen. Die relative Luftdichte ist dann:

$$\delta = \frac{p}{760} \cdot \frac{293}{273+t} = 0{,}386 \frac{p}{273+t}$$

$p =$ Luftdruck [tor]; $t =$ Temperatur der Luft an der Meßstelle [° C].

Bei Änderungen von $\delta$ zwischen 0,9 und 1,1 kann die Überschlagsspannung genügend genau proportional der Luftdichte umgerechnet werden.

**Tabelle 2. Werte der relativen Luftdichte $\delta$.**
(Luftdruck $p$ tor.)

| Temp. $t°$ | 720 | 725 | 730 | 735 | 740 | 745 | 750 | 755 | 760 | 765 | 770 | 775 |
|---|---|---|---|---|---|---|---|---|---|---|---|---|
| 0 | 1,015 | 1,023 | 1,029 | 1,037 | 1,045 | 1,051 | 1,058 | 1,065 | 1,072 | 1,079 | 1,086 | 1,093 |
| 2 | 1,008 | 1,015 | 1,023 | 1,029 | 1,037 | 1,044 | 1,051 | 1,056 | 1,064 | 1,071 | 1,078 | 1,086 |
| 4 | 1,001 | 1,008 | 1,015 | 1,022 | 1,028 | 1,036 | 1,043 | 1,049 | 1,056 | 1,063 | 1,071 | 1,078 |
| 6 | 0,996 | 1,001 | 1,008 | 1,015 | 1,022 | 1,028 | 1,036 | 1,043 | 1,049 | 1,056 | 1,063 | 1,071 |
| 8 | 0,989 | 0,995 | 1,001 | 1,008 | 1,014 | 1,021 | 1,027 | 1,035 | 1,042 | 1,048 | 1,055 | 1,063 |
| 10 | 0,981 | 0,989 | 0,995 | 1,000 | 1,008 | 1,014 | 1,021 | 1,027 | 1,035 | 1,041 | 1,048 | 1,055 |
| 12 | 0,974 | 0,981 | 0,989 | 0,995 | 1,000 | 1,008 | 1,014 | 1,021 | 1,027 | 1,034 | 1,041 | 1,048 |
| 14 | 0,967 | 0,974 | 0,981 | 0,989 | 0,995 | 1,000 | 1,007 | 1,013 | 1,021 | 1,026 | 1,034 | 1,041 |
| 16 | 0,961 | 0,967 | 0,974 | 0,981 | 0,989 | 0,995 | 1,000 | 1,007 | 1,013 | 1,020 | 1,026 | 1,034 |
| 18 | 0,954 | 0,961 | 0,967 | 0,974 | 0,981 | 0,989 | 0,994 | 1,000 | 1,007 | 1,012 | 1,020 | 1,026 |
| 20 | 0,947 | 0,954 | 0,961 | 0,967 | 0,974 | 0,981 | 0,988 | 0,994 | 1,000 | 1,006 | 1,012 | 1,020 |
| 22 | 0,942 | 0,947 | 0,954 | 0,961 | 0,967 | 0,974 | 0,981 | 0,988 | 0,994 | 1,000 | 1,005 | 1,012 |
| 24 | 0,935 | 0,942 | 0,948 | 0,954 | 0,961 | 0,967 | 0,974 | 0,981 | 0,988 | 0,994 | 0,999 | 1,005 |
| 26 | 0,928 | 0,936 | 0,942 | 0,948 | 0,954 | 0,961 | 0,967 | 0,974 | 0,980 | 0,988 | 0,994 | 0,999 |
| 28 | 0,922 | 0,928 | 0,936 | 0,942 | 0,948 | 0,954 | 0,961 | 0,967 | 0,974 | 0,980 | 0,988 | 0,994 |
| 30 | 0,917 | 0,922 | 0,928 | 0,936 | 0,942 | 0,948 | 0,954 | 0,961 | 0,967 | 0,974 | 0,980 | 0,988 |
| 32 | 0,910 | 0,917 | 0,922 | 0,929 | 0,936 | 0,943 | 0,948 | 0,954 | 0,961 | 0,967 | 0,974 | 0,980 |

Für größere Abweichungen von den normalen Werten des Luftdruckes und der Temperatur sind die Überschlagsspannungen proportional dem in folgender Tabelle gegebenen Korrektionsfaktor $k$ umzurechnen.

**Tabelle 3. Korrektionsfaktor $k$ für verschiedene Luftdichten $\delta$[1].**

$$k = \delta \frac{1 + \frac{0{,}757}{\sqrt{D\delta}}}{1 + \frac{0{,}757}{\sqrt{D}}}; \quad D = \text{Kugeldurchmesser in Zentimetern (vgl. Tabelle S. 138).}$$

$\delta = 1$ für 20° und 760 tor; Umrechnung auf andere Drucke und Temperaturen durch:

$$\delta = \frac{0{,}386\, p}{273+t} \quad \text{(vgl. Tabelle 2)} \quad \begin{matrix} p[\text{tor}] \\ t\,[°\text{C}] \end{matrix}$$

---
[1] Nach F. W. Peek jr.

| Relative Luftdichte | Korrektionsfaktor $k$ | | | | | | |
|---|---|---|---|---|---|---|---|
| | Kugeldurchmesser in mm | | | | | | |
| | 50 | 100 | 150 | 250 | 500 | 750 | 1000 |
| 0,50 | 0,551 | 0,540 | 0,534 | 0,527 | 0,520 | 0,517 | 0,515 |
| 0,55 | 0,600 | 0,586 | 0,581 | 0,575 | 0,569 | 0,565 | 0,564 |
| 0,60 | 0,645 | 0,633 | 0,629 | 0,623 | 0,617 | 0,614 | 0,612 |
| 0,65 | 0,690 | 0,679 | 0,676 | 0,671 | 0,665 | 0,663 | 0,661 |
| 0,70 | 0,734 | 0,725 | 0,722 | 0,718 | 0,713 | 0,711 | 0,710 |
| 0,75 | 0,779 | 0,771 | 0,769 | 0,765 | 0,761 | 0,759 | 0,758 |
| 0,80 | 8,825 | 0,818 | 0,816 | 0,812 | 0,809 | 0,808 | 0,807 |
| 0,85 | 0,868 | 0,863 | 0,862 | 0,860 | 0,857 | 0,856 | 0,855 |
| 0,90 | 0,913 | 0,910 | 0,908 | 0,906 | 0,905 | 0,904 | 0,904 |
| 0,95 | 0,957 | 0,955 | 0,954 | 0,953 | 0,952 | 0,952 | 0,952 |
| 1,00 | 1,000 | 1,000 | 1,000 | 1,000 | 1,000 | 1,000 | 1,000 |
| 1,05 | 1,043 | 1,044 | 1,046 | 1,047 | 1,047 | 1,048 | 1,048 |
| 1,10 | 1,087 | 1,088 | 1,092 | 1,093 | 1,095 | 1,096 | 1,096 |

Peeksche Formel zur Berechnung der Funkenspannung einer Kugelfunkenstrecke.

$$U_{\text{eff}} = \delta \cdot 19{,}6_2 \left(1 + \frac{0{,}757}{\sqrt{\delta D}}\right) D \left(\frac{S}{D} \frac{1}{f}\right) \quad [\text{kV}_{\text{eff}}]$$

$U_{\text{eff}}$ [kV$_{\text{eff}}$] Überschlagsspannung; $\delta$ relative Luftdichte = 1 bei 760 tor und 20° C; $D$ [cm] Kugeldurchmesser; $S$ [cm] Schlagwerte;

$\left.\begin{array}{l}f_i \\ f_0\end{array}\right\}$ von $\left(\dfrac{S}{D}\right)$ abhängige Funktion $\begin{array}{l}\text{isolierte Kugeln,} \\ \text{eine Kugel geerdet.}\end{array}$

| isoliert | | | | | | geerdet | | |
|---|---|---|---|---|---|---|---|---|
| $\dfrac{S}{D}$ | $f_i$ | $\dfrac{S}{D f_i}$ | $\dfrac{S}{D}$ | $f_i$ | $\dfrac{S}{D f_i}$ | $\dfrac{S}{D}$ | $f_0$ | $\dfrac{S}{D f_0}$ |
| 0,00 | 1,000 | 0,0000 | 0,50 | 1,359 | 0,3679 | 0,05 | 1,035 | 0,0483 |
| 0,05 | 1,034 | 0,0484 | 0,60 | (1,435) | (0,4181) | 0,15 | 1,105 | 0,1357 |
| 0,10 | 1,068 | 0,0936 | 0,70 | (1,515) | (0,4620) | 0,25 | 1,18 | 0,212 |
| 0,15 | 1,102 | 0,1361 | 0,80 | (1,595) | (0,5016) | 0,50 | 1,41 | 0,354 |
| 0,20 | 1,137 | 0,1759 | 0,90 | (1,680) | (0,5357) | 0,75 | (1,675) | (0,448) |
| 0,25 | 1,173 | 0,2131 | 1,00 | (1,770) | (0,5650) | 1,00 | (1,965) | (0,509) |
| 0,30 | 1,208 | 0,2483 | 1,10 | (1,845) | (0,5962) | 1,25 | (2,27) | (0,550) |
| 0,35 | 1,245 | 0,2811 | 1,20 | (1,935) | (0,6202) | 1,50 | (2,59) | (0,580) |
| 0,40 | 1,283 | 0,3118 | 1,50 | (2,214) | (0,6780) | 1,75 | (2,90) | (0,600) |
| 0,45 | 1,321 | 0,3406 | 2,00 | (2,677) | (0,7470) | 2,00 | (3,20) | (0,630) |

# IV. Werkstoffe für Entladungsröhren.

p 1) Schmelzpunkte (bei 760 tor) und spezifische Gewichte $\gamma^*$ (bei Zimmertemperatur) einiger Elemente[1].

| Material | | Schmelzpunkt °C | $\gamma$ g/cm³ | Material | | Schmelzpunkt °C | $\gamma$ g/cm³ |
|---|---|---|---|---|---|---|---|
| Aluminium | Al | 695 | 2,69 | Chrom | Cr | 1565 | 7,1 |
| Argon | Ar | −190 | $1{,}77 \cdot 10^{-3}$ | Eisen (ch. rein) | Fe | 1530 | 7,86 |
| Barium | Ba | 850 | 3,6 | Gold | Au | 1063 | 19,3 |
| Beryllium | Be | 1278 | 1,84 | Graphit (Elektrographit) | C | 3900 | 1,5—2,2 |
| Blei | Pb | 237 | 11,34 | Helium | He | — | $0{,}18 \cdot 10^{-3}$ |
| Caesium | Cs | 26,5 | 1,87 | Iridium | Ir | 2360 | 22,4 |
| Calcium | Ca | 851 | 1,55 | Kalium | K | 63,6 | 0,86 |
| Cer | Ce | 635 | 6,8 | Kobalt | Co | 1490 | 8,8 |
| Chlor | Cl | −101 | $3{,}12 \cdot 10^{-3}$ | | | | |

[1] Landolt-Börnstein: H.-W. I S. 313; Erg.-Bd. I S. 181; Erg.-Bd. IIa S. 229.
* Bei 0° und 760 tor.

Tabelle p 1 (Fortsetzung).

| Material | | Schmelzpunkt °C | γ g/cm³ | Material | | Schmelzpunkt °C | γ g/cm³ |
|---|---|---|---|---|---|---|---|
| Krypton | Kr | −157 | 3,69·10⁻³ | Sauerstoff | O | −219 | 1,42·10⁻³ |
| Kupfer | Cu | 1083 | 8,93 | Selen | Se | 217 | 4,3—4,8 |
| Lanthan | L | 826 | 6,15 | Silber | Ag | 960,5 | 10,50 |
| Lithium | Li | 180 | 0,534 | Silicium | Si | 1400 | 2,3 |
| Magnesium | Mg | 650 | 1,74 | Stickstoff | N | −210,12 | 1,24·10⁻³ |
| Mangan | Mn | 1250 | 7,3 | Strontium | Sr | 797 | 2,6 |
| Molybdän | Mo | 2570 | 10,2 | Tantal | Ta | 3027 | 16,6 |
| Natrium | Na | 97,7 | 0,97 | Thorium | Th | 1842 | 11,5 |
| Neon | Ne | −248,6 | 0,895·10⁻³ | Titan | Ti | 1800 | 4,5 |
| Nickel | Ni | 1451 | 8,8 | Vanadium | V | 1715 | 5,7 |
| Niob | Nb | 1950 | 8,55 | Wasserstoff | H | −258,9 | 0,0895·10⁻³ |
| Osmium | Os | 2500 | 22,48 | Wolfram | W | 3390 | 19,1 |
| Palladium | Pd | 1553 | 11,5 | Xenon | X | −112,0 | 5,77·10⁻³ |
| Platin | Pt | 1771 | 21,4 | Zink | Zn | 419,4 | 7,14 |
| Quecksilber | Hg | −38,87 | 13,6 | Zinn | Sn | 232 | 7,28 |
| Rubidium | Rb | 38,5 | 1,52 | Zirkon | Zr | 1857 | 6,53 |

### p 2) Linearer Ausdehnungskoeffizient einiger Elemente und Legierungen bei 20° C[1].

$$l_t = l_{20}(1 + \alpha(t-20)).$$

| Stoff | α | Stoff | α |
|---|---|---|---|
| Aluminium | 22,8 ·10⁻⁶ | Kupfer | 16,3 ·10⁻⁶ |
| Antimon | 9,76 ,, | Magnesium | 25,5 ,, |
| Beryllium | 11,1 ,, | Mangan | 23,3 ,, |
| Blei | 27,6 ,, | Messing: | |
| Bronze: | | 61,5 Cu, 37,9 Zn, 0,4 Pb | 17,8 ,, |
| 81,2 Cu, 8,6 Zn, 9,9 Sn | 17,7 ,, | 73,7 Cu, 24,2 Zn, 1,5 Sn | 18,1 ,, |
| 84,1 Cu, 8,7 Zn, 6,2 Sn | 17,2 ,, | 56,4 Cu, 43,4 Zn | 19,3 ,, |
| 96,0 Cu, 2,6 Zn, 0,6 Mn | 16,9 ,, | Molybdän | 5,2 ,, |
| Cadmium | (28,8) ,, | Nickel | 12,8 ,, |
| Chrom | 8,24 ,, | Nickelstahl | |
| Chromnickel: | | 24 Ni | 17,8 ,, |
| 90 Cr, 10 Ni | 12,8 ,, | Osmium | 6,6 ,, |
| Eisen: | | Palladium | 11,7 ,, |
| Gußeisen | 10,0 ,, | Platin | 8,91 ,, |
| Schmiedeeisen | 11,9 ,, | Platin-Iridium: | |
| Stahl, grobkörnig | 10,4 ,, | 90 Pt, 10 Ir | 8,31 ,, |
| Flußstahl | 11,4 ,, | 80 Pt, 20 Ir | 8,26 ,, |
| Elektron | 28,3 ,, | Platin Rhodium | |
| Gold | 14,0 ,, | 80 Pt, 20 Rh | 8,85 ,, |
| Invar | | Rhodium | 9,6 ,, |
| 36 Ni, 64 Fe | 0,93 ,, | Silber | 19,1 ,, |
| Iridium | 6,49 ,, | Tantal | 6,50 ,, |
| Kobalt | 12,3 ,, | Thallium | 29,4 ,, |
| Kohlenstoff (künstlicher | | Wismut | 12,6 ,, |
| Graphit 99,2 ÷ 99,7 % C) | | Wolfram | 4,46 ,, |
| längsgeschnitten | 1,9 ,, | Zink | 11 ÷ 49 ,, |
| quergeschnitten | 2,9 ,, | Zinn | 21,4 ,, |
| Konstantan: | | | |
| 60 Cu, 40 Ni | 15,0 ,, | | |

[1] Landolt-Börnstein: Physikalisch-chemische Tabellen.

## p 3) Linearer Ausdehnungskoeffizient $\alpha$ und Transformationstemperatur[1] $t_t$ von Gläsern, Porzellan und Glimmer[2]. $l_t = l_{20}(1 + \alpha \cdot (t - 20))$.

| Stoff | $\alpha$ bei 20° C | $t_t$ ° C |
|---|---|---|
| Bleiglas: M-Glas 31%ig, Osram | 8,6 · 10⁻⁶ | 418 |
| Bleisilikat, schwerstes S 57 | 9,4 ,, | — |
| Borosilikat, Jenaer 59III | 5,7 ,, | — |
| Borosilikatkron 0627 | 8,0 ,, | — |
| Clear sealing (Corning) | 4,3 ,, | — |
| Durax, Jenaer, Schott 3816III | 3,4 ,, | 800 |
| Flintglas | 8 ,, | — |
| Geräteglas, Jenaer | 4,5 ,, | — |
| Glas, Jenaer 16III | 7,9 ,, | — |
| ,, ,, 1565III | 3,4 ,, | — |
| ,, ,, 1180 cIII | 4,0 ,, | — |
| Glas, Thüringer, Apparateglas V 584a | 8,5 ,, | 508 |
| ,, ,, weiches | 9,4 ,, | — |
| Glimmer, Ruby- | 9,1 ,, | — |
| Gundelachglas, Gundelach Gehlberg | 8,4 ,, | 550 ÷ 600 |
| Hartglas, französisches | 7,45 ,, | — |
| ,, Molybdänglas Osram V 637b | 4,7 ,, | — |
| ,, Wolframglas Osram V 6191 | 4,0 ,, | — |
| Kronglas, stark brechendes O 1168 | 9,03 ,, | — |
| Lithiumglas, Sendlinger Glaswerke | 11,4 ,, | 425 |
| Magnesiaglas, Osram | 9,2 ,, | 495 |
| Platinglas, Fischer | 8,6 ,, | — |
| ,, Gundelach | 9,0 ,, | — |
| ,, Schott | 8,7 ,, | — |
| Porzellan | 1,6 ÷ 2 ,, | — |
| Pyrexglas, Corning Glass Co. USA | 3,3 ÷ 3,7 ,, | 1200 |
| Quarz, ∥-Achse | 7,47 ,, | — |
| Quarz, ⊥-Achse | 13,7 ,, | — |
| Quarzglas | 0,44 ,, | — |
| Silikat-Flint O 118 | 7,31 ,, | — |
| ,, ,, O 479 | 7,88 ,, | — |
| ,, ,, leichtes O 154 | 7,92 ,, | — |
| Silikatkron, gewöhnlich O 1022 | 9,65 ,, | — |
| Supremaxglas, Schott | 3,3 ,, | >635 |
| Tempax, Jenaer | 3,6 ,, | — |
| Thermometerglas, normal Jenaer 16III | 8,0 ,, | — |
| Tonerdeglas 102III | 11,2 ,, | — |
| Uviolglas, Schott 1016III | 5,5 ,, | 700 |
| Verbundglas, Jenaer | 7,3 ,, | — |
| Zinkborat, Jenaer, alkalifrei Nr. 665 | 3,7 ,, | — |
| Zwischenglas Osram Z 54 | 5,4 ,, | — |
| ,, ,, Z 63 | 6,3 ,, | 512 |
| ,, ,, Z 70 | 7,0 ,, | 329 |
| ,, ,, Z 78 | 7,8 ,, | 530 |

## p 4) Spezifischer Widerstand und Temperaturkoeffizient von Röhrenwerkstoffen[3]. $R_t = R_{t_0}(1 + \alpha t)$.

| Stoff | | $t$ °C | Spezifischer Widerstand $\frac{\Omega \text{ mm}^2}{\text{m}}$ | Temperaturkoeffizient $\alpha$ |
|---|---|---|---|---|
| Aluminium | Al | 15 | 0,03 | +0,0042 |
| Antimon | Sb | 0 | 0,391 | +0,005 |
| Beryllium | Be | 0 | 0,0550 | +0,0021 |

[1] Unter Transformationstemperatur wird diejenige Temperatur verstanden, bei der der spröde Glaszustand in den zäh-viskosen übergeht; außer der Viskosität zeigen Wärmeausdehnung, elektrische Leitfähigkeit und Brechkraft im Transformationspunkt eine sprunghafte Änderung.
[2] Zum Teil nach Landolt Börnstein: Physikalisch-chemische Tabellen.
[3] Landolt Börnstein: Physikalisch-chemische Tabellen.

Tabelle p 4) (Fortsetzung).

| Stoff | | $t$ °C | Spezifischer Widerstand $\frac{\Omega \text{ mm}^2}{\text{m}}$ | Temperatur-koeffizient $\alpha$ |
|---|---|---|---|---|
| Blei | Pb | 15 | 0,21 | + 0,0041 |
| Bronze: 87 Cu, 12 Sn, 1 Pb | | 15 | 0,18 | + 0,005 |
| Cadmium | Cd | 18 | 0,0757 | + 0,0042 |
| Caesium | Cs | 0 | 0,19 | + 0,0044 |
| Calcium | Ca | 20 | 0,10 | + 0,0033 |
| Chrom | Cr | 0 | 0,15 | |
| Eisen | Fe | 15 | 0,10 ÷ 0,14 | + 0,0063 |
| Frigidal: 33 Ni, 66 Fe, 1 Cr | | 20 | 0,9 | $1,4 \cdot 10^{-6}$ |
| Gold | Au | 18 | 0,0242 | + 0,004 |
| Graphit (Elektrographit) | C | | 6 ÷ 11 | − 0,000126 (90 ÷ 100°) |
| Invar: 36 Ni, 64 Fe | | 20 | 0,78 | $8 \cdot 10^{-7}$ |
| Iridium | Ir | 18 | 0,053 | + 0,004 |
| Kalium | K | 0 | 0,070 | + 0,0058 |
| Kobalt | Co | 20 | 0,068 | + 0,0066 |
| Konstantan: 60 Cu, 40 Ni | | 15 | 0,49 | + 0,00000 |
| Kupfer | | 15 | 0,017 ÷ 0,0179 | + 0,0042 |
| ,,    nach VDE | | 20 | 0,01784 | |
| Lanthan | La | 0 | 0,576 | |
| Lithium | Li | 0 | 0,0935 | |
| Magnesium | Mg | 20 | 0,043 | + 0,0038 |
| Manganin: 84 Cu, 4 Ni, 12 Mn | | 15 | 0,42 | + 0,00001 |
| Mangankupfer: 70 Cu, 30 Mn | | 15 | 1,00 | + 0,00004 |
| Manganstahl: 12% Mn | | 15 | 0,55 | + 0,002 |
| Messing: 99,3 Cu, 0,7 Zn | | 15 | 0,018 | + 0,0037 |
| ,,    90,9 Cu, 9,1 Zn | | 15 | 0,036 | + 0,0020 |
| ,,    65,8 Cu, 34,2 Zn | | 15 | 0,063 | + 0,0016 |
| ,,    53,1 Cu, 46,9 Zn | | 15 | 0,043 | + 0,0031 |
| ,,    0,15 Cu, 99,85 Zn | | 15 | 0,059 | + 0,0038 |
| Molybdän | Mo | 0 | 0,0514 | + 0,0043 |
| Natrium | Na | 20 | 0,049 | + 0,005 |
| Neusilber: 60 Cu, 25 Zn, 14 Ni | | 15 | 0,30 | + 0,0004 |
| Nickel | Ni | 15 | 0,1 ÷ 0,12 | + 0,006 |
| Nikelin: 62 Cu, 20 Zn, 18 Ni | | 15 | 0,33 | + 0,0003 |
| Niobium | Nb | 15 | 0,18 | < 0,003 |
| Osmium | Os | 20 | 0,095 | + 0,0042 |
| Palladium | Pd | 0 | 0,102 | + 0,0036 |
| Palladiumsilber: 20 Pd, 80 Ag | | 15 | 0,15 | + 0,0003 |
| Platin | Pt | 15 | 0,094 ÷ 0,11 | + 0,0038 |
| Platin Iridium: 20 Ir, 80 Pt | | 15 | 0,32 | + 0,002 |
| Quecksilber | Hg | 15 | 0,95 | + 0,00090 |
| Resistin Cu, Mn | | 15 | 0,51 | + 0,000008 |
| Rubidium | Rb | 0 | 0,12 | |
| Silber | Ag | 15 | 0,016 ÷ 0,0175 | + 0,004 |
| Strontium | Sr | 0 | 0,30 | |
| Tantal | Ta | 15 | 0,15 | + 0,0035 |
| Thallium | Tl | 0 | 0,16 | + 0,005 |
| Thorium | Th | 18 | 0,18 | |
| Titan | Ti | 0 | 0,82 | |
| Wismut | Bi | 15 | 1,2 | + 0,0045 |
| Wolfram | Wo | 0 | 0,055 | + 0,0048 |
| Zink | Zn | 15 | 0,06 | + 0,0041 |
| Zinn | Sn | 15 | 0,12 | + 0,0045 |
| Zirkon | Zr | 15 | 0,492 | + 0,0040 |

# V. Hochvakuumtechnik.

## q 1) Dimensionierung MacLeodscher Manometer.

Variables Kompressionsvolumen (Abb. 185).

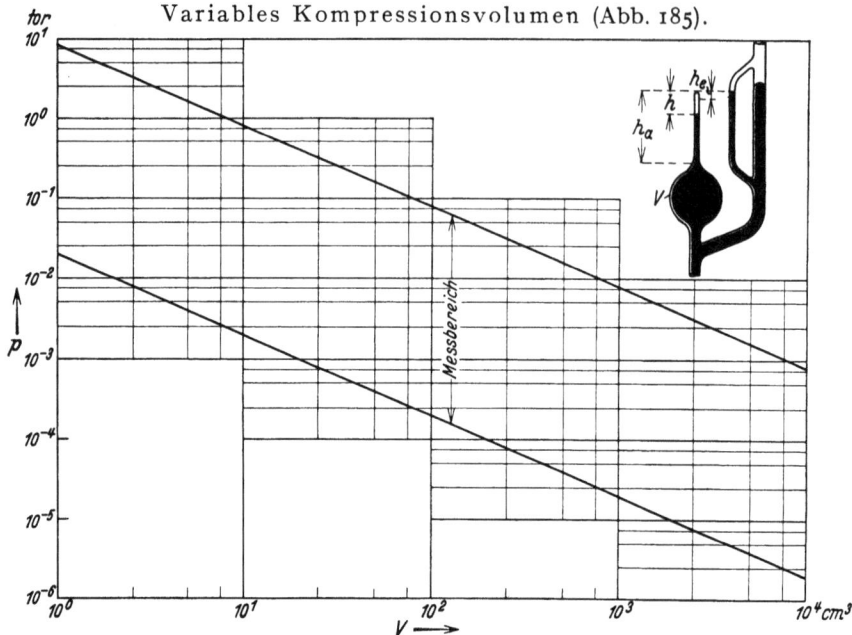

Abb. 185. Manometer nach MacLeod mit variablem Kompressionsvolumen (quadratische Skala). Abhängigkeit des Meßbereiches vom Gesamtvolumen $V$. (Für $h_a = 100$ mm, $h_e = 5$ mm, $d = 1$ mm.)

Die Quecksilberkuppe im Steigrohr wird bei allen Messungen auf die in Höhe des Endes der Kompressionskapillaren befindlichen Marke eingestellt. Je nach dem zu messenden Druck wird daher in der Kompressionskapillare eine bestimmte Quecksilberhöhe sich einstellen. Dann ergibt sich für den zu messenden Druck (vgl. Skizze auf Abb. 185)

$$p_x \cdot V = (p_x + h) V_c; \quad \text{da } p_x V_c \text{ klein ist, gilt} \quad p_x = h \frac{V_c}{V}.$$

$p_x$ = zu messender Druck im tor (mm Hg); $V_c$ = Volumen des komprimierten Gases; $V$ = Volumen der Kugel + Kapillare; $h$ = Höhenunterschied der Quecksilberkuppen.

Für genau zylindrische Kapillaren mit dem Durchmesser $d$ gilt:

$$V_c = h \frac{\pi}{4} d^2.$$

Durch Einsetzen erhält man:

$$p_x = h^2 \frac{\pi}{4} \frac{d^2}{V}; \quad p_x, h, d \text{ in mm bzw. in tor, } V \text{ in mm}^3.$$

Da $d$ und $V$ Konstante sind, wird die Skala für $p_x$ an der Kapillaren quadratisch.

$$p_{x\,\text{tor}} = h^2_{[\text{mm}]} \frac{\pi}{4} 10^{-3} \frac{d^2_{[\text{mm}]}}{V_{[\text{cm}^3]}}.$$

Aus praktischen Gründen ist der Meßbereich eines solchen Manometers begrenzt: $h$ kann nicht viel kleiner als 5 mm sein, da das Ende der Kapillaren nicht genau genug zylindrisch, also nicht gut kalibrierbar ist. Der Durchmesser ist im Minimum etwa 1 mm zu wählen, da bei kleineren Durchmessern der Hg-Faden beim Senken leicht abreißen kann und sich dann schlecht aus der Kapillaren entfernen läßt. Für die Vorausberechnung von Manometern gilt unter diesen Voraussetzungen das Diagramm (Abb. 185), das für eine maximale Kapillarenlänge ($h_{\max}$) von 100 mm in Abhängigkeit vom Manometergesamtvolumen ($V$) den meßbaren Druck und den Druckbereich angibt.

Zu beachten ist, daß wegen der Unmöglichkeit, Größen von $h < \sim 1$ mm ohne besondere Hilfsmittel festzustellen, der prozentuale Meßfehler bei den jeweils geringsten Drucken 40 und mehr Prozente betragen kann.

### Konstantes Kompressionsvolumen (Abb. 186).

Im Gegensatz zum erstgenannten Verfahren (vgl. Abb. 186) kann man das Quecksilber auch auf ein bestimmtes Kompressionsvolumen einstellen und dann am Steigrohr durch die veränderliche Höhe den gesuchten Druck messen. Es gilt dann:

$$p_{x\,[\text{tor}]} = h_{[\text{mm}]}\,\frac{V_{c\,[\text{cm}^3]}}{V_{[\text{cm}^3]}}.$$

$h$ = Höhenunterschied der Quecksilberkuppen in mm; $V_c$ = Volumen des komprimierten Gases; $V$ = Gesamtvolumen des Manometers.

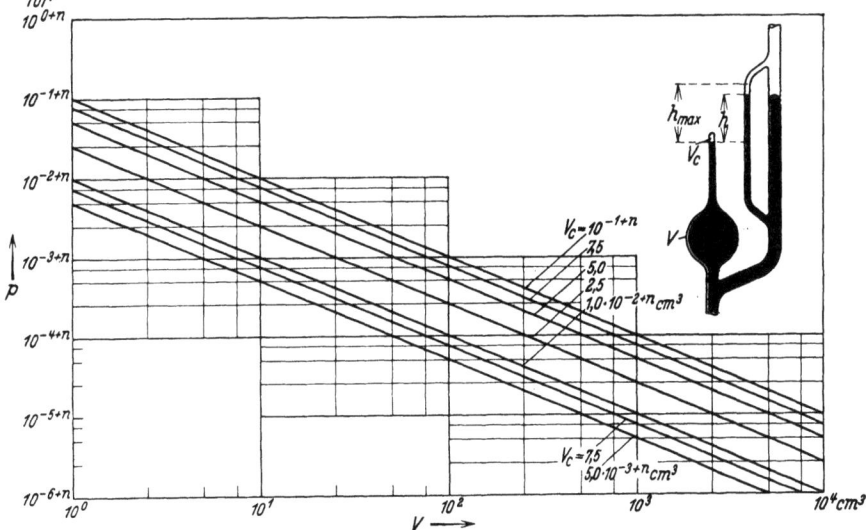

Abb. 186. Manometer nach MacLeod mit konstantem Kompressionsvolumen (lineare Skala). Untere Grenzdrucke in Abhängigkeit vom Gesamtvolumen $V$. ($h_{\min} = 1$ mm; $V_{c\min} = 5 \cdot 10^{-3}$ cm³.)

Nimmt man als kleinstes Kompressionsvolumen ($V_c$) ein Volumen von $5 \cdot 10^{-3}$ cm³ und als minimale ablesbare Höhe $h_{\min} = 1$ mm an, so gibt die Linie für $V_c = 5{,}0 \cdot 10^{-3+n}$ ($n = 0$) in Abb. 186 in Abhängigkeit von Gesamtvolumen $V$ den kleinsten noch meßbaren Druck (unteren Grenzdruck) an. Hat man größere Volumina $V_c$, so geht man auf die andern im Diagramm eingetragenen Linien für $V_c = 7{,}5 \cdot 10^{-3+n}$; $1{,}0 \cdot 10^{-2+n}$; $2{,}5 \cdot 10^{-2+n}$; $5{,}0 \cdot 10^{-2+n}$; $7{,}5 \cdot 10^{-2+n}$ und $1{,}0 \cdot 10^{-1+n}$ über und wählt (je nach Größe von $V_c$) $n = 0; 1; 2$ usw. Für den Druckmaßstab ist dann dasselbe $n$ zu verwenden.

Der obere Grenzdruck des Manometers richtet sich nach der Länge des Steigrohres. Seine Größe ist $\dfrac{h_{\max}}{h_{\min}}$ mal so groß als der untere Grenzdruck, man hat also die Ordinaten des Diagramms mit dem genannten Wert zu multiplizieren.

### q 2) Gasströmung durch kreiszylindrische Röhren.

Wird durch ein Rohr vom Halbmesser $r$ und der Länge $l$ ein Gasvolumen $v$ je Zeiteinheit befördert, so tritt ein Druckabfall $\Delta p$ auf.

1. **Innere Reibung**: Mittlere freie Weglänge $\lambda \ll r$, überwiegend intramolekulare Zusammenstöße:

$$v = \frac{\Delta p}{W_i}\left[\frac{\text{cm}^3}{\text{s}}\right]; \qquad \Delta p\left[\frac{\text{dyn}}{\text{cm}^2}\right]; \qquad l, r\ [\text{cm}].$$

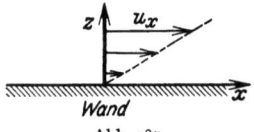

Abb. 187.

Rohrwiderstand bei innerer Reibung
$$W_i = \frac{8l}{\pi r^4} \cdot \eta_i.$$
Zähigkeit $\eta_i$ *.

Definition: $\tau = \eta_i \frac{\partial u_x}{\partial z}$.

Gaskinetische Formeln:
$$\eta_i = \frac{5\sqrt{\pi} \cdot 1{,}016}{64} \frac{\sqrt{mkT}}{\pi R_g^2} \left[\frac{g}{s\,cm}\right];$$

$$= \frac{5\sqrt{\pi} \cdot 1{,}016}{64} \sqrt{\frac{k}{L}} \frac{\sqrt{\mu T}}{\pi R_g^2} = 21{,}2 \cdot 10^{-22} \frac{\sqrt{\mu T}}{\pi R_g^2};$$

$$= 21{,}2 \cdot 10^{-22} \frac{\sqrt{\mu}}{\pi R_\infty^2} \cdot \frac{T^{3/2}}{T + T_v} \;**;$$

$$\frac{\eta_i}{\eta_{i_{273}}} = \left(\frac{T}{273}\right)^{3/2} \frac{273 + T_v}{T + T_v}.$$

$\tau$ [dyn/cm²] = Schubspannung; $u_x$ [cm/s] = Geschwindigkeit parallel zur Wand; $m$ [g] = Molekülmasse; $\mu$ Molekulargewicht des Gases; $R_g$ [cm] gaskinetischer Wirkungshalbmesser; $L$ Loschmidtsche Zahl; $k$ [erg/°K] Boltzmannsche Konstante; $T$ [°K] Temperatur des Gases; $T_v$ [°K] Verdopplungstemperatur (s. Ziffer e 3)

$$\frac{1}{T_v} = C_s = \text{Sutherlandsche Konstante}.$$

Tabelle für $\eta_{273}$ ***.

| Gas | Ar | H₂ | H₂O-Dampf | He | Hg | Luft | N₂ | O₂ |
|---|---|---|---|---|---|---|---|---|
| $\eta_{i_{273}} \cdot 10^7 \left[\frac{g}{s \cdot cm}\right]$ | 2107 | 843 | 904 | 1870 | 1620 | 1711 | 1670 | 1905 |

2. **Äußere Reibung:** Mittlere freie Weglänge $\lambda > r$, überwiegend Zusammenstöße zwischen den Gasmolekülen und der Wand des Rohres.

$$v = \frac{\Delta p}{W_a}.$$

Rohrwiderstand bei äußerer Reibung
$$W_a = \frac{8l}{\pi r^4} \eta_a$$

Die hier eingeführte äußere Reibung ist eine in formaler Anlogie zur inneren Reibung (Zähigkeit) gebildete Größe zur Berechnung des Strömungswiderstandes kreiszylindrischer Röhren. Sie ist wohl zu unterscheiden von dem in der Literatur üblichen „Koeffizienten der äußeren Reibung"[1], der auch formal eine andere Dimension besitzt.

Gaskinetische Formeln:
$$\eta_a = \frac{3}{32}\sqrt{\frac{\pi}{2}} \cdot \frac{p}{\sqrt{\frac{kT}{m}}} \cdot r = \frac{3}{32}\sqrt{\frac{\pi}{2}} \frac{1}{\sqrt{kL}} \sqrt{\frac{\mu}{T}} p \cdot r$$

$$= 12{,}9 \cdot 10^{-6} \sqrt{\frac{\mu}{T}} p[\text{dyn/cm}^2] \cdot r = 17{,}2 \cdot 10^{-3} \sqrt{\frac{\mu}{T}} p[\text{tor}] \cdot r \left[\frac{g}{s\,cm}\right].$$

---

\* Vgl. z. B. J. H. Jeans: Dynamische Theorie der Gase (deutsch von Fürth) 1926 S. 351.
\*\* Vgl. Sutherlandsche Formel für Wirkungsquerschnitt, abhängig von der Temperatur. Ziffer **e 3**, S. 23.
\*\*\* Dushman, S.: Hochvakuumtechnik 1926 S. 19.
[1] Vgl. z. B. S. Dushman: Hochvakuumtechnik 1926.

## 3. Übergangsgebiet zwischen innerer und äußerer Reibung.

Definition der Förderleistung $F = v \cdot p \left[\dfrac{cm^3}{s} \cdot \dfrac{dyn}{cm^2}\right]$.

a) **Halbempirische Formel nach Knudsen** für hinreichend kleine Druckdifferenz $\Delta p$:

$$F = F_{gr}\left[\frac{p}{p_0} + \frac{1 + p/p_1}{1 + p/p_2}\right],$$

wobei

$$F_{gr} = \frac{p \cdot \Delta p}{W_a} = \frac{p \pi r^4}{8 l \eta_a} \Delta p = 3{,}05 \cdot 10^4 \frac{r^3 \Delta p}{\sqrt{\frac{\mu}{T}} l},$$

$$p_0 = p\frac{W_i}{W_a} = p\frac{\eta_i}{\eta_a} = \frac{\eta_i}{12{,}9 \cdot 10^{-6}\sqrt{\frac{\mu}{T}} r}; \quad p_1 = 4{,}56 \cdot 10^3 \frac{\eta_i}{r\sqrt{\frac{\mu}{T}}}; \quad p_2 = 3{,}68 \cdot 10^3 \frac{\eta_i}{r\sqrt{\frac{\mu}{T}}}.$$

Relative Förderleistung:

$$\frac{F}{F_{gr}} = \frac{12{,}9 \cdot 10^{-6}\sqrt{\frac{\mu}{T}}}{\eta_i}(r \cdot p) + \frac{1 + \frac{2{,}19 \cdot 10^{-4}}{\eta_i}\sqrt{\frac{\mu}{T}}(r \cdot p)}{1 + \frac{2{,}72 \cdot 10^{-4}}{\eta_i}\sqrt{\frac{\mu}{T}}(r \cdot p)}.$$

Für Luft von $293^\circ K$ ist: $\mu = 29$ (Mittelwert unter Beachtung der Zusammensetzung der Luft).

$\eta_i = 1{,}81 \cdot 10^{-4}\left[\dfrac{g}{cms}\right]$; $F_{gr} = 9{,}68 \cdot 10^4 \dfrac{r^3 \Delta p}{l}$; $p_0 = 44{,}6\dfrac{1}{r}$; $p_1 = 2{,}62\dfrac{1}{r}$; $p_2 = 3{,}68\dfrac{1}{r}$;

Relative Förderleistung:

$$\frac{F}{F_{gr}} = 2{,}24 \cdot 10^{-2}(rp) + \frac{1 + 0{,}382(rp)}{1 + 0{,}473(rp)} \quad \text{(vgl. Abb. 188, ausgezogene Kurve).}$$

b) **Theoretische Formeln** für hinreichend kleine Druckdifferenz $\Delta p$.

Großer Druck (innere Reibung); überall $\dfrac{\lambda}{6{,}75 \cdot r} < 1$*.

$$F_i = \frac{p \Delta p}{W_i} = \frac{\pi r^4 \cdot p \cdot \Delta p}{8 l \eta_i}.$$

Kleiner Druck (äußere Reibung); überall $\dfrac{\lambda}{6{,}75 r} > 1$*.

$$F_a = F_{gr} = \frac{p \cdot \Delta p}{W_a} = \frac{\pi r^4 p \Delta p}{8 l \eta_a} = 3{,}05 \cdot 10^4 \frac{r^3 \Delta p}{\sqrt{\frac{\mu}{T}} l}$$

$$\frac{F_i}{F_{gr}} = \frac{\eta_a}{\eta_i} = \frac{12{,}9 \cdot 10^{-6}\sqrt{\frac{\mu}{T}}}{\eta_i}(p \cdot r).$$

Für Luft von $T = 293^\circ K$:

$$F_a = F_{gr} = 9{,}68 \cdot 10^4 \frac{r^3 \Delta p}{l}$$

$$\frac{F_i}{F_{gr}} = 2{,}24 \cdot 10^{-2}(r \cdot p)$$

(vgl. Abb. 188, gestrichelte Kurve).

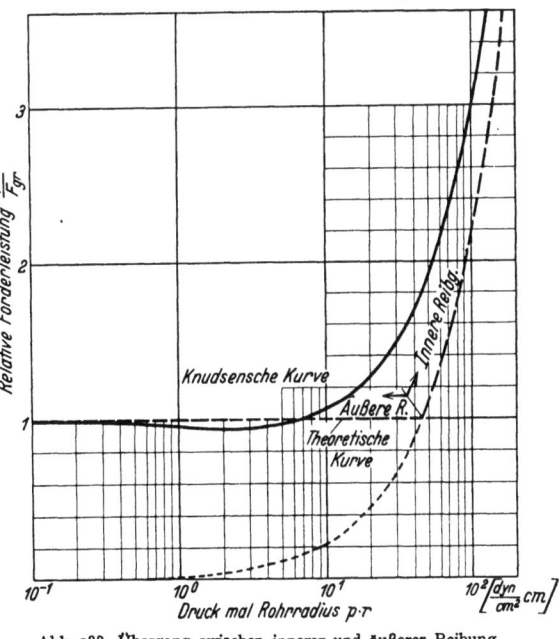

Abb. 188. Übergang zwischen innerer und äußerer Reibung (Luft, $293^\circ K$).

---

* $\dfrac{\lambda}{6{,}75\, r} = 1$ ist die Bedingung für $\eta_a = \eta_i$.

## q 3) Pumpdauer und Fördermenge von Vakuumpumpen.

Pumpe direkt am Rezipient.

Durch den Pumpprozeß wird das Volumen $V_0$ (bei Druck $p_0$) des anfänglich in Rezipienten vorhandenen Gases gleichsam auf ein Volumen $V$ (beim Druck $p$) vergrößert. Bei konstanter Temperatur ist:

$$V_0 p_0 = V p \quad \text{oder} \quad \frac{dp}{dt} = -\frac{p}{V}\frac{dV}{dt}; \quad V\,[\text{cm}^3]; \quad p\left[\frac{\text{dyn}}{\text{cm}^3}\right].$$

Bilanz für $V$:

Vergrößerung: $v\left[\dfrac{\text{cm}^3}{\text{s}}\right]$ sekundlich abgesaugtes Volumen (Fördermenge).

Verkleinerung: $\beta v \dfrac{p_a}{p}\left[\dfrac{\text{cm}^3}{\text{s}}\right]$ Wirkung des schädlichen Raumes beim Außendruck $p_a$. $\beta$ = Größe des schädlichen Raumes im Verhältnis zum „Hubvolumen".

Also:
$$\frac{dV}{dt} = v\left(1 - \beta\frac{p_a}{p}\right) \quad \text{oder} \quad \frac{dp}{dt} = -\frac{v}{V}(p - \beta p_a).$$

Für $t \to \infty$ erreicht die Pumpe einen Grenzdruck $p_\infty$ $\left(\dfrac{dp}{dt} = 0;\ p_\infty = \beta p_a\right)$;

$$\frac{dp}{dt} = -\frac{v}{V}(p - p_\infty);$$

Also: $\dfrac{p}{p_\infty} = 1 + \left(\dfrac{p_a}{p_\infty} - 1\right) e^{-\frac{t}{T}}; \quad T = \dfrac{V}{v}$ Pumpenzeitkonstante.

**Pumpdauer mit gegebener Pumpe:**

$$t = T \ln \frac{\dfrac{p_a}{p_\infty} - 1}{\dfrac{p_e}{p_\infty} - 1}\ [\text{s}] \quad p_e = \text{Druck nach einer Pumpdauer } t.$$

Fördermenge für gegebene Pumpdauer

$$v = \frac{V}{T} \ln \frac{\dfrac{p_a}{p_\infty} - 1}{\dfrac{p_e}{p_\infty} - 1}\ \left[\frac{\text{cm}^3}{\text{s}}\right].$$

## q 4) Strömungswiderstand von Hochvakuum-Rohrleitungen.

Unter der Voraussetzung äußerer Reibung fließt durch die Rohrleitung Rezipient-Pumpe stationär die Gasmenge

$$v \cdot p = F_a = \frac{p \cdot \Delta p}{W_a} = 3{,}05 \cdot 10^4\ \frac{r^3 \Delta p}{\sqrt{\dfrac{\mu}{T}}\,l};\quad \begin{array}{l} v\,[\text{cm}^3/\text{s}];\ l\,[\text{cm}]\ \text{Rohrlänge};\\ p\,[\text{dyn/cm}^2]\quad r\,[\text{cm}]\ \text{Rohrradius}.\\ T\,[^\circ K]; \end{array}$$

An der Pumpe (Index $p$) und am Rezipienten (Index $r$) sind die Förderleistungen gleich, falls die Temperatur konstant ist; Förderleistung für äußere Reibung:

$$v_r p_r = v_p \cdot p_p = F_a = 3{,}05 \cdot 10^4\ \frac{r^3(p_r - p_p)}{\sqrt{\dfrac{\mu}{T}}\,l}\ \left[\frac{\text{cm} \cdot \text{dyn}}{\text{s}}\right].$$

Selbst bei beliebig gesteigerter Pumpenfördermenge ($v_p \to \infty$) steigt das am Rezipienten abgesogene Gasvolumen $v_r$ nie über den Betrag

$$v_{r_\infty} = 3{,}05 \cdot 10^4 \cdot \frac{r^3}{\sqrt{\dfrac{\mu}{T}}\,l}\ \left[\frac{\text{cm}^3}{\text{s}}\right].$$

Bei endlicher Pumpenfördermenge gilt:

$$\frac{1}{v_r} = \frac{1}{v_p} + \frac{1}{v_{r_\infty}}; \quad v_r = \frac{1}{\dfrac{1}{v_p} + \sqrt{\dfrac{\mu}{T}}\,\dfrac{l}{3{,}05 \cdot 10^{-4}\,r^3}}.$$

Der Gütegrad der Pumpanlage ist: $\eta = \dfrac{v_r}{v_p} = \dfrac{1}{1 + \dfrac{v_p}{v_{r\infty}}}$.

Für Luft ($\mu = 29$) von $T = 293^\circ\,K$ ist bei der Rohrlänge $l = 1$ m für verschiedene Radien in mm: $v_r = \dfrac{1}{\dfrac{1}{v_p} + \dfrac{1{,}03}{r^3_{[\mathrm{mm}]}}} \left[\dfrac{\mathrm{cm}^3}{\mathrm{s}}\right]$ (Abb. 189).

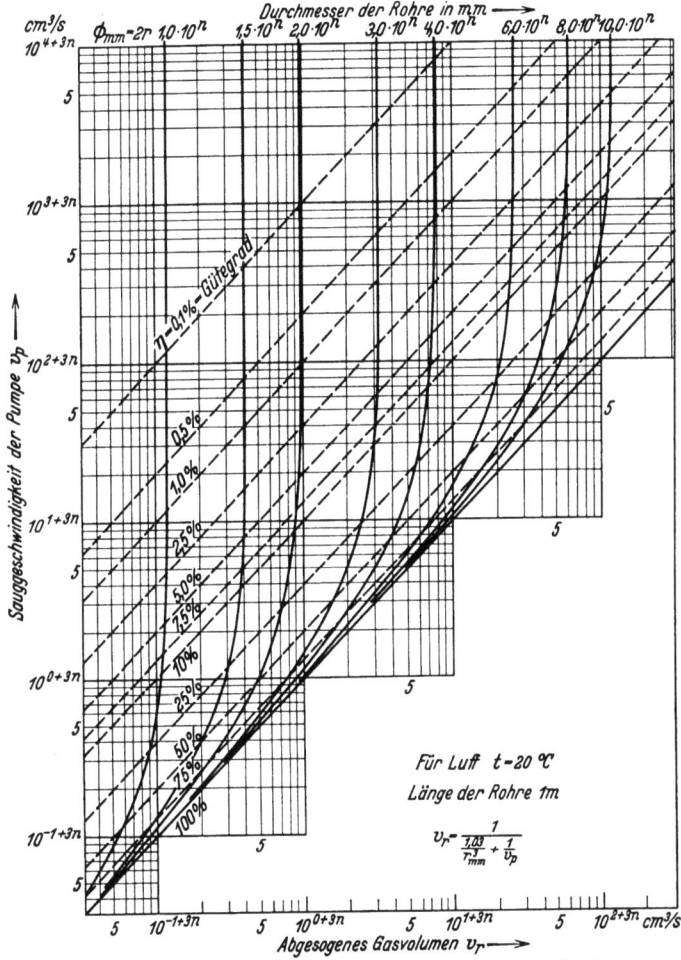

Abb. 189. Abhängigkeit des abgesaugten Gasvolumens am Ende einer 1 m langen Rohrleitung von der Fördermenge („Sauggeschwindigkeit") der Vakuumpumpe und vom Rohrdurchmesser. Gütegrad der Pumpanlage.

Beispiele für Benutzung der Abb. 189:

1. Gesucht ist das maximale Luftvolumen, das sekundlich durch ein Rohr von 3,5 m Länge und 6 mm Durchmesser fließen kann.

In diesem Falle ist der Maßstabexponent $n = 0$ ($6{,}0 \cdot 10^n = 6$ mm, also $n = 0$); daher ist für ein Rohr von 1 m Länge das maximal abgesogene Luftvolumen für $2r = 6{,}0 \cdot 10^n$ gleich $2{,}6 \cdot 10^{1+3n} = 2{,}6 \cdot 10^{1+0} = 26$ cm³/s. Für ein Rohr von 3,5 m Länge ist das abgesaugte Luftvolumen:

$$\dfrac{26}{3{,}5} = 7{,}2\,\dfrac{\mathrm{cm}^3}{\mathrm{s}}.$$

2. Gesucht ist das Durchflußvolumen einer Hochvakuumpumpanlage: Fördermenge der Pumpe $1000\,\dfrac{\mathrm{cm}^3}{\mathrm{s}}$, Rohrdurchmesser 20 mm, Rohrlänge 1 m.

Der Maßstabexponent ergibt sich aus dem Rohrdurchmesser $d$ zu: $(20 = 2 \cdot 10^n = 2 \cdot 10^1)$ $n = 1$.

Auf der Ordinate findet man: $v_p = 1000 = 1 \cdot 10^{x + 3n} = 1 \cdot 10^{0 + 3}$.

Dazu gehört für den gegebenen Durchmesser die Abszisse $5 \cdot 10^{-1 + 3n} = 5 \cdot 10^2 = 500$; also ist das gesuchte abgesogene Luftvolumen $v_r = 500 \frac{\text{cm}^3}{\text{s}}$.

3. Gesucht ist die Ausnutzung der Pumpe im Fall 2. Durch den im zweiten Beispiel gefundenen Punkt $(v_r = 5 \cdot 10^{-1 + 3n}; v_p = 1 \cdot 10^{0 + 3n})$ geht die zum Gütegrad 50% gehörige Gerade. Die Pumpe ist also zu 50% ausgenutzt.

### q 5) Adsorption von Wasserstoff, Stickstoff und Neon durch Holzkohle[1].

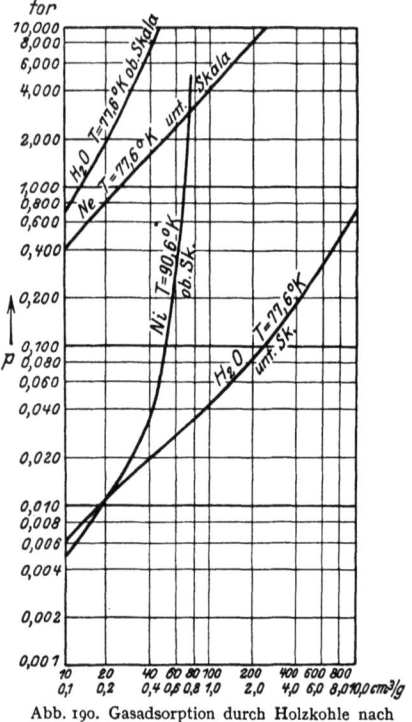

Abb. 190. Gasadsorption durch Holzkohle nach Claude.

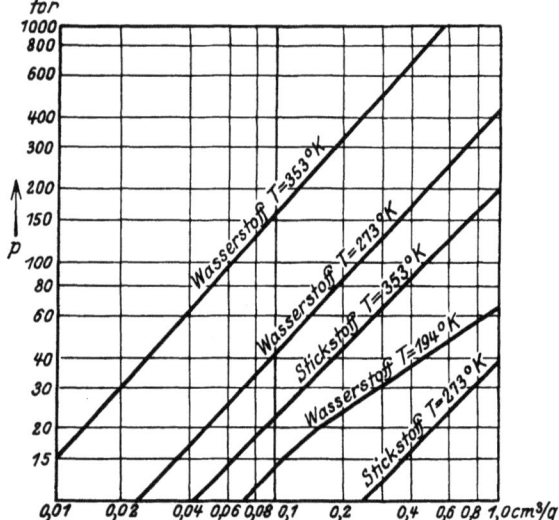

Abb. 191. Gasadsorption durch Holzkohle nach Titoff.

### Adsorption durch Holzkohle bei tiefen Temperaturen (Extrapolation auf niedrigere Drucke nach Abb. 190.)

| Für Wasserstoff und $T = 77{,}6\,°K$ | | | Für Stickstoff und $T = 90{,}6\,°K$ | | |
| --- | --- | --- | --- | --- | --- |
| $p_{\text{tor}}$ | $p_{\text{dyn/cm}^2}$ | $V_{\text{cm}^3/\text{g}}$ | $p_{\text{tor}}$ | $p_{\text{dyn/cm}^2}$ | $V_{\text{cm}^3/\text{g}}$ |
| $6 \cdot 10^{-3}$ | 8 | 106 000 | $3{,}89 \cdot 10^{-3}$ | 5,3 | 9 500 000 |
| $0{,}749 \cdot 10^{-3}$ | 1 | 13 250 | $0{,}749 \cdot 10^{-3}$ | 1 | 1 800 000 |
| $0{,}749 \cdot 10^{-4}$ | $10^{-1}$ | 1 325 | $0{,}749 \cdot 10^{-4}$ | $10^{-1}$ | 180 000 |
| $0{,}749 \cdot 10^{-5}$ | $10^{-2}$ | 133 | $0{,}749 \cdot 10^{-5}$ | $10^{-2}$ | 18 000 |
| $0{,}749 \cdot 10^{-6}$ | $10^{-3}$ | 13 | $0{,}749 \cdot 10^{-6}$ | $10^{-3}$ | 1 800 |

### q 6) Siedepunkte verflüssigter Gase bei 760 tor.

| Gas | Siedepunkt °C | Gas | Siedepunkt °C | Gas | Siedepunkt °C |
| --- | --- | --- | --- | --- | --- |
| Ar . . . . | −185,8 | He . . . | −268,8 | $NH_3$ . . | − 33,5 |
| CO . . . . | −190 | Luft . . | −193 | $O_2$ . . . | −183,0 |
| $CO_2$* . . . | − 78,5 | $N_2$ . . . | −195,7 | $SO_2$ . . . | − 11 |
| $H_2$ . . . . | −252,8 | Ne . . . | −243 | | |

[1] Dushman, S.: Hochvakuumtechnik 1926 S. 154f.
* Verdampfungspunkt des festen $CO_2$.

## q 7) Dampfdrucke von Ramsay-Fett.

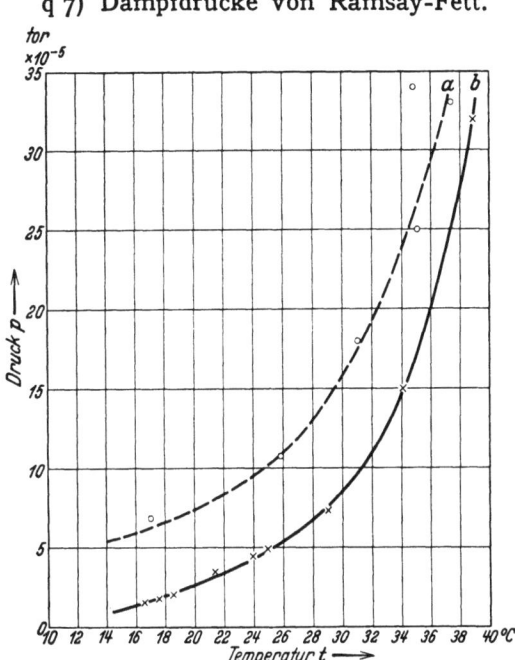

Abb. 192. Dampfdrucke von Ramsay-Fett[1] (zäh Nr. 1749 [Leybolds Nachf., Köln]). *a* Anfangsdruck, *b* Druck nach mehrstündiger Erwärmung im Vakuum über den Schmelzpunkt und Rückkühlung auf die Temperatur *t*.

## q 8) Dampfdrucke organischer Betriebsstoffe für Hochvakuumdiffusionspumpen[2].

|  | Druck bei 0° C tor | Druck bei 25° C tor |
|---|---|---|
| Medicinal-Paraffin (Middle-Fraktion) | $\sim 1 \cdot 10^{-6}$ | $\sim 1 \cdot 10^{-5}$ |
| N-di-Butylphtalat | $3,5 \cdot 10^{-6}$ | $7,8 \cdot 10^{-5}$ |
| Butyl-Benzyl-Phtalat | $2,6 \cdot 10^{-7}$ | $6,2 \cdot 10^{-6}$ |
| Öl für Vakuumpumpen (fraktioniert) | $1,2 \div 2,1 \cdot 10^{-7}$ | $2,9 \div 4 \cdot 10^{-6}$ |

# VI. Bezeichnungen der Gasentladungen nach AEF[3].

## r 1) Allgemeine physikalische Einteilung.

Gasentladungen nennt man diejenigen Teile elektrischer Stromkreise, in denen der Strom durch Gase oder Dämpfe fließt; den Ladungstransport besorgen dabei elektrisch geladene Moleküle oder Atome (Ionen) und Elektronen.

Ähnlich wie bei Stromkreisen aus metallischen Leitern unterscheidet man stationäre und vorübergehende Gasentladungen. Stationär heißen diejenigen Entladungen, die man an sich über beliebig lange Zeiten erhalten kann, unabhängig davon, wie lange sie in einem Einzelfall tatsächlich bestehen. Vorübergehende Entladungen sind solche, die noch nicht ins Gleichgewicht gekommen sind, die sich also noch

---

[1] Nach H. Mayer: Z. Physik Bd. 67 (1931) S. 264.
[2] Hickman, K. C. D. and G. R. Sanford: Rev. Sci. Instr. Bd. 1 (1930) S. 140.
[3] Elektrotechn. Z. 1933 H. 34 S. 841. Bearbeitet von A. v. Engel, M. Steenbeck, W. Estorff, R. Holm, E. Lübcke, A. Matthias, O. Mayr, M. Pirani, I. Rebhan, R. Rüdenberg, R. Seeliger, R. Vieweg, K. W. Wagner. Abdruck erfolgte mit Genehmigung des AEF.

im Zustand der Entwicklung befinden; diese Entwicklung kann zu einer stationären Entladung oder zur Stromlosigkeit führen. Auch die periodischen Entladungen können stationären oder vorübergehenden Charakter haben (s. a. 13). Entladungen, welche infolge äußerer Umstände (z. B. Veränderung der treibenden Spannung, des Elektrodenabstandes, Gasinhaltes usw.) verschwinden, sollen im Gegensatz zu den vorübergehenden Entladungen „Abreißentladungen" genannt werden.

Stationäre Entladungen können selbständig oder unselbständig sein. Selbständige Entladungen sind solche, bei denen alle für den Stromtransport erforderlichen Träger mittelbar oder unmittelbar von der Entladung selbst gebildet werden. Die unselbständigen Entladungen sind an eine ständige Trägerzufuhr aus einer Fremdquelle gebunden.

## 11. Hauptformen stationärer Entladungen.

Es lassen sich als Extremfälle folgende drei physikalisch **gut** definierte Hauptformen stationärer Entladungen unterscheiden; zwischen diesen sind stetige Übergänge und Mischformen möglich, die im wesentlichen durch die Vorgänge an der Kathode der Entladungsstrecke charakterisiert sind.

111. **Dunkelentladung**: Entladung, bei welcher die Raumladungen gegenüber den Elektrodenladungen vernachlässigbar sind; die Feldstärke im Entladungsraum ist also im wesentlichen nur durch das Feld der Elektroden und unter Umständen der Wandladungen bestimmt. Wegen der schwachen Raumladungen sind nur geringe Stromdichten möglich (etwa $10^{-6}$ A/cm²).

Beispiele: Eine unselbständige Dunkelentladung tritt in einer Ionisierungskammer auf; eine selbständige Dunkelentladung ist der dunkle Vorstrom (gasgefüllte Photozelle).

112. **Glimmentladung**: Entladungsform, bei welcher Raumladungen den Feldverlauf wesentlich bestimmen, dadurch gekennzeichnet, daß die Träger in der Entladungsbahn im wesentlichen durch Trägerstoß erzeugt werden. Vor einer Kathode einer selbständigen Glimmentladung bildet sich ein Kathodenfall aus (s. 312), welcher **größer oder gleich** dem normalen Kathodenfall ist. Erwärmungserscheinungen im Gas oder an den Elektroden sind für das Bestehen der Entladung unwesentlich.

Beispiele: Glimmlampen, Kathodenfallableiter, Ringentladung.

113. **Bogenentladung**: Entladung, bei welcher Raumladungen den Feldverlauf wesentlich bestimmen, charakterisiert durch zusätzliche trägererzeugende Prozesse außer Stoßionisation im Kathodengebiet. Vor der Kathode einer selbständigen Bogenentladung bildet sich ein Kathodenfall aus, welcher kleiner ist als der normale Kathodenfall der Glimmentladung (s. 312). Bei der selbständigen Bogenentladung ist in der Regel die Kathode hoch erhitzt bei hoher Stromdichte bis zu einigen 1000 A/cm².

Beispiele: Zur selbständigen Bogenentladung zählen z. B. das Bogenlicht, der Quecksilberdampfbogen; zur unselbständigen Bogenentladung z. B. der Bogen mit fremdgeheizter Glühkathode.

114. **Zwischen- und Mischformen**: Außer den unter 111—113 genannten Entladungen sind Zwischenformen bekannt, deren Eigenschaften ihre Eingliederung unter mehr als einer dieser Hauptformen möglich machen. Derartige Entladungen lassen sich nur durch nähere Angabe ihrer charakteristischen Eigenschaften kennzeichnen. Mischformen sind solche Entladungen, bei denen gleichzeitig nebeneinander mehrere der unter 111—113 beschriebenen Hauptformen oder Zwischenformen auftreten.

Beispiele für Zwischenformen: Stark anomale Glimmentladung mit einer durch die Entladung zum Glühen gebrachten Kathode (Zwischenform zwischen Glimm- und Bogenentladung). Unselbständige Bogenentladung mit fremdgeheizter Kathode und zusätzlicher Heizung durch die Entladung selbst (Zwischenform zwischen selbständiger und unselbständiger Bogenentladung).

Beispiel für die Mischform: Koronaentladung (Mischform von Dunkel- und Glimmentladung).

### 12. Vorübergehende Entladungen.

121. **Dunkelentladung**: Erklärung wie unter 111.
Beispiel: Erstes Stadium eines sich entwickelnden Durchschlages.

122. **Glimmentladung**: Entladung, bei welcher Raumladungen den Feldverlauf bestimmen, wobei die Träger im Gas im wesentlichen nur durch Stoßionisation erzeugt werden. Thermische oder autoelektrische Prozesse sollen dabei keine Rolle spielen.
Beispiele: Glimmfunke, Entwicklungsstufe eines Bogenfunkens.

123. **Bogenentladung**: Entladung, bei welcher Raumladungen den Feldverlauf wesentlich bestimmen, wobei die Träger außer durch Stoßionisation im wesentlichen durch zusätzliche Prozesse im Kathodengebiet erzeugt werden (z. B. durch glühelektrische Emission).
Beispiel: Bogenfunken.

### 13. Periodische Entladungen.

Entladungen, welche gleiche Reihen verschiedener Zustände wiederholt durchlaufen, unter denen der jungfräuliche Zustand ausgeschlossen ist. An den periodischen Entladungen können verschiedene Hauptformen in regelmäßigem Wechsel beteiligt sein.

Beispiel einer stationären periodischen Entladung: Lichtbogenschwingungen erster Art (überlagerte Wechselstromamplitude < Gleichstrom).

Beispiel einer vorübergehenden periodischen Entladung: Glimmentladung der Blinkschaltung.

Zwischenform einer periodischen Entladung: Wechselstrombogen.

## r 2) Phänomenologische Einteilung.

### 21. Entladungselemente.

Die Gasentladungen lassen sich ihrer mit dem Auge wahrnehmbaren Erscheinung nach zusammensetzen aus einigen wenigen Entladungselementen. Für die eindeutige Beschreibung komplizierter Entladungen empfiehlt es sich, ihren äußerlichen Aufbau aus diesen Elementen anzugeben[1]. Als Entladungselemente werden Entladungsteile bezeichnet, die dem Auge in sich homogen erscheinen.

211. **Dunkelraum**: Vom Strom ohne wesentliche Lichterscheinung durchsetztes Volumen.
Beispiele: Bei der Anordnung Spitze-Platte an der Plattenoberfläche bei schwachglimmender Spitze; Dunkelräume in der Glimmentladung.

212. **Leuchtraum**: Vom Strom durchsetztes, leuchtendes Volumen.
Beispiele: Positive Säule einer Glimmentladung, negatives Glimmlicht.

2121. **Leuchtfaden**: Dünne, langgestreckte, scharfbegrenzte Leuchterscheinung, Längsfeldstärke ein beträchtlicher Bruchteil der Durchbruchfeldstärke; vermutlich eine kontrahierte positive Säule.
Beispiele: Bei Koronaentladungen und höheren Drucken weit über der Anfangsspannung, meist zu mehreren von einem Punkte ausgehend (Büschel).

2122. **Stiel**: Ähnlich wie Leuchtfaden, jedoch dicker, heller und stromstärker.
Beispiele: Bei großen Elektrodenabständen und höheren Drucken weit über der Anfangsspannung, jedoch noch unterhalb der Funkenspannung, meist an einer Elektrode aufsitzend und im Raum in Leuchtfäden aufgespalten (Stielbüschel).

2123. **Säule**: Im Elektrodenzwischenraum auftretende, leuchtende Strombahn mit einer weit unter der Durchbruchfeldstärke liegenden Längsfeldstärke.
Vorkommen: Bogen, Funken.

2124. **Glimmhaut**: Flächenhaft verteiltes Leuchten unmittelbar an einer Elektrodenoberfläche.
Beispiele: Koronaentladung knapp über der Anfangsspannung, erste Kathodenschicht bei nicht zu tiefen Drucken.

---

[1] Dadurch lassen sich zahlreiche, meist wenig einprägsame Benennungen insbesondere zusammengesetzter Entladungen vermeiden.

213. **Fußpunkt**: Räumlich eng begrenztes, unmittelbar an der Elektrode befindliches Gebiet mit meist besonders hoher Leuchtdichte.

Beispiele: Lichtbogenfußpunkt (Brennfleck), Büschel, Stiel, Funken.

Der Fußpunkt kann sich an der Kathode oder an der Anode befinden. Zwischen den Elementen unter 213 und 212 bestehen stetige Übergänge. Alle Elemente mit Ausnahme der Leuchtfäden (2121) treten bei stationären und vorübergehenden Entladungen auf.

## 22. Aufbau der Hauptformen aus den Entladungselementen.

Bei den Hauptformen lassen sich zweckmäßig mehrere Gebiete unterscheiden:

die **Elektrodengebiete** (Kathoden- und Anodengebiet), welche die an die Elektroden angrenzenden Teile einer Entladung umfassen, die sich bereits bei Variation lediglich des Materials und der geometrischen Daten der Elektroden verändern, und

der **Entladungsrumpf**, der die Entladungsgebiete enthält, die nicht zu den Elektrodengebieten gehören. Seine Existenz ist für das Bestehen einer Entladung nicht notwendig, seine Ausbildung ist nicht an eine bestimmte Gefäßform geknüpft. Besteht der Entladungsrumpf aus einem nach außen im wesentlichen neutralen Gemisch von angeregten und unangeregten Molekülen, Ionen, Elektronen und Lichtquanten, so heißt er „Plasma".

221. **Aufbau der Kathodengebiete aus Entladungselementen.**

2211. **Dunkelentladung**: Sie enthält kein besonderes Kathodengebiet.

2212. **Glimmentladung**: Sie enthält Leucht- und Dunkelräume. Bei hohem Druck (etwa Atmosphärendruck) erscheint das Kathodengebiet als eine an der Kathode aufsitzende, leuchtende Glimmhaut unter Umständen mit besonders hell leuchtenden Punkten. Bei Übergang zu niederen Drucken dehnt sich das Kathodengebiet in den Raum hinein aus und zeigt sich unterteilt in Leucht- und Dunkelräume. Bei Anwendung starker optischer Vergrößerung zeigt sich dasselbe Bild bereits bei Atmosphärendruck.

Unmittelbar an die Kathodenoberfläche grenzt der im wesentlichen lichtlose Astonsche Dunkelraum. Anschließend folgt ein Leuchtraum, die „erste Kathodenschicht", sodann der Kathodendunkelraum (negativer, Hittorffscher oder Crookesscher Dunkelraum); dieser ist jedoch nicht völlig lichtlos und geht ohne scharfe Grenze aus der ersten Kathodenschicht hervor. Der darauffolgende Leuchtraum, „das negative Glimmlicht", ist durch den oft besonders hellen „Glimmsaum" meist scharf gegen den Kathodendunkelraum abgegrenzt. Das negative Glimmlicht verschwindet allmählich in einem folgenden, dem „Faradayschen Dunkelraum", der zum Rumpf überleitet.

2213. **Bogenentladung**: Sie enthält einen oder mehrere Brennflecke, deren Aufbau im einzelnen noch nicht bekannt ist. Bei Bogenentladungen mit zusätzlich geheizter Kathode kann der Brennfleck die ganze Kathodenoberfläche bedecken.

222. **Aufbau des Anodengebietes aus Entladungselementen.**

2221. **Dunkelentladung**: Sie enthält kein besonderes Anodengebiet.

2222. **Glimmentladung**: Sie enthält bisweilen einen Leuchtraum, eventuell eine eng an der Anode anliegende Glimmhaut (das Anodenlicht), selten einen dünnen Dunkelraum (die dunkle Anodenschicht) zwischen Anode und Anodenlicht. An das letztere schließt sich der „Anodendunkelraum" an, der bereits zum Rumpf gehört.

2223. **Bogenentladung**: Sie kann ein oder mehrere Brennflecke enthalten, deren Aufbau noch unbekannt ist. Bei den „Glimmbogen" ist das Anodengebiet das einer Glimmentladung.

223. **Aufbau des Entladungsrumpfes aus Entladungselementen.**

2231. **Dunkelentladung**: Sie besteht ausschließlich aus einem den ganzen Raum zwischen den Elektroden ausfüllenden „Dunkelraum".

2232. **Glimmentladung**: Sie enthält das Gebiet, das sich an den Faradayschen Dunkelraum und entsprechend den Anodendunkelraum anschließt. Dazwischen kann ein Leuchtraum, die „positive Säule", vorhanden sein; sie ist ziemlich scharf gegen die Dunkelräume abgegrenzt, vor allem gegen die Faradayschen. Die positive Säule ist entweder homogen leuchtend („ungeschichtete positive Säule") oder in Leucht- und Dunkelräume in regelmäßigem Wechsel unterteilt („geschichtete positive Säule"). Die Schichten können auf die Kathode zu wandern und dadurch eine ungeschichtete Säule vortäuschen.

2233. Bogenentladung: Sie besteht bei höherem Druck aus einem zusammenhängenden Leuchtraum (Bogensäule). Bei höheren Stromstärken ist die Säule von einem leuchtenden Mantel umgeben (Aureole), aus dem sich durch Deformation infolge von Gasströmungen die „Bogenflamme" ausbilden kann.

Unter vermindertem Druck kann die positive Säule gegen die Elektroden durch Dunkelräume getrennt sein. Die positive Säule kann beispielsweise bei genügendem Abstand zwischen Entladung und Wand völlig verschwinden. Sie kann ebenso wie die positive Säule einer Glimmentladung geschichtet sein.

---

Wenn sich auch sämtliche Entladungen in die vorher beschriebene Einteilung eingliedern lassen, so ist doch eine besondere Benennung einiger zusammengesetzter Entladungen und einiger Zwischenformen zweckmäßig. Ihrem Auftreten nach unterscheidet man Entladungen im freien Gasraum (23) von Entladungen in der Grenzschicht zweier Medien (24).

### 23. Besondere Formen der Entladung durch den Gasraum.

231. Korona: Glimmhaut, unter Umständen mit diskreten Fußpunkten, aus denen bei höherer Spannung Büschel oder Stielbüschel herauswachsen. Im übrigen ist der Raum zwischen den Elektroden dunkel. Die Korona ist eine Mischform zwischen Dunkel- und Glimmentladung; sie ist bei Gleich- und Wechselspannung stationär möglich.

Beispiel: An Hochspannungsleitern, insbesondere bei hohem Gasdruck (Atmosphärendruck).

232. Büschel: Vermutlich Glimmentladung mit einer Reihe getrennter positiver Säulen. Von einem Punkte einer Elektrode ausgehende Vielheit von Leuchtfäden. Die Entladung ist stationär möglich, obwohl jeder einzelne Leuchtfaden nur vorübergehend auftritt.

Beispiel: An Hochspannungselektroden bei großem Gasdruck und Abstand und meist bei kleinem Krümmungsradius.

233. Stielbüschel: Der Stiel ist vermutlich die positive Säule einer Bogenentladung, das Büschel eine Glimmentladung (s. o.). Von einer Elektrode geht ein Stiel aus, der sich im Raum büschelförmig in Leuchtfäden aufspaltet. Anscheinend stationär möglich.

Beispiel: An Hochspannungselektroden bei genügend großem Abstand und hohem (atmosphärischem) Druck.

234. Funken: Kurz dauernder, sich aus der Dunkelentladung über die Glimmentladung entwickelnder Lichtbogen. Die Entladung überbrückt den Raum zwischen den Elektroden durch ein hell leuchtende Säule.

Beispiel: Bei ausreichender Spannung zwischen beliebigen Elektroden bei höherem Gasdruck ($\approx > 100$ tor).

235. Ringentladung: Leuchtende, in sich geschlossene, elektrodenlose Strombahn, oft aus mehreren konzentrischen Teilen verschiedener Farbe zusammengesetzt; ihr Aussehen ist einer positiven Säule ähnlich.

Beispiel: Hochfrequenter Ringstrom in verdünnten Gasen.

### 24. Formen der Entladung längs Flächen[1].

Entladungen längs Flächen (Gleitentladungen) zeigen sich an der Grenze zwischen dem Gasraum und festen oder flüssigen Isolatoren. Die Gleitentladungsformen entsprechen den räumlichen Entladungsformen; diese sind nur auf Flächen zu übertragen. Ein Quellpunkt der Gleitentladung heißt Gleitpol.

241. Gleitbüschel: Büschel längs einer Oberfläche (nach Toepler Polbüschel).

---

[1] Einzelheiten bei M. Toepler: Z. techn. Physik Bd. 10 (1929) S. 113.

242. **Gleitstielbüschel**: Stielbüschel längs einer Oberfläche. Ihre Stiele werden als Gleitstiele bezeichnet, solange sie die Gegenelektrode nicht erreichen (nach Toepler Gleitbüschel).

243. **Gleitfunken**: Funken längs einer Oberfläche.

### r 3) Definitionen charakteristischer Größen.

301. **Zündspannung einer Entladungsform**: Die kleinste Spannung, die an den Elektroden einer Entladungsstrecke liegen muß, damit sich unter den gegebenen Versuchsbedingungen diese Entladungsform entwickeln kann. Ein und dieselbe Entladungsstrecke kann je nach der sich ausbildenden Entladungsform verschiedene Zündspannungen haben (Glimmzündspannung, Funkenzündspannung).

302. **Anfangsspannung einer Entladungsstrecke**: Die Zündspannung der sich aus dem stromlosen Zustand entwickelnden Entladung bei gegebenen Versuchsbedingungen.

303. **Grenzspannung einer Entladungsform** heißen sämtliche Maxima der vollständigen Stromspannungscharakteristik unter gegebenen Versuchsbedingungen. Wenn mehrere Maxima vorhanden sind, müssen sie eindeutig gekennzeichnet werden.

304. **Wiederzündspannung**: Zündspannung einer Entladungsstrecke, die von früheren Entladungen her noch Nachwirkungen zeigt; wichtig insbesondere für periodische Entladungen.

305. **Brennspannung**: Augenblickliche Spannung zwischen den Elektroden während der Entladung.

306. **Wendespannung**: Brennspannung beim absoluten Strommaximum innerhalb eines Wechsels einer periodischen Entladung.

307. **Löschspannung**: Diejenige Brennspannung, bei der eine Entladung in eine stromärmere Form umschlägt. Die Löschspannung ist erst durch die Eigenschaften des gesamten Stromkreises bestimmt.

308. **Abreißspannung**: Die größte (letzte) Löschspannung einer Abreißentladung.

309. **Beschränkte Entladung** ist eine Entladung, bei der die seitliche Ausdehnung so eng begrenzt wird, daß sich die Entladung nicht frei über einen Querschnitt ausbilden kann.

310. **Behinderte Entladung** ist eine solche Entladung, bei welcher der Elektrodenabstand oder der Gasdruck nicht genügend groß ist, um eine ungehinderte Ausbildung des Kathodengebietes (oder Anodengebietes) in Richtung der Entladungsachse zu ermöglichen.

311. **Der Kathoden- und Anodenfall einer Bogenentladung und der Anodenfall einer Glimmentladung** sind definiert als diejenige Spannung, die zwischen Anode bzw. Kathode einerseits und dem bis zur Elektrode extrapolierten Wert des linearen Potentialverlaufes in der Säule andererseits besteht.

312. **Der Kathodenfall einer Glimmentladung** ist diejenige Spannung, die zwischen der Kathode und dem Minimum der Feldstärke in negativem Glimmlicht auftritt. Der so definierte Wert stimmt nahezu überein mit einer Definition entsprechend 311, ist jedoch von äußeren Entladungsbedingungen unabhängiger. Der Kathodenfall stimmt numerisch nahezu überein mit der minimalen Brennspannung bei gerade noch nicht behinderter Entladung.

Die Definition des „Widerstandes einer Entladung" ist darum unzweckmäßig und zu vermeiden, weil wegen der nichtlinearen Stromspannungscharakteristik der Entladung der Quotient Spannung: Strom oder der entsprechende Differentialquotient in sehr weiten Grenzen schwankt und überdies in hohem Maße von der Änderungsgeschwindigkeit der Zustandsgrößen abhängig ist.

### Erläuterungen.

Der vorstehende Entwurf gibt ein in sich geschlossenes Schema für die Benennung der elektrischen Entladungen in Gasen. Er verfolgt das Ziel, ein für alle Gasdrucke passendes Benennungssystem aufzustellen, das den in der Literatur und im heutigen Sprachgebrauch verwendeten Bezeichnungen sowie der physikalischen

Forschung so weit wie möglich gerecht wird. Vorhandene Wortbildungen sind nur dann verwendet worden, wenn sie nicht den heute gesicherten Anschauungen widersprechen. Andererseits wurde in solchen Fällen, wo mehrere Bezeichnungsweisen üblich sind, stets das einfachere und einprägsamere Wort gewählt.

Die hier gegebene Aufstellung läßt Erweiterungen zu, und zwar sowohl bei den Bezeichnungen der Entladungselemente, wie der aus ihnen zusammengesetzten Entladungen selbst. Um die Übersicht nicht zu gefährden und die Benutzung der vorgeschlagenen Bezeichnungen zu erleichtern, mußte auf eine zu weit reichende Unterteilung verzichtet werden. Der früher[1] veröffentlichte Entwurf „Formen der elektrischen Entladung in Luft von Atmosphärendruck" geht insbesondere bei der Unterscheidung der Hochspannungsentladungen sehr viel mehr als der vorliegende ins einzelne; die seinerzeit geleisteten Vorarbeiten sind jedoch bei der neuen Ausarbeitung berücksichtigt worden.

Die am Schlusse des vorstehenden Entwurfs angegebenen Definitionen beschränken sich auf spezielle charakteristische Größen, deren Benennung bisher meist schwankend war. Eine systematische Aufzählung auch nur der wichtigsten physikalischen Eigenschaften der behandelten Entladungen ist bei dem beschränkten Umfang des Entwurfs nicht möglich; in dieser Hinsicht muß daher auf einschlägige Lehrbücher[2] verwiesen werden.

# VII. Mass-Systeme und allgemeine Konstanten.

### s 1) Allgemeine Konstanten.

Atomgewicht des Elektrons:
$$A_e = 5{,}479 \cdot 10^{-4}.$$

Ausdehnungskoeffizient der Gase:
$$\alpha = \frac{1}{273}.$$

Avogadrosche Zahl:
$$N = 27{,}1 \cdot 10^{18} \left[\frac{\text{Moleküle}}{\text{cm}^3}\right] \text{ bei } 0^\circ \text{ C und } 760 \text{ tor}.$$

Boltzmannsche Konstante:
$$k = 1{,}371 \cdot 10^{-16} \left[\frac{\text{erg}}{{}^\circ K}\right] = 1{,}371 \cdot 10^{-23} \left[\frac{\text{Ws}}{{}^\circ K}\right].$$

Dielektrizitätskonstante des leeren Raumes im praktischen Maßsystem:
$$\varDelta = \frac{1}{4\pi 9 \cdot 10^{11}} \left[\frac{\text{As}}{\text{V/cm}}\right]; \left[\frac{\text{F}}{\text{cm}}\right].$$

Elementarladung (Ladung eines Elektrons):
$$e = 1{,}59 \cdot 10^{-19} \text{ [clb]} = (4{,}77 \cdot 10^{-10} \text{ [ESE]}).$$

Elementarladung/Ruhmasse des Elektrons:
$$\frac{e}{m_0} = 1{,}77 \cdot 10^8 \left[\frac{\text{clb}}{\text{g}}\right] \left(= 0{,}530 \cdot 10^{18} \left[\frac{\text{ESE}}{\text{g}}\right]\right).$$

Faradaysche Zahl: Zur Abscheidung eines Grammäquivalents eines einwertigen Stoffes sind:
$$F = 96\,494 \text{ [clb]}$$
erforderlich.

Gaskonstante, allgemeine:
$$R = 83{,}15 \cdot 10^6 \left[\frac{\text{erg}}{{}^\circ K \cdot \text{Mol}}\right].$$

Halbmesser, modellmäßiger eines Elektrons (Kugel mit Oberflächenladung):
$$r_0 = \frac{2}{3} \frac{e^2}{m_0} 10^{-2} = 1{,}87 \cdot 10^{-13} \text{ cm}.$$

---
[1] Elektrotechn. Z. Bd. 51 (1930) S. 1470.
[2] Seeliger, R.: Einführung in die Physik der Gasentladungen. Leipzig: Johann Ambrosius Barth 1927; Franck, S.: Meßentladungsstrecken. Berlin: Julius Springer 1931; Engel, A. v. u. M. Steenbeck: Elektrische Gasentladungen. Berlin: Julius Springer 1932.

Lichtgeschwindigkeit:
$$c = 2{,}9986 \cdot 10^{10} \left[\frac{\text{cm}}{\text{s}}\right] \approx 3{,}0 \cdot 10^{10} \left[\frac{\text{cm}}{\text{s}}\right] = 3 \cdot 10^5 \left[\frac{\text{km}}{\text{s}}\right].$$

Lichtstärke von 1 mm² des schwarzen Körpers etwa:
$$\text{bei } \frac{1500 \quad 1700 \quad 1800}{0{,}1 \quad 0{,}5 \quad 1{,}0} \frac{{}^0\text{C}}{\text{HK}}.$$

Loschmidtsche Zahl:
$$L = 60{,}62 \cdot 10^{22} \left[\frac{\text{Moleküle}}{\text{Mol}}\right].$$

Mechanisches Wärmeäquivalent:
$$1 \text{ cal} = 427 \text{ m} \cdot \text{kg}.$$

Molvolumen (Volumen eines Gramm-Moleküls eines idealen Gases bei 0° C und 760 tor):
$$v_{\text{mol}} = 22\,412 \, [\text{cm}^3].$$

Permeabilität des leeren Raumes im praktischen Maßsystem:
$$\Pi = 4\pi \cdot 10^{-9} \left[\frac{\text{Vs}}{\text{cm}^2} \Big/ \frac{\text{A}}{\text{cm}}\right]; \quad [\text{H/cm}].$$

Plancksches Wirkungsquantum:
$$h = 6{,}55 \cdot 10^{-27} \, [\text{erg s}] = 6{,}55 \cdot 10^{-34} \, [\text{Ws}^2].$$

Ruhmasse (Masse eines Elektrons bei kleinen Geschwindigkeiten):
$$m_0 = 0{,}899 \cdot 10^{-27} \, [\text{g}].$$

Ruhmasse/Masse des Wasserstoffatoms:
$$\frac{m_0}{m_H} = \frac{1}{1835} = 5{,}46 \cdot 10^{-4}.$$

## s 2) Vergleich elektrischer und magnetischer Größen der verschiedenen Maßsysteme[1].

Es bedeuten:
ESM = Elektrostatisches Maßsystem;
[ESE] = Einheit des elektrostatischen Maßsystems;
EMM = Elektromagnetisches Maßsystem;
[EME] = Einheit des elektromagnetischen Maßsystems.
PM = Praktisches Maßsystem.
[PE] = Einheit des praktischen Maßsystems.

In eine sich auf das ESM beziehende Gleichung sind $s$ [PE] einzusetzen;
„  „  „  „  „  PM   „   „   „  $\frac{1}{s}$ [ESE]  „
„  „  „  „  „  EMM  „   „   „  $m$ [PE]  „
„  „  „  „  „  PM   „   „   „  $\frac{1}{m}$ [EME]  „
„  „  „  „  „  ESM  „   „   „  $\frac{s}{m}$ [EME]  „
„  „  „  „  „  EMM  „   „   „  $\frac{m}{s}$ [ESE]  „

$c = 3 \cdot 10^{10}$ cm/s = Lichtgeschwindigkeit.

| | | [PE] | Elektrostatisches System | | Elektromagnetisches System | |
|---|---|---|---|---|---|---|
| | | | $s$ | $\frac{1}{s}$ | $m$ | $\frac{1}{m}$ |
| Spannung . . . . . . . . . . . . . . . | $U$ | V | | | | |
| Elektrische Feldstärke . . . . . . . | $\mathfrak{E}$ | $\frac{\text{V}}{\text{cm}}$ | $\frac{1}{300}$ | 300 | $10^8$ | $10^{-8}$ |
| Magnetische Induktion: $\mathfrak{B} = \pi\mu\mathfrak{H}; \pi = 4\pi \cdot 10^{-9} \frac{\text{H}}{\text{cm}}; \mu \, [1]$. | $\mathfrak{B}$ | $\frac{\text{Vs}}{\text{cm}^2}$ | | | | |
| Magnetischer Induktionsfluß . . . . . | $\Phi$ | Vs | | | | |

[1] Vgl. z. B. J. Wallot: Elektrotechn. Z. 1922 S. 1329, 1381.

## Verwandlung der Arbeits-, Leistungs- und Druckeinheiten.

| | | [PE] | Elektrostatisches System | | Elektromagnetisches System | |
|---|---|---|---|---|---|---|
| | | | $s$ | $\frac{1}{s}$ | $m$ | $\frac{1}{m}$ |
| Stromstärke | $I$ | A | $3 \cdot 10^{-9}$ | $\frac{1}{3} \cdot 10^{-9}$ | $\frac{1}{10}$ | $10$ |
| Ladung, Elektrizitätsmenge | $q$ | As = clb | | | | |
| Dielektrische Verschiebung: $\mathfrak{D} = \Delta \varepsilon \mathfrak{E}; \Delta = \frac{1}{4\pi \cdot 9 \cdot 10^{11}} \frac{F}{cm}; \varepsilon[1]$ | $\mathfrak{D}$ | $\frac{As}{cm^2}$ | $4\pi \cdot 3 \cdot 10^9 = 3{,}77 \cdot 10^{10}$ | $\frac{1}{4\pi \cdot 3} 10^{-9} = 0{,}265 \cdot 10^{-10}$ | $\frac{4\pi}{10} = 1{,}257$ | $\frac{10}{4\pi} = 0{,}796$ |
| Magnetische Feldstärke | $\mathfrak{H}$ | $\frac{A}{cm}$ | | | | |
| Widerstand | $R$ | $\Omega$ | $\frac{1}{9} \cdot 10^{-11}$ | $9 \cdot 10^{11}$ | $10^9$ | $10^{-9}$ |
| Induktivität | $L$ | H | | | | |
| Leitvermögen | $G$ | $\frac{S}{cm}$ | $9 \cdot 10^{11}$ | $\frac{1}{9} \cdot 10^{-11}$ | $10^{-9}$ | $10^9$ |
| Kapazität | $C$ | F | | | | |
| Dielektrizitätskonstante: $\Delta \cdot \varepsilon = \frac{\mathfrak{D}}{\mathfrak{E}}; \varepsilon[1]$ | $\Delta$ | $\frac{F}{cm}$ | $4\pi \cdot 9 \cdot 10^{11} = 1{,}129 \cdot 10^{13}$ | $\frac{1}{4\pi \cdot 9} 10^{-11} = 0{,}866 \cdot 10^{-13}$ | $4\pi \cdot 10^{-9} = 1{,}257 \cdot 10^{-8}$ | $\frac{1}{4\pi} 10^9 = 0{,}796 \cdot 10^8$ |
| Permeabilität: $\Pi \mu = \frac{\mathfrak{B}}{\mathfrak{H}}; \mu[1]$ | $\Pi$ | $\frac{H}{cm}$ | $\frac{1}{4\pi \cdot 9} 10^{-11} = 0{,}866 \cdot 10^{-13}$ | $4\pi \cdot 9 \cdot 10^{11} = 1{,}129 \cdot 10^{13}$ | $\frac{1}{4\pi} 10^9 = 0{,}796 \cdot 10^8$ | $4\pi \cdot 10^{-9} = 1{,}257 \cdot 10^{-8}$ |
| Masse | $m$ | $10^{-7}$g | $10^7$ | $10^{-7}$ | $10^7$ | $10^{-7}$ |

### s 3) Verwandlung der Arbeits-, Leistungs- und Druckeinheiten.

#### Arbeitseinheiten.

| | cmg | gcal | erg | Ws [J] | Elektronenvolt |
|---|---|---|---|---|---|
| cmg | 1 | $2{,}34 \cdot 10^{-5}$ | $9{,}81 \cdot 10^2$ | $9{,}81 \cdot 10^{-5}$ | $6{,}15 \cdot 10^{14}$ |
| gcal | $4{,}27 \cdot 10^4$ | 1 | $4{,}19 \cdot 10^7$ | $4{,}19$ | $2{,}62 \cdot 10^{19}$ |
| erg | $1{,}02 \cdot 10^{-3}$ | $0{,}239 \cdot 10^{-7}$ | 1 | $10^{-7}$ | $0{,}627 \cdot 10^{12}$ |
| Ws (J) | $1{,}02 \cdot 10^4$ | $0{,}239$ | $10^7$ | 1 | $0{,}627 \cdot 10^{19}$ |
| Elektronenvolt | $0{,}163 \cdot 10^{-14}$ | $0{,}381 \cdot 10^{-19}$ | $1{,}59 \cdot 10^{-12}$ | $1{,}59 \cdot 10^{-19}$ | 1 |

#### Leistungseinheiten.

| | cmg/s | erg/s | W |
|---|---|---|---|
| cmg/s | 1 | 981 | $9{,}81 \cdot 10^{-5}$ |
| erg/s | $1{,}02 \cdot 10^{-3}$ | 1 | $1 \cdot 10^{-7}$ |
| W | 10 200 | $1 \cdot 10^7$ | 1 |

Anwendungsbeispiel: 1 erg/s = $1 \cdot 10^{-7}$ W

#### Druckeinheiten.

| | Techn. at (kg/cm²) | Phys. at (760 tor) | tor (mm Hg) bei 0° C | dyn/cm² (bar) | Ws/cm³ | gcal/cm³ |
|---|---|---|---|---|---|---|
| Techn. at (kg/cm²) | 1 | $0{,}9676$ | $735{,}3_5$ | $9{,}81 \cdot 10^5$ | $0{,}0981$ | $0{,}0234$ |
| Phys. at (760 tor) | $1{,}0335$ | 1 | $760{,}0$ | $10{,}14 \cdot 10^5$ | $0{,}1014$ | $0{,}0241$ |
| tor (mm Hg) bei 0° C | $1{,}359 \cdot 10^{-3}$ | $1{,}315 \cdot 10^{-3}$ | 1 | 1333 | $1{,}33 \cdot 10^{-4}$ | $3{,}18 \cdot 10^{-5}$ |
| dyn/cm² (bar) | $0{,}102 \cdot 10^{-5}$ | $0{,}0986 \cdot 10^{-5}$ | $0{,}749 \cdot 10^{-3}$ | 1 | $1 \cdot 10^{-7}$ | $0{,}238 \cdot 10^{-7}$ |
| Ws/cm³ | $10{,}2$ | $9{,}86$ | 7490 | $1 \cdot 10^7$ | 1 | $0{,}238$ |
| gcal/cm³ | $42{,}7$ | $41{,}3$ | 31 400 | $4{,}19 \cdot 10^7$ | $4{,}19$ | 1 |

## s 4) Energieäquivalente.

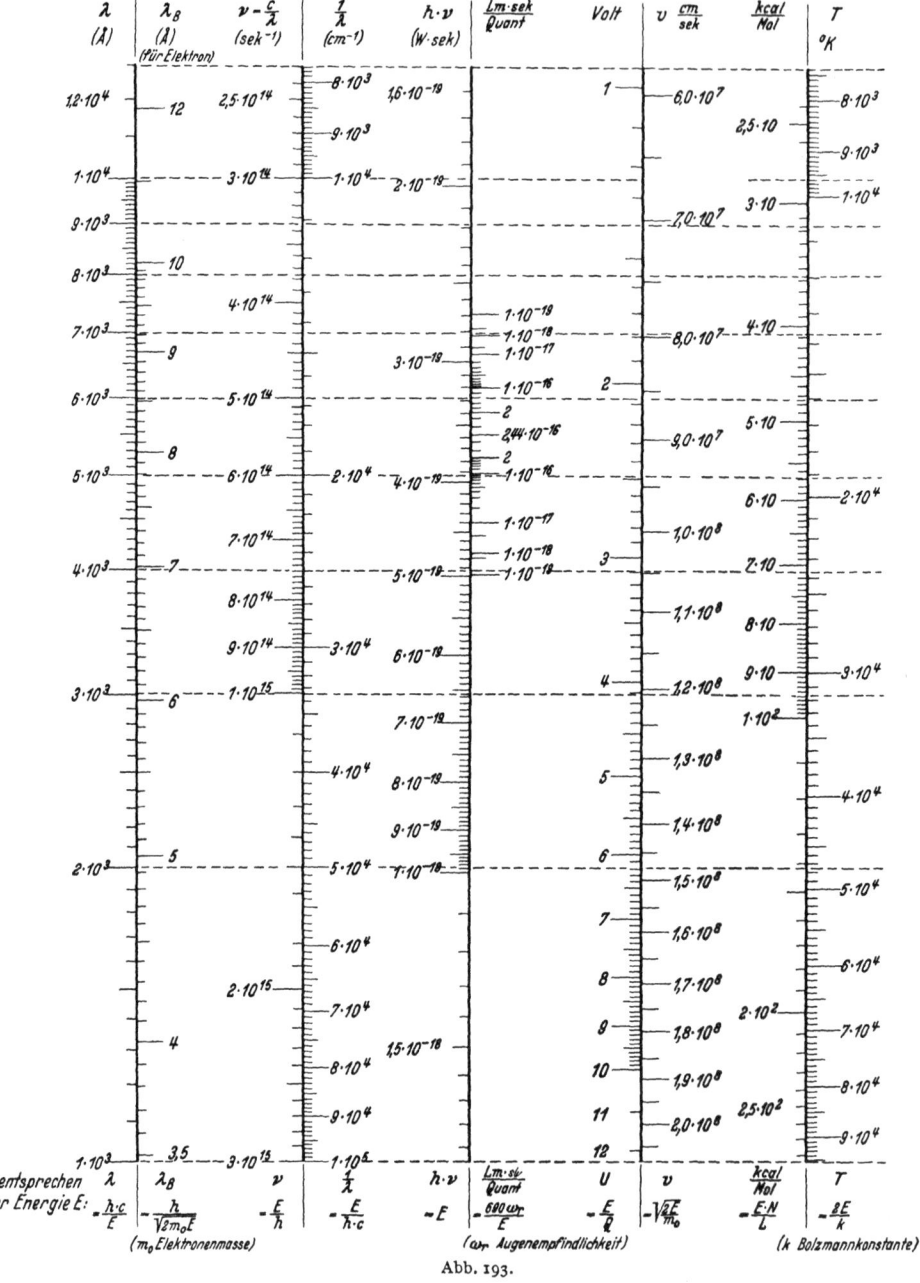

Abb. 193.

## s 5) Vergleich metrischer mit englischen Maßen[1].

| | | |
|---|---|---|
| 1 Fuß = 0,304800 m | | 1 m = 3,2808 Fuß |
| 1 Fuß² = 0,092903 m² | | 1 m² = 10,7639 Fuß² |
| 1 Fuß³ = 0,028317 m³ | | 1 m³ = 35,3147 Fuß³ |
| 1 Zoll = 2,5400 cm | (12 Zoll = 1 Fuß) | 1 cm = 0,393701 Zoll |
| 1 Zoll² = 6,4516 cm² | | 1 cm² = 0,155001 Zoll² |
| 1 Zoll³ = 16,387 cm³ | | 1 cm³ = 0,0610239 Zoll³ |

[1] Hütte, Bd. 1 (1925) S. 1000f.

1 engl. Meile = 1,609 km
1 engl. Seemeile = 1,853 km
1 l = 0,264 Winch.-Gallonen (231 Zoll³)
1 Winchester-Gallone = 1 USA.-Gallone
   = 3,785 l
1 l = 0,220 Imp.-Gallonen (277,274 Zoll³)
1 Imperial-Gallone = 4,543 l

1 engl. Pfd. = 0,454 kg
1 kg = 2,205 engl. Pfd.
1 g = 15,43 Troygrains

1 kg/cm² = 14,223 Pfund/Quadratzoll
1 kg/m² = 0,2048 Pfund/Quadratfuß
1 Pfund/Quadratzoll = 0,0703 kg/cm²
1 Pfund/Quadratfuß = 4,8824 kg/m²

1 kg/cm² = 0,00635 Tons/Quadratzoll
1 Ton/Quadratzoll = 157,5 kg/cm²
1 tor = 1 mm Hg-S = 0,0193 Pfund/Quadratzoll
1 Pfund/Quadratzoll = 51,7 tor
1 kg/m³ = 0,06242 Pfund/Kubikfuß
1 Pfund/Kubikfuß = 16,0196 kg/m³
1 kg/cm³ = 36,127 Pfund/Kubikzoll
1 Pfund/Kubikzoll = 0,0277 kg/cm³
1 m/s = 196,9 Fuß/Min.
1 British Thermal Unit = 0,252 kcal.
1 kcal = 3,968 BTU.
1 HP = 550 Fußpfund/s = 1,01038 PS
   = 76,041 mkg/s.

## VIII. Mathematische Hilfsmittel.

t 1) Hilfsmittel für die Auswertung Gaußscher Verteilungen.

$$\int_0^{+\infty} e^{-w^2}\, dw = \frac{1}{2}\sqrt{\pi}; \qquad \int_0^{+\infty} e^{-mw^2}\, dw = \frac{1}{2}\sqrt{\frac{\pi}{m}}.$$

Durch beiderseitige sukzessive Differentiation:

$$\int_0^{+\infty} w^2 e^{-mw^2}\, dw = \frac{1}{4}\frac{\sqrt{\pi}}{m^{3/2}}; \qquad \int_0^{+\infty} w^4 e^{-mw^2}\, dw = \frac{3}{8}\frac{\sqrt{\pi}}{m^{5/2}}$$

$$\int_0^{+\infty} w^6 e^{-mw^2}\, dw = \frac{15}{16}\frac{\sqrt{\pi}}{m^{7/2}}; \ldots$$

$$\int_0^{+\infty} w e^{-w^2}\, dw = \frac{1}{2}; \qquad \int_0^{+\infty} w e^{-mw^2}\, dw = \frac{1}{2m}.$$

Durch beiderseitige sukzessive Differentiation:

$$\int_0^{+\infty} w^3 e^{-mw^2}\, dw = \frac{1}{2m^2}; \qquad \int_0^{+\infty} w^5 e^{-mw^2}\, dw = \frac{1}{m^3};$$

$$\int_0^{\infty} w^7 e^{-mw^2}\, dw = \frac{3}{m^4}; \ldots \qquad \int_0^{\infty} \sqrt{w}\, e^{-w}\, dw = 2\int_0^{\infty} u^2 e^{-u^2} = \frac{1}{2}\sqrt{\pi};$$

t 2) Auswertung des Integrals[1] $\int_a^b x^m e^{-x^2}\, dx$.

1. $m$ ganz und gradzahlig:

$$\int_a^b x^m e^{-x^2}\, dx = \frac{(m-1)(m-3)(m-5)\cdots 1}{2^{\left(\frac{m}{2}\right)}} \int_a^b e^{-x^2}\, dx -$$

$$-\left|\frac{1}{2} e^{-x^2}\left[x^{m-1} + \frac{m-1}{2} x^{m-3} + \frac{m-1}{2}\cdot\frac{m-3}{2} x^{m-5} + \cdots\right.\right.$$

$$\left.\left. + \frac{m-1}{2}\cdot\frac{m-3}{2}\cdot\frac{m-5}{2} x^{m-7} \cdots + \frac{3}{2} x\right]\right|_a^b$$

---
[1] Vgl. z. B. A. v. Engel u. M. Steenbeck: Elektrische Gasentladungen, Bd. 1 (1932) S. 238.

Für $m = 2$

$$\int_a^b x^2 e^{-x^2}\, dx = \frac{1}{2}\left[\int_a^b e^{-x^2}\, dx - \left| x e^{-x^2} \right|_a^b \right].$$

2. $m$ ganz, ungradzahlig:

$$\int_a^b x^m e^{-x^2}\, dx = -\left| \frac{e^{-x^2}}{2} \left\{ \frac{(m-1)(m-3)(m-5)\cdots 2}{2^{\left(\frac{m-1}{2}\right)}} + x^{m-1} + \right.\right.$$
$$\left.\left. + \frac{m-1}{2} x^{m-3} + \frac{m-1}{2}\cdot\frac{m-3}{2} x^{m-5} + \frac{m-1}{2}\cdot\frac{m-3}{2}\frac{m-5}{2} x^{m-7} \cdots + \frac{4}{2} x^2 \right\} \right|_a^b$$

Für $m = 1$

$$\int_a^b x e^{-x^2}\, dx = -\left| \frac{1}{2} e^{-x^2} \right|_a^b.$$

### t 3) Werte der Funktionen[1] $e^{x^2}$ und $e^{-x^2}$.

Hierzu graphische Darstellung (Abb. 193).

| $x$ | $e^{x^2}$ | $e^{-x^2}$ | $x$ | $e^{x^2}$ | $e^{-x^2}$ |
|---|---|---|---|---|---|
| 0,1 | 1,010 | 0,9900 | 3,1 | $1,491 \cdot 10^4$ | $0,6705 \cdot 10^{-4}$ |
| 0,2 | 1,041 | 0,9608 | 3,2 | $2,800 \cdot 10^4$ | $0,3571 \cdot 10^{-4}$ |
| 0,3 | 1,094 | 0,9139 | 3,3 | $5,364 \cdot 10^4$ | $0,1864 \cdot 10^{-4}$ |
| 0,4 | 1,174 | 0,8521 | 3,4 | $1,048 \cdot 10^5$ | $0,9540 \cdot 10^{-5}$ |
| 0,5 | 1,284 | 0,7788 | 3,5 | $2,090 \cdot 10^5$ | $0,4785 \cdot 10^{-5}$ |
| 0,6 | 1,433 | 0,6977 | 3,6 | $4,251 \cdot 10^5$ | $0,2353 \cdot 10^{-5}$ |
| 0,7 | 1,632 | 0,6126 | 3,7 | $8,820 \cdot 10^5$ | $0,1134 \cdot 10^{-5}$ |
| 0,8 | 1,896 | 0,5273 | 3,8 | $1,867 \cdot 10^6$ | $0,5356 \cdot 10^{-6}$ |
| 0,9 | 2,248 | 0,4449 | 3,9 | $3,993 \cdot 10^6$ | $0,2504 \cdot 10^{-6}$ |
| 1,0 | 2,718 | 0,3679 | 4,0 | $8,886 \cdot 10^6$ | $0,1125 \cdot 10^{-6}$ |
| 1,1 | 3,353 | 0,2982 | 4,1 | $1,997 \cdot 10^7$ | $0,5006 \cdot 10^{-7}$ |
| 1,2 | 4,221 | 0,2369 | 4,2 | $4,581 \cdot 10^7$ | $0,2183 \cdot 10^{-7}$ |
| 1,3 | 5,419 | 0,1845 | 4,3 | $1,072 \cdot 10^8$ | $0,9330 \cdot 10^{-8}$ |
| 1,4 | 7,099 | 0,1409 | 4,4 | $2,558 \cdot 10^8$ | $0,3909 \cdot 10^{-8}$ |
| 1,5 | 9,488 | 0,1054 | 4,5 | $6,229 \cdot 10^8$ | $0,1605 \cdot 10^{-8}$ |
| 1,6 | 1,294 | $0,7730 \cdot 10^{-1}$ | 4,6 | $1,548 \cdot 10^9$ | $0,6462 \cdot 10^{-9}$ |
| 1,7 | $1,799 \cdot 10$ | $0,5558 \cdot 10^{-1}$ | 4,7 | $3,922 \cdot 10^9$ | $0,2549 \cdot 10^{-9}$ |
| 1,8 | $2,553 \cdot 10$ | $0,3916 \cdot 10^{-1}$ | 4,8 | $1,014 \cdot 10^{10}$ | $0,9860 \cdot 10^{-10}$ |
| 1,9 | $3,697 \cdot 10$ | $0,2705 \cdot 10^{-1}$ | 4,9 | $2,675 \cdot 10^{10}$ | $0,3738 \cdot 10^{-10}$ |
| 2,0 | $5,460 \cdot 10$ | $0,1832 \cdot 10^{-1}$ | 5,0 | $7,200 \cdot 10^{10}$ | $0,1389 \cdot 10^{-10}$ |
| 2,1 | $8,227 \cdot 10$ | $0,1216 \cdot 10^{-1}$ | 5,1 | $1,977 \cdot 10^{11}$ | $0,5058 \cdot 10^{-11}$ |
| 2,2 | $1,265 \cdot 10^2$ | $0,7907 \cdot 10^{-2}$ | 5,2 | $5,538 \cdot 10^{11}$ | $0,1806 \cdot 10^{-11}$ |
| 2,3 | $1,983 \cdot 10^2$ | $0,5042 \cdot 10^{-2}$ | 5,3 | $1,582 \cdot 10^{12}$ | $0,6319 \cdot 10^{-12}$ |
| 2,4 | $3,173 \cdot 10^2$ | $0,3151 \cdot 10^{-2}$ | 5,4 | $4,613 \cdot 10^{12}$ | $0,2168 \cdot 10^{-12}$ |
| 2,5 | $5,180 \cdot 10^2$ | $0,1930 \cdot 10^{-2}$ | 5,5 | $1,372 \cdot 10^{13}$ | $0,7288 \cdot 10^{-13}$ |
| 2,6 | $8,626 \cdot 10^2$ | $0,1159 \cdot 10^{-2}$ | 5,6 | $4,163 \cdot 10^{13}$ | $0,2402 \cdot 10^{-13}$ |
| 2,7 | $1,466 \cdot 10^3$ | $0,6823 \cdot 10^{-3}$ | 5,7 | $1,289 \cdot 10^{14}$ | $0,7759 \cdot 10^{-14}$ |
| 2,8 | $2,540 \cdot 10^3$ | $0,3937 \cdot 10^{-3}$ | 5,8 | $4,070 \cdot 10^{14}$ | $0,2457 \cdot 10^{-14}$ |
| 2,9 | $4,492 \cdot 10^3$ | $0,2226 \cdot 10^{-3}$ | 5,9 | $1,311 \cdot 10^{15}$ | $0,7625 \cdot 10^{-15}$ |
| 3,0 | $8,103 \cdot 10^3$ | $0,1234 \cdot 10^{-3}$ | 6,0 | $4,311 \cdot 10^{15}$ | $0,2320 \cdot 10^{-15}$ |

[1] Unter Benutzung von K. Hayashi: Fünfstellige Funktionstafeln (1930) errechnet.

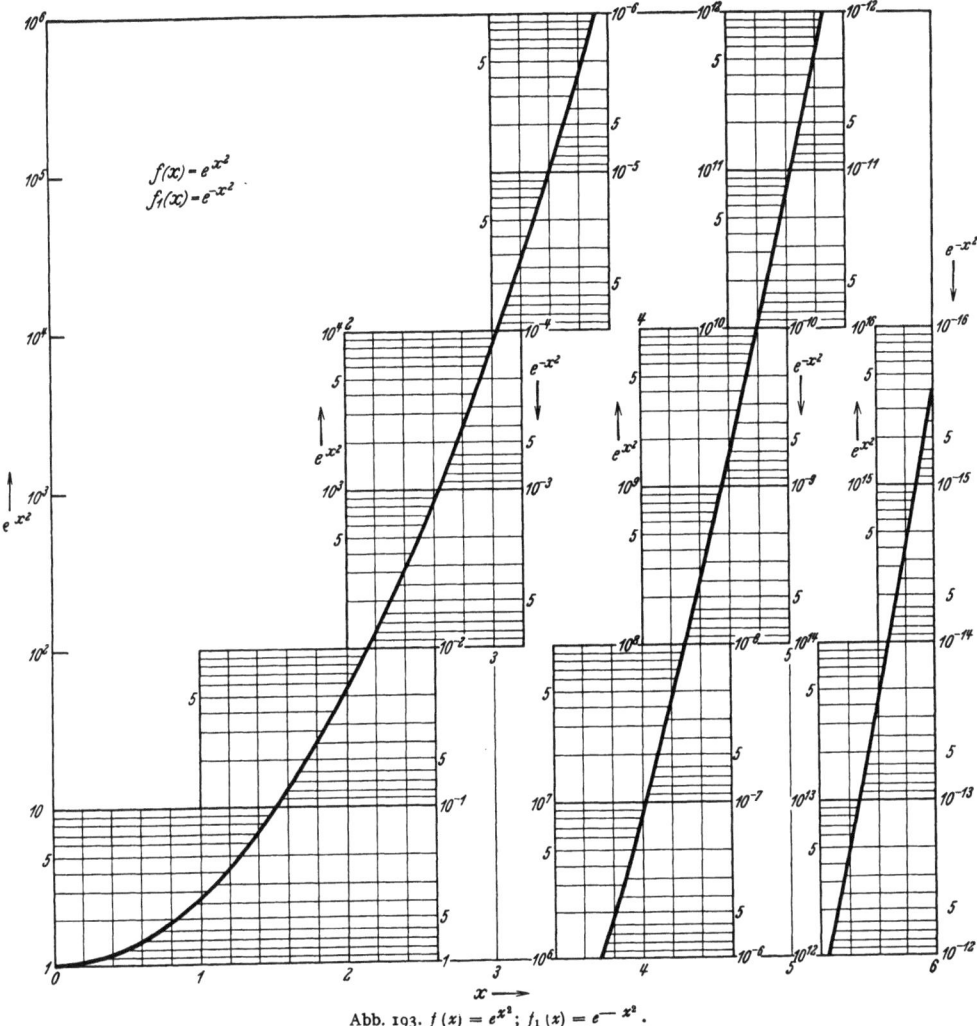

Abb. 193. $f(x) = e^{x^2}$; $f_1(x) = e^{-x^2}$.

t 4) **Gaußsche Fehlerfunktion**[1]: $\Phi(x) = \dfrac{2}{\sqrt{\pi}} \int\limits_x^0 e^{-x^2} dx$.

Werte der Funktion: $1 - \Phi(x) = \dfrac{2 e^{-x^2}}{2x\sqrt{\pi}} \sum\limits_{p=0}^{n} \dfrac{(-1)^p (2p)!}{p! (2x)^{2p}}$.

| $x$ | $1-\Phi(x)$ | $x$ | $1-\Phi(x)$ | $x$ | $1-\Phi(x)$ | $x$ | $1-\Phi(x)$ |
|---|---|---|---|---|---|---|---|
| 0,00 | 1,0000 | 0,05 | 0,9436 | 0,10 | 0,8875 | 0,15 | 0,8320 |
| 0,01 | 0,9887 | 0,06 | 0,9324 | 0,11 | 0,8764 | 0,16 | 0,8210 |
| 0,02 | 0,9774 | 0,07 | 0,9211 | 0,12 | 0,8652 | 0,17 | 0,8100 |
| 0,03 | 0,9662 | 0,08 | 0,9099 | 0,13 | 0,8541 | 0,18 | 0,7991 |
| 0,04 | 0,9549 | 0,09 | 0,8987 | 0,14 | 0,8431 | 0,19 | 0,7882 |

[1] Zum Teil entnommen aus R. v. Mises: Vorlesungen aus dem Gebiete der angewandten Mathematik, Bd. 1. Wahrscheinlichkeitsrechnung, 1931 S. 564f. bzw. nach L. Bachelier: Calcul des probabilités, Bd. 1. Paris 1912. Von 2,75—3,46 und von 4,00—5,00 neu gerechnet.

Knoll, Ollendorff u. Rompe, Gasentladungstabellen.

Tabelle t 4) (Fortsetzung).

| $x$ | $1 - \Phi(x)$ | $x$ | $1 - \Phi(x)$ | $x$ | $1 - \Phi(x)$ | $x$ | $1 - \Phi(x)$ |
|---|---|---|---|---|---|---|---|
| 0,20 | 0,7773 | 0,80 | 0,2579 | 1,40 | $4,771 \cdot 10^{-2}$ | 2,00 | $4,678 \cdot 10^{-3}$ |
| 0,21 | 0,7665 | 0,81 | 0,2520 | 1,41 | 4,615 ,, | 2,01 | 4,475 ,, |
| 0,22 | 0,7557 | 0,82 | 0,2462 | 1,42 | 4,462 ,, | 2,02 | 4,280 ,, |
| 0,23 | 0,7450 | 0,83 | 0,2405 | 1,43 | 4,314 ,, | 2,03 | 4,094 ,, |
| 0,24 | 0,7343 | 0,84 | 0,2349 | 1,44 | 4,170 ,, | 2,04 | 3,914 ,, |
| 0,25 | 0,7237 | 0,85 | 0,2293 | 1,45 | 4,030 ,, | 2,05 | 3,742 ,, |
| 0,26 | 0,7131 | 0,86 | 0,2239 | 1,46 | 3,895 ,, | 2,06 | 3,576 ,, |
| 0,27 | 0,7026 | 0,87 | 0,2186 | 1,47 | 3,763 ,, | 2,07 | 3,418 ,, |
| 0,28 | 0,6921 | 0,88 | 0,2133 | 1,48 | 3,635 ,, | 2,08 | 3,266 ,, |
| 0,29 | 0,6817 | 0,89 | 0,2082 | 1,49 | 3,510 ,, | 2,09 | 3,119 ,, |
| 0,30 | 0,6714 | 0,90 | 0,2031 | 1,50 | 3,381 ,, | 2,10 | 2,979 ,, |
| 0,31 | 0,6611 | 0,91 | 0,1981 | 1,51 | 3,272 ,, | 2,11 | 2,845 ,, |
| 0,32 | 0,6509 | 0,92 | 0,1932 | 1,52 | 3,159 ,, | 2,12 | 2,716 ,, |
| 0,33 | 0,6407 | 0,93 | 0,1884 | 1,53 | 3,048 ,, | 2,13 | 2,593 ,, |
| 0,34 | 0 6306 | 0,94 | 0,1837 | 1,54 | 2,941 ,, | 2,14 | 2,475 ,, |
| 0,35 | 0,6206 | 0,95 | 0,1791 | 1,55 | 2,838 ,, | 2,15 | 2,361 ,, |
| 0,36 | 0,6107 | 0,96 | 0,1746 | 1,56 | 2,737 ,, | 2,16 | 2,253 ,, |
| 0,37 | 0,6008 | 0,97 | 0,1701 | 1,57 | 2,640 ,, | 2,17 | 2,149 ,, |
| 0,38 | 0,5910 | 0,98 | 0,1658 | 1,58 | 2,545 ,, | 2,18 | 2,049 ,, |
| 0,39 | 0,5813 | 0,99 | 0,1615 | 1,59 | 2,454 ,, | 2,19 | 1,954 ,, |
| 0,40 | 0,5716 | 1,00 | 0,1573 | 1,60 | 2,365 ,, | 2,20 | 1,863 ,, |
| 0,41 | 0,5620 | 1,01 | 0,1532 | 1,61 | 2,279 ,, | 2,21 | 1,776 ,, |
| 0,42 | 0,5525 | 1,02 | 0,1492 | 1,62 | 2,196 ,, | 2,22 | 1,692 ,, |
| 0,43 | 0,5431 | 1,03 | 0,1452 | 1,63 | 2,116 ,, | 2,23 | 1,612 ,, |
| 0,44 | 0,5338 | 1,04 | 0,1414 | 1,64 | 2,038 ,, | 2,24 | 1,536 ,, |
| 0,45 | 0,5245 | 1,05 | 0,1376 | 1,65 | 1,962 ,, | 2,25 | 1,463 ,, |
| 0,46 | 0,5153 | 1,06 | 0,1339 | 1,66 | 1,890 ,, | 2,26 | 1,393 ,, |
| 0,47 | 0,5063 | 1,07 | 0,1302 | 1,67 | 1,819 ,, | 2,27 | 1,326 ,, |
| 0,48 | 0,4973 | 1,08 | 0,1267 | 1,68 | 1,751 ,, | 2,28 | 1,262 ,, |
| 0,49 | 0,4883 | 1,09 | 0,1232 | 1,69 | 1,685 ,, | 2,29 | 1,201 ,, |
| 0,50 | 0,4795 | 1,10 | 0,1192 | 1,70 | 1,621 ,, | 2,30 | 1,143 ,, |
| 0,51 | 0,4708 | 1,11 | 0,1165 | 1,71 | 1,559 ,, | 2,31 | 1,088 ,, |
| 0,52 | 0,4621 | 1,12 | 0,1133 | 1,72 | 1,500 ,, | 2,32 | 1,034 ,, |
| 0,53 | 0,4535 | 1,13 | 0,1100 | 1,73 | 1,442 ,, | 2,33 | $9,838 \cdot 10^{-4}$ |
| 0,54 | 0,4451 | 1,14 | 0,1069 | 1,74 | 1,387 ,, | 2,34 | 9,354 ,, |
| 0,55 | 0,4367 | 1,15 | 0,1039 | 1,75 | 1,333 ,, | 2,35 | 8,893 ,, |
| 0,56 | 0,4284 | 1,16 | 0,1009 | 1,76 | 1,281 ,, | 2,36 | 8,452 ,, |
| 0,57 | 0,4202 | 1,17 | 0,09800 | 1,77 | 1,231 ,, | 2,37 | 8,032 ,, |
| 0,58 | 0,4121 | 1,18 | 0,09516 | 1,78 | 1,183 ,, | 2,38 | 7,631 ,, |
| 0,59 | 0,4041 | 1,19 | 0,09239 | 1,79 | 1,136 ,, | 2,39 | 7,249 ,, |
| 0,60 | 0,3961 | 1,20 | $8,969 \cdot 10^{-2}$ | 1,80 | 1,091 ,, | 2,40 | 6,885 ,, |
| 0,61 | 0,3883 | 1,21 | 8,704 ,, | 1,81 | 1,048 ,, | 2,41 | 6,538 ,, |
| 0,62 | 0,3806 | 1,22 | 8,447 ,, | 1,82 | 1,006 ,, | 2,42 | 6,207 ,, |
| 0,63 | 0,3730 | 1,23 | 8,195 ,, | 1,83 | $9,653 \cdot 10^{-3}$ | 2,43 | 5,892 ,, |
| 0,64 | 0,3654 | 1,24 | 7,949 ,, | 1,84 | 9,264 ,, | 2,44 | 5,592 ,, |
| 0,65 | 0,3580 | 1,25 | 7,710 ,, | 1,85 | 8,888 ,, | 2,45 | 5,306 ,, |
| 0,66 | 0,3506 | 1,26 | 7,476 ,, | 1,86 | 8,527 ,, | 2,46 | 5,034 ,, |
| 0,67 | 0,3434 | 1,27 | 7,249 ,, | 1,87 | 8,179 ,, | 2,47 | 4,774 ,, |
| 0,68 | 0,3362 | 1,28 | 7,027 ,, | 1,88 | 7,844 ,, | 2,48 | 4,528 ,, |
| 0,69 | 0,3292 | 1,29 | 6,810 ,, | 1,89 | 7,521 ,, | 2,49 | 4,293 ,, |
| 0,70 | 0,3153 | 1,30 | 6,599 ,, | 1,90 | 7,210 ,, | 2,50 | 4,070 ,, |
| 0,71 | 0,3222 | 1,31 | 6,394 ,, | 1,91 | 6,910 ,, | 2,51 | 3,857 ,, |
| 0,72 | 0,3086 | 1,32 | 6,193 ,, | 1,92 | 6,622 ,, | 2,52 | 3,655 ,, |
| 0,73 | 0,3019 | 1,33 | 6,998 ,, | 1,93 | 6,344 ,, | 2,53 | 3,463 ,, |
| 0,74 | 0,2953 | 1,34 | 5,809 ,, | 1,94 | 6,077 ,, | 2,54 | 3,280 ,, |
| 0,75 | 0,2888 | 1,35 | 5,624 ,, | 1,95 | 5,821 ,, | 2,55 | 3,107 ,, |
| 0,76 | 0,2825 | 1,36 | 5,444 ,, | 1,96 | 5,574 ,, | 2,56 | 2,942 ,, |
| 0,77 | 0,2762 | 1,37 | 5,269 ,, | 1,97 | 5,336 ,, | 2,57 | 2,785 ,, |
| 0,78 | 0,2700 | 1,38 | 5,098 ,, | 1,98 | 5,108 ,, | 2,58 | 2,636 ,, |
| 0,79 | 0,2639 | 1,39 | 4,933 ,, | 1,99 | 4,888 ,, | 2,59 | 2,495 ,, |

## Tabelle t 4) (Fortsetzung).

| $x$ | $1 - \Phi(x)$ | $x$ | $1 - \Phi(x)$ | $x$ | $1 - \Phi(x)$ | $x$ | $1 - \Phi(x)$ |
|---|---|---|---|---|---|---|---|
| 2,60 | $2,360 \cdot 10^{-4}$ | 3,20 | $6,025 \cdot 10^{-6}$ | 3,55 | $5,155 \cdot 10^{-7}$ | 3,90 | $3,478 \cdot 10^{-8}$ |
| 2,61 | 2,233 ,, | 3,21 | 5,635 ,, | 3,56 | 4,788 ,, | 3,91 | 3,210 ,, |
| 2,62 | 2,112 ,, | 3,22 | 5,269 ,, | 3,57 | 4,447 ,, | 3,92 | 2,961 ,, |
| 2,63 | 1,997 ,, | 3,23 | 4,926 ,, | 3,58 | 4,130 ,, | 3,93 | 2,740 ,, |
| 2,64 | 1,888 ,, | 3,24 | 4,605 ,, | 3,59 | 3,834 ,, | 3,94 | 2,518 ,, |
| 2,65 | 1,785 ,, | 3,25 | 4,303 ,, | 3,60 | 3,559 ,, | 3,95 | 2,322 ,, |
| 2,66 | 1,687 ,, | 3,26 | 4,020 ,, | 3,61 | 3,302 ,, | 3,96 | 2,140 ,, |
| 2,67 | 1,594 ,, | 3,27 | 3,755 ,, | 3,62 | 3,064 ,, | 3,97 | 1,972 ,, |
| 2,68 | 1,506 ,, | 3,28 | 3,507 ,, | 3,63 | 2,843 ,, | 3,98 | 1,817 ,, |
| 2,69 | 1,422 ,, | 3,29 | 3,275 ,, | 3,64 | 2,636 ,, | 3,99 | 1,673 ,, |
| 2,70 | 1,343 ,, | 3,30 | 3,058 ,, | 3,65 | 2,445 ,, | 4,00 | 1,542 ,, |
| 2,71 | 1,268 ,, | 3,31 | 2,854 ,, | 3,66 | 2,267 ,, | 4,10 | $6,700 \cdot 10^{-9}$ |
| 2,72 | 1,197 ,, | 3,32 | 2,664 ,, | 3,67 | 2,101 ,, | 4,20 | 2,856 ,, |
| 2,73 | 1,130 ,, | 3,33 | 2,485 ,, | 3,68 | 1,947 ,, | 4,30 | 1,193 ,, |
| 2,74 | 1,067 ,, | 3,34 | 2,319 ,, | 3,69 | 1,804 ,, | 4,40 | $4,892 \cdot 10^{-10}$ |
| 2,75 | 1,006 ,, | 3,35 | 2,162 ,, | 3,70 | 1,671 ,, | 4,50 | 1,966 ,, |
| 2,76 | $9,488 \cdot 10^{-5}$ | 3,36 | 2,017 ,, | 3,71 | 1,548 ,, | 4,60 | $7,750 \cdot 10^{-11}$ |
| 2,77 | 8,949 ,, | 3,37 | 1,880 ,, | 3,72 | 1,434 ,, | 4,70 | 2,995 ,, |
| 2,78 | 8,438 ,, | 3,38 | 1,753 ,, | 3,73 | 1,327 ,, | 4,80 | 1,135 ,, |
| 2,79 | 7,956 ,, | 3,39 | 1,633 ,, | 3,74 | 1,229 ,, | 4,90 | $4,219 \cdot 10^{-12}$ |
| 2,80 | 7,499 ,, | 3,40 | 1,522 ,, | 3,75 | 1,137 ,, | 5,00 | 1,538 ,, |
| 2,81 | 7,067 ,, | 3,41 | 1,418 ,, | 3,76 | 1,052 ,, | | |
| 2,82 | 6,636 ,, | 3,42 | 1,321 ,, | 3,77 | $9,735 \cdot 10^{-8}$ | | |
| 2,83 | 6,273 ,, | 3,43 | 1,230 ,, | 3,78 | 9,005 ,, | | |
| 2,84 | 5,909 ,, | 3,44 | 1,145 ,, | 3,79 | 8,328 ,, | | |
| 2,85 | 5,565 ,, | 3,45 | 1,066 ,, | 3,80 | 7,800 ,, | | |
| 2,86 | 5,239 ,, | 3,46 | $9,922 \cdot 10^{-7}$ | 3,81 | 7,119 ,, | | |
| 2,87 | 4,932 ,, | 3,47 | 9,233 ,, | 3,82 | 6,579 ,, | | |
| 2,88 | 4,641 ,, | 3,48 | 8,590 ,, | 3,83 | 6,079 ,, | | |
| 2,89 | 4,367 ,, | 3,49 | 7,990 ,, | 3,84 | 5,617 ,, | | |
| 2,90 | 4,109 ,, | 3,50 | 7,431 ,, | 3,85 | 5,188 ,, | | |
| 2,91 | 3,865 ,, | 3,51 | 6,909 ,, | 3,86 | 4,792 ,, | | |
| 2,92 | 3,635 ,, | 3,52 | 6,423 ,, | 3,87 | 4,425 ,, | | |
| 2,93 | 3,418 ,, | 3,53 | 5,970 ,, | 3,88 | 4,085 ,, | | |
| 2,94 | 3,213 ,, | 3,54 | 5,548 ,, | 3,89 | 3,770 ,, | | |
| 2,95 | 3,020 ,, | | | | | | |
| 2,96 | 2,850 ,, | | | | | | |
| 2,97 | 2,666 ,, | | | | | | |
| 2,98 | 2,505 ,, | | | | | | |
| 2,99 | 2,352 ,, | | | | | | |
| 3,00 | 2,209 ,, | | | | | | |
| 3,01 | 2,074 ,, | | | | | | |
| 3,02 | 1,946 ,, | | | | | | |
| 3,03 | 1,827 ,, | | | | | | |
| 3,04 | 1,714 ,, | | | | | | |
| 3,05 | 1,608 ,, | | | | | | |
| 3,06 | 1,508 ,, | | | | | | |
| 3,07 | 1,414 ,, | | | | | | |
| 3,08 | 1,326 ,, | | | | | | |
| 3,09 | 1,243 ,, | | | | | | |
| 3,10 | 1,165 ,, | | | | | | |
| 3,11 | 1,092 ,, | | | | | | |
| 3,12 | 1,023 ,, | | | | | | |
| 3,13 | $9,578 \cdot 10^{-6}$ | | | | | | |
| 3,14 | 8,969 ,, | | | | | | |
| 3,15 | 8,398 ,, | | | | | | |
| 3,16 | 7,885 ,, | | | | | | |
| 3,17 | 7,358 ,, | | | | | | |
| 3,18 | 6,885 ,, | | | | | | |
| 3,19 | 6,442 ,, | | | | | | |

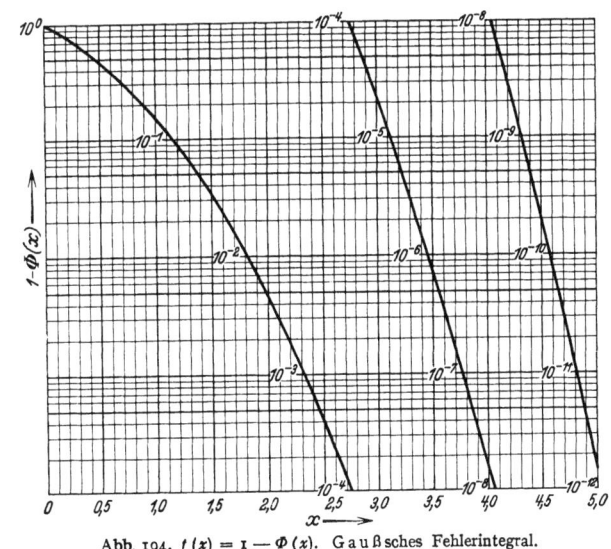

Abb. 194. $f(x) = 1 - \Phi(x)$. Gaußsches Fehlerintegral.

t 5) Werte der Funktion: $x^n \cdot e^{-1/x}$ (für $n = 5/2; 2; 3/2; 1; 1/2$) (vgl. Abb. 195).

| $x$ | $n = 5/2$ | 2 | 3/2 | 1 | 1/2 |
|---|---|---|---|---|---|
| 0,10 | $1{,}436 \cdot 10^{-7}$ | $4{,}540 \cdot 10^{-7}$ | $1{,}436 \cdot 10^{-6}$ | $4{,}540 \cdot 10^{-6}$ | $1{,}435 \cdot 10^{-5}$ |
| 0,15 | $1{,}109 \cdot 10^{-5}$ | $2{,}864 \cdot 10^{-5}$ | $7{,}392 \cdot 10^{-5}$ | $5{,}238 \cdot 10^{-4}$ | $4{,}928 \cdot 10^{-4}$ |
| 0,20 | 0,0001205 | 0,0002695 | 0,0005888 | 0,001347 | 0,003013 |
| 0,25 | 0,0005721 | 0,001145 | 0,002289 | 0,004578 | 0,009155 |
| 0,30 | 0,001758 | 0,003211 | 0,005861 | 0,01070 | 0,01954 |
| 0,35 | 0,004163 | 0,007037 | 0,01189 | 0,02011 | 0,03398 |
| 0,40 | 0,008308 | 0,01314 | 0,02077 | 0,03284 | 0,05191 |
| 0,45 | 0,01472 | 0,02195 | 0,03271 | 0,04876 | 0,07269 |
| 0,50 | 0,02393 | 0,03384 | 0,04785 | 0,06767 | 0,09570 |
| 0,55 | 0,03643 | 0,04911 | 0,06622 | 0,08928 | 0,1204 |
| 0,60 | 0,05269 | 0,06801 | 0,08780 | 0,1134 | 0,1463 |
| 0,65 | 0,07313 | 0,09071 | 0,1125 | 0,1396 | 0,1731 |
| 0,70 | 0,09824 | 0,1174 | 0,1403 | 0,1678 | 0,2005 |
| 0,75 | 0,1284 | 0,1483 | 0,1712 | 0,1977 | 0,2283 |
| 0,80 | 0,1640 | 0,1834 | 0,2050 | 0,2292 | 0,2562 |
| 0,85 | 0,2054 | 0,2228 | 0,2417 | 0,2621 | 0,2843 |
| 0,90 | 0,2530 | 0,2666 | 0,2811 | 0,2963 | 0,3123 |
| 0,95 | 0,3070 | 0,3150 | 0,3232 | 0,3316 | 0,3402 |
| 1,00 | 0,3679 | 0,3679 | 0,3679 | 0,3679 | 0,3679 |
| 1,10 | 0,5113 | 0,4875 | 0,4648 | 0,4432 | 0,4226 |
| 1,20 | 0,6856 | 0,6259 | 0,5714 | 0,5215 | 0,4761 |
| 1,30 | 0,8926 | 0,7828 | 0,6867 | 0,6023 | 0,5283 |
| 1,40 | 1,135 | 0,9595 | 0,8110 | 0,6853 | 0,5793 |
| 1,50 | 1,415 | 1,155 | 0,9434 | 0,7702 | 0,6289 |
| 1,60 | 1,734 | 1,370 | 1,084 | 0,8564 | 0,6771 |
| 1,70 | 2,092 | 1,604 | 1,231 | 0,9438 | 0,7239 |
| 1,80 | 2,495 | 1,859 | 1,386 | 1,033 | 0,7698 |
| 1,90 | 2,941 | 2,133 | 1,547 | 1,123 | 0,8143 |
| 2,00 | 3,431 | 2,426 | 1,716 | 1,213 | 0,8578 |
| 2,20 | 4,556 | 3,072 | 2,071 | 1,396 | 0,9414 |
| 2,40 | 5,883 | 3,798 | 2,452 | 1,582 | 1,021 |
| 2,60 | 7,421 | 4,603 | 2,854 | 1,770 | 1,098 |
| 2,80 | 9,181 | 5,486 | 3,279 | 1,959 | 1,171 |
| 3,00 | 11,17 | 6,447 | 3,722 | 2,150 | 1,241 |
| 3,25 | 14,00 | 7,766 | 4,308 | 2,390 | 1,326 |
| 3,50 | 17,23 | 9,206 | 4,921 | 2,630 | 1,406 |
| 3,75 | 20,86 | 10,77 | 5,561 | 2,872 | 1,483 |
| 4,00 | 24,93 | 12,46 | 6,231 | 3,115 | 1,558 |
| 4,50 | 34,40 | 16,22 | 7,643 | 3,603 | 1,699 |
| 5,00 | 45,77 | 20,47 | 9,153 | 4,094 | 1,831 |
| 5,50 | 59,16 | 25,23 | 10,76 | 4,586 | 1,955 |
| 6,00 | 74,66 | 30,48 | 12,44 | 5,079 | 2,073 |
| 6,50 | 92,36 | 36,23 | 14,21 | 5,573 | 2,186 |
| 7,00 | 112,4 | 42,48 | 16,06 | 6,069 | 2,294 |
| 7,50 | 134,9 | 49,24 | 17,98 | 6,564 | 2,397 |
| 8,00 | 159,8 | 56,48 | 19,97 | 7,060 | 2,497 |
| 8,50 | 187,3 | 64,22 | 22,03 | 7,556 | 2,592 |
| 9,00 | 217,4 | 72,46 | 24,16 | 8,052 | 2,684 |
| 9,50 | 250,4 | 81,22 | 26,36 | 8,550 | 2,775 |
| 10,0 | 286,2 | 90,49 | 28,62 | 9,050 | 2,862 |
| 12,5 | 510,0 | 144,2 | 40,80 | 11,54 | 3,264 |
| 15,0 | 815,2 | 210,5 | 54,35 | 14,03 | 3,623 |
| 17,5 | 1210 | 289,2 | 69,13 | 16,32 | 3,951 |
| 20,0 | 1701 | 380,5 | 85,07 | 19,03 | 4,254 |
| 25,0 | 3001 | 600,3 | 120,1 | 24,02 | 4,803 |
| 30,0 | 4767 | 870,5 | 158,9 | 29,02 | 5,298 |

## Werte der Funktion: $x^n \cdot e^{-1/x}$ (für $n = 0$; $1/2$; $-1$; $-3/2$)
(vgl. Abb. 195).

| $x$ | $n = 0$ | $-1/2$ | $-1$ | $-3/2$ |
|---|---|---|---|---|
| 0,10 | 0,00004540 | 0,0001436 | 0,0004540 | 0,001436 |
| 0,15 | 0,001273 | 0,003286 | 0,008484 | 0,02191 |
| 0,20 | 0,006737 | 0,01507 | 0,03369 | 0,07534 |
| 0,25 | 0,01832 | 0,03749 | 0,07326 | 0,1466 |
| 0,30 | 0,03568 | 0,06515 | 0,1189 | 0,2172 |
| 0,35 | 0,05744 | 0,09710 | 0,1641 | 0,3774 |
| 0,40 | 0,08210 | 0,1298 | 0,2052 | 0,3245 |
| 0,45 | 0,1084 | 0,1616 | 0,2408 | 0,3590 |
| 0,50 | 0,1353 | 0,1914 | 0,2707 | 0,3826 |
| 0,55 | 0,1623 | 0,2189 | 0,2951 | 0,3979 |
| 0,60 | 0,1889 | 0,2438 | 0,3148 | 0,4064 |
| 0,65 | 0,2148 | 0,2664 | 0,3304 | 0,4098 |
| 0,70 | 0,2397 | 0,2865 | 0,3424 | 0,4093 |
| 0,75 | 0,2636 | 0,3044 | 0,3514 | 0,4058 |
| 0,80 | 0,2865 | 0,3203 | 0,3581 | 0,4004 |
| 0,85 | 0,3084 | 0,3345 | 0,3628 | 0,3936 |
| 0,90 | 0,3292 | 0,3471 | 0,3659 | 0,3857 |
| 0,95 | 0,3491 | 0,3582 | 0,3675 | 0,3771 |
| 1,00 | 0,3679 | 0,3679 | 0,3679 | 0,3679 |
| 1,10 | 0,4029 | 0,3842 | 0,3663 | 0,3492 |
| 1,20 | 0,4346 | 0,3967 | 0,3622 | 0,3306 |
| 1,30 | 0,4633 | 0,4064 | 0,3565 | 0,3126 |
| 1,40 | 0,4895 | 0,4137 | 0,3497 | 0,2955 |
| 1,50 | 0,5134 | 0,4192 | 0,3423 | 0,2795 |
| 1,60 | 0,5353 | 0,4232 | 0,3346 | 0,2645 |
| 1,70 | 0,5553 | 0,4259 | 0,3267 | 0,2506 |
| 1,80 | 0,5737 | 0,4276 | 0,3187 | 0,2375 |
| 1,90 | 0,5907 | 0,4285 | 0,3109 | 0,2256 |
| 2,00 | 0,6066 | 0,4289 | 0,3033 | 0,2145 |
| 2,20 | 0,6347 | 0,4280 | 0,2886 | 0,1946 |
| 2,40 | 0,6593 | 0,4256 | 0,2747 | 0,1773 |
| 2,60 | 0,6806 | 0,4222 | 0,2618 | 0,1624 |
| 2,80 | 0,6997 | 0,4181 | 0,2499 | 0,1493 |
| 3,00 | 0,7164 | 0,4136 | 0,2389 | 0,1379 |
| 3,25 | 0,7352 | 0,4078 | 0,2262 | 0,1255 |
| 3,50 | 0,7514 | 0,4016 | 0,2147 | 0,1147 |
| 3,75 | 0,7659 | 0,3956 | 0,2042 | 0,1055 |
| 4,00 | 0,7787 | 0,3893 | 0,1947 | 0,09732 |
| 4,50 | 0,8007 | 0,3775 | 0,1780 | 0,08388 |
| 5,00 | 0,8186 | 0,3661 | 0,1637 | 0,07321 |
| 5,50 | 0,8336 | 0,3555 | 0,1516 | 0,06462 |
| 6,00 | 0,8464 | 0,3456 | 0,1411 | 0,05758 |
| 6,50 | 0,8574 | 0,3363 | 0,1319 | 0,05174 |
| 7,00 | 0,8670 | 0,3277 | 0,1239 | 0,04681 |
| 7,50 | 0,8751 | 0,3195 | 0,1167 | 0,04260 |
| 8,00 | 0,8824 | 0,3120 | 0,1103 | 0,03899 |
| 8,50 | 0,8890 | 0,3049 | 0,1046 | 0,03588 |
| 9,00 | 0,8947 | 0,2984 | 0,09942 | 0,03314 |
| 9,50 | 0,9001 | 0,2920 | 0,09475 | 0,03074 |
| 10,0 | 0,9050 | 0,2862 | 0,09050 | 0,02862 |
| 12,5 | 0,9232 | 0,2611 | 0,07385 | 0,02089 |
| 15,0 | 0,9353 | 0,2415 | 0,06236 | 0,01610 |
| 17,5 | 0,9444 | 0,2258 | 0,05397 | 0,01290 |
| 20,0 | 0,9512 | 0,2127 | 0,04757 | 0,01064 |
| 25,0 | 0,9607 | 0,1922 | 0,03843 | 0,007687 |
| 30,0 | 0,9671 | 0,1766 | 0,03224 | 0,005887 |

Knoll, Ollendorff u. Rompe, Gasentladungstabellen.

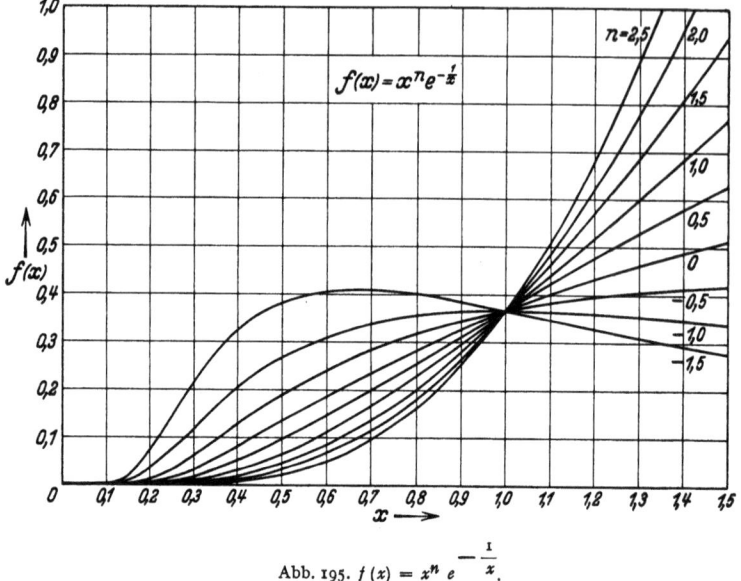

Abb. 195. $f(x) = x^n e^{-\frac{1}{x}}$.

t 6) Auswertung des Integrals $\int\limits_{1}^{R} \frac{dR}{\sqrt{\ln R}}$ [1].

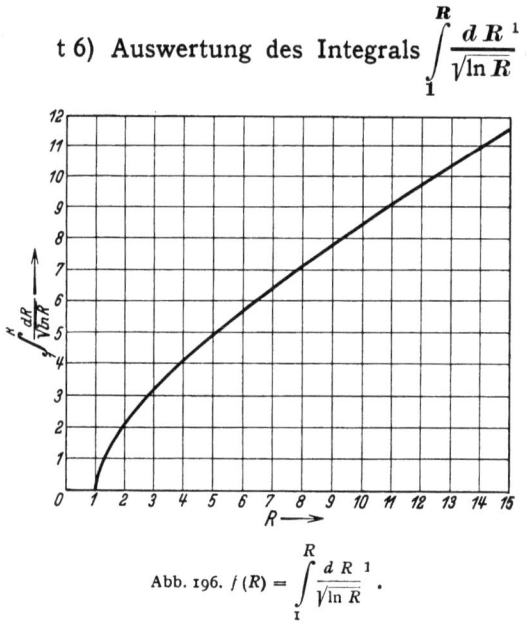

Abb. 196. $f(R) = \int\limits_{1}^{R} \frac{dR}{\sqrt{\ln R}}$ [1].

---

[1] Vgl. auch Ziffer t 7.

t 7) Werte des Integrals $\int_a^b e^{z^2}\,dz = \psi(b) - \psi(a)$ *

$$\psi(x) = \int_0^x e^{z^2}\,dz = \frac{x}{0!\cdot 1} + \frac{x^3}{1!\cdot 3} + \frac{x^5}{2!\cdot 5} + \frac{x^7}{3!\cdot 7}\cdots$$

| $x$ | $\log_{10}\psi(x)$ | $\psi(x)$ | $x$ | $\log_{10}\psi(x)$ | $\psi(x)$ |
|---|---|---|---|---|---|
| 0,1 | 9,00144⁻¹⁰ | 0,10033 | 2,6 | 2,2625 | 183,03 |
| 0,2 | 9,30685⁻¹⁰ | 0,20270 | 2,8 | 2,701 | 503 |
| 0,3 | 9,49031⁻¹⁰ | 0,30925 | 3,0 | 3,159 | $1,44\cdot 10^3$ |
| 0,4 | 9,62572⁻¹⁰ | 0,42240 | 3,2 | 3,667 | $4,65\cdot 10^3$ |
| 0,5 | 9,73641⁻¹⁰ | 0,54501 | 3,4 | 4,211 | $1,62\cdot 10^3$ |
| 0,6 | 9,83282⁻¹⁰ | 0,68049 | 3,6 | 4,790 | $6,16\cdot 10^4$ |
| 0,7 | 9,92081⁻¹⁰ | 0,83332 | 3,8 | 5,408 | $2,56\cdot 10^5$ |
| 0,8 | 0,00393 | 1,0091 | 4,0 | 6,059 | $1,15\cdot 10^6$ |
| 0,9 | 0,08475 | 1,2155 | 4,2 | 6,751 | $5,63\cdot 10^6$ |
| 1,0 | 0,16513 | 1,4626 | 4,4 | 7,476 | $2,99\cdot 10^7$ |
| 1,1 | 0,24664 | 1,7646 | 4,6 | 8,239 | $1,73\cdot 10^8$ |
| 1,2 | 0,33062 | 2,1410 | 4,8 | 9,036 | $1,09\cdot 10^9$ |
| 1,3 | 0,41825 | 2,6197 | 5,0 | 9,866 | $7,35\cdot 10^9$ |
| 1,4 | 0,51065 | 3,2408 | 5,2 | 10,735 | $5,43\cdot 10^{10}$ |
| 1,5 | 0,60886 | 4,0631 | 5,4 | 11,639 | $4,35\cdot 10^{11}$ |
| 1,6 | 0,7138 | 5,1736 | 5,6 | 12,58 | $3,8\cdot 10^{12}$ |
| 1,7 | 0,8263 | 6,7035 | 5,8 | 13,55 | $3,6\cdot 10^{13}$ |
| 1,8 | 0,9472 | 8,8542 | 6,0 | 14,56 | $3,6\cdot 10^{14}$ |
| 1,9 | 1,0770 | 11,939 | 6,2 | 15,61 | $4,0\cdot 10^{15}$ |
| 2,0 | 1,2162 | 16,453 | 6,4 | 16,68 | $4,8\cdot 10^{16}$ |
| 2,1 | 1,3653 | 23,191 | 6,6 | 17,80 | $6,3\cdot 10^{17}$ |
| 2,2 | 1,5246 | 33,467 | 6,8 | 18,95 | $9,0\cdot 10^{18}$ |
| 2,3 | 1,6939 | 49,413 | 7,0 | 20,14 | $1,4\cdot 10^{20}$ |
| 2,4 | 1,8733 | 74,690 | 7,2 | 21,36 | $2,3\cdot 10^{21}$ |
| 2,5 | 2,0628 | 115,57 | 7,4 | 22,62 | $4,1\cdot 10^{22}$ |

* Schumann, W. O.: Elektrische Durchbruchfeldstärke von Gasen 1923 S. 243.

# Sachverzeichnis.

Ablenkung, Kathodenstrahlröhre 114.
Abschirmung, gegen Magnetfelder 120.
Abstand, mittlerer, von Atomen 23.
Adsorption von Gasen durch Holzkohle 148.
Akkumulation der Energie nach Hertz 47.
Anfangsspannung in Luft 133, 134.
Anlagerungswahrscheinlichkeit für Elektronen an Moleküle 73.
Anlaufstrom 91.
Anodenfall 128.
Anregungsfunktion, He, Hg 57, 58.
— spannung 54—63.
Äquivalenttemperatur der Voltenergie 5.
Arbeit am Ladungsträger 5.
Arbeitseinheiten, Umrechnung 157.
Atmosphäre, Zusammensetzung 41.
Atomgewicht des Elektrons 155.
Atomgewichte 1.
Atommassen 1.
Augenempfindlichkeit 17.
Ausdehnungskoeffizient der Gase 155.
—, feste Körper 139, 140.
Austrittsarbeit 75, 105, 126.
Äußere Reibung 144.
Avogadrosche Zahl 23, 155.
Ayrtonsche Gleichung 132.

Barometerformel 41.
$\beta = v/c$ für Elektronen 11—13.
Beschleunigung eines Elektrons 10.
Beweglichkeit, Alkaliionen von Edelgasen 45.
—, Elektronen, empirische Werte 46.
—, Ionen 45.
—, Formeln 47.
Bewegungsgleichung im elektromagnetischen Feld 4, 5, 7.
Boltzmannsche Konstante 23, 155.
Brechung, Elektronenbahnen 89.
Broglie-Welle 8, 9.

Charakteristische Temperatur von Molekülen 3, 33.
Chemische Konstanten 32.
Clausiussches Gesetz der Weglängenverteilung 24.
Compton-Effekt 15.

Dampfdrucke, Metalldämpfe 33—38.
—, Wasserdampf 39.
—, Ramsay-Fett 149.
—, organische Betriebsstoffe von Pumpen 149.

Dielektrizitätskonstante, Gase 42.
—, des leeren Raumes 155.
Differentiale Ionisierung 65—68.
Diffusion, Gase 31.
—, Ladungsträger 46, 47.
Dispersion, Kathodenstrahlen 115.
Dissoziation zweiatomiger Gase 40.
Dissoziationsspannungen zweiatomiger Moleküle 3.
Dreierstoßwahrscheinlichkeit 74.
Druck auf ebene Wand 31.
Druckeinheiten, Umrechnung 157.
Dunkler Vorstrom 80.
Durchbruchsfeldstärke 83—87.
Durchgriff, Formeln, für Trioden 107 bis 112.
— Abhängigkeit vom Emissionsstrom 113.

Effektivgeschwindigkeit der Gasmoleküle 25.
Einsatzspannungen der Ionisation in Edelgasen 54.
Einseitig gerichtete Geschwindigkeit der Gasmoleküle 25, 26.
Elektrische Linsen 117.
Elektron, Bewegungsgleichung im bewegten System 7.
Elektronenaustrittsarbeit 75.
—, Anlagerungswahrscheinlichkeit an Moleküle 73.
—, $\beta = v/c$, 11—13.
— bahnen, Brechung 89.
— beweglichkeit 46.
—, De Broglie-Welle 8, 9.
— emission von Glühkathoden 90.
— bewegung im elektrischen Feld 4.
— — im elektromagnetischen Feld 7.
— — im magnetischen Feld 5.
— energie, Umsetzung in Strahlung 19.
—, Hyperbelbewegung schneller, 10.
— masse/Ionenmasse 14, 155.
—, Masse und Impuls schneller, 7.
— optik 89, 117, 118, 119.
—, Raumladungsdichte bei schneller Bewegung 10.
— röhren, Abschirmung gegen Störfelder 120.
— —, Durchgriff, abhängig vom Emissionsstrom 113.
— —, Durchgriff, Raumladungsstrom und Steilheit von Trioden 107 bis 112.
— —, Elektrische Linsen 117.
— —, Kathodenstrahlröhren 114.
— —, Magnetische Linsen 119.

Sachverzeichnis. 169

Elektronenröhren, Magnetron 113.
—, Schwärzung photographischer Schichten 121.
— stoß, Ionisierung in Gasen 69.
— —, Ionisierung an Grenzflächen 77.
— strahlen, Dispersion 115.
— temperatur, positive Säule 98, 99.
— —, Sondenmessungen 92.
—, Umsetzung von Energie in Strahlung 19.
Elementarladung 4, 155.
Emission, Glühkathoden 90.
—, — bei Heizungsänderungen 103.
— skoeffizient 90.
— svermögen, lichtoptisches 18.
Empfindlichkeit des menschlichen Auges 17.
Endkorrektionen von Wolframdrahtkathoden 102.
Energie, freie, von Oszillatoren 32.
Energieäquivalente 158.
Energiebilanz, positive Säule 99.
Energiestufen des Wasserstoffatoms 54.
Energieumsatz, positive Säule 100.
Energieverlust, Elektronen in $N_2$ 61.
Energieverteilung im Spektrum des schwarzen Körpers 17.
Englische Maße, Umrechnung 158.
Entionisierung 74.
Entropiegleichung 32.
$e^{x^2}$, $e^{-x^2}$ 160.

Faradaysche Zahl 155.
Farbdreieck, nach Maxwell-König 124.
Farben, positive Säule 123, 124.
—, Leuchtröhren 124, 125.
Fermistatistik 29.
Fester Körper, Zustandsgleichung 33.
Fördermenge von Vakuumpumpen 146.
Freie Energie, Oszillatoren 32.
— Weglänge, von Gasmolekülen 23, 24.
— — von Ionen 42.
Funkenspannung 84.

Gase, Dissoziation 40, 41.
—, Konstanten 23, 155.
—, Polarisierbarkeit 42.
—, Spezifische Wärme 40.
—, Strömung in Röhren 143.
—, Strömung in Röhren 143—148.
—, Wärmeleitung 39.
Gaußsche Fehlerfunktion 161.
— Verteilung, Hilfsmittel 159.
Geschwindigkeit von Elektronen zur Lichtgeschwindigkeit 11—13.
—, wahrscheinlichste, mittlere, einseitig gerichtete, von Gasmolekülen 25, 26.
Geschwindigkeitsverteilungsgesetze (Tab.) 28.
Gleichverteilungssatz, der Thermodynamik 25.
Glimmentladung, Farben 123, 124.
Glimmverluste, Korona 133, 135.
Glühkathoden, Änderung der Emission bei Heizungsänderungen 103.

Glühkathoden, Austrittsarbeit und Querwiderstand 105.
—, charakteristische Daten 100.
—, Elektronenemission 90.
—, Emissions-Ökonomie 105.
—, Emission und Austrittsarbeit thorierter 105.
—, Formierungsprozesse 104.
—, Menge des Bariums an der Oberfläche 107.
—, Richardson-Geraden 104.
—, Richardson-Gleichung, Konstanten 90.
Gradient der positiven Säule 94, 98.
Grenzwellenlänge, Photoionisierung 75.
—, Röntgenstrahlen 19.
Grundschwingungen von zweiatomigen Molekülen 3.

Halbmesser eines Elektrons 4.
Hauptquantenzahl 19.
Hochvakuum-Rohrleitung, Strömungswiderstand 146, 147.
Hohlraumstrahlung 15.
Hyperbelbewegung schneller Elektronen 10.

Impuls schneller Elektronen 7.
Innere Reibung 143.
$$\int_1^R \frac{dR}{\sqrt{\ln R}} \ 166.$$
$$\int_a^b e^{z^2}\,dz \ 167.$$
Ionenbeweglichkeit 45.
—, Massenverhältnis zu Elektronen 14.
—, Mittlere Weglänge 42.
— röhren, Leuchtröhren 128—136.
— —, Lichtgebilde und Farben der Glimmentladungen 123.
— —, Kathodenfall, Anodenfall 126.
— —, Kathodenzerstäubung 127.
— —, Wandernde Schichten 125.
— stoß, Erzeugung von Elektronen durch, 78.
—, Temperatur 42.
—, Voltgeschwindigkeit 14.
Ionisation, thermische 93.
Ionisierung an adsorbierten Gasschichten 79.
Ionisierung, differentiale 65—68.
— durch Elektronenstoß 69, 73.
Ionisierungsprozesse zweiatomiger Moleküle 63.
Ionisation durch Alkaliionen in Edelgasen 54.
Ionisierungsspannung 53—56, 58.
Ionisierungszahl 69, 71—73.

Kathodendunkelraum, Dicke 126.
Kathodenfall 126.
Kathodenstrahlröhre, Ablenkung 114.

Kathodenzerstäubung 127.
Knudsensche Strömungsgleichungen 143—147.
Kohlelichtbogen 131.
Konstanten, allgemeine 155.
—, des Elektrons 4.
—, der Gase 23.
—, der Photonen 14.
Konvektionsstrom schneller Elektronen 10.
Konzentration gesättigten Wasserdampfes 39.
— gesättigter Metalldämpfe 37, 38.
Korona 133.
Kosinusgesetz der Molekülstöße 30.
Kraft elektrischer und magnetischer Felder auf Ladungsträger 4.
Kritische Spannungen von Atomen und Molekülen 55, 59—62.
Kugelfunkenstrecke, Spannungsmessung 136.

Ladung des Elektrons 4, 155.
Lagrangesche Bewegungsgleichung 5.
Langmuir-Sonden 91.
Langwellige Grenze des lichtelektrischen Elektronenaustritts 75.
Lebensdauer von metastabilen Atomen 62.
— von Wolframkathoden 101.
Leistungseinheiten, Umrechnung 157.
Lenard-Fenster, Elektronendurchlässigkeit 116.
Leuchtröhren, abgestrahlte Leistung 130.
—, Farben 124.
—, für Eichung geeignete Linien 130.
—, spektrale Intensitäten 129.
Lichtausbeute, positive Säule 128.
Lichtbogen 131, 132.
Lichtdruck 15.
Lichtelektrische Farbempfindlichkeit 76.
Lichtgeschwindigkeit 14, 156.
Lichtstärke des schwarzen Körpers 156.
Linien einiger Atome, Zusammenstellung 64.
Linienstärken einiger Elemente 62.
Longitudinalmasse 8.
Loschmidtsche Zahl 23, 156.

MacLeodsches Manometer 142.
Magnetische Beeinflussung von Elektronen 5.
— Linsen 119.
— Störfelder, Abschirmung gegen 120.
Magnetronröhre 113.
Masse schneller Elektronen 7.
Maßsysteme, Vergleich 156.
Maxwell-Verteilung 25.
Mechanisches Wärmeäquivalent 156.
Metalldämpfe, Sättigungsdrucke 33—38.
Metallelektronen, Fermistatistik 29.
Mittlere Geschwindigkeit der Moleküle 25.
— Translationsgeschwindigkeit 26.
Mittleres Geschwindigkeitsquadrat 25.
Molekularmasse 1.

Moleküle, Chemische Konstanten 32.
—, Diffusion 31.
—, Maxwellverteilung 24.
—, mittlerer Abstand 23.
—, Radius, gaskinetisch, nach Clausius-Mosotti 3.
—, relative Bewegung 24.
—, Stoßgesetze 30.
—, Tabelle der Geschwindigkeitsverteilung 28.
—, Temperatur 42.
—, Weglängenverteilung nach Clausius 24.
—, Wirkungsquerschnitt nach Sutherland 23.
—, Wirkungsradien gegen Ladungsträger 42.
—, Verteilung der Stoßgeschwindigkeit 26.
—, Verteilung der Translationsgeschwindigkeit 26.
Molvolumen 23, 156.
Multiplizität (Termklassifikation) 10.

Nebenquantenzahl, Termklassifikation 19.
Normalisierte Bezeichnungen der Gasentladungen nach AEF. 149—155.
Nullpunktsenergie der Metallelektronen 29.
Numerische Geschwindigkeit des Elektrons 11—13.

Oberflächenionisierung durch Elektronenstoß 77.
— durch Ionenstoß 78, 79.
Optimalspannung, Hg 56.
Optischer Wirkungsgrad 17.
Oszillatoren, freie Energie 32.

Periodisches System 2.
Permeabilität des leeren Raumes 156.
Photographische Platte, Schwärzung durch Elektronen 121.
Photonen, Compton-Wellenlänge 15.
—, Energie, Masse, Impuls, Voltenergie 14.
—, Lichtdruck 15.
Photozelle, Abhängigkeit der Stromdichte vom Fülldruck 80.
Plancksches Wirkungsquantum 14, 156.
Plasma, Thermische Ionisation 93.
—, Positive Säule 94, 100.
Plation 112.
Poissonsche Differentialgleichung 91.
Polarisierbarkeit von Gasen 42.
Positive Säule, Elektronentemperatur 98.
—, Energiebilanz 99.
—, Energieumsatz 100.
—, Farben 123.
—, Gradient 94—98.
—, Lichtausbeuten 128.
—, wandernde Schichten 125.
Pumpdauer einer Vakuumpumpe 146.

**R**amsauer, Wirkungshalbmesser 43.
Raumladungsstrom, Trioden 107—112.
Reibung, innere, äußere 143, 144.
Rekombination 74, 75.
Rekombinationszone 74.
Reichweite von α-Teilchen 73.
Richardson-Gleichung, Konstanten 90.
Richardson-Gerade 104.
Röntgenstrahlen, Grenzwellenlänge 19.
Ruhmasse des Elektrons 4, 156.
Rydberg-Konstante 21, 54.

Sättigungsdruck, Metalle 33—38.
—, Wasser 39.
Schmelzpunkte 138.
Schwarze Strahlung 15.
Schwärzung photographischer Platten 121.
Sekundärelektronen, Erzeugung 77.
Sondenmessungen, Langmuir 91.
Spannungsmessungen mit der Kugelfunkenstrecke 136.
Spektrale Energieverteilung 16.
Spektrallinien einiger Atome, Zusammenstellung 64.
Spezifische Gewichte 138.
— Wärme von Gasen 40.
— Widerstand 140.
Stefan-Boltzmannsches Gesetz 15.
Steilheit von Trioden 107—112.
Steuerspannung von Trioden 107—112.
Stoletow-Konstanten 69.
Stoßgesetze 30.
Stoßionisierung 65—75.
Stoßzahl, Moleküle 30.
—, Photonen 15.
Stoßgeschwindigkeit, relative von Molekülen 27.
Strahlung, schwarze 15.
—, Umsetzung in Elektronenenergie 19.
Streuung, Kathodenstrahlen 115.
Stromdichte, normale, an kalten Kathoden 127.
Strömungswiderstand in Röhren für Gase 146.
Störfelder, magnetische, Abschirmung von Elektronenröhren 120.
Sutherlandsche Formel 23, 144.

Temperaturabnahme an Halterungen von Glühdrähten 102.
Termklassifikation 19.
Termschemen 21, 22.
Thermische Ionisation 93.
tor (Toricelli) = 1 mm Hg, 157.
Totalimpuls (Termklassifikation) 20.
Townsend, Ionisierung 69.
— -Strömung 80.
—, Zündbedingung 81, 87.
Trägerbewegung in Feldern 47, 49, 51, 52.
Trägerdiffusion 46, 47.

Trägertemperatur 42.
Trägheitsmomente zweiatomiger Moleküle 3.
Transformationstemperatur 140.
Translationsgeschwindigkeit, relative 26.
Transmissionskoeffizient 38.
Transversalmasse 8.
Trioden, Durchgriff, Steuerspannung, Raumladungsstrom, Steilheit 107 bis 117.

Vakuumpumpen, Pumpdauer und Fördermenge 146.
Verdampfungsmenge von Molekülen pro cm² Oberfläche (Hg) 38.
Verdoppelungstemperatur für Wirkungsquerschnitt nach Sutherland 23.
Verwandlung der Arbeits-, Leistungs- und Druckeinheiten 157, 158.
Voltenergie, Elektronen 5.
—, Photonen 14.
Voltgeschwindigkeit, Elektronen 5.
—, Ionen 14.

**W**ahre Temperatur, Berechnung aus der pyrometrisch gemessenen 18.
Wahrscheinlichste Geschwindigkeit 25.
Wärmeäquivalent 156.
Wärmeleitung in Gasen 39.
Wasserdampf, Sättigungsdruck, Konzentration 39.
Wasserstoffatom, Spektralserie 54.
Weglänge, freie 23, 24, 99.
—, Ionen 42.
Weglängenverteilung, Clausius 24.
Werkstoffe für Gasentladungsröhren 138 bis 143.
Wiederzündspannung, Kupferlichtbogen 132.
Wiensches Verschiebungsgesetz 16.
Wirkungshalbmesser, Ramsauer 43.
Wirkungsquerschnitt, Sutherland 23.
Wirkungsquerschnitte der Ionisierung 53.
Wirkungsradius, Moleküle gegen Ladungsträger 42.
Wolframkathoden, Einfluß der Halterungen 102.
—, Lebensdauer 101.

$x^n \cdot e^{-\frac{1}{x}}$ 164.

**Z**ündbedingung, theoretische, Townsend 81.
—, Temperaturabhängigkeit 87.
Zündspannung von Ionenröhren mit Glühkathoden 130.
—, Luft, Temperaturabhängigkeit 89.
Zusammensetzung der Atmosphäre 41.
Zustandsgleichung, des festen Körpers 33.
— je Mol, je Molekül 31.

# VERLAG VON JULIUS SPRINGER IN BERLIN

**Elektrische Gasentladungen.** Ihre Physik und Technik. Von **A. von Engel** und **M. Steenbeck**.
Erster Band: Grundgesetze. Mit 122 Textabbildungen. VII, 248 Seiten. 1932.
RM 24.—, gebunden RM 25.50
Zweiter Band: Entladungseigenschaften. Technische Anwendungen. Mit 250 Textabbildungen. VIII, 352 Seiten. 1934. RM 32.—, gebunden RM 33.50

**Geometrische Elektronenoptik.** Grundlagen und Anwendungen. Von **E. Brüche** und **O. Scherzer**. Mit einem Titelbild und 403 Abbildungen. XII, 332 Seiten. 1934. RM 26.—; gebunden RM 28.40

**Anregung von Quantensprüngen durch Stöße.** Von Dr. **J. Franck**, Professor an der Universität Göttingen, und Dr. **P. Jordan**, Assistent am Physikalischen Institut Göttingen. („Struktur der Materie", Band III.) Mit 51 Abbildungen. VIII, 312 Seiten. 1926. RM 19.50; gebunden RM 21.—*

**Die Quantenstatistik** und ihre Anwendung auf die Elektronentheorie der Metalle. Von Professor **Léon Brillouin**, Paris. Aus dem Französischen übersetzt von Dr. **E. Rabinowitsch**, Göttingen. (Struktur der Materie, Band XIII.) Mit 57 Abbildungen. X, 530 Seiten. 1931.
RM 42.—; gebunden RM 43.80

**Einführung in die Elektronik.** Die Experimentalphysik des freien Elektrons im Lichte der klassischen Theorie und der Wellenmechanik. Von Priv.-Doz. Dr. **Otto Klemperer**, Kiel. Mit 207 Abbildungen. XII, 303 Seiten. 1933. RM 18.60

**Moderne Physik.** Sieben Vorträge über Materie und Strahlung von Prof. Dr. **Max Born**, Göttingen. Veranstaltet durch den Elektrotechnischen Verein e. V. zu Berlin, in Gemeinschaft mit dem Außeninstitut der Technischen Hochschule zu Berlin. Ausgearbeitet von Dr. **Fritz Sauter**, Berlin. Mit 95 Textabbildungen. VII, 272 Seiten. 1933. RM 18.—; gebunden RM 19.50

**Quantentheorie.** Bearbeitet von **H. Bethe, F. Hund, N. F. Mott, W. Pauli, A. Rubinowicz, G. Wentzel**. (Handbuch der Physik, Band XXIV, 1. Teil, zweite Auflage.) Mit 141 Abbildungen. IX, 853 Seiten. 1933.
RM 76.—; gebunden RM 79.—

**Elektronen. Atome. Ionen.** Bearbeitet von **W. Bothe, H. Fränz, W. Gerlach, O. Hahn, G. Kirsch, L. Meitner, St. Meyer, F. Paneth, K. Philipp, K. Pribram**. (Handbuch der Physik, Band XXII, 1. Teil, zweite Auflage.) Mit 163 Abbildungen. VII, 492 Seiten. 1933. RM 42.—; gebunden RM 44.70

---

\* *Abzüglich 10% Notnachlaß.*

# VERLAG VON JULIUS SPRINGER IN BERLIN

**Braunsche Kathodenstrahlröhren** und ihre Anwendung. Von Reg.-Rat Dr. phil. **E. Alberti**, Berlin. Mit 158 Textabbildungen. VII, 214 Seiten. 1932.
RM 21.—; gebunden RM 22.20

**Die Kathodenstrahlröhre** und ihre Anwendung in der Schwachstromtechnik. Von **Manfred von Ardenne**. Unter Mitarbeit von Dr.-Ing. Henning Knoblauch. Mit 432 Textabbildungen. VIII, 398 Seiten. 1933.
Gebunden RM 36.—

**Lichtelektrische Erscheinungen.** Von Bernhard Gudden, o. Professor der Experimentalphysik an der Universität Erlangen. („Struktur der Materie", Band VIII.) Mit 127 Abbildungen. IX, 325 Seiten. 1928.
RM 24.—; gebunden RM 25.20*

**Lichtelektrische Zellen und ihre Anwendung.** Von Dr. H. Simon, Berlin, und Professor Dr. R. Suhrmann, Breslau. Mit 295 Abbildungen im Text. VII, 373 Seiten. 1932.
RM 33.—; gebunden RM 34.20

**Elektrische Durchbruchfeldstärke von Gasen.** Theoretische Grundlagen und Anwendung. Von Professor **W. O. Schumann**, Jena. Mit 80 Textabbildungen. VII, 246 Seiten. 1923.
RM 7.20; gebunden RM 8.40*

**Meßentladungsstrecken (Ionenstrecken).** Von Dr.-Ing. Siegfried Franck. Mit 183 Abbildungen im Text. VIII, 192 Seiten. 1931.
RM 18.50; gebunden RM 19.50

**Potentialfelder der Elektrotechnik.** Von Franz Ollendorff, Berlin. Mit 244 Abbildungen im Text. VIII, 395 Seiten. 1932.
Gebunden RM 32.—

**Die Grundlagen der Hochvakuumtechnik.** Von Dr. Saul Dushman. Deutsch von Dr. phil. R. G. Berthold und Dipl.-Ing. E. Reimann. Mit 110 Abbildungen im Text und 52 Tabellen. XII, 298 Seiten. 1926. Gebunden RM 22.50*

**Elektrizitätsbewegung in Gasen.** Redigiert von W. Westphal. („Handbuch der Physik", Band XIV.) Mit 189 Abbildungen. VII, 444 Seiten. 1927.
RM 36.—; gebunden RM 38.10*
Inhaltsübersicht: Die unselbständige Entladung zwischen kalten Elektroden. Ionisation durch glühende Körper. Flammenleitfähigkeit. Von H. Stücklen. — Über die stille Entladung in Gasen. Von E. Warburg. — Die Glimmentladung. (Selbständige Elektrizitätsleitung in verdünnten Gasen.) Von R. Bär. — Der elektrische Lichtbogen. Von A. Hagenbach. — Funkenentladung. Von E. Warburg. Die elektrischen Figuren. Von K. Przibram. — Atmosphärische Elektrizität. Von G. Angenheister.

---

\* *Abzüglich 10% Notnachlaß.*

MIX
Papier aus verantwortungsvollen Quellen
Paper from responsible sources
FSC® C105338

If you have any concerns about our products,
you can contact us on
**ProductSafety@springernature.com**

In case Publisher is established outside the EU,
the EU authorized representative is:
**Springer Nature Customer Service Center GmbH
Europaplatz 3, 69115 Heidelberg, Germany**

Printed by Libri Plureos GmbH
in Hamburg, Germany